Gaebert, Der große Augenblick in der Astronomie

Hans W. Gaebert

Der große Augenblick in der Astronomie

Unter Mitarbeit von Joachim Herrmann

Loewes Verlag Ferdinand Carl Bayreuth

ISBN 3 7855 1812 9
© 1972 by Loewes Verlag Ferdinand Carl KG, Bayreuth
Gesamtherstellung: Richterdruck Würzburg
Printed in Germany

Inhaltsverzeichnis

Vom Sternenkult zur modernen Weltraumforschung

Noch vor wenigen hundert Jahren wurde im alten Mexiko, dem Kulturkreis der Azteken, in blutrünstiger Weise den Gestirnsgottheiten gehuldigt. In den weiten Tempelanlagen des heiligen Tenochtitlan wurde Tausenden von Gefangenen bei lebendigem Leibe das Herz herausgerissen und das Blut dem unersättlichen Sonnengott Huitzilopochtli geopfert. In langen Strömen floß es in die Stadt, und die Hausfrauen tränkten ihre Maisbrote darin.

Die Auffassung, die Gestirne seien Götter und Dämonen, die von uns Menschen freundlich gestimmt werden müßten, war aber nicht allein im alten Mexiko, sondern in fast allen Kulturkreisen der Vergangenheit heimisch. Ob wir ins alte China blicken oder in das Zweistromland zwischen Euphrat und Tigris, ins alte Ägypten oder zu den nordischen Völkern, immer hatte man die Sonne, den Mond und auch viele andere Gestirne verehrt und ihnen Opfer dargebracht. Vielleicht mag diese Einstellung dem modernen Menschen absurd erscheinen. Sind wir aber wirklich heute schon allenthalben dieser Vorstellung so entwachsen, daß wir darüber lächeln dürften? Gibt es nicht noch viele Menschen, die ihre Horoskope befragen, bevor sie lebenswichtige Entscheidungen treffen? Haben wir nicht noch immer eine gewisse Abneigung vor der „Unglückszahl 13", die in Wirklichkeit nur auf die Scheu der Alten zurückgeht, einen 13. Schaltmonat einzufügen, um den Mondkalender mit dem Sonnenkalender in Einklang zu bringen? Auf Schritt und Tritt begegnen uns solche Reste von Vorstellungen aus einer Zeit, in der das Weltall für den Menschen noch ungeheuer klein war, der Mensch in der Mitte des Universums stand und um ihn herum nichts als bedrängende Gestirns- und Wettergottheiten ihr Unwesen trieben. Und doch haben wir heute zumindest die nähere Umgebung unseres Heimatplaneten mit künstlichen bemannten oder unbemannten Satelliten, Mondraketen und Raumsonden erforscht.

Philosophen, Mathematiker und Astronomen haben unsere Einstellung zu den Gestirnen in den letzten zwei bis drei Jahrtausenden entscheidend gewandelt. Diesen „Sternstunden der Forschung" nachzuspüren, ist auch heute ein immer wieder faszinierendes Erlebnis. Zwar mag vielleicht der eine oder andere weniger an der Frage interessiert sein, worauf etwa die Grundlagen der modernen Raketentechnik und Raumfahrt, wie wir sie in den Keplerschen Gesetzen der

Planetenbewegung finden oder auch im Gravitationsgesetz eines Isaak Newton, zurückzuführen sind: „Hauptsache, es funktioniert". Aber von den Erfolgen der modernen Wissenschaft ausgehend, mag doch wohl der zündende Funke überspringen, noch weiter zu forschen und noch tiefer in den Raum vorzudringen. Das Wesen naturwissenschaftlicher und astronomischer Forschung erschließt sich uns eben gerade in den oft abenteuerlichen Stunden neuer Forschung und Entdeckungen.

Natürlich hat man sich astronomische Forschung weder als verträumtes Schauen durch ein großes Fernrohr vorzustellen – wie etwa auf einem bekannten Bild von Carl Spitzweg – noch kann Forschung dem Wirken eines „rasenden Reporters" gleichgesetzt werden, der von Sensation zu Sensation eilt und die Neuigkeiten aus dem Kosmos nur wie reife Früchte einzusammeln braucht.

Wissenschaftliche Forschung bedeutet vor allem geduldige, jahrelange Arbeit an demselben Objekt – oft im Zusammenwirken mit vielen anderen Kollegen. „Teamwork" ist heute fast zur Regel geworden. Bei den meisten wissenschaftlichen Veröffentlichungen, die in den zahlreichen astronomischen und astrophysikalischen Zeitschriften erscheinen, werden oft zwei, drei oder mehr Autoren genannt. Und in wie viele Spezialgebiete hat sich in den letzten Jahren und Jahrzehnten die Erforschung des Weltalls aufgegliedert! Neben die klassischen Gebiete der Himmelsmechanik und der Berechnung der Planetenbahnen, der Sonnen- und Mondfinsternisse oder anderer Himmelserscheinungen traten die physikalischen Bereiche, die Erforschung der Bedingungen auf anderen Himmelskörpern. Es kam hinzu die Erforschung der verschiedenen kleineren und größeren Einheiten im Weltall, unseres Planetensystems, der Sternhaufen, des Milchstraßensystems, anderer Galaxien, der Nebelhaufen oder der neuerdings auch vermuteten Superhaufen. Seit einigen Jahrzehnten kann man auch mit möglicher Aussicht auf Erfolg Fragen nach der Entstehung des Weltalls oder auch einzelner Sterne systematisch untersuchen. Doch ein Ende solcher Forschungen ist nicht abzusehen, viele neue Fragezeichen tauchen auf, kaum konnten alte Fragen gelöst werden. Und immer wieder neue Forschungsmethoden werden entwickelt oder den Astronomen durch Zufall „zugespielt", wie beispielsweise bei der Entdeckung der Radiowellen aus dem Kosmos durch Karl Guthe Jansky vor etwas über 40 Jahren.

Heute sprechen wir nicht nur von einer optischen Astronomie oder Radio-Astronomie. Hinzu traten vor allem durch die Hilfsmittel der Weltraumfahrt die Röntgenstrahlen-Astronomie, Ultraviolett-Astronomie, Gammastrahlen-Astronomie, Infrarot-Astronomie usw. Alle nur im Weltall erzeugten Strahlungen stehen dem Astronomen, nachdem er seine Apparate über die Erdatmosphäre hinaustragen lassen kann, für seine Forschungsarbeit zur Verfügung und vermitteln ihm Informationen aus zum Teil unvorstellbaren Entfernungen des Weltalls.

„Der große Augenblick in der Astronomie" trat eigentlich erst in den letzten Jahren ein. Zu keiner Zeit ihrer Geschichte hat diese Wissenschaft einen solchen Auftrieb erfahren wie gerade zwischen 1960 und 1970. Was uns die kommenden Jahre und Jahrzehnte bringen werden, läßt sich heute noch gar nicht absehen.

Joachim Herrmann

Die Anfänge der Astronomie

Jahrtausende hindurch mögen die ersten Menschen zum nächtlichen Sternenhimmel mit ehrfürchtigem Staunen emporgesehen haben, ohne jedoch eine Vorstellung davon zu besitzen, was diese strahlenden Lichtpunkte eigentlich bedeuteten. Waren es Feuerfunken, die willkürlich über das Firmament verstreut waren, so regellos verstreut wie die Steine, die man auf dem Erdboden findet?

Man begann den Nachthimmel genauer zu betrachten und beobachtete schließlich, daß viele der funkelnden Gestirne sich zu festen Sternbildern zusammenfügen ließen, während andere durch bestimmte Sternbilder hindurchwandern und als Planeten oder Wandelsterne bezeichnet wurden.

Der Polarstern steht stets an einer festen Stelle am Himmel, alle anderen Sterne drehen sich scheinbar in Kreisen um ihn. Die Sonne überstreicht am Himmel im Lauf des Jahres nur einen bestimmten Bereich zwischen den sogenannten „Wendekreisen".

Damit dieses Wissen nicht verlorenging, machte man sich natürlich Aufzeichnungen, und da man in der Steinzeit noch keine Schrift besaß, meißelte man die so erzielten Erkenntnisse in Stein. Es war mehr als ein glücklicher Zufall, daß der französische Gelehrte Dr. Marcel Baudouin in der Nähe von Poirè-de-Vie in der Vendée einen prähistorischen Steinblock entdeckte, der eine solche Sternkarte aus der Jungsteinzeit darstellte. Dieser „Stein von Merlière", wie er in der Wissenschaft genannt wird, stellt in Kreuz-, Stern- und Kreisform den Sternhimmel der Steinzeit dar. Er gibt außerdem in der Mitte die „Sonnenwendlinie", den Stand des Sonnenaufganges bei der Wintersonnenwende an. Aus dieser Linie und dem Standort der Gestirne, die sich im Laufe von Jahrtausenden ein wenig verschoben haben, konnte man übrigens auch ermitteln, daß diese „Sternkarte" aus dem Ende des siebten Jahrtausends vor unserer Zeitrechnung stammen könnte.

Die ersten im Stein von Merlière niedergelegten Himmelsbeobachtungen zur Bestimmung der Jahreszeiten wurden zu Beginn der Bronzezeit, etwa vor 4000 Jahren, durch jene monumentalen Steinbauten ergänzt, wie wir sie noch heute in einigen Teilen Europas, wie beispielsweise in Stonehenge bei Salisbury in Südengland, finden. Diese Steine wurden so ausgerichtet, daß der Blick von einem Stein zum anderen den Beobachter an die Stelle des Gesichtskreises leitete, an

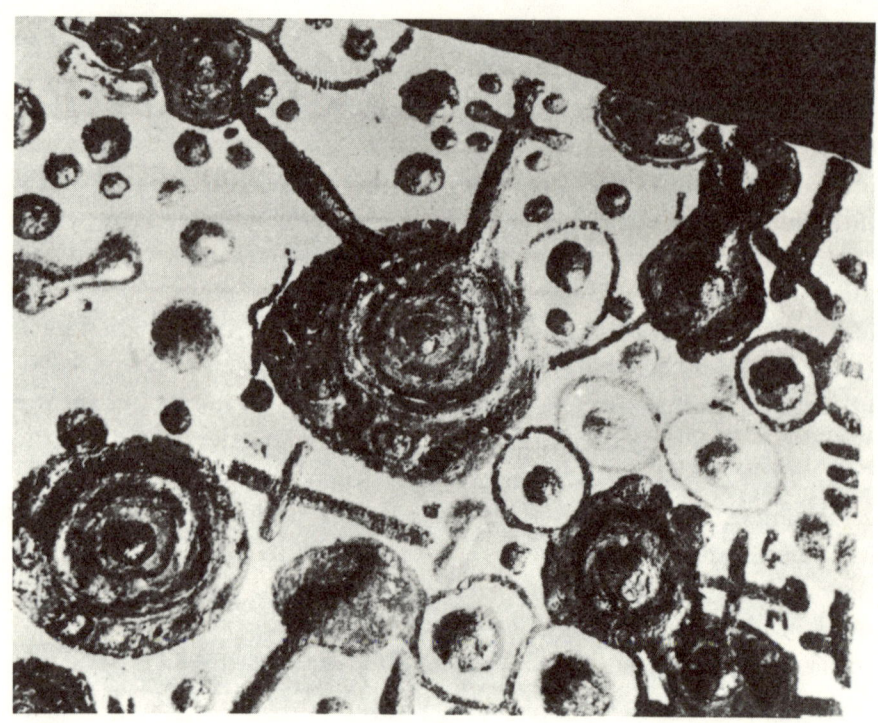

Eine der ältesten Sternaufzeichnungen der Erde ist vielleicht dieser etwa 8000 Jahre alte Stein von Merlière in Frankreich.

dem die Sonne an bestimmten Tagen auf- und unterging. Man hatte damals augenscheinlich erkannt, daß es auf diese Weise leichter möglich war, durch entsprechend aufgestellte Steine die Winter- und Sommersonnenwende und damit auch die beiden anderen Jahreszeiten genauer zu bestimmen, als mit Hilfe einer einfachen in Stein gemeißelten Karte.

Aufgrund des rekonstruierten Modells von Stonehenge vermuten amerikanische Astronomen, daß man mit Hilfe dieser Anlage für längere Zeit den Sonnenstand, den Mondumlauf und die Finsternisse vorausbestimmt hat.

Ähnliche Steinkreise findet man übrigens heute noch z. B. bei Odry in der Nähe von Konitz im ehemaligen Westpreußen, in Bützow bei Mecklenburg und in Frankreich. Sie wurden wahrscheinlich zunächst aus der praktischen Erwägung erbaut, den günstigsten Zeitpunkt für die Bestellung der Felder zu ermitteln. Daneben strebte man wohl auch die genauere Ausrichtung des Kalenders über die Jahreszeiten an.

Erwägungen dieser Art mögen auch die alten Ägypter schon in der Frühzeit veranlaßt haben, den Himmel genauer zu beobachten und nach dem Stand der Gestirne die fruchtbaren Nilüberschwemmungen im voraus zu berechnen. Ähnlich wie in England und Frankreich war diese Berechnung auch im alten Ägypten eine Art Geheimwissenschaft der Priester, die sie nur unter sich weitergaben, um so ihre Macht gegenüber den anderen zu festigen.

Das Wunder des Tempels von Abu-Simbel

Um besonderen Eindruck zu erzielen und ihre religiöse Stellung zu untermauern, richteten die Priester auch einige Bauwerke nach diesen Erkenntnissen aus. Eines dieser Beispiele hierfür ist der Tempel von Abu-Simbel gewesen. Er wurde übrigens wegen der Überflutung durch die von dem Assuandamm aufgestauten Wassermassen verlegt. Die-

Vor etwa 4000 Jahren entstanden die monumentalen Steinbauten in Stonehenge.

ser zu Ehren des großen Pharao Ramses II. am Mittellauf des Nils errichtete Tempel besaß in seinem Innersten eine Kammer, zu der ein 63 Meter langer Gang führte. In einer Nische stand hier die Statue von Ramses II., umgeben von Ptah, dem Schöpfer des Himmels, Amon-Re, dem Herrn der Sonnenstrahlen, und Harachte-Re, dem Symbol des über den Himmelsbogen fliegenden Falken.

Zweimal im Jahr – und zwar am 20. Februar und 20. Oktober, an zwei der drei Übergangstermine der im alten Ägypten üblichen vier Monate dauernden Jahreszeiten – fiel durch den langen Schacht für wenige Minuten das Licht der über dem Nil aufgehenden Sonne und tauchte die Statue des Pharao und die der ihn umgebenden Symbole in eine unheimliche Beleuchtung. Für den Laien war das natürlich ein Wunder, und er glaubte, daß der verstorbene Pharao vom Himmel aus diese so wichtigen Daten bestimme. In Wirklichkeit war es jedoch nur die genaue Berechnung der Priester gewesen, die dieses „Wunder" ermöglichte.

Waren Stonehenge und ähnliche Bauwerke die ersten *Observatorien*, so gab es aber schon bei den alten Ägyptern mancherlei Hilfsgeräte, welche die astronomische Beobachtung ergänzten bzw. erleichterten. Aufgrund einiger Hieroglyphentexte wissen wir über den Einsatz dieser Geräte genauer Bescheid.

Zwei *Horoskopen* – so hießen die Tempeldiener, die später unseren heutigen Zukunftsvorhersagen den Namen gaben – saßen sich auf dem Dach eines Tempels gegenüber, und zwar genau in der Nordsüdachse. Jeder von ihnen war mit einem *Gnomon* ausgestattet, einem rechtwinklig aufgebogenen Lineal, an dem ein Lot hing, und einem Visierstab mit einem Schlitzvisier. Mit diesem einfachen astronomischen Instrument und einer Sternkarte wurde der genaue Standort der Sterne bestimmt. Zu Beginn der Beobachtung richteten sich die beiden Sternbeobachter in ähnlicher Weise, wie es heute ein Landvermesser macht, mit Hilfe des Visierlotes auf den Polarstern ein, wobei der südliche Beobachter seinen nördlichen Partner in die Meridianlinie einwinkte und selbst wie ein Standbild unbeweglich am Boden hocken blieb. Der nördliche Horoskop beobachtete dann hinter seinem Gnomon den Lauf der Sterne um seinen südlichen Kollegen herum.

Auf diese Weise wurde die genaue Ortszeit gefunden, die, wie die Texte ausdrücklich angaben, für die Einhaltung der „Stundengebete" an die verschiedenen Götter durch die Priester festgelegt war. Lag beispielsweise an einem bestimmten Tag des Jahres der Stern sâr über dem rechten Auge des am Boden Hockenden, war es fünf Uhr. Befanden sich die Sterne aus dem Arm des Sternbilds Orion über seinem Kopf, war es sechs. Stand der letzte dieser Sterne über dem linken Auge, begann die siebente Stunde, und so ging es fort.

Diese umständliche und zweifellos nicht sehr genaue Zeitmessung nach den Sternen wäre wahrscheinlich viel leichter durchführbar gewesen mit Hilfe einer Sanduhr oder einer anderen mechanischen Einrichtung. Doch der Tag war bei den Ägyptern keine Einheit von 24 Stunden. Er begann erst bei Sonnenaufgang und nicht schon um Mitternacht wie bei uns. Er wurde zwar in 24 Stunden eingeteilt. Aber eine Tagesstunde war der 12. Teil des wirklichen hellen Tages, eine Nachtstunde der 12. Teil der tatsächlichen Nacht. So wechselte bei den alten Ägyptern die Dauer einer Stunde von einem Tag zum anderen, und sie veränderte sich auch mit der geographischen Breite, also der jeweiligen Lage des Tempels.

Einen Vorteil aber hatte diese *astronomische Ortszeitbestimmung* – und das sollte für die Entwicklung der Astronomie von besonderer Wichtigkeit sein! Nicht nur die sogenannten *Stundendiener*, sondern auch die Priester waren gezwungen, sich eingehend mit dem Lauf der Gestirne zu befassen. Dazu aber war eine genaue Einteilung des sich bewegenden Himmelsgewölbes erforderlich. Sie teilten deshalb den *Himmelskreis* in 36 Teile ein und stellten jeden Abschnitt „unter die Herrschaft" eines Sternes oder einer Sterngruppe. Diese Gliederung, die auf der Gradeinteilung des Kreises beruht, bestimmte das *Rumpfjahr*, also das Jahr ohne Schalttage.

Drei Gruppen dieser Unterteilung, die man später *Dekaden* nannte, bildeten jeweils einen Monat. Da aber eine Sterngruppe alle zehn Tage um 40 Minuten früher aufging, verschob sich auch ihr Höchststand um 40 Minuten. Es gehört zu den erstaunlichen astronomischen Verdiensten der Ägypter, dies bei ihren Beobachtungen erkannt zu haben. Sie haben den Mangel durch die Einschaltung von fünf Schalttagen, den sogenannten *Geburtstagen der fünf Götter des Osiriskreises*, an denen sich nach ihrem Mythos die Zeit dehnte, beseitigt. Ihnen gelang auf diese Weise die Erfindung eines genauen Kalenders, der Jahrtausende hindurch bis in unsere Zeit nicht verändert zu werden brauchte und ohne Zweifel eine weltgeschichtlich einmalige Einrichtung war.

Wie erstaunlich bereits die astronomischen Kenntnisse der alten Ägypter gewesen sind, geht aus zahlreichen Niederschriften hervor, die in Form von Papyrusrollen gefunden wurden und übersetzt werden konnten. Einige davon tragen die Titel: *Über die Ordnung der Fixsterne, Über die Bewegung des Mondes und der „unermüdlichen" Planeten, Über Sonnen- und Mondfinsternisse* sowie *Über den genauen Aufgang der Sterne.* Aus zahlreichen Hinweisen in diesen Schriften sowie aus einem aufgefundenen „Bibliothekskatalog" ist zu entnehmen, daß es außer diesen vier noch unversehrt aufgefundenen Papyri noch zahllose andere astronomische Werke gegeben haben muß. Von einigen sind nur noch Bruchstücke gefunden worden, die zum Teil lediglich mythische Darstellungen enthalten. Aus ihnen geht hervor, daß sie von den Sonnenplaneten den Merkur, die Venus, den roten Horusgott Mars, Jupiter, den strahlenden Stern, und Saturn kannten und ihre Umlaufbahnen zu berechnen verstanden.

Andere Sterne faßten sie in Gruppen zusammen, meist jedoch anders als wir. Einige jedoch stimmen mit unseren Sternbildern überein, sie wurden allerdings von den Ägyptern mit anderen Namen belegt. So sahen sie in dem Großen Bären einen Ochsenschenkel, in dem Schwan einen Mann mit erhobenen Armen, in dem Orion einen Mann, der sich zurückwendet, in der Kassiopeia einen Drachen.

Wegen Trunkenheit gehängt

Fast zur gleichen Zeit wie in Ägypten begann man auch im Fernen Osten, in China, die Sterne und ihren Lauf genauer zu beobachten, um die Jahreszeiten zu bestimmen. Wahrscheinlich legte man auf diese Weise auch hier den günstigsten Zeitpunkt für die Aussaat fest. In den alten Chroniken wird berichtet, daß man bereits um das Jahr 3400 v. Chr. herum auf Befehl des Kaisers Fo-hi angefangen habe, den Weg der Gestirne zu untersuchen. Die ersten noch erhaltenen Aufzeichnungen beginnen allerdings erst mit dem Jahre 2500 v. Chr. Sie sind für die heutigen Astronomen noch von erheblicher Wichtigkeit, da die Chinesen nicht nur den exakten Jahresablauf mit 365¼ Tagen genau berechneten, sondern auch die verschiedensten besonderen kosmischen Ereignisse in ihren *Sternchroniken* erwähnten. Diese berichten beispielsweise von dem Auftauchen von Kometen, neuen,

18

hellen Sternen und Sonnenfinsternissen. Da der Himmel in 36 Kreissektoren eingeteilt wurde, erwähnte man nicht nur den genauen Zeitpunkt des Geschehnisses, sondern auch den Himmelsteil, in dem es stattgefunden hatte. Das war um so leichter, da schon bald Sternkarten in Steinsäulen eingemeißelt wurden, auf denen mit entsprechenden Symbolen alle bekannten Gestirne zu finden waren.

Für diese Beobachtungen wurden vom Staat Astronomen als Beamte eingestellt. Sie hatten nicht nur die außergewöhnlichen Ereignisse in die Sternenbücher einzutragen, sondern möglichst – und das spricht für den hohen Stand der chinesischen Astronomie um diese Zeit – auch vorauszuberechnen, „damit das Volk nicht durch sie erschreckt würde". Wie ernst man diese Dinge nahm, geht aus einem noch erhaltenen Bericht hervor, nach dem zwei dem Trunk ergebene Astronomen mit Namen Hi und Ho wegen der Nichtankündigung einer Sonnenfinsternis zum Tode durch den Strang verurteilt worden sein sollen. Die in der chinesischen Chronik angegebenen Beobachtungen wurden von Astronomen unserer Zeit nachgerechnet. Sie ergaben, daß die Sonnenfinsternis nach unserer Zeitrechnung am 22. Oktober des Jahres 2137 v. Chr. stattgefunden hat. Sie konnte in einer durch die ganze Mitte Chinas gehenden Zone beobachtet werden.

Wie bereits erwähnt wurde, enthalten die chinesischen Aufzeichnungen auch Angaben von Kometen, starken Sternschnuppenfällen und Meteoren. Diese Beobachtungen zeichnen sich vor denen des Abendlandes in mehrfacher Beziehung höchst vorteilhaft aus; denn sie strotzen nicht von abenteuerlichen Wundergeschichten und den daraus gefolgerten göttlichen Drohungen. Sie enthalten dafür Angaben über den jeweiligen Standort am Himmel und den scheinbaren Lauf, über Aussehen und Länge des Schweifes. Bekannte Astronomen wie Johann Karl Burckhardt und Russel Hind konnten aus diesen Aufzeichnungen wichtige Bahnelemente ableiten und entsprechende Kometentafeln berechnen.

Bereits im Jahre 2241 v. Chr. wird unter der Regierung des Kaisers Schün das plötzliche Erscheinen eines neuen Sternes erwähnt, der am Nachthimmel in seiner Größe dem Mond gleichgekommen sein soll. Wir wissen heute, daß es sich um eine *Supernova*, die atomare Explosion eines instabil gewordenen Sternes gehandelt haben muß, ein Ereignis, das in den letzten Jahren die Radioastronomen besonders beschäftigte.

Ein ähnliches, für die heutige Wissenschaft ebenso aufschlußreiches Ereignis wird in den *Kaiserlichen Sternbüchern* unter dem 4. Juli 1054 berichtet. An diesem Tage war im Sternbild des Stier, wo sonst nie ein Stern gestanden hat, ein rötlich leuchtendes Gestirn zu sehen. Es wurde innerhalb weniger Tage größer und strahlender und konnte schließlich auch am Tage beobachtet werden. Nach 23 Tagen verschwand der Stern vom Taghimmel, wurde allmählich lichtschwächer und konnte zu Beginn des Jahres 1055 letztmals am Nachthimmel gerade noch erkannt werden.

Nach diesen Angaben sowie der Lagebezeichnung auf der chinesischen Sternkarte gelang es jetzt festzustellen, daß es sich damals um eine kosmische Explosion größeren Ausmaßes gehandelt hat, die dann zur Bildung des sogenannten *Krabbennebels* geführt hat. Der danach erfolgte Zusammenbruch des Sterns konnte zwar nicht direkt verfolgt werden. Doch gelang es neuerdings amerikanischen Radioastronomen, im Zentrum dieses Nebels eine in nur 33 Millisekunden pulsierende Radioquelle, einen sog. *Pulsar*, zu entdecken. Später wurde dieses Objekt sogar noch mit einem unscheinbaren Stern identifiziert, der ebenso schnelle Helligkeitsschwankungen ausführt. Die nach einer Supernova zurückbleibenden verdichteten Reststerne nennt man auch *Neutronensterne*. Man kannte derartige Objekte bisher nur in der Theorie und nahm an, daß sie als eine Folgeerscheinung kosmischer Explosionen entstehen müßten. Aufgrund der obigen Angaben der chinesischen Astronomen aber konnte nunmehr der Beweis erbracht werden, daß es tatsächlich zu einer derartigen Sternumwandlung kommen kann. Besser als alles andere zeigt dies bereits die Bedeutung der chinesischen Astronomie auch für unsere Zeit.

Die Chinesen zogen übrigens nach dem Erscheinen und dem anschließenden Verschwinden des sonderbaren Sternes eine weitreichende Folgerung, die für ihre philosophische Weltbetrachtung von erheblicher Bedeutung war. Sie kamen nämlich zu dem Schluß, daß die Himmelsgestirne durchaus nicht so ewig und unveränderlich sind wie vorher angenommen. Eine Feststellung, die uns heute ganz selbstverständlich vorkommt, für die damalige Zeit aber eine Sensation darstellte.

Fast zur gleichen Zeit wie die Chinesen, etwa vom dritten Jahrtausend vor unserer Zeitrechnung ab, haben auch die Inder begonnen, die Gestirne laufend zu beobachten. Während aber in der Folgezeit die

Eine besondere Einrichtung zur Beobachtung der Sterne und zur Berechnung ihres Umlaufs entwickelten die alten Inder. Sie bauten besondere Treppen, die sich in einem steinernen Kreisbogen befanden, der eine genaue Gradeinteilung besaß.

Chinesen mit eisernem Fleiß und unerschütterlicher Beharrlichkeit die Phänomene am Himmel aufzuzeichnen und festzuhalten sich bemühten, versuchten die Inder die Bewegung der Sterne mehr wissenschaftlich, mit mathematischen Erkenntnissen zu erfassen.

Ursprünglich beobachtete man auch hier den Himmel, ähnlich wie im alten Ägypten, mit einem Gnomon. Auf diese Weise lassen sich sowohl die Höhe als auch der Horizontalwinkel (der sogenannte *Azimut*) der Sonne gegen die Nord-Süd-Richtung ermitteln. Damit

21

sind alle Daten zur Bestimmung ihres Laufes gegeben, wenn man auch die Zeit zu messen versteht. Das geschah mit Hilfe von Wasseruhren durch die genaue Messung des ausfließenden Wassers.

Schon bald gaben die Inder dem Gnomon eine ganz eigenartige Form. Sie bauten ihn als eine steile Treppe in einem besonderen Beobachtungsgelände auf. Die beiden Treppengeländer befanden sich in der Meridianebene und warfen ihren Schatten auf einen steinernen Kreisbogen, der aus weißem Marmor erbaut worden war und eine Einteilung trug, auf der man durch das Fortschreiten des Schattens die Stunden ablesen und so die Wasseruhren kontrollieren konnte. Schon bald wurde diese Anlage durch ein herzblattförmiges Bauwerk ergänzt, das von Treppen mit breiten Stufen umgeben war, von denen man die jeweils zu beobachtenden Sterne am günstigsten verfolgen konnte. Diese merkwürdige Einrichtung ist noch heute im Norden Indiens erhalten. Zur Erleichterung der Beobachtungen wurde hier die Gradeinteilung des Himmels in die Marmorplatten des Fußbodens geritzt.

Nach ihren Beobachtungen fertigten die Brahmanenpriester schon frühzeitig Planeten-, Mond- und Sonnentafeln mit ziemlich genauen Angaben über die Umläufe an. Das war allerdings nur möglich, weil die Inder weit früher als alle anderen Völker die Dezimalschreibweise erfanden. War diese einmalige Schöpfung allein schon „eine Großtat für die Astronomie", so sind sie bei der Auswertung dieses Wissens nicht stehen geblieben. Sie haben weit früher als Archimedes einen Zahlenausdruck für das Verhältnis des Kreisumfangs zum Durchmesser mit 3,14159 ermittelt, was auf fünf Stellen genau ist.

Alle ihre astronomischen Untersuchungen wurden jedoch nicht allein aus wissenschaftlichem Ehrgeiz, sondern aus der Vorstellung heraus unternommen, daß erfaßbare Beziehungen zwischen der Welt der Sterne und irdischen Vorgängen, insbesondere der menschlichen Existenz, bestehen. Deshalb befragte man die Sterne, wenn man sich für Wesen und Schicksal eines Menschen interessierte. So unverständlich uns dies heute erscheinen mag, so muß man sich jedoch vorstellen, daß es sich zu der damaligen Zeit um eine allgemeine Weltauffassung handelte, die auf mythischen Begriffsformen beruhte, welche eine solche Beeinflussung als sicher annahm. Noch heute ist dieser Glaube tief in dem indischen Volk verwurzelt, und man feiert dort keine Hochzeit oder ein sonstiges wichtiges Ereignis, ohne nicht die günstigste Horoskopstellung zu berücksichtigen.

Die Astrologen der Könige

Eine ähnliche Entwicklung wie in Indien machte das sternkundliche Wissen im Zweistromland des Euphrat und Tigris durch. Die Sumerer und Akkader erreichten hier vor viertausend Jahren eine Kultur von einer einmaligen Höhe. Besonders die am Euphrat gelegene Stadt Babylon mit ihren vielen Palästen und Tempeln wurde bald im ganzen Orient berühmt.

Gewaltige Bauwerke wie der Babylonische Turm wurden nicht nur in der Hauptstadt selbst, sondern, wie aus Keilschrifttafeln hervorgeht, auch in den anderen Städten des großen Reiches gebaut. Die Priester, die hier im Auftrag der Könige den Himmel zu beobachten hatten, waren zugleich Sterndeuter und Astronomen. Der Mond, die Sonne und die sichtbaren Planeten waren für sie göttliche Wesen, die vom

Der Mond, die Sonne und die Planeten waren für die babylonischen Priester-astrologen göttliche Wesen, die vom Himmel aus in das Geschehen auf der Erde eingriffen und die man sich, wie aus dem Rollsiegel des sumerischen Königs Urammu (2070–2053 v. Chr.) hervorgeht, in menschlicher Gestalt vorstellte.

Himmel aus in das Geschehen auf der Erde eingriffen und die man sich, wie aus einem Rollsiegel des sumerischen Königs Urammu (2070–2055 v. Chr.) hervorgeht, in menschlicher Gestalt vorstellte.

Die babylonischen Sternbeobachtungen und ihre daraus gezogenen astrologischen Folgerungen bezogen sich nicht nur auf die Planetenstellung, sondern auch auf alle die Wandelsterne betreffenden Vorgänge am Nachthimmel, wie beispielsweise die Mondsichel und ihre Stellung, auf die gleichzeitige Sichtbarkeit von Sonne und Mond, auf Finsternisse und sogar auf die Verfärbung der Gestirne durch den Dunst über der Stadt und die Nähe des Horizontes.

Um eine genaue astronomische Beobachtung durchführen zu können, war auch für die Babylonier eine geordnete Zeitrechnung die wichtigste Unterlage. Sie richteten sich dabei nach der wechselnden Lichtgestalt des Mondes und bei der Festlegung des Jahres nach den mit dem Sonnenumlauf verbundenen Jahreszeiten.

Anfangs von den Zinnen der Tempel, später von den eigens hierfür gebauten Beobachtungstürmen aus, mußten beauftragte *Seher* das erste Sichtbarwerden der jungen Mondsichel tief am westlichen Abendhimmel genau beobachten und darauf laut verkünden. Nach dem Mondwechsel teilten sie das Jahr in zwölf Monate ein. Infolge der Differenz von elf Tagen zwischen dem reinen Mondjahr und dem Sonnenjahr traten in ihrer Zeitrechnung aber schon bald gewisse Verschiebungen ein, so daß manche Monate und Feste nicht mehr auf die Jahreszeiten fielen, die für die Feldbestellung und Ernte maßgebend waren. Um diese Verschiebung aufzuheben, wurden anfangs ziemlich willkürlich, später nach einer festen Regel zunächst alle acht Jahre drei Monate und später innerhalb 19 Jahren sieben Monate eingeschoben, mit dem Erfolg, daß die jahreszeitlichen Verschiebungen noch nach 100 Jahren kleiner als ein Tag waren.

Die Zugstraße von Sonne, Mond und Planeten teilten die Babylonier in zwölf Sternbilder ein, die wir heute als Widder, Stier, Zwillinge, Krebs, Löwe, Jungfrau, Waage, Skorpion, Schütze, Steinbock, Wassermann und Fische bezeichnen.

Jedes dieser *Tierkreisbilder* (da sieben der zwölf Bilder Tiernamen tragen), geht nicht nur in seiner Einteilung, sondern auch in den meisten Fällen dem Namen nach auf die alten Babylonier zurück. Der Steinbock war beispielsweise ein babylonisches Mischwesen, halb Ziege und Fisch, wie er ja heute noch als astrologisches Symbol abgebildet wird. Der Widder stellte ursprünglich den „agru" oder Taglöhner dar. Der Wassermann war das Gestirn der Göttin *Ba'u*, der himmlischen Wasserspenderin, und der Gott der Wassertiefe, welcher über die Fische herrschte. Ziegenfisch, Wassermann und Fische bildeten die sogenannte Wasserregion des Tierkreises. Alle drei wurden nämlich von der Sonne in der Winter- oder Regenzeit durchlaufen, zu deren Anfang in Babylon die Felder bestellt wurden.

Bei dieser Berechnung und Bestimmung der Tierkreiszeichen ist noch folgendes zu berücksichtigen: Der Schnittpunkt des Himmelsäquators mit der von der Erde aus zu verfolgenden Sonnenbahn verändert sich im Laufe der Zeit, und zwar entgegen dem Sonnen- und Monddurchlauf. Das beruht auf einer langsamen Kreiselbewegung der Erdachse, die für den Erdbeobachter die Sonnenbahn scheinbar verändert. Diese Erscheinung wurde später von dem griechischen Astronomen Hipparch (etwa 150 v. Chr.) entdeckt. Es würde jedoch über den Rahmen dieser Darstellung hinausgehen, wollte man hier genauere Einzelheiten über die *Präzession der Äquinoktien*, wie dieses Berechnungsproblem auch genannt wird, ausführen. An dieser Stelle soll aber noch gesagt werden, daß aus den aufgefundenen Keilschrifttafeln einwandfrei hervorgeht, daß die aus dem dritten Jahrhundert v. Chr. uns überlieferten Zahlen für die Länge der Jahreszeiten von einer erstaunlichen Genauigkeit sind. Sie berechneten nämlich für die Dauer des Frühlings 94,50 (94,04), Sommers 92,73 (92,31), Herbstes 88,59 (88,62) und Winters 89,44 (90,28) Tage. Die Zahlen in Klammern stellen nach heutigem Wissen die Dauer der jeweiligen Jahreszeiten für die Zeit 300 v. Chr. unter Berücksichtigung ihrer erst später entdeckten langsamen Veränderung dar.

Aber das war nur eine von vielen Erkenntnissen, die vor Jahrtausenden die Babylonier bereits herausfanden. Eine andere große Leistung waren die niedergelegten Ergebnisse ihrer Mond- und Finsternisbeobachtungen, welche das Ziel hatten, den Beginn eines Monats und das Eintreten einer Finsternis vorherbestimmen zu können. Insofern waren unabhängig voneinander die Chinesen und Babylonier in ihren Erkenntnissen und Berechnungsmöglichkeiten zur selben Zeit fast zu den gleichen Berechnungen gekommen. Beide Völker entdeckten schon vor vier Jahrtausenden, daß derartige Verfinsterungen von der Stellung des Mondes zur Sonne abhängen. Darüber hinaus aber erkannten die Babylonier, daß Mondfinsternisse nur zur Zeit des Vollmondes

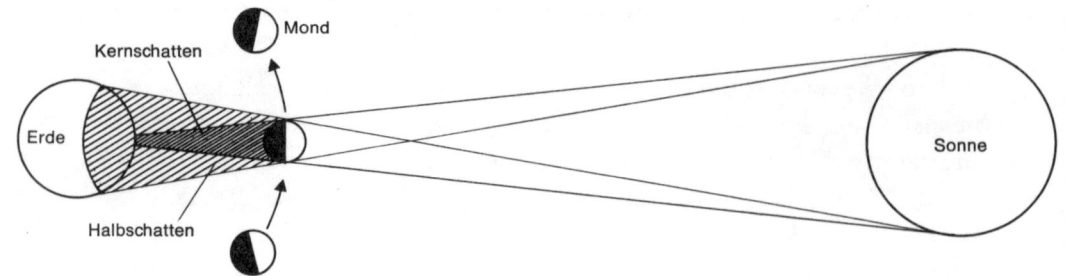

Bereits die Babylonier verstanden, wie eine Sonnenfinsternis zustande kommt. Sie erkannten, daß diese dadurch entsteht, daß sich zwischen die Erde und die Sonne der Mond schiebt.

und Sonnenfinsternisse nur zur Zeit des Neumondes, aber natürlich nicht jedesmal bei Vollmond bzw. Neumond stattfinden können.

Diese Erkenntnis weist darauf hin, daß der Mond verschiedene Umlaufbahnen ausführt. Die erst viel später bei uns entdeckte Tatsache beschrieb bereits im 3. Jahrhundert v. Chr. der babylonische Schriftsteller und Geschichtsschreiber Berosus folgendermaßen: „Eine tägliche Auf- und Untergangsbewegung wie alle Himmelslichter, eine Bewegung in Richtung des Tierkreises wie die Sonne und gleichzeitig eine kleine Verschiebung senkrecht zum Tierkreis."

Aus diesen Ausführungen aber geht eindeutig hervor, daß die Neigung der Mond- zur Sonnenbahn den Babyloniern mindestens vor 2300 Jahren, wahrscheinlich aber schon früher bekannt gewesen ist. Die scheinbaren Schnittpunkte der Mondbahn mit der der Sonne nannten sie die *Knoten der Mondbahn*.

„Sonnenfinsternisse", so heißt es auf einer anderen Keilschrifttafel, „finden nur statt, wenn zur Zeit des Neumondes die Sonne und die unsichtbare, lichtlose Mondscheibe von der Erde aus gesehen ‚in Knotennähe' nahe genug beieinanderstehen, und zwar so, daß eine ganze oder teilweise Bedeckung der Sonne durch den Mond möglich ist."

Mondfinsternisse treten nur ein, wenn die Richtung von der Erde zum Gegenpunkt der Sonne am Himmel und zum Vollmond nicht so viel von der Richtung zu einem Knoten der Mondbahn abweicht. Der Erdschatten – um es anders auszudrücken – verfinstert also den Mond, da die Erde zwischen ihm und der Sonne steht. Dabei entsteht ein Kern- und ein Halbschatten. Bei totaler Mondfinsternis tritt der Mond ganz in den Kernschatten ein, bei partieller bleibt ein Teil von

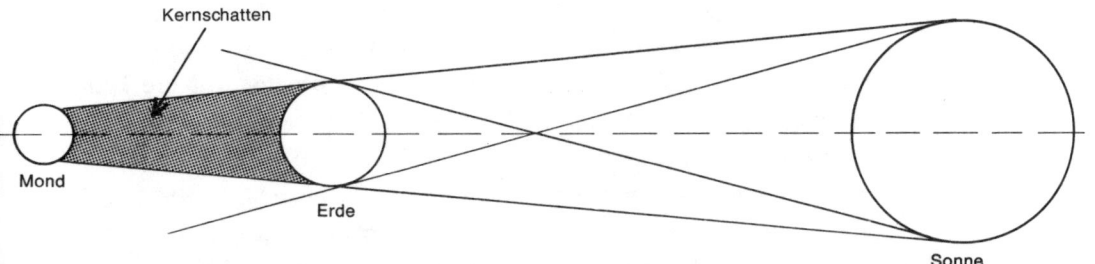

Eine Mondfinsternis entsteht dadurch, daß der Erdschatten den Mond verfinstert, wenn die Erde zwischen ihm und der Sonne steht.

ihm im Halbschatten, der nur in der Nähe der Grenze zum Kernschatten eine dem Auge merkliche Lichtverminderung bewirkt.

Dieses Phänomen, das den meisten von uns bekannt ist, tritt, wie wir heute wissen, aber nur dann ein, wenn der Schnittpunkt der Mondbahn von der Stelle, wo sich der Vollmond befindet, nicht allzuweit entfernt ist. Das Erstaunliche ist, daß der bekannte Astronom Naburimannu (um 500 v. Chr.) diesen genauen Wert bereits errechnet und in seinen Schriften schon Angaben über die Grenzen der Möglichkeit des Eintretens einer Mondfinsternis gegeben hatte.

Mondfinsternisse – und das hatten die Babylonier ebenfalls herausgefunden – wiederholten sich überdies in einem Abstand von 18 Jahren und 11 Tagen, genauer gesagt in 6585$^1/_3$ Tagen, was 223 Mondwechseln entspricht. Diese *Saros-Periode*, wie sie genannt wird, ermöglichte es den babylonischen Priestern in den letzten Jahrhunderten v. Chr., Tafeln anzulegen, aus denen man die Zeiten für Neu- und Vollmond sowie die Angaben über die kommenden Finsternisse entnehmen konnte.

Das hatte damals für den gewöhnlichen Sterblichen einen durchaus praktischen Sinn, da sich die Fastenperioden nach dem Mondwechsel richteten und selbst der König sie einhalten mußte. Das geht aus der Niederschrift eines Priesters hervor, in der es heißt: „Der König ist ungeduldig wegen der langen Fastenzeit und fragt an, ob der neue Mond noch nicht erschienen sei." Ein höchst menschliches Dokument des durch den Hunger unwilligen Monarchen.

Nach der gleichen Saros-Periode von 18 Jahren und 11 Tagen war es den Babyloniern aber auch möglich, die Sonnenfinsternisse vorauszuberechnen. Diese entstehen bekanntlich dadurch, daß sich zwischen die Erde und die Sonne der Mond schiebt. Dort, wo der Kernschatten des Mondes, der die Sonnenscheibe verdeckt, auf die Erde fällt, herrscht eine totale Sonnenfinsternis. Dort, wo nur ein Halbschatten entsteht, spricht man von einer Teilfinsternis. Der Kernschatten ist kreisförmig begrenzt und kann einen Durchmesser bis zu 264 Kilometer erreichen. Er bewegt sich infolge der Bewegung des Mondes und der täglichen Erddrehung mit einer Geschwindigkeit von rund 35 Kilometern in der Minute etwa in westöstlicher Richtung über die Erdoberfläche und führt so zu der streifenförmigen, oft mehrere tausend Kilometer langen Totalitätszone, in der die totale Verfinsterung auftritt.

Mit der gleichen Aufmerksamkeit wie die Bewegungen von Sonne und Mond verfolgten die babylonischen Priester auch die Bahn der zu ihrer Zeit bekannten fünf Planeten, und zwar von Merkur, Venus, Mars, Jupiter und Saturn. Dabei stellten sie schon vor fünf Jahrtausenden fest, daß die Bewegung beispielsweise des Mars über den „Himmelsdamm", wie sie es nannten, eine sonderbare Schleifenbahn zu durchlaufen schien. Diese Beobachtung wurde erst viel später durch die *Ptolemäische Epizykeltheorie* erklärt.

Ein Keilschrifttext, der anscheinend vor 5000 Jahren aufgeschrieben worden ist, stellt zu den Bahnen von Venus, Mars und Saturn fest: „Sie verändern ständig ihre Stellung und überschreiten den Himmelskreis." Diese eigenartige, von der Erde aus zu beobachtende Bewegung hatte unseren Sternennachbarn den Namen *Planeten* gegeben, ein Name, der von dem griechischen Wort „planáomai" – „ich irre umher", stammt, also dieselbe Beobachtung beinhaltet.

Auch die Venus wurde schon früh als „ein ruheloser Stern" bezeichnet, da sie einmal als Abendstern „links" von der Sonne, bald als Morgenstern „rechts" von ihr steht. Weil die Ebenen der Umlaufbahnen der Planeten mit denen der Erd- und Mondbahn annähernd zusammenfallen, können sich die Planeten nie sehr weit von dem sogenannten Tierkreis entfernen. Aber die gleichzeitigen Bewegungen von Erde und Planeten verändern ständig die Blickrichtung, und so scheinen sie – wie wir bereits bei dem Mars erwähnten – im Sinne der Sonnen- und Mondbewegung sich rechtsläufig, also ostwärts zu verschieben, bald still zu stehen, gelegentlich auch umzukehren, Schleifenbahnen zu bilden.

Die Religion der Sterne

Diese für den Uneingeweihten höchst sonderbare Bewegung begründeten die babylonischen Astrologen- und Astronomenpriester mit der Aufgabe, welche die Sterne nach ihrer Ansicht für die Menschen hatten; waren es doch vor allem die Planeten, durch die der Götterwille sich offenbarte. Sie waren sozusagen die „Dolmetscher", die „Befehlsübermittler des Himmels für die Menschen auf der Erde".

Der Merkur, der als sonnennächster Planet immer nahe am Tagesgestirn bleibt und bald morgens, bald abends zu gewissen Zeiten am hellen Dämmerungshimmel gefunden werden kann, um darauf wieder zu verschwinden, war bei den Babyloniern der Verkünder des Götterwillens schlechthin. Er wurde daher als der Stern des Nabu, des Schreibenden, der die Schicksalstafel abfaßt, bezeichnet.

Die Venus war der Stern der Himmelskönigin Ischtar, welche die Göttin des Lebens und der Liebe auf der Erde war. Das ist sie bei den Astrologen unserer Zeit noch heute geblieben.

Mars ist der Rote, der „Weinfarbene", der Feindliche, Unheilbringer, der Räuberstern, der Böse, der Aufsässige, „der von Tod strotzende Stern". Nergal ist sein Gott, „der die verderbliche Glut der Sommersonne sendet", der Krieg, Pest, Fieber in seiner Hand hat, „dem die Unterwelt und das Totenreich zugehören".

Jupiter ist der „glänzende Stern", der Königsstern, „der schreckliche Helle", der Mächtige, der Günstige. Sein Gott ist Marduk, der am Anfang der Dinge den Urdrachen Tiamat überwand.

Saturn war der „Stern von Recht und Gerechtigkeit". Er war dem Ninib zugeteilt, „dem Gott der siegenden Sonne", der die Felder und das Wachstum schützte.

Die Babylonier bekannten sich auch in Schrift und Sprache zur Religion der Sterne. Sie setzten das Keilschriftzeichen O gleich mit dem für Gott. Seither ist die mystische Bedeutung der Sterne nie wieder erloschen. Der Stern von Bethlehem zeigte die Geburt des Gottessohnes an, der sechszackige Davidstern ist das Symbol Jehovas. Alles das hat man wohl kaum bedacht, als man den fünfzackigen Sowjetstern als Zeichen des Bolschewismus erwählte. Aber auch die Amerikaner haben ein Sternenbanner zu ihrer Staatsflagge gemacht, in dem jeder Stern einen Staat verkörpert. Und auch wir, die gewöhnlichen Sterblichen, bemühen uns, „einem guten Stern zu folgen".

Wegen der Bedeutung der Planeten für das Leben und das Handeln des Königs, des Staates, aber auch des Einzelnen wurden diese Wandelsterne und ihre jeweilige Stellung bei gewissen Geschehnissen auf das genaueste beobachtet. Es ist daher nicht zu verwundern, daß bereits vor mehr als zwei Jahrtausenden die Umlaufzeiten der Planeten erstaunlich genau berechnet waren.

Die folgende Tabelle gibt die sogenannten *synodischen Umlaufzeiten* der Planeten an. Das ist die Zeit, die vergeht, bis ein Planet, von der Erde aus gesehen, wieder dieselbe Stellung bezüglich der Sonne einnimmt.

Planet	Jahr	Babylonischer Wert	heutiger Wert
Merkur	142 v. Chr.	115,878 Tage	115,877 Tage
Venus	76 v. Chr.	583,910 Tage	583,921 Tage
Mars	122 v. Chr.	779,995 Tage	779,936 Tage
Jupiter	189 v. Chr.	398,890 Tage	398,884 Tage
Saturn	189 v. Chr.	378,102 Tage	378,092 Tage

Ist dieser Zahlenvergleich allein schon verblüffend, so ist es weiterhin erstaunlich, wie die Babylonier bereits die Berechnungen der jeweiligen Planetenstellungen durchzuführen verstanden. Dabei ist zum Beispiel wichtig zu wissen, wann die Planeten aufgehen oder untergehen, hoch am Himmel stehen oder vielleicht unsichtbar sind. Des weiteren wird es für einen Astrologen wichtig sein, wie die Gestirne bei ihrer Eigenbewegung zu den Sternbildern, also dem Tierkreis, stehen.

Auf alle diese Umstände achteten bereits die Babylonier und machten sie zur Grundlage ihrer Voraussagen. In einem alten Keilschrifttext aus dem 12. Jahrhundert v. Chr. heißt es beispielsweise: „Wenn am 14. Monatstag der Mond um den halben Umkreis von der Sonne absteht (d. h. in Opposition ist), wird dem erhabenen Landeskönig eine wichtige Nachricht aus weiter Ferne zukommen." Unwillkürlich denkt man bei diesem Wortlaut an das Musical *Hair*, in dem es ja auch heißt: „Wenn der Mond im siebten Hause steht und Jupiter auf Mars zugeht, herrscht Friede unter den Planeten, lenkt Liebe ihre Bahn, genau ab dann regiert die Erde der Wassermann."

„Ebenso wie die Sonne im Osten aufsteigt", so heißt es in einem anderen Text, „zur Höhe des Himmels emporgleitet und im Westen versinkt, so kommen auch der Mond und alle Gestirne alltäglich vom östlichen Horizont herauf und vollführen ihren Umlauf."

Wir wissen heute, daß der scheinbare Mittelpunkt dieser kreisförmigen Tagesbahn der sogenannte *Nordpol* des Himmels ist, in dessen nächster Nachbarschaft sich der Polarstern (Nordstern) befindet. Bekanntlich rührt dieser tägliche Umlauf der Gestirne, den die Babylonier bereits beobachteten und in ihren Aufzeichnungen festhielten, davon her, daß der Erdball sich binnen 24 Stunden um seine Achse dreht, die mit großer Annäherung immer nach ein und demselben Fixsterngebiet ausgerichtet ist. In unseren Breiten befindet sich der Polarstern, den man vom Sternbild des Großen Wagens, und zwar in fünffacher Verlängerung der Hinterachse, leicht auffindet, in etwas mehr als halber Himmelshöhe. Er war zur Zeit der Babylonier 10 bis 20 Grad und mehr vom Nordpol des Himmels entfernt und nähert sich bis zum Jahre 2100 dem Pol auf rund 0,5°, um sich dann wieder zu entfernen. So haben auch die Babylonier bereits erkannt, daß man ihn zur ungefähren Orientierung im Himmelsgewölbe benutzen kann. Zur genauen Orientierung verwendete man damals andere Sterne, die etwa im Osten aufgehenden Tierkreisbilder. Die babylonische Astrologie benutzte diese, um daraus entsprechende Schlußfolgerungen für die Sterndeutung zu ziehen, da für die Zukunftsvoraussage das Tierkreiszeichen entscheidend war, das sich gerade „im Aufgang" befand. Dann, wie es in den alten Keilschrifttexten heißt, war für das Horoskop „die Stunde der anschauenden Gestirne" maßgebend.

Besaßen die Babylonier schon ein Fernrohr?

Im Zusammenhang mit den zahllosen astronomischen Beobachtungen und Entdeckungen der Babylonier taucht in den letzten Jahren immer wieder die Frage auf, wie die Priesterastronomen am Tigris bereits vor 4000 Jahren am Sternenhimmel Einzelheiten bei den Planeten unseres Sonnensystems feststellten, die wir erst in den letzten Jahrhunderten mit Hilfe eines Fernrohres herausfanden.

Da gibt es beispielsweise, wie der englische Astronom R. A. Proctor schrieb, angeblich eine Darstellung des assyrischen Gottes Nisroch, der astrologisch mit dem Saturn verbunden ist und in einem Ring schwebend dargestellt wird. Man mußte also um diese Zeit schon gewußt haben, daß der Saturn einen Ring besaß. Aus einer anderen Aufzeichnung soll außerdem hervorgehen, daß dieser Ring nach einiger Zeit wieder verschwand und an seiner Stelle zwei Nebensterne erschienen, die nur drei Jahre lang sichtbar waren, dann erneut dem Ring Platz machten.

Wie dieses astronomische Phänomen zustandekam, erklärte erst im Jahre 1655 der holländische Astronom Huygens aufgrund einer langjährigen Fernrohrbeobachtung, über die wir noch im einzelnen sprechen werden. Besaßen auch die Babylonier ein solches Beobachtungsinstrument, fragt sicher mit Recht Professor Proctor? Aus diesem astronomischen Phänomen entwickelte sich übrigens die im Altertum bekannte Sage vom Gott Saturn, der seine eigenen Kinder frißt.

Auch die Sichelform der Venus kann nicht mit dem bloßen Auge, aber schon mit einem schwachen Fernrohr erkannt werden. Sie wird dargestellt auf einem Rollsiegel aus dem zweiten Jahrtausend v. Chr., zusammen, mit der Göttin Mylitta, welche die Venus verkörpert, als deren Symbolzeichen.

Ebenso verblüffend ist es, daß bereits die Babylonier geahnt haben sollen, daß der Mars zwei Monde besaß, die erst im Jahre 1877 von dem Astronomen A. Hall mit Hilfe eines Teleskopes entdeckt wurden.

Wie ist es denkbar, so fragt man sich unwillkürlich, daß man zu dieser Zeit ohne ein Fernrohr das alles beobachten konnte? Gewiß mag es möglich gewesen sein, daß sich im Laufe von Jahrtausenden die Schärfe des menschlichen Auges zum Nachteil verändert hat, aber der Verlust – so behaupten die Mediziner – kann keinesfalls so groß gewesen sein, daß man früher mit bloßem Auge derartige astronomische Beobachtungen zu machen imstande gewesen ist. Welches Hilfsmittel aber hat man für diese Beobachtungen benutzt?

Das erste Fernrohr – so belehrt uns das Lexikon – wurde um 1608 in Holland gebaut. Aus keiner der vorhergehenden Kulturepochen ist uns eine Beschreibung bekannt, aus der man auf das Vorhandensein eines Fernrohres oder Teleskops schließen könnte. Auch theoretisch – so wird behauptet – wäre seine Konstruktion mit der primitiven Glastechnik der früheren Jahrtausende unwahrscheinlich gewesen.

Aber das Glas ist nämlich einer der ältesten künstlich erzeugten Werkstoffe der Menschheit. In Ägypten war Glas bereits im vierten Jahrtausend v. Chr. bekannt. Während man es anfangs nur zu gießen und pressen verstand, kannten die alten Ägypter bereits die Kunst des Glasschliffes.

Nun brauchen die Linsen aber durchaus nicht aus Glas, sondern können auch aus Bergkristall gewesen sein. Bereits der englische Physiker Sir David Brewster zeigte, wie Professor Proctor berichtet, schon 1852 auf einer Versammlung in Bedford eine Platte aus Bergkristall, die wie eine Linse geschliffen und bei Ausgrabungen in Ninive gefunden worden war. Fünfzig Jahre später machte der englische Archäologe Sir Austen Henry Layard bei seinen Ausgrabungen in Nimrud in Mesopotamien einen ähnlichen Fund. Es war eine Linse aus Bergkristall, die eine Brennweite von 105 Millimetern hat und heute im britischen Museum zu sehen ist.

Eine andere Linse entdeckte der französische Astronom und Schriftsteller Théodore Moreux im Jahre 1903 bei einem Besuch der Ruinen von Karthago in dem Besitz des dort wohnenden katholischen Paters Delattre. „Es war", wie er schreibt, „eine plankonvexe Linse so groß wie ein Mantelknopf aus Glas, die im Laufe der fast zweitausend Jahre nach der Zerstörung Karthagos undurchsichtig geworden war. Eine andere, ebenfalls hier gefundene Linse aus Bergkristall, die keine Trübung hatte, benutzt der Pater noch heute, um die Stücke seiner Kameensammlung zu betrachten."

Solche geschliffenen Linsen dürften übrigens im Altertum nichts Ungewöhnliches gewesen sein. Bekannt ist beispielsweise, daß Kaiser Nero einen geschliffenen Smaragd vor sein kurzsichtiges Auge zu halten pflegte. Außerdem wird von verschiedenen römischen Schriftstellern erwähnt, daß Ptolemaios III. (246–221 v. Chr.) auf dem berühmten Leuchtturm von Alexandrien eine Einrichtung hatte anbringen lassen, mit deren Hilfe man „die fernen Schiffe sehen konnte". Moreux erwähnt übrigens auch, daß die Alten „die Sterne durch Rohre angeschaut hätten". Doch haben wir keinerlei Anhaltspunkte dafür, daß unsere ehrwürdigen Vorfahren wirklich Linsenfernrohre gebaut haben. Die aufgefundenen „Linsen" dienten offenbar meist als Schmuckstücke. Und die seltsamen astronomischen Kenntnisse, die die Babylonier gehabt haben sollen, sind umstritten. So ist es beispielsweise ganz unmöglich, daß die Babylonier die zwei Marssatelliten durch Beobachtung gekannt haben, die auch heute noch zu den schwierigsten Fernrohrobjekten zählen, während sie andere viel leichter zugängliche Tatsachen nicht kannten.

Das Weltbild der alten Völker. Über die vom Weltmeer umflossene Scheibe der Erde ist das Kristallgewölbe des Himmels gestülpt, auf dem die Sterne befestigt sind.

Die Griechen versuchten die Welt zu verstehen

Das erste astronomische Wissen kam, wie man heute annimmt, etwa um die Wende des 7. zum 6. Jahrhundert v. Chr. von Ägypten und Babylon nach Griechenland. Hier waren es jedoch keine Priesterastronomen, die aus astrologischen Gründen den Lauf der Gestirne verfolgten, sondern Philosophenschulen, die die Geheimnisse des Himmels und der Erde zu verstehen versuchten. Im Gegensatz zu den Babyloniern bemühten sich die Lehrer dieser einzelnen Schulen, das übernommene Wissen auf eine höhere Erkenntnisebene zu stellen und sie in ein allgemeines Weltbild einzufügen.

Der erste, der sich darüber Gedanken machte, war Thales von Milet (625–545 v. Chr.), der Gründer der ionischen Philosophenschule. Nach seiner noch primitiven Vorstellung war die Erde eine flache Scheibe, die auf dem unbegrenzten und tiefen Wasser des Flusses *Okeanos* schwimmt. Sie liegt in der Mitte der Welt unter dem höchsten Punkt des Himmelsgewölbes. Die im Westen untergehende Sonne wird nördlich von der Scheibe, „auf ihrem Weg in der Nacht" wieder zu ihrer Aufgangsstelle im Osten zurückgebracht. Den gleichen Weg nehmen auch die am Himmel auf- und untergehenden Gestirne.

Die ganze damals bekannte Welt war auf dieser flachen Scheibe verteilt. Sie endete an den Ufern des Flusses Okeanos. Noch zu Lebzeiten des Thales stellte der Philosoph und Mathematiker Pythagoras (etwa 580–500 v. Chr.) eine Behauptung auf, die seiner Zeit fast um zwei Jahrtausende vorauseilte. Er lehrte nämlich, daß die Erde eine frei im Raum schwebende Kugel und überall bewohnbar sei. Den sie umgebenden Raum nannte er *Kosmos* und verstand darunter ein wohlgeordnetes und nach mathematischen Gesetzen und Verhältnissen aufgebautes Weltganzes.

Diese Erkenntnis bedeutete die Loslösung von dem bisher gewohnten Augenschein, der uns vortäuscht, daß wir auf einer Art flachen Scheibe leben. Die Kugel – so folgerte übrigens Pythagoras weiter – müsse außerdem sehr groß sein, da wir ja ein großes Stück Oberfläche überblicken können.

Wie Pythagoras zu dieser für seine Zeit revolutionären Vorstellung kam, ist heute unbekannt, da keine schriftlichen Aufzeichnungen darüber erhalten geblieben sind. Wahrscheinlich – so nimmt man an – hatte er von den Beobachtungen der Phönizier gehört, die vom Roten Meer aus weiter nach Süden gefahren waren und bemerkten, daß die Sonne fast senkrecht herabschien und des Nachts am südlichen Horizont neue Sterne erschienen. Es ist aber auch möglich, daß ihn die Beobachtungen der Mondfinsternisse auf den Gedanken brachten, daß sich dabei ein kugelförmiger Körper zwischen Sonne und Mond schiebe und einen langsam vorrückenden Schatten auf die Vollmondscheibe wirft. Der Körper kann – so vermutete Pythagoras – nur die Erde sein. Von hier zur Kugelgestalt der Erde, aber auch der Sonne und des Mondes war es nur ein kleiner Schritt. Die Kugel, das lehrte Pythagoras weiter, besaß außerdem die vollkommenste geometrische Form und eine absolute Symmetrie. Das aber paßte zu seiner Vorstellung vom Kosmos als einem nach mathematischen Gesetzen wohlgeordneten Weltganzen.

Den Kosmos als Ganzes stellte er sich wie folgt vor: In seinem Mittelpunkt befand sich freischwebend die Erde, umgeben von ihrer Lufthülle. Um sie herum dreht sich um eine Achse von Ost nach West täglich die Fixsternsphäre. Die beobachtete Bewegung der Sonne ist das Ergebnis zweier Umlaufbewegungen, und zwar von Osten nach Westen gerichtet mit der Fixsternsphäre. Die zweite Umlaufbewegung der Sonne um die Erde in einem Jahr vollzieht sich um eine zweite Achse, die einen Winkel von 23° zu der anderen Achse bildet.

Dieses Gedankenbild war für die damaligen Griechen wahrscheinlich nur schwer vorstellbar. Es mußte erst erfaßt und verarbeitet werden. So wird es verständlich, daß Parmenides, ein Philosoph der eleatischen Schule etwa um 500 v. Chr., eine Antwort auf die Frage weiß, warum die Erde frei im Raum schwebt. „Wohin sollte sie denn fallen", soll er gesagt haben, „wenn sie die Mitte der Welt ist und alles um sie herum über ihr steht?"

Platon (427–347 v. Chr.) berichtigte diese Weltvorstellung noch insofern, daß er die Ausdrücke „oben" und „unten" für den Kosmos nicht für anwendbar hielt. Die Erklärung dieses geozentrischen, von der Erde als Mittelpunkt ausgehenden Weltbildes beschäftigte die griechischen Philosophen sehr stark. Platon machte vor allem auf die merkwürdigen Ungleichheiten der Bewegungen der fünf Planeten aufmerksam. Er soll seinen Schülern und Freunden wiederholt dieses Problem vorgelegt haben.

Von den Vorstellungen des Pythagoras mit den beiden Drehachsen ausgehend, glaubte Eudoxos (409–356 v. Chr.), einer der Schüler Platons, die merkwürdigen Bewegungen der Planeten dadurch erklären zu können, daß er jedem eine *Sphäre*, eine Kugelschale zuwies, die seine Bahn bestimmte. Diese Kugelschalen – so nahm er an – waren derart miteinander verbunden, daß die Achse jeder Schale durch die vorhergehende getragen wurde. Die sogenannte erste Sphäre war die Grundbewegung. Sie wurde ergänzt durch eine zweite sich bewegende Sphäre. Die lief um eine andere Achse und sollte die zweite Bewegung erklären, welche die Planeten nahmen, zu denen übrigens damals auch die Sonne und der Mond gehörten. Der Mond hatte ja, um dies an einem Beispiel zu erklären, einen täglichen und einen monatlichen Umlauf. Für die Sonne waren auf diese Weise drei, für die fünf Planeten je vier Sphären, und so ging es fort zu den Fixsternen, bis man schließlich eine Welt von 26 Kugelschalen hatte, welche die sonderbaren Bewegungen der Sterne erklären sollten.

Eine verwirrende und heute kaum mehr zu verstehende Lehre, die aber von der falschen Vorstellung ausging, daß die Erde der Mittelpunkt der Welt sei und sich alles um sie drehe. Es war ein Versuch, mit untauglichen Mitteln die uns heute bekannte Bewegung der Erde um sich selbst und um die Sonne erklären zu können.

Die Atomtheorie ist 2500 Jahre alt

In der zweiten Hälfte des 5. Jahrhunderts v. Chr. führte Philolaus seine Idee eines Zentralfeuers ein, das von Sonne, Mond, Erde und Planeten umkreist werden sollte. Außerdem befindet sich nach ihm hinter dem Zentralfeuer, der Erde gegenüber, eine Gegenerde, die wir nie beobachten könnten.

Dieses komplizierte Weltbild wurde allerdings dadurch wesentlich vereinfacht, daß der Pythagoreer Aristarch von Samos (um 265 v. Chr.) erstmals der Meinung war, die Sonne selbst würde im Mittelpunkt der Welt stehen und von den Planeten einschließlich der Erde umkreist werden. Zentralfeuer und Gegenerde waren abgeschafft.

Ein zweifellos für die damalige Zeit genialer Gedanke, der allerdings nur den einen Fehler hat, daß die Erde nicht, wie man annahm, den Mittelpunkt der Welt darstellte, eine Vorstellung, der sich damals kaum ein Gelehrter anschließen konnte.

Noch weiter gehen seine Kollegen Leukippos und Demokritos, die lehren, daß die Materie nicht stetig den ganzen Raum erfülle, sondern aus kleinen, nicht weiter teilbaren, unveränderlichen Teilchen, den *Atomen*, aufgebaut sei. So wurde bereits damals vor fast 2½ Jahrtausenden ein Begriff geprägt, der unserer Zeit den Namen gab und die Geschichte einer neuen Energiequelle einleitete.

Demokrit war übrigens auch der erste, der die Milchstraße als eine Vielzahl dicht zusammengedrängter Sterne deutete. Der Weltraum, so folgerte er, sei keineswegs ein durch eine halbrunde Schale abgegrenzter Raum, sondern müsse wegen seiner Unendlichkeit eine Kugelform haben, da nur diese das vollkommenste geometrische Gebilde sei. Die aus Atomen gebildeten Sterne befänden sich darin in ständiger Bewegung auf genau festgelegten Bahnen.

Der römische Dichter Lukrez verherrlichte vierhundert Jahre später Demokrit wegen seiner kühnen Ideen in seinem berühmten Lehrgedicht: *De natura rerum – Von der Natur der Dinge* und schrieb:

„Weder die Furcht vor den Göttern noch zuckende Blitze oder Donnergrollen wegen ihrer Verhöhnung schüchterten ihn ein. Sein Geist wanderte durch die Unendlichkeiten des Himmels und verkündete uns, was sein kann und was nicht . . .!"

Tatsächlich ist es erstaunlich, was Demokrit vor rund 2500 Jahren erkannt hatte. Manches davon ist erst in unserer Zeit der Wissenschaft wieder bewußt geworden. In seinem Lehrgedicht drückt es Lukrez weiter so aus: „Da sich der Weltraum in einer kaum vorstellbaren Unendlichkeit ausdehnt und in ihrem ewigen Lauf unzählige Sterne durch endlose Tiefen ziehen, ist es wohl im höchsten Grad unwahrscheinlich, daß nur dieser eine Himmel und ein einziger Erdkreis entstanden und all die anderen Atome des Urstoffes nichts weiter bewirkt haben sollten! Wie sich die Atome hier zusammengefunden haben, könnten sie sich unter der Wirkung derselben Naturkräfte überall zusammenschließen. So mußt du bekennen, daß es noch andere Erden in ähnlichen Welten geben könnte."

Diese Gedanken, die ihrer Zeit weit vorauseilten und das Universum als einen „unendlichen", für die damalige Zeit kaum faßlichen Raum ohne Grenzen bezeichneten, konnten erst in unserer Zeit richtig erkannt werden. Es ist übrigens erstaunlich, daß die Chinesen, obwohl sie von dem griechisch-römischen Kulturkreis so weit getrennt waren, auf andere Weise zu ähnlichen Überlegungen gekommen sind. Teng Mu, ein Gelehrter der Sung-Dynastie (420–479 n. Chr.), stellte ebenfalls den Gedanken von der Vielzahl der Welten auf, die sich in einem unermeßlich großen Raum befanden.

„Wie ein Baum", so schrieb dieser Gelehrte, „der viele Früchte trägt, ist das Universum anzusehen. Alle die Sterne, die wir auf unseren Himmelskarten eingezeichnet haben, können ähnliche Welten wie wir sein, und dahinter mögen noch andere liegen, die wir nur nicht zu sehen vermögen."

Auch Plato, der berühmte Schüler des Sokrates, und später ebenso Aristoteles hatten sich in ihren gedanklichen Vorstellungen übrigens gleichfalls bemüht, das Universum, wie es später genannt wurde, als eine vollkommene Einheit aufzufassen. Eine solche aber konnte nur die Form einer Kugel haben, wie sie glaubten.

Diese umschloß den irdischen Globus. Alles, was sich darin außerhalb der Erde bewegte, also die Sterne, müßte, wenn man von dieser Überlegung ausging, in Form einer Kreisbahn geschehen. Das aber widersprach den damals gemachten Beobachtungen, die wir bereits erwähnten. Denn die Planeten hielten derartige Kreisbewegungen durchaus nicht ein. Sie näherten sich vielmehr einander, um dann wieder auseinanderzustreben. Auch die Versuche mit verschiedenen Sphären oder den beiden Bewegungskreisen von Erde und Sonne halfen darüber nicht hinweg.

So scheiterte die gedankliche Erfassung der Form des Weltraumes, und man kehrte mangels einer einleuchtenden Erklärung zu dem Ausgangspunkt der astronomischen Betrachtung zurück und nahm an, daß die Erde und damit der Mensch als ihr Bewohner im Mittelpunkt des Alls stehe und das ganze Universum sich um ihn drehe. Auch die Lehre des Aristarch von Samos wurde nicht anerkannt. So kamen die großen Gedanken einiger griechischer Philosophen nicht zum Durchbruch, obwohl sie bereits manches astronomische Phänomen richtig erklärt hatten und auf dem richtigen Wege waren, das Weltall in seiner Grenzenlosigkeit zu erfassen.

Erdumfang und Mondentfernung richtig berechnet

Mit dem geometrischen Wissen, das man bereits damals besaß, versuchte man, einige der Entfernungen im Weltraum zu berechnen. Besonders als Alexander der Große um 332 v. Chr. nach der Eroberung Ägyptens im westlichen Nildelta die Stadt Alexandrien mit der Bestimmung gründete, nicht nur einen Mittelpunkt des Handels, sondern auch ein Zentrum des hellenischen Wissens zu errichten, versammelten sich hier die bekanntesten griechischen Gelehrten. Denn die Bedingungen waren für ihre Arbeiten einmalig. Die Akademie verfügte nämlich über prachtvolle, aber auch zweckmäßige Gebäude mit schattigen Säulenumgängen und Diskussionssälen sowie über eine riesige Bibliothek, die aus allen Teilen des alexandrinischen Weltreiches zusammengetragen worden war.

Einer der dort beschäftigten Bibliothekare war der Mathematiker Eratosthenes (275–195 v. Chr.). Er verfaßte eine Anzahl mathematischer und geographischer Arbeiten und fertigte unter anderem im Auftrag der Regierung eine „Gradnetzkarte" Ägyptens an. Dabei stellte er fest, daß die Stadt Syene – in der Nähe des heutigen Assuan – südsüdöstlich von Alexandrien lag. Da der Ort sich weiterhin, wie er schrieb, nahezu „unter dem Wendepunkt des Krebses" befand und daher die Sonne zur Mittagsstunde des 21. Juni genau senkrecht darüber stand, kam er auf den Gedanken, diese Tatsache zu benutzen, um den Umfang der Erde zu berechnen.

Damit wollte er zugleich auch die Behauptung widerlegen, die Erde sei eine Scheibe. Wäre dies nämlich der Fall – so überlegte er –, müßte die Sonne auf alle Orte der Erdscheibe zur gleichen Zeit unter demselben Winkel herabscheinen. Das stimmte aber durchaus nicht, denn zum Mittag des 21. Juni, also bei ihrem höchsten Stand, trafen die Strahlen unter einem Winkel von $7\frac{1}{5}$ Grad zum Lot hin in Alexandrien auf, während sie in Syene genau senkrecht in einen Brunnenschacht fielen, so daß man tief unten das Bild der Sonne auf der Wasserfläche sich spiegeln sah. Da man aber aus dem Eindringen von Sonnenstrahlen in einen verdunkelten Raum wußte, daß alle Sonnenstrahlen parallel laufen, konnte der Unterschied des Einfallswinkels an den beiden verschiedenen Orten nur durch eine Krümmung der Erdoberfläche erklärt werden. Das aber hieße, daß die Erde eine Kugel und keine Scheibe war.

Weil aber weiterhin $7\frac{1}{5}$ Grad der fünfzigste Teil eines Kreises von 360 Grad sind, müßte demnach die ganze Kugel einen Umfang der 50fachen Entfernung von Alexandrien nach Syene haben. Da diese aber ungefähr 5000 Stadien oder 800 Kilometer betrug, kam er auf einen Erdumfang von $50 \times 800 = 40000$ Kilometern oder 250000 Stadien.

Nach neueren Berechnungen beträgt auch tatsächlich der Erdumfang über die Pole gemessen 40009 Kilometer. Man sieht also, wie erstaunlich nahe der große Mathematiker Eratosthenes vor 2200 Jahren mit seiner Berechnung an den wirklichen Erdumfang herankam, was allerdings ein wenig dem Zufall zuzuschreiben war, denn Eratosthenes beging zwei Fehler, die sich gerade gegenseitig aufhoben.

Aristarchos, ein anderer griechischer Astronom, der um 270 v. Chr. auf der Insel Samos lebte, hat ein noch erstaunlicheres Rechenexperiment durchgeführt. In der einzigen von ihm noch erhaltenen Schrift *Von der Größe und der Entfernung der Sonne und des Mondes* suchte Aristarchos nach einem richtig und genial erdachten Verfahren, das Verhältnis der Entfernung der Sonne und des Mondes von der Erde zu bestimmen.

Er ging von der Überlegung aus, daß zur Zeit des ersten und letzten Mondviertels, also dem zu- und abnehmenden Halbmond, Sonne, Mond und Erde ein rechtwinkliges Dreieck bilden müßten. Aus dem dabei tatsächlich gemessenen Winkelabstand Mond-Erde-Sonne bestimmte er von Sonne und Mond das Verhältnis ihrer Entfernung von der Erde. Heute ist es zwar mit Hilfe der trigonometrischen Tafeln ohne große Schwierigkeiten möglich, aus einem spitzen Winkel in einem rechtwinkligen Dreieck die Verhältnisse der Seiten zum Dreieck zu erhalten und so zu berechnen. Aristarchos besaß aber diese Tafeln nicht und konnte daher nur auf sehr scharfsinnige und mühsame Weise aus dem gemessenen Winkel von 87° das Verhältnis der Entfernungen Erde–Mond und Erde–Sonne näherungsweise bestimmen.

Aber bereits im Altertum wurde das Ergebnis von Aristarchos von einem anderen griechischen Astronomen, und zwar von Hipparch aus Nikaia (etwa 190 bis 125 v. Chr.) aufgrund einer zweiwinkligen Messung korrigiert. Er berechnete die Entfernung Erde–Mond zu 59 Erdradien. Der richtige Wert liegt nach heutigen Berechnungen bei 60,4 Erdradien.

Hipparch von Nikaia fand ferner heraus, daß die Entfernung nicht immer gleich groß ist. Er vermutete außerdem, daß der Mond sich nicht immer mit der gleichen Geschwindigkeit bewegt, sondern am schnellsten ist, wenn er der Erde am nächsten kommt. Den Durchmesser des Mondes berechnete er ebenfalls annähernd richtig. Er kam dabei auf $3/_{11}$ des Erddurchmessers.

Im übrigen hatten diese Berechnungen schon bei Aristarchos auch für die Gestaltung des Weltbildes dieser Zeit einen weitreichenden Einfluß. Er vertrat nämlich 1800 Jahre vor Kopernikus die Ansicht, daß sich die Planeten, zu denen er auch die Erde rechnete, um die Sonne drehten. Seine Schriften über dieses heliozentrische Weltbild sind allerdings verlorengegangen, und lediglich aus den Aufzeichnungen des berühmten Mathematikers Archimedes (271–212 v. Chr.) können wir folgendes darüber entnehmen: „Die Mehrzahl der Astronomen", so schreibt Archimedes, „versteht unter der Welt eine Kugel, deren Zentrum mit der Erde zusammenfällt und deren Radius gleich der Entfernung von der Sonne ist. Aristarchos berichtet über diese Dinge und widerlegt sie in den Propositionen, die er gegen die herrschende Meinung der Astronomen veröffentlicht. Nach seiner Meinung ist die Welt viel größer; er setzt voraus, daß die Sterne und die Sonne unbeweglich sind, daß die Erde sich um die Sonne bewegt und daß die Fixsternsphäre, deren Zentrum ebenfalls in der Sonne liegt, so groß sei, daß sich der Umfang des von der Erde um die Sonne beschriebenen Kreises zu der Distanz der Fixsterne verhält wie das Zentrum einer Kugel zu ihrer Oberfläche."

Wir wissen seit 400 Jahren, daß die von Archimedes wiedergegebene

Auffassung des Aristarchos über den Umlauf der Planeten einschließlich der Erde richtig ist und ihrer Zeit mehr als 2000 Jahre vorauseilte. Trotzdem war dieser Vorstellung von der Bewegung der Planeten kein allzu großer Erfolg beschieden. Außer Archimedes begriffen sie wahrscheinlich nur wenige. Sie wurde in den folgenden Jahrhunderten deshalb nur wenig diskutiert und einfach nicht beachtet und vergessen.

Die meisten Philosophen und Astronomen dieser Zeit beschäftigten sich in der Hauptsache nämlich damit, nicht den wirklichen Aufbau der Welt zu ergründen, sondern die Bewegung der Sterne mathematisch zu erfassen und vorauszuberechnen.

Unter diesen Astronomen gab es erstaunliche und ideenreiche Mathematiker. Einer der scharfsinnigsten ist ohne Zweifel Hipparch gewesen. Von seinen Schriften ist nur ein Werk erhalten, und zwar ein wissenschaftlicher zeitgenössischer Kommentar zu einer poetischen Beschreibung des Sternenhimmels des griechischen Dichters Aratos aus dem 3. Jahrhundert v. Chr. Alles andere über ihn wissen wir sozusagen nur aus zweiter Hand, nämlich aus einem von Ptolemaios im 2. Jahrhundert n. Chr. entstandenen *Almagest*, einer Zusammenstellung des spätgriechischen astronomischen Wissens. Die erste darin aufgeführte Arbeit betrifft die sogenannten *Sehnentafeln*, die als die Vorläufer der heutigen trigonometrischen Tafeln anzusehen sind und die astronomischen Berechnungen außerordentlich erleichterten. Diese Sehnentafeln des Hipparch sind zwar verlorengegangen, aber aus einer Darstellung des Ptolemaios geht hervor, daß er die darin enthaltenen geometrischen Rechnungsregeln benutzt hat, um die verschiedensten Aufgaben der sphärischen Astronomie zu lösen. So konnte er beispielsweise Ort und Zeit bestimmter Stellungen der Gestirne in bezug auf den Horizont bestimmen oder ihren Auf- und Untergang.

Daneben aber war Hipparch auch ein eifriger Sternenbeobachter. Plinius der Ältere (23–79 n. Chr.) erwähnt das in seinem großen Werk *Historia Naturalis:* Hipparchos habe einen vorher unbekannten, vorher nicht beobachteten und einen zu seiner Zeit „entstandenen" Stern entdeckt. Er habe sich dabei gefragt, ob sich dies häufiger ereignete, und begann deshalb die Sterne für die Nachkommen zu zählen und unter Angabe ihrer Stellungen am Himmel auch ihre Größe aufzuzeichnen. Er tat dies, damit leichter festgestellt werden könne, ob sie nicht nur verschwänden und sich wieder entzündeten, sondern auch zu- und abnähmen.

Wahrscheinlich ist dieser Stern, den Hipparch entdeckte, eine *Nova* gewesen, da eine solche in den *Kaiserlichen Sternenbüchern* der Chinesen im Jahre 134 v. Chr. erwähnt wird. Es war eines der größten Anliegen Hipparchs, möglichst genaue Werte für die wichtigsten astronomischen Perioden und damit auch für die Länge des Jahres und die astronomischen Jahreszeiten zu bekommen. Als Jahr bezeichnete Hipparch die Zeit, welche die Sonne benötigt, um von einem genau bestimmten Punkt der *Ekliptik* wieder zu demselben zurückzukehren. Die zu diesem Zweck benutzten Punkte der Sonnenumlaufbahn waren die Wende- oder *Sostitialpunkte* der Frühlings- und Herbstwende. Sie wurden in früherer Zeit in Griechenland durch die Messung der kürzesten Mittagsschatten eines vertikal aufgerichteten Stabes bestimmt. Zu Zeiten Hipparchs aber hatte man schon eine Einrichtung in Alexandrien auf der Südseite einer nach Ost-West ausgerichteten Mauer angebracht, die es mit Hilfe eines Ringes gestattete, die Ebene des Himmelsäquators genau zu bestimmen.

Hipparch schreibt darüber in dem bereits erwähnten Almagest: „Ich habe auch eine Abhandlung *Von Schaltmonaten und Schalttagen* verfaßt, in welcher ich nachweise, was ein Sonnenjahr ist, nämlich die Zeit, in der die Sonne von einer Wende bis wieder zu derselben gelangt oder von einer Nachtgleiche bis wieder zu derselben; es umfaßt 365 Tage und einen Vierteltag, vermindert um ungefähr ein Dreihundertstel eines Tages. Die Meinung der Mathematiker, daß ein voller Vierteltag zu der genannten Zahl hinzukommt, ist also nicht richtig. Der angegebene Betrag macht vielmehr 365,2467 Tage = 365 Tage, 5 Stunden, 55 Minuten, 4 Sekunden aus."

Das aber ist die Zeit, die wir heute das *tropische Jahr* nennen, das unser Kalenderjahr ist. Die Bezeichnung tropisches Jahr kommt von dem lateinischen Wort „tropicus" für die Wendekreise. Der heute benutzte Wert beträgt allerdings 365 Tage, 5 Stunden, 48 Minuten, 46 Sekunden und ist damit um etwas weniger als sieben Minuten kleiner. Das aber beruht auf der von Hipparch entdeckten Präzessionsbewegung der Wende- und Nachtgleichpunkte um 50 Sekunden im Jahr. Die Berechnung des Hipparch zu seiner Zeit war also richtig.

Aber diese Sonnenumlaufberechnung war nur eine von vielen, die Hipparch durchführte. Es würde über den Rahmen dieser Arbeit hinausgehen, wollte man auch die anderen mathematisch-astronomischen Probleme erörtern, mit denen er sich befaßte.

Alle diese Berechnungen hatten zur Folge, daß die mathematische Astronomie zu keiner Zeit vorher so außerordentlich gefördert wurde wie durch das Lebenswerk Hipparchs. Er brachte, wie Ptolomaios schrieb, „den Himmel und ihre Sterne seinen Mitbürgern näher als viele vor ihm!"

Sie wiesen die Richtung am Himmel

Das beruhte neben anderem auch auf dem allgemeinen Interesse, das die Griechen an dem gestirnten Himmel hatten. Ihr Bemühen um das Erkennen und Deuten der einzelnen Sternbilder, aber auch der einzelnen Sterne war beinahe unerschöpflich. Sie versetzten die Gestalten ihrer sagenhaften Helden an den Sternhimmel und verbanden damit auch die Geschichten, die sich um sie rankten. Sie waren oft spannend und unterhaltsam, wie nur eine Geschichte sein kann.

Die Griechen sahen beispielsweise in dem Großen Wagen einen großen Bären. Die Geschichte dieses Sternbildes war folgende: Die Gemahlin des obersten Gottes der Griechen, Zeus, war böse auf die Nymphe Kallisto. Sie verwandelte Kallisto darauf in eine Bärin, die im Wald leben mußte. Eines Tages wurde sie von ihrem unwissenden Sohn Arkas mit den Jagdhunden verfolgt. Zeus, der dies als Allwissender natürlich bemerkte, hatte Mitleid mit ihr. Er wollte vor allem verhindern, daß der Sohn seine eigene Mutter tötete. So versetzte er alle drei Wesen an den Sternhimmel, wo sie noch heute zu sehen sind.

Die Sternbilder Cassiopeia, Cepheus, Andromeda, Perseus und Walfisch haben die Griechen in einer schönen Sage miteinander verbunden. Cassiopeia war eine anmutige, aber auch stolze und hochmütige Königin. Sie prahlte gern mit ihrer Schönheit. Eines Tages verkündete sie laut: Ich bin ebenso schön wie die Meerjungfrauen, die Nixen. Der Meergott hörte von dieser Überheblichkeit und beschloß, die Königin für diesen Hochmut zu bestrafen. Er schickte ein riesiges Meerungeheuer, eine Art Walfisch an die Küsten des Königreiches von Cassiopeia und Cepheus, so hieß ihr königlicher Gemahl. Der König, die Königin und das ganze Volk kamen in größte Not. Sie befragten die Priester, was sie tun könnten, um das schreckliche Ungeheuer loszuwerden. Die Antwort der Priester lautete: Ihr müßt eure Tochter Andromeda dem Meeresungeheuer opfern. Nur dann läßt es davon ab, euer Land weiter zu verwüsten. Die königlichen Eltern jammerten und klagten, aber sie brachten doch ihre Tochter an den Strand des Meeres, wo sie mit ausgebreiteten Armen an einem Felsen festgebunden wurde.

Im letzten Augenblick, als sich das Meeresungeheuer ihr bereits näherte, wurde sie durch Perseus gerettet. Er liebte die Königstochter Andromeda und wollte ihr unter Einsatz seines Lebens beistehen. Er kam auf seinem Flügelroß Pegasus durch die Luft herbeigeeilt und tötete mit seinem Schwert das Meeresungeheuer. Darauf befreite er die an den Felsen gefesselte Andromeda. Alle Gestalten dieser Sage – so erzählten sich vor zwei Jahrtausenden die Griechen – wurden zur ewigen Mahnung der Menschen, in keiner Lage zu verzweifeln, an den Himmel geheftet.

Aber auch die Sterne haben in umgekehrter Weise zur Entstehung mancher Sage beigetragen. Perseus bediente sich, wie wir berichteten, als er zu seinem Befreiungswerk herbeieilte, des geflügelten Rosses Pegasus. Wie kam er zu diesem sonderbaren Reittier? Die mit einem Stern verbundene Geschichte soll dazu der Anlaß gewesen sein.

Zum Sternbild des Perseus gehört nämlich noch ein etwas abseits stehender Stern, den man Algol nennt. Die Griechen nannten ihn jedoch „das Haupt der Medusa". Die Medusa aber war der Sage nach eine geflügelte Jungfrau. Sie hatte feurige Augen und war sehr häßlich. Statt der Haare wanden sich ihr Schlangen um den Kopf. Sie wohnte am Rande der Unterwelt, und wer ihr Haupt ansah, wurde vor Schreck im Augenblick versteinert. Deshalb war sie von allen gestorbenen Menschen und ihren Geistern, die in die Unterwelt mußten, gefürchtet.

Perseus aber wagte es, mit diesem Ungeheuer den Kampf aufzunehmen. Er besiegte es und schlug ihm das Haupt ab. Aus dem aus dem Körper herausquellenden Blut soll darauf das Flügelroß Pegasus entstanden sein, das später zum Wahrzeichen der Dichter wurde. Auch dieses Ereignis wurde zum ewigen Gedächtnis dieser Heldentat von Zeus durch einen Stern am Himmel festgehalten.

In der Winterzeit und im Frühling ist bei uns das schöne Sternbild des Orion gut zu sehen. Orion war ein großer und wilder Jäger. Er erlegte viele Tiere. Zuletzt stach ihn ein Skorpion in den Fuß, und an dieser Wunde starb er. Aber Zeus machte ihn unsterblich in einem Sternbild am Himmel. In der Nähe des Sternbildes des Orion steht auch das Sternbild des Fuhrmann. Er gehört zu dem Himmelswagen, den bereits die alten Chinesen als das Fahrzeug der Götter bezeichneten. Nach den alten Sagen trägt dieser Fuhrmann ein Zicklein auf dem Arm. Das ist der hellste Stern im Sternbild des Fuhrmann, genannt Capella, das heißt auf deutsch Zicklein.

So wußten die Griechen wie viele alte Völker den Himmel mit den Sagengestalten ihres Volkes lebendig zu machen. Das hatte aber auch einen durchaus praktischen Grund. Die noch heute gebräuchlichen Sternbilder dienen zur Orientierung am Nachthimmel. Das war besonders in früheren Zeiten wichtig, um so bestimmte *Leitsterne* zu finden. Diese waren für die Fischer und Seefahrer eine Art Kompaß in einer sternklaren Nacht auf hoher See. Noch heute singen die Fischer an den Küsten Irlands ein altes Lied, in dem Dulhe, der hellste Stern des Großen Wagens, als Richtungsweiser gepriesen wird. Damit war übrigens durchaus nicht der Polarstern gemeint, den wir heute als Anzeige der Nordrichtung benutzen. Denn die Leitsterne haben im Laufe von Jahrtausenden ihren Standort am Nachthimmel geändert. Noch vor einem Jahrtausend stand der Polarstern nicht genau an derselben Stelle wie heute.

Deshalb war im dritten und vierten vorchristlichen Jahrtausend die Deichsel des Großen Wagens, die dem Himmelsnordpol näher stand, bei den alten Assyrern der Richtungsweiser. Als auch dieses Sternbild allmählich vom Himmelspol abrückte, trat zunächst ein recht unscheinbarer Stern aus dem Sternbild des Drachen an seine Stelle, bis schließlich der heutige Polarstern ihn ersetzte.

Andere Sternbilder, wie beispielsweise den Orion und die Plejaden, benutzte man zur Erkennung der Ost-West-Richtung, ebenso die Jungfrau, deren lange Sternkette diese Richtung am Himmel gut anzeigt. Das haben die verschiedensten Völker bereits vor den Griechen schon erkannt, wenn sie auch den Sternbildern andere Namen gaben.

Eine weitere Frage ist natürlich, ob die so willkürlich wie bei den Griechen zusammengesetzten Sterngruppen auch physikalisch und damit astronomisch zusammengehören. Damit ist gemeint, ob sie hinsichtlich ihrer Entfernung von der Erde, in ihrer Geschwindigkeit und Fortbewegungsrichtung zusammengehören. Im allgemeinen ist dies bei den meisten Sternbildern nicht der Fall. Vom Großen Wagen wissen wir allerdings, daß sich fünf seiner sieben Hauptsterne ungefähr in derselben Richtung und nahezu mit der gleichen Geschwindigkeit bewegen. Bei den Sternen des Orion hingegen, die von der Erde aus so ganz zusammengehörig aussehen, sind die Abstände selbst für Weltraumverhältnisse erheblich. Auch die Entfernungsunterschiede zur Erde sind beträchtlich, ganz abgesehen davon, daß sie sich auch in der Geschwindigkeit unterscheiden. Die Sternbilder, wie sie auch immer heißen mögen, sind daher eine rein optische Angelegenheit. Es sieht lediglich von der Erde so aus, als ob sie bestimmte Gruppen bildeten!

Das erste Handbuch der Astronomie

Das Interesse, welches das griechische Volk an den Sternen hatte, zeigt die Aufgeschlossenheit, die in weitesten Kreisen für die Astronomie herrschte. Gegenüber den älteren orientalischen Kulturen kam aber noch hinzu, daß die griechischen Gelehrten sich bemühten, die Welt der Sterne auch verstandesmäßig zu erfassen und die ihrem Lauf zugrunde liegenden Gesetze zu erforschen.

Es war das erste Mal in der Geschichte der Astronomie, daß der Mensch dies versuchte und sich von der Vorstellung löste, der Lauf der Sterne sei nur deshalb für ihn von Bedeutung, weil der Wille der Götter ihm auf diese Weise und damit auch sein zukünftiges Schicksal offenbart werden sollte.

Den griechischen Philosophen, die den Sinn und Zweck des Lebens zu erforschen suchten, war dies unverständlich, und einige von ihnen lachten sogar darüber. Gleichwohl erhielt die griechische Geisteswelt mit dem Weltbild der orientalischen Priesterastrologen ein großartiges Geschenk von mächtiger Anregungskraft, auf dem sie weiter aufbauen konnte. Die mehrere Jahrhunderte lang durchgeführten, gewissenhaften Beobachtungen hatten eine erstaunliche Fülle wertvollen wissenschaftlichen Materiales ergeben, das die Griechen nunmehr auswerten konnten. Zwar wurden auch die Griechen, wie wir gesehen haben, mit all den beobachteten Phänomenen am Sternenhimmel nicht fertig, besonders wenn sie sich nicht in die von ihnen aufgestellten mathematischen Gesetze einordnen ließen. Sie verwarfen darüber hinaus auch solche Erkenntnisse, von denen wir heute wissen, daß sie richtig waren. Dazu gehörte beispielsweise die Behauptung Aristarchs, daß auch die Erde ein Planet sein müsse, der sich zusammen mit den anderen um die Sonne drehe.

Aber das Wesentliche war, sie lösten die Astronomie aus der klein-menschlichen Vorstellungswelt, daß die Sterne eine Art Zubehör der Erde und nur dazu bestimmt seien, einen schicksalhaften Einfluß auf die Menschen auszuüben. Mit anderen Worten ausgedrückt, die Grie-chen begannen die ewigen Naturgesetze zu erahnen, die hinter dem Lauf der Gestirne standen. Diese veränderte Einstellung, die selbst den Gelehrten vor der Erhabenheit des Kosmos erschauern und ihn seine Unbedeutendheit erkennen läßt, kommt am besten in einem Vorwort zum Ausdruck, das Claudius Ptolemaios, einer der meistge-nannten und berühmtesten Astronomen des Altertums (85–160 n. Chr.), vor sein berühmtestes Werk, die *Syntaxis mathematica*, setzte, das später als *Almagest* bekannt wurde. Der ihm vorangestellte Satz lautet:

„Daß ich sterblich bin, weiß ich, und auch daß meine Tage gezählt sind; aber wenn ich im Geist den vielfach verschlungenen Kreis-

Porträt des Clau-dius Ptolemäus aus spätmittelalter-licher Zeit

Auf der Bibel aufbauend, daß die Erde im Mittelpunkt der Welt stehe, war das ptolemäische System die Arbeitsgrundlage für viele Astronomen. An dieser Ansicht wurde auch von seiten der Kirche festgehalten. Die Darstellung stammt von Cellarii aus der „Harmonia Macrocosmica" aus dem Jahre 1660.

bahnen der Gestirne nachspüre, dann berühre ich mit den Füßen nicht mehr die Erde: Am Tisch der Götter glaube ich zu sitzen und mich mit Ambrosia zu laben, der Götterspeise" (der nach dem griechischen Mythos die Götter ihre Unsterblichkeit und ihr Wissen um die Dinge verdanken – Anm. d. Verfass.).

Wer war aber dieser Ptolemaios oder, wie er später in lateinischer Sprache genannt wurde, Ptolemäus? Aus den wenigen noch erhaltenen Berichten wissen wir, daß er eine ganze Zeit – und zwar von 128 bis 160 n. Chr. – in der Schule von Alexandrien lehrte. Eines seiner Hauptverdienste bestand darin, daß er die Beobachtungen, das Wissen und die Erkenntnisse seiner griechischen Vorgänger, besonders von Apollonius von Perge, Eratosthenes und Poseidonios, vor allem von Hipparch systematisch zusammenfaßte, um damit eine eigene Lehre zu begründen. Er nahm darin an, daß die Erde im Mittelpunkt der Welt ruhe und von sieben Planeten, zu denen er auch die Sonne und den Mond rechnete, umkreist werde. Ihren Lauf versuchte er unter Zugrundelegung passend gewählter exzentrischer und epizyklischer Kreisbewegungen zu untermauern. Es ist die Tragik dieses großen Gelehrten, daß er zwar mit dieser Theorie die von der Erde aus beobachteten, verwickelten Bahnen der Planeten geometrisch erklären und auch Vorausberechnungen über ihre Bahnen anstellen konnte, er jedoch die Lehren unberücksichtigt ließ, die die Erde selbst als einen Planeten ansahen und sich damit den heutigen Erkenntnissen näherten.

Das ist um so unverständlicher, weil er gerade die von Hipparch aufgestellte Theorie von der Bewegung des Mondes zu vervollkommnen suchte. Ebenso verwertete er dessen Arbeiten an einem Sternenkatalog, in dem die Lage der Sterne am Himmel sowie ihre Helligkeit angegeben wird, und zwar in ähnlicher Weise, wie es heute die Astronomen zu tun pflegen.

So wie bereits im dritten Jahrhundert v. Chr. Eukleides ein Lehrbuch der Geometrie geschrieben hatte, wollte auch er etwas Großes für die Astronomie schaffen. Die *Mathematische Syntaxis* fand in zahlreichen Kopien bald eine gewisse Verbreitung. Ihr Studium jedoch stellte große Anforderungen an den Leser und verlangte beachtliche Vorkenntnisse. Das führte dazu, daß eine Reihe anderer Astronomen verständlichere Kommentare und entsprechende Monographien herausgaben, die heute zum größten Teil als *Schriften der kleinen Astronomen* bekannt und erhalten sind.

Ptolemäus aber wurde „der große Astronom" genannt. Darauf ist wohl auch die heutige Benennung seiner Mathematischen Syntaxis als Almagest zurückzuführen. Denn schon im dritten Jahrhundert wurde dem Wort Syntaxis die griechische Bezeichnung „groß"

= „megale" und bald sogar die Steigerung „megiste", der „größte", beigefügt. Man sprach darauf nur von der *Megiste Syntaxis*. Woraus dann viel später die Araber unter Voransetzung des Artikels „Al" und unter Weglassung des Hauptwortes „Al Megiste" machten. Daraus entstand die später meist benutzte Bezeichnung „Almagest" für dieses Werk des Ptolemäus.

Die hohe Bedeutung des Werkes beruht neben der bereits erwähnten Zusammenfassung der griechischen astronomischen Erkenntnisse in den zu dieser Arbeit verwendeten astronomischen Schriften, die damals Ptolemäus noch zur Verfügung standen, später aber zum größten Teil verlorengingen. Daher ist es verständlich, daß man in den nächsten 1400 Jahren in diesem Werk – da man ja keine anderen Schriften mehr besaß – die astronomische Hinterlassenschaft des griechischen Volkes sah.

Es besteht aus dreizehn größeren Abschnitten oder Büchern. Im ersten Buch wird der tägliche Umlauf des gestirnten Himmels erklärt und die Kugelgestalt der Erde bewiesen. Gleichzeitig wird der Versuch unternommen, einen weiteren Beweis dafür zu erbringen, daß die Erde im Mittelpunkt stehen muß, da sich sonst die astronomischen Beobachtungen nicht anders erklären ließen.

Weiterhin wird ausgeführt, daß die Sonne, der Mond und die Planeten noch eine andere Bewegung in entgegengesetzter Richtung aufweisen. Ptolemäus bemüht sich, sie mit seiner *Sphärentheorie* in Einklang zu bringen. Ein wichtiger Unterabschnitt dieses Buches behandelt die Berechnung von Sehnen zu bestimmten Kreisbögen, wie sie bereits Hipparch zur Berechnung von Umlaufbahnen in Form von *Sehnentafeln* benutzt hat. Sie wurden bis weit in das Mittelalter hinein zu astronomischen Rechnungen eingesetzt. Heute benutzt man hierzu trigonometrische Formeln und Tafeln.

Im zweiten Buch wird die Ortsbestimmung auf der Erde anhand der hierfür benötigten Berechnungskreise erläutert. Eine Tabelle ist beigefügt, aus der von 8000 Orten die Längen- und Breitengrade zu ersehen sind. Aber auch die Auf- und Untergänge der Sterne sind angegeben.

Das dritte Buch handelt von der genauen Bestimmung der Länge des Jahres, gibt eine ausführliche Darstellung der Theorie der Sonnenbewegung von Hipparch und erläutert die Ungleichheit der Sonnentage. Auch hier sind Tafeln beigegeben, aus denen die Länge des

„Sonnentages" für den jeweiligen Ort zu einer bestimmten Zeit leicht ermittelt werden kann.

Im vierten und fünften Buch werden die verschiedenen Umlaufzeiten des Mondes erläutert und die von Ptolemäus weiterentwickelte Hipparchsche Theorie ausführlich dargestellt.

Das sechste Buch befaßt sich mit den Problemen der theoretischen Vorausberechnung der Verfinsterungen von Sonne und Mond. Die Gründe werden erklärt, warum es zu diesen sonderbaren Naturschauspielen kommt.

Das siebte und achte Buch handelt von den Fixsternen und der sich

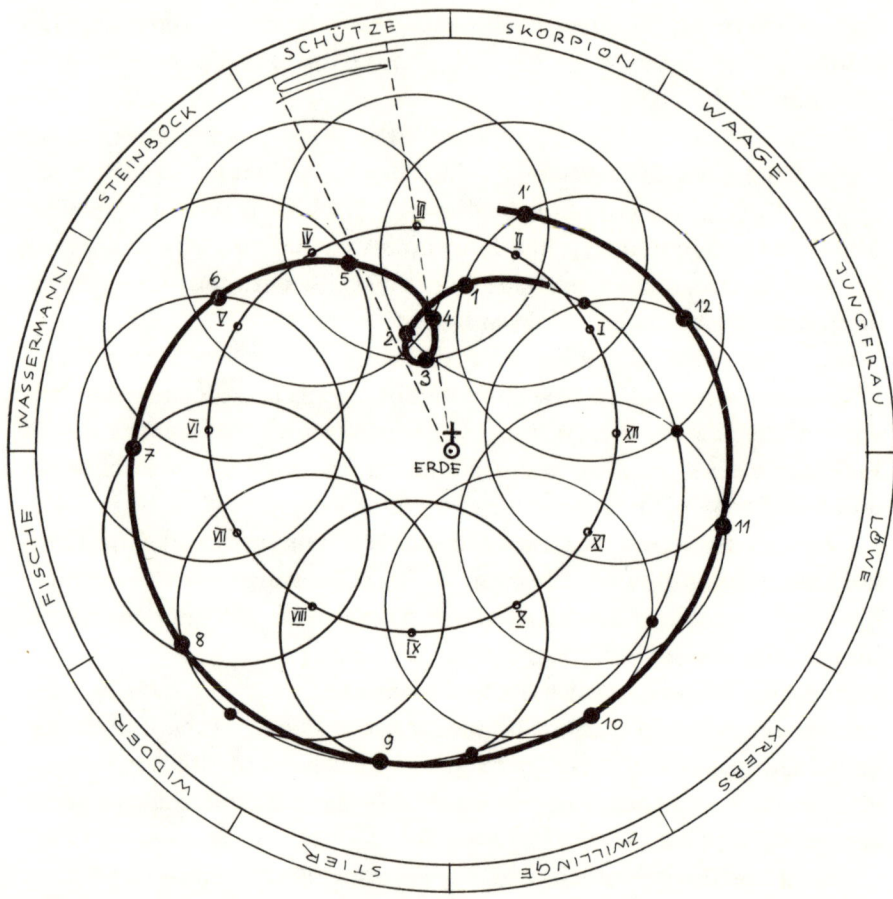

Mit Hilfe eines Kunstkniffs hatte bereits Ptolemäus versucht, über seine Epizyklen-Theorie, die von der Erde im Mittelpunkt ausging, die sonderbare Schleifenbewegung des Planeten zu berechnen.

verändernden Bewegungen der Frühlings- und Herbstpunkte, die als eine in der Richtung des Tierkreiszeichens vor sich gehende Drehung der Himmelssphäre um die Pole des Tierkreises gedeutet wird. Dieses Buch – und das ist das Interessante – enthält ein Verzeichnis von 1022 damals bekannten, hellen Sternen aus 21 Sternbildern des nördlichen, 15 Sternbildern des südlichen Himmels und aus 12 Sternbildern des Tierkreisgürtels mit Angaben ihrer Positionen und ihrer Helligkeit nach Schätzungen in einer sechsstufigen Größenskala.

Die fünf letzten Bücher endlich sind allein der Darstellung der berühmten Sphärentheorie gewidmet, welche die Bewegung der Planeten erklären soll. Sie erklärt die Schleifenbahn der Planeten durch das komplizierte Zusammenspiel mehrerer Kreisbewegungen (Epizykeltheorie).

Eine Frau als Astronomin

Als das Griechentum verfiel, fand sich kein Erbe, der sein Wissen in der Astronomie weiter ausbauen und vervollkommnen wollte. Die Römer, die zwar für alles Griechische schwärmten, waren zu sehr dem Aufbau ihres mächtigen Weltreiches zugewandt. Als in den nächsten fünf Jahrhunderten, die auf Ptolemäus folgten, auch ihr stolzes Imperium auseinanderbrach, begann ein trostloser Verfall nicht nur in der Himmelskunde, sondern auch in den anderen Disziplinen der Wissenschaft.

Zwar gab es hin und wieder noch einige „Kommentatoren", die das Werk des Ptolemäus zu erläutern versuchten. Zu ihnen gehörte beispielsweise der griechische Gelehrte Porphyrios, der hundert Jahre nach Ptolemäus lebte. Aber eigene große Leistungen wurden nicht mehr erbracht. Die einzige Ausnahme bildete eine Frau mit Namen Hypatia, eine Tochter des Mathematikers Theon, der eine Sonnenfinsternis im Jahre 365 in Alexandrien beobachtete und auch darüber schrieb. Er war es auch, der seiner Tochter eine gründliche Ausbildung in Mathematik und Himmelskunde gab.

„Ihre gründlichen und umfassenden Kenntnisse in der Astronomie", so berichteten ihre Zeitgenossen, „waren so groß, daß sie schon bald in Alexandrien einen Lehrstuhl einnehmen und eine beachtliche Zahl von Zuhörern um sich versammeln konnte. Ihre Vorlesungen waren

bald so überlaufen, daß dies den Neid der anderen Lehrer erregte."
Einer ihrer Schüler war der griechische Philosoph Synesios von Kyrene,
der später zum Christentum übertrat und im Jahre 411 Bischof von
Ptolemais wurde, ohne jedoch seine astronomischen Studien aufzugeben. Er entwickelte ein Gerät, die sogenannte *Planisphäre*, zur bequemen mechanischen Lösung von astronomischen und astronomisch-geographischen Aufgaben.

In einem besonderen Lehrgedicht *Sermo ad Paenium* verherrlicht er
„seine vortreffliche Lehrerin" und erwähnt die große Hilfe, die sie
ihm gewesen war. Dadurch wissen wir auch, daß sie astronomische
Tafeln verfertigte, die wohl die einzigen aus dieser Zeit waren. Ihre
philosophischen Schriften und Kommentare zu Diophant, Apollonios
und Ptolemäus sind allerdings verlorengegangen.

Das damals schon herrschende Christentum hatte sie nicht angenommen; dies und der Neid der anderen alexandrinischen Professoren
scheint der Grund für den Anschlag gewesen zu sein, der sie das
Leben kostete. Als sie im Frühjahr 415 von einer Vorlesung nach
Hause ging, wurde sie von einer von dem Patriarchen Cyrillus gedungenen Mörderbande überfallen, an deren Spitze sich Petrus, der
Lector einer christlichen Gemeinde, befand. Unter den empörenden
Mißhandlungen der angeblich „aufgebrachten christlichen Menge"
gab sie ihren Geist auf. Eine Schande nicht nur für die, welche sich
Christen nannten und angeblich nach ihrer Lehre sogar ihre Feinde
lieben sollten, sondern auch für die damalige Zeit, die so etwas gestattete!

Von nun an wird es still um die Astronomie. Die einzige Leistung,
zu der sich das Christentum damals aufzuraffen vermochte, waren
die Arbeiten zur datumsmäßigen Festlegung der Osterfeiertage und
zur Einführung eines christlichen Kalenders.

Im fernen Arabien dagegen tat sich einiges. Den Arabern waren
der Himmel und seine Gestirne nicht unbekannt. Dies wäre auch
kaum möglich gewesen bei der Durchsichtigkeit der nächtlichen
Atmosphäre in diesen Gebieten, die den Glanz der Gestirne ungemein
erhöht. Außerdem dienten die Sterne in der unabsehbaren, weglosen
Wüstennacht den Hirtenstämmen als Wegweiser. Alle Nomaden kennen daher den Sternenhimmel, soweit er mit bloßem Auge zu übersehen ist. Es ist für sie eine Lebensnotwendigkeit, um sich nicht in
den Weiten der Wüste zu verlieren.

Harun al Raschid, jener berühmte Zeitgenosse Karls des Großen, sah es, als er den Kalifenthron bestieg, als eine seiner Hauptaufgaben an, die Wissenschaft zu schützen und zu fördern. Er veranlaßte sogar seinen Sohn Almanon, sie selbst zu betreiben.

Die Bestimmung der *Schiefe der Ekliptik* war eine der ersten unter Almanons Regierung unternommenen Arbeiten. Sie wurden von den beiden in Bagdad und Damaskus errichteten Sternwarten ausgeführt. Sie ergaben in Bagdad 23° 33' und in Damaskus 23° 33' 52". Heutige Nachrechnungen für das Jahr 840 ergaben einen Wert von 23° 33' 56", also eine äußerst geringe Abweichung, wenn man bedenkt, mit welchen Instrumenten damals noch gearbeitet werden mußte.

Zur Astronomenschule von Bagdad, die im 8. Jahrhundert gegründet wurde, gehörten Albateginus (858–929), Al Sufi (903–986) und Abul Feda (939–998). Albateginus, wie sein in Europa latinisierter Name lautete, hieß auf arabisch Al-Baten. Man nennt ihn in der Geschichte der Astronomie auch den Ptolemäus Arabiens, und das nicht ganz zu Unrecht; denn an Eifer für die Wissenschaft stand er diesem bestimmt nicht nach, und auch alle anderen Araber übertraf er an Fleiß. Wir verdanken ihm die erste numerische Ermittlung der Exzentrizität der Erdbahn, die dadurch entsteht, daß die Umlaufgeschwindigkeit der Erde nicht gleichmäßig erfolgt und sich damit die Jahreszeiten laufend verschieben. Er berechnete diese Abweichungen bereits damals mit 0,01732 und erzielte damit einen beachtlichen Mittelwert. Um diese Abweichung zu begründen, hatte bereits Ptolemäus, damit sie in sein System paßte, die schon erwähnte Theorie aufgestellt, indem er die Planeten um einen Punkt „außerhalb des Zentrums" kreisen ließ. Heute wissen wir, daß diese von Albateginus berechnete Abweichung auf der elliptischen Bahn der Himmelskörper beruht, wobei die Sonne in einem der beiden Brennpunkte steht. So gibt es bei allen Planeten einen sonnennächsten *(Perihel)* und einen sonnenfernsten *(Aphel)* Bahnpunkt. Damals bezogen sich diese Werte und Angaben natürlich sinngemäß auf die scheinbare Sonnenbahn um die Erde. Die Punkte der Erdnähe oder Erdferne spielen übrigens auch bei der Mondbahn und heute bei der von künstlichen Erdsatelliten eine Rolle. Damals stellte Albateginus die Behauptung auf, daß auch das Perihelium der Sonnenbahn vorrücke.

Albateginus beobachtete ferner vier Finsternisse, darunter eine totale Verfinsterung der Sonne. Dies ist für die Wissenschaft deshalb besonders von Wichtigkeit, da sie bis zum 16. Jahrhundert die einzigen sind, die von einem Astronomen verfolgt und festgehalten wurden.

Eines seiner Hauptverdienste aber liegt in der Ausarbeitung und Verbesserung der Trigonometrie. Während man bis zu seiner Zeit mit den alten alexandrinischen Sehnentafeln astronomische Abstandsberechnungen durchführte, arbeitete er mit den Winkelfunktionen, den Sinus- und Kosinus-Winkeln, wie wir sie aus dem mathematischen Unterricht kennen. Ohne jedoch auf diese aus den Bedürfnissen der Dreiecksberechnung entstandenen trigonometrischen Funktionen einzugehen, mögen allerdings einige Worte über die Entstehung dieser Rechenmöglichkeit zweckmäßig sein.

Albateginus schreibt darüber: „Ptolemäus hatte die Sehnen gewählt, um seine theoretischen Beweise bequemer zu führen, wir dagegen nutzen für unsere Berechnungen die Winkelfunktionen aus." Das Wort *Sinus* oder ein gleichbedeutendes arabisches gebrauchte er noch nicht. *Dgib*, was bei den Arabern später hierfür benutzt wird, bedeutet eine Falte und wahrscheinlich auch den Winkel, in dem sie lag. Viele leiten daher das Wort Sinus von dem lateinischen „semis inscripta" – „die aufgezeichnete Hälfte", ab, das abgekürzt „sins" geschrieben wurde, woraus später, um den Ausdruck deklinierbar zu machen, sinus entstanden sein soll. Albateginus erläutert in seinen Ausführungen dann weiter die bekannten Regeln, um aus dem Sinus die übrigen trigonometrischen Funktionen abzuleiten, und zeigt ihren Gebrauch in der Astronomie. Seine hierfür ausgearbeiteten Tafeln gehen allerdings nur durch den ersten Quadranten mit einem Intervall von 30 Bogenminuten.

Sein Werk wurde übrigens von dem spanisch-arabischen Astronomen Dschabir ibn Aflach später fortgesetzt, den man lateinisch „Geber Hispalensis" nannte. Sein Name ist in dem Wort *Algebra* enthalten, für deren Erfinder er irrigerweise gehalten wurde. Das stimmt nämlich deshalb nicht, weil die Algebra bereits zu Anfang des 9. Jahrhunderts entstand, was aus einem Lehrbuch von Chwarizmi mit dem Titel *Hisab al-dschabr wa-l-mukabalah – Rechenverfahren der Ergänzung und Ausgleichung* hervorging.

Geräte von erstaunlicher Größe

Die Arbeiten von Albateginus wurden von seinen Kollegen Abul Feda und dem gleichfalls bereits erwähnten Al Sufi ergänzt. Der letztere vervollständigte den Sternkatalog des Ptolemäus unter besonderer Berücksichtigung der Helligkeit der Himmelskörper. Abul Feda arbeitete aber nicht nur an der Trigonometrie, sondern führte auch laufende Beobachtungen durch, wobei er bestimmte Unregelmäßigkeiten in der Mondbewegung auffand, die vermutlich mit der Variation identisch ist, die später Tycho Brahe entdeckte.

Für derartige Beobachtungen standen übrigens riesige Instrumente mit Radien von 22 und sogar 58 Fuß Durchmesser zur Verfügung, so daß auf dem geteilten Gradbogen der einzelne Grad ½ Fuß und die weitere Einteilung in Minuten und Sekunden gut sichtbar waren. Der im 10. Jahrhundert herrschende Kalif Sharfadaula hatte extra für derartige Beobachtungen diese Kolosse im Garten seines Palastes aufstellen lassen. An ihnen wurde übrigens im Jahre 988 das *Frühlings-Äquinoctium* beobachtet, und wir besitzen darüber ein in aller Form abgefaßtes Staatsdokument, das von zehn Astronomen unterzeichnet worden ist.

Gegen Ende des 10. Jahrhunderts stellte Ibn-Junis die bis dahin gewonnenen astronomischen Kenntnisse übersichtlich zusammen. Ohne Zweifel war er nach Albateginus einer der größten arabischen Astronomen, der sein ganzes Wissen durch eigene Beobachtungen zu erhärten suchte.

Über sein Leben wissen wir nur wenig. Er wurde in Kairo geboren und starb auch dort am 31. Mai 1009. Da er zu dieser Zeit schon ein erhebliches Wissen vorfand, versuchte er zunächst dieses auch kritisch nachzuprüfen. Unter Vermeidung aller nur denkbaren Fehlerquellen bemühte er sich, die Bahnelemente von Sonne, Mond und Planeten im Rahmen der Ptolemäischen Lehre neu zu bestimmen. Er ging dabei mit einer bis dahin ungewohnten, kritischen Schärfe vor. Auf diese Weise untersuchte er die Erdnähe der Sonne und ihre Veränderungen seit Ptolemäus, berichtigte die Angaben seiner Vorgänger und zeigte, wie alles beobachtet und berechnet werden müßte.

Er verbesserte die trigonometrischen Tafeln, erweiterte sie und erklärte ihren astronomischen Gebrauch. Bei dieser Gelegenheit bediente er sich einer Erweiterungsformel, die, ohne eigentlich eine

Zu einer vereinfachten Berechnung von astronomischen und geographischen Aufgaben hatten bereits die Araber mechanische Astrolabien konstruiert, mit deren
Hilfe für eine beliebig gewählte Stunde Sternörter, Auf- und Untergänge von Gestirnen sowie später auch Höhenwinkel abgelesen werden konnten. (Messingarbeit aus
Toledo aus dem Jahre 1029.)

58

Differentialrechnung zu sein, doch nahezu dasselbe Ergebnis bringt – ein einmaliger Beweis für seine mathematische Begabung.

Seine *Großen Hakimitischen Tafeln*, die nach seinem Gönner, dem Kalifen Al-Hakim so benannt wurden, sind übrigens zur Hälfte noch vorhanden. Aus ihnen erkennen wir seine Bemühungen, die vorteilhaftesten Berechnungsmethoden herauszufinden und die bisherige Umständlichkeit zu vermeiden. Auch finden wir bei ihm bereits *die indischen Zahlen*, die wir heute *arabische Ziffern* nennen. Ein Beweis dafür, daß sie bei den Arabern ein halbes Jahrtausend früher Eingang fanden als in Europa. Den ersten Gebrauch davon macht er bei der Bestimmung der Entfernung der Sonne.

Neben diesem großen Astronomen verschwinden die Leistungen seiner Nachfolger wie Arzachel und Almansor. Ibn al-Haitham (965 bis 1039), ein Universalgenie, das sich mehr mit physikalischen Problemen beschäftigte und die Astronomie nur am Rande mitbehandelte, gilt als der größte Physiker des Mittelalters. Er bewies unter anderem durch genial ersonnene und durchgeführte Experimente, daß das aristotelische Naturbild nicht mit den von ihm beobachteten Tatsachen vereinbar ist. Sein Hauptinteresse galt der Optik, und er kannte auch die vergrößernde Wirkung der Linsen. Er hatte im übrigen bessere Kenntnisse vom Bau des Auges und vom Vorgang des Sehens als alle seine Vorgänger.

Neben zahlreichen naturphilosophischen und physikalischen Arbeiten verfaßte er auch viele mathematische und astronomische Schriften. Er beschäftigte sich darin mit der sphärischen *Aberration* (einem Linsenfehler) und wußte bereits, daß das Licht des Mondes von der Sonne herrührt.

Mit dem Niedergang des Kalifenreiches im 12. Jahrhundert wurde es still um die Astronomie.

Erst mit Paolo Toscanelli, geboren 1397 in Florenz, kam die Astronomie wieder ins Gespräch.

Astronomen in Deutschland

Toscanelli war der Lehrer und Freund des nur um vier Jahre jüngeren Nikolaus von Cusa, dessen eigentlicher Name Nikolaus Krebs lautete.

Er wurde in Kues, einem kleinen Ort an der Mosel unweit von Trier, als Sohn eines armen Schiffers im Jahre 1401 geboren. Daheim ging es ihm so schlecht, daß er schließlich davonlief. Er hatte großes Glück und fand Aufnahme und Schutz bei einem Grafen von Manderscheid,

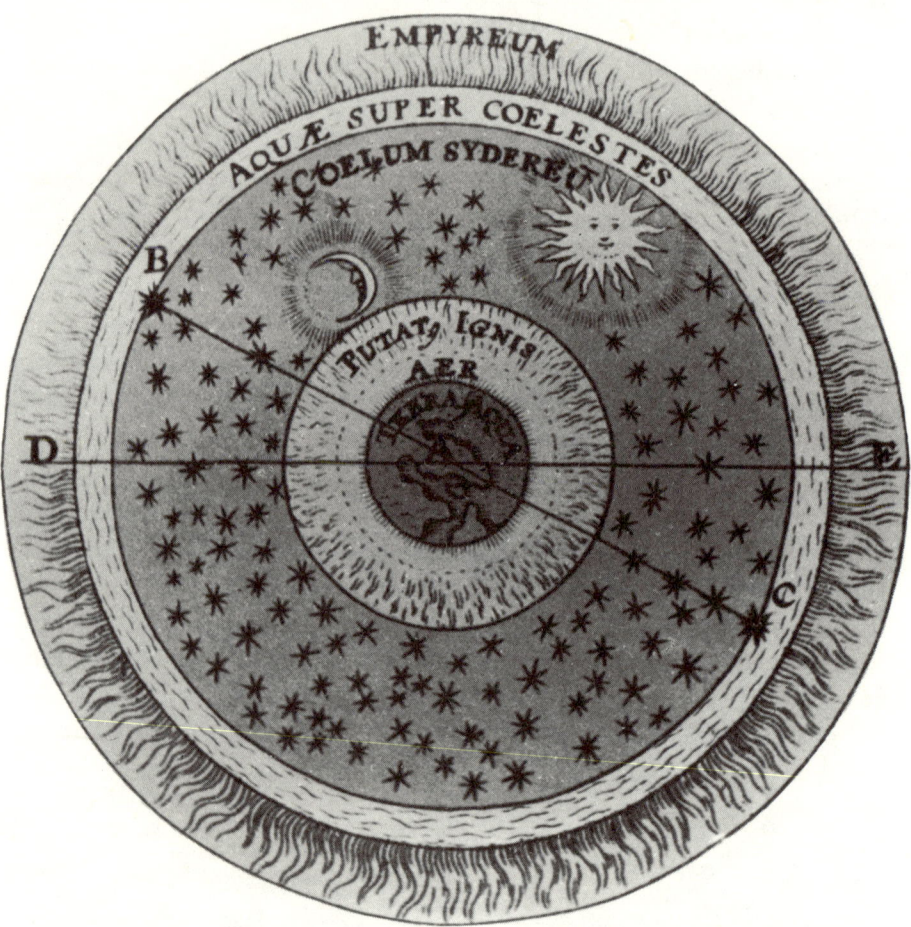

Eine schematische Darstellung des Kosmos im Mittelalter. Im Mittelpunkt die Erde, umgeben von konzentrischen Schichten, welche die Sterne, die Sonne, den Mond und das Wasser und Feuer tragen.

Nikolaus von Kues (1401–1464)

der seine Begabung schon bald erkannte. Bei den Chorherren von Deventer, denen der Graf den Jungen zur Erziehung übergeben hatte, widmete er sich nach seiner Schulausbildung dem juristischen Studium und wurde im 23. Lebensjahre bereits Doctor juris utriusque. Doch ein Formfehler in der Praxis, den er bei seinem ersten Auftreten als Anwalt beging, bestimmte ihn, der Ausübung der Rechtsgelehrsamkeit ganz zu entsagen und sich den anderen Wissenschaften der damaligen Zeit, darunter auch der Mathematik und der Astronomie, zu widmen. Die Möglichkeit dazu bot ihm der Eintritt in den geistlichen Stand. Wir treffen ihn bereits im Jahre 1430 als Dechant im Collegialstift S. Florian bei Koblenz. An den kirchlichen Kämpfen seiner Zeit nahm er lebhaft Anteil, aber das hinderte ihn nicht, sein Interesse an den Wissenschaften nicht zu vernachlässigen.

Auf einer seiner Reisen lernte er in Florenz auch den italienischen Astronomen Toscanelli kennen. Die beiden Männer verband in Zukunft eine innige Freundschaft, was der Astronomie ihrer Zeit weitgehend zu Nutzen kam. Während Paolo Toscanelli ein unermüdlicher Beobachter war und nur an das glaubte, was er wirklich gesehen und festgestellt hatte, erging sich Nikolaus von Kues immer wieder in

Spekulationen, um dieses oder jenes ungelöste astronomische Phänomen lösen zu können.

Er hatte sich dabei eine eigene Philosophie gebildet, in der das Wirkliche und seine mathematischen Beziehungen den Kernpunkt bildeten. Die Mathematik sollte dabei nicht nur zur Kenntnis und zum Verstehen der Natur dienen, sondern auch zum Erfassen des Unendlichen, Ewigen und damit zum Göttlichen führen, so wie der Kreis oder die Kugel die Unbegrenztheit einer Linie oder Fläche darstellt. Eine Lehre übrigens, die an das drei Jahrhunderte später aufgestellte System der *Universal-Mathematik* von Gottfried Wilhelm Leibniz erinnert und damit ihrer Zeit weit vorauseilte.

Ähnlich modern erscheint auch eine astronomische Erklärung, mit der Nikolaus von Kues das Vorrücken der Tagundnachtgleichen zu erklären versucht. Er nahm nämlich an, daß nicht nur die Erde sich um ihre Achse drehe, sondern auch das ganze sphärische System mit ihr. Im übrigen – und das war für den späteren Kardinal schon recht gefährlich – sah er die Erde als einen Stern unter Sternen an, wobei er sich allerdings hütete, die Ptolemäische Lehre selbst anzutasten.

Es war – so mag man all diese Bemühungen zur besseren Erfassung der Sternenwelt erklären – ein neuer, aufgeschlossener Geist, der sich mit dem Beginn der Renaissance in Europa entwickelte und der sich auch in der Astronomie auszuwirken anfing. Er machte sich zuerst auf den Universitäten bemerkbar. Nachdem im Jahre 1365 nach Prag eine zweite Universität in Mitteleuropa, in Wien, gegründet worden war, bemühte man sich auch hier, die astronomischen Erkenntnisse zu verbessern. Einer der in Wien lehrenden Professoren war zu Beginn des 15. Jahrhunderts Johann von Gmünden. Er hat Planeten- und Finsternistafeln, ein *Calendarium*, ein *Aequatorium motuum planetarum* und eine Schrift über die Anfertigung eines *Astrolabiums* sowie über seinen und einiger anderer Instrumente Gebrauch und Auswertung verfaßt.

Neue Ideen verdrängen die alten

Einer der Schüler von Johann von Gmünden war Georg Purbach, der im Jahre 1423 in einem Ort gleichen Namens in Oberösterreich geboren wurde. Bewundernswürdig ist, was er in seinem kaum 39jährigen Leben geleistet hat. Die Unterweisung seines oben genannten Lehrers genoß er allerdings nur kurze Zeit, aber sie reichte aus, um seinen zukünftigen Weg zu bestimmen. Um sich weiter auszubilden, unternahm der junge Purbach eine Reise nach Italien. Er wurde dabei in Rom auch mit dem Kardinal von Kues bekannt und blieb seitdem im brieflichen Verkehr mit ihm. Nikolaus von Kues war es, der ihm die Bekanntschaft zu dem Mathematiker Biandrini vermittelte, der ihn aufforderte, öffentliche Vorträge über Astronomie zu halten. Schließlich nach Wien zurückgekehrt, übernahm er den Lehrstuhl des Johannes von Gmünden.

Er machte sich zunächst an eine Bearbeitung des *Almagest*, das er nach den neuesten Erkenntnissen berichtigen wollte. Des Griechischen unkundig und überdies nicht im Besitz des Urtextes, konnte er nur nach einer sehr mangelhaften lateinischen Übersetzung des arabischen Textes arbeiten. Sein Scharfsinn ließ ihn jedoch die Fehler meistens entdecken, und er vermochte sie so zu verbessern.

Ptolemäus hatte, wie wir bereits erwähnten, sich bei seinen trigonometrischen Berechnungen der alten alexandrinischen Sehnentafeln bedient, welche die einzigen waren, die man damals besaß. Purbach hingegen führte statt dessen die schon von den Arabern benutzte *Sinus-Rechnung* ein und arbeitete eine *Sinus-Tafel* von zehn zu zehn Bogenminuten aus. Bei dem damaligen Mangel aller Hilfsmittel, wie sie heute die Analysis – insbesondere die Reihenentwicklung – für solche Rechnungen darbietet, war dies eine umständliche und langwierige Arbeit. Aber sie half den Astronomen sehr.

Sein Hauptwerk jedoch war die *Theoria planetarium*. Bis auf seine Zeit hatte man nichts als den dürftigen Auszug des Sacrobosco, der über die ersten Elemente der sphärischen Astronomie nicht hinauskommt und auch über die verschiedenen Finsternisse nur einige sehr ungenügende Bemerkungen macht. Aber Purbach hielt trotz seiner kritischen Einstellung noch immer an dem Sphärenaufbau des Ptolemäus fest. Er wagte es wahrscheinlich nicht, sich mit der Lehre der katholischen Kirche in Widerstreit zu legen. Trotzdem fand in den nächsten hundert Jahren seine Lehre großen Anklang, und die verschiedensten Kommentare wurden dazu geschrieben.

Von dem Kardinal Bessarion, einem Kenner und Freund der Wissenschaften, wurde er im Frühjahr 1462 zu einer Reise nach Italien eingeladen. Mitten in den Vorbereitungen zu dieser Reise starb Purbach plötzlich am 8. April 1461 in Wien.

Johann Müller, einer der Schüler Purbachs, der sich nach seinem Geburtsort Königsberg in Franken „Regiomontanus" nannte, ergänzte einen Teil der Werke Purbachs. Auch ihm war im übrigen nur ein kurzes Leben von 1436 bis 1476 beschieden. Bereits als 15jähriger hatte dieser später so berühmt gewordene Astronom sich auf der neuen Universität in Leipzig die erforderlichen Kenntnisse in der *Sphärik* erworben. Er ging dann zu Purbach nach Wien und wurde sein eifrigster und berühmtester Schüler. Purbach machte ihn in dieser Zeit besonders darauf aufmerksam, was die Wissenschaft nunmehr am dringendsten benötigte, und das war eine bessere und genauere Beobachtung, eine schärfere Bestimmung der Tagundnachtgleichen und eine exaktere Angabe der Sternpositionen.

Als sein unzertrennlicher Gefährte war Regiomontanus ausersehen, die Reise nach Italien mitzumachen. Jetzt führte er sie allein aus, und der Kardinal Bessarion übertrug auf ihn die Gunst, welche früher Purbach genossen hatte. Im Gefolge des Kardinals befanden sich einige Griechen. Er benutzte diesen Umstand, um von ihnen die Elemente der griechischen Sprache zu erlernen. Sobald er des Griechischen hinreichend mächtig war, ging er an eine kritische Untersuchung der verschiedenen Texte des Almagest, um die richtige ursprüngliche Abfassung möglichst wiederherzustellen. Er verglich sie dann mit den Kommentaren und kam so nicht wenigen Fehlern und Entstellungen auf die Spur. Eine Arbeit, die er allein nur durchführen konnte, da er gleichzeitig über eine gründliche Kenntnis des Althellenischen und der Astronomie verfügte. Binnen kurzem erreichte er so, daß der Urtext des Ptolemäus ihm vollständig klar vorlag. Trotzdem durchforschte er weiterhin die römischen Bibliotheken und sammelte eifrig griechische astronomische Schriften, die er sorgfältig abschrieb.

Wohin auch immer er zu seinen Studien reiste, nach Ferrara, Padua oder Venedig, er galt überall als „Mittelpunkt der Gelehrsamkeit". Die Rede, mit der er einen astronomischen Kursus in Padua eröffnete, ist übrigens noch erhalten.

Johannes Müller, der sich nach seinem Geburtsort Johannes de Regiomontanus – Johannes von Königsberg – nannte.

Für manchen würde ein so früh erlangter wissenschaftlicher Ruf sich unter Umständen nachteilig ausgewirkt und eine gewisse Selbstzufriedenheit, wenn nicht gar Überheblichkeit erzeugt haben. Bei Regiomontanus war es nur ein Ansporn zu weiterem angestrengten Forschen. Er bildete die Trigonometrie, zu der sich bei den Alten nur unvollkommene Anfänge vorfanden, zu einer systematischen Wissenschaft aus, auf der man nun weiter aufbauen konnte. Bei Beobachtung einer Mondfinsternis am 27. Dezember 1461 fand er heraus, daß die von ihm benutzten Tafeln die Verfinsterung um eine Stunde zu früh angaben, also berichtigt werden mußten.

Nach siebenjährigem Aufenthalt in Italien kehrte er mit reichen, von ihm bearbeiteten wissenschaftlichen Schätzen nach Deutschland zurück. Hier hatte sich inzwischen Gutenbergs Erfindung so weit verbreitet, daß er zunächst ein Verzeichnis seiner gesammelten Werke veröffentlichen und Vorbereitungen zu ihrem Abdruck treffen konnte. Aber schon bald, im Herbst 1469, erhielt er einen Ruf des Königs von Ungarn, Matthias Corvinus, nach Ofen als Direktor der dortigen durch

Regiomontanus befreite in unermüdlicher Arbeit den Almagest des Ptolemäus von umständlichen Ableitungen und schwierigen Berechnungen. Der Holzschnitt zeigt ihn (rechts) vor seinem allegorischen Reformwerk.

Kauf und Kriegsbeute zusammengebrachten sehr ansehnlichen Bücherei. Er blieb jedoch hier nur zwei Jahre, denn die Hoffnung, ein ruhiges Amt für seine wissenschaftliche Tätigkeit zu finden, verwirklichte sich nicht. Ständig brachen neue Kriege und Unruhen aus.

Er kehrte nach Nürnberg zurück, wo Georg von Heimburg seinen zukünftigen Aufenthalt schon vorbereitet hatte. Die Bürger dieser Stadt in Deutschlands Mitte hatten mit erheblichem Geschick ihre günstige Lage und ihren Gewerbefleiß in umsichtiger Weise zu nutzen verstanden. Den ihnen außerdem durch den aufblühenden Handel zuwachsenden Wohlstand benutzten sie zur Förderung ihres Gemeinwesens, zur Verschönerung ihrer Stadt und vor allem zur Wahrung ihrer Unabhängigkeit nach außen. So ist es kein Wunder, daß die schönen Künste in dieser Stadt erblühten, und die reichen Familien bemühten sich, zur Verewigung ihres Namens Künstler aller Art wie Bildhauer, Maler und Baumeister mit den verschiedensten Arbeiten zu beauftragen.

Nürnberg war im übrigen auch die Geburtsstätte vieler Erfindungen dieser Zeit. Gelehrte wie Martin Behaim, der den ersten Globus schuf und der im gleichen Jahr wie Regiomontanus und Columbus geboren worden war, hatten wesentlichen Anteil an dem Ruhme dieser Stadt. Was jedoch Regiomontanus am meisten beeinflußte, nach Nürnberg zu ziehen, war die berühmte Druckerei des Anton Koberger. Denn was weder Gutenberg noch seinem Teilhaber Fust oder seinen Konkurrenten Valkenaer oder Coster gelungen war, der Druckkunst eine allgemeine Verbreitung in Europa zu verschaffen, hatte der Nürnberger mit seiner Energie und Betriebsamkeit in verhältnismäßig kurzer Zeit vermocht.

Als Regiomontanus im Frühjahr 1471, dem Geburtsjahr Dürers, dort einzog, hatte er bereits 24 Druckpressen im laufenden Einsatz, und sein Betrieb beschäftigte mehr als hundert Arbeiter, eine für die damalige Zeit erstaunliche Zahl. In vierzehn Filialanstalten und Faktoreien seines Hauptbetriebes von Danzig bis Lyon, von Amsterdam bis Venedig arbeiteten weitere Angestellte. Dabei waren alle aus seiner Druckerei hervorgegangenen Werke von hervorragender Qualität und galten in der ganzen Welt als mustergültig.

Es ist verständlich, daß Regiomontanus diese einmalige Gelegenheit ausnutzte. Aus der Druckerei Kobergers gingen zuerst das von ihm vollendete Werk seines Lehrers Purbach, die *Theoricae novae Plane-*

tarium, ein Kalender und das *Astronomicon Manilii* hervor. Im Jahre 1473 folgten die verbesserten *Ephemeriden-Tafeln*. Zwar hatte man ähnliche schon früher besessen, allein die Form, die ihnen Regiomontanus gab, war im Gebrauch bequemer. Dieses dem König Matthias Corvinus gewidmete Werk hat später wichtige Dienste bei den großen Entdeckungsreisen des Columbus, Diaz, Cabots und Vasco da Gamas geleistet.

Außer dem Vorteil, den ihm die Druckerei Kobergers verschaffte, bekam er noch eine andere, und zwar sehr tatkräftige Unterstützung von seiten eines reichen Nürnberger Patriziers, dem Ratsmitglied Bernhard Walther, der seinen ganzen Reichtum für die Himmelsforschung einsetzte und Regiomontanus' Freund und Schüler wurde.

Die erste Sternwarte in Deutschland

Mit erheblichen Kosten ließ Walther in der Rosengasse in Nürnberg eine Sternwarte bauen, die als die erste des neuen Europas bezeichnet werden kann. Hier arbeitete er unverdrossen mit seinem Freund Regiomontanus und nach dessen Tod allein dreißig Jahre weiter.

Aus Nürnbergs Gießereien und Werkstätten gingen auf Regiomontanus' Anweisung alle Instrumente, wie das *Astrolabium*, die *Armillarsphäre*, der *Radius ptolemaicus*, das *Quadratum* und das *Torquetum* hervor, mit denen die neue Sternwarte arbeitete.

Auf Ersuchen des Magistrates hielt Regiomontanus öffentliche Vorlesungen über Astronomie und Mathematik, und alle, die sich für diese Wissenschaft interessierten, konnten, ähnlich wie an den heutigen Volkshochschulen, daran teilnehmen. Da die Instrumente, die in Nürnberg für die Sternwarte hergestellt worden waren, auch bei Fachleuten erhebliches Aufsehen erregten, erhielten die Nürnberger Mechaniker laufend weitere Bestellungen. Um diese Geräte auch auf ihre Funktionsfähigkeit nachzuprüfen, wurde Regiomontanus zum Direktor einer Verkaufs- und Kontrollinstitution ernannt.

Zu den verschiedensten Beobachtungen, die Regiomontanus mit seinem Freunde Walther auf der neuen Sternwarte machte, gehörte auch die Beobachtung eines Kometen zu Beginn des Jahres 1472. Es ist dies die erste schriftlich festgehaltene Kometenannäherung, die wir aus dieser Zeit in Europa besitzen. Am 21. Januar kam er der Erde so nahe, daß er in der Nacht einen Bogen von 40 Grad am Himmel beschrieb.

Von seinen Planetenbeobachtungen ist neben anderen eine des Mars zu erwähnen. Er bestimmte mit Walther dessen Standort genau und traf ihn um zwei Grad von dem Ort entfernt an, an dem er nach den Tafeln stehen sollte. Auch dieses Beispiel zeigte ihm wieder, wie fehlerhaft die bisher benutzten Tafeln waren und wie notwendig es war, endlich Verbesserungen durchzuführen.

Dabei benutzte Regiomontanus zum erstenmal eine im Abendland noch nicht gebräuchliche Rechnungsart, die man schon vor einem Jahrtausend im alten Indien verwendet hatte. Dort, an der Südspitze Dekans, wurde in der Tamulischen Akademie der Wissenschaft zu Madhura schon im sechsten Jahrhundert nach Christi das Dezimalsystem mit dem Stellenwert der Ziffern erfunden und von hier aus bereits im achten Jahrhundert von den Arabern weiterverbreitet. Obwohl sie später auch in Spanien und anderen Gegenden bekannt waren, wurden sie in Europa so gut wie gar nicht angewandt, und die schwerfälligen und für das praktische Rechnen ungefügigen römischen Zahlen blieben weiterhin im allgemeinen Gebrauch. Purbach und Regiomontanus sind bei uns die ersten gewesen, welche die sogenannten arabischen Ziffern mit dem heute über die ganze Welt verbreiteten dezimalen Stellensystem bei größeren Rechnungen anwandten und zu ihrem weiteren Gebrauch anregten.

Aber auch an einem anderen Reformwerk war Regiomontanus beteiligt. Der Fehler des noch von Julius Cäsar stammenden Julianischen Kalenders veranlaßte den Papst Sixtus IV., eine Verbesserung in Angriff zu nehmen, und er berief Regiomontanus nach Rom, um hier die Beratungen zu leiten. Im voraus bestimmte er schon die Belohnung des Astronomen; er sollte das Bistum Regensburg erhalten.

Er reiste Ende Mai 1476 von Nürnberg ab, aber schon kurze Zeit nach seiner Ankunft in Rom wurde er von der Pest befallen und starb am 6. Juli. So endete auch das Leben dieses begabten Astronomen ähnlich wie das seines Lehrers Purbach verhältnismäßig jung. Er starb im Alter von vierzig Jahren.

In Rom aber wollte das Gerücht nicht verstummen, die Söhne von Georg von Trapezunt hätten ihn aus Rache wegen der Aufdeckung der von ihrem Vater bei der Übersetzung des Almagest begangenen Fehler vergiftet. Wenn ein solches Verbrechen wirklich begangen wurde, so ist es jedenfalls ungestraft geblieben. Es wurde zwar um diese Zeit in Rom schon viel mit Gift gearbeitet, um unerwünschte Widersacher aus dem Weg zu schaffen. Aber ähnliche Gerüchte tauchten beim Tode eines berühmten Mannes immer wieder auf! Heute ist jedoch nicht mehr zu klären, was in Wirklichkeit damals geschah.

Ähnlich wie sein Lehrer Purbach hat auch er zahlreiche wichtige astronomische und mathematische Werke geschrieben. Aber sein Freund und Gönner Bernhard Walther, der dreißig Jahre hindurch nach dem Tode Regiomontanus' die Nürnberger Sternwarte weiter betrieb, hütete ängstlich den ihm vererbten geistigen Nachlaß. Als auch er im Jahre 1504 starb, wäre durch den Unverstand seiner Erben fast alles verlorengegangen oder zumindest verschleudert worden. Es ist das Verdienst des Ratsherrn Willibald Pirkheimer, der sich im letzten Augenblick noch einschaltete und den Rat veranlaßte, alles, was sich noch vorfand, aufzukaufen und in städtisches Eigentum zu überführen.

Aus diesem Nachlaß sind dann auf Veranlassung des Rates durch die Erben der bekannten Druckerei Koberger die Hauptwerke Regiomontanus' in den Jahren 1522, 1531, 1541 bis 1550 veröffentlicht worden. Sie bildeten im nächsten Jahrhundert den Hauptbestandteil des astronomischen Wissens.

Immer noch mit der Astrologie vermischt

Die von Regiomontanus, Purbach und Toscanelli mit neuen Erkenntnissen versehene Astronomie aber war noch immer mit den Schlacken der Astrologie verbunden. So mit der Sterndeuterei vermischt und oft genug dem Namen nach mit der Astrologie verwechselt, mußten die Jünger dieser Wissenschaft die Erfahrung machen, daß gerade dieser so verwerfliche Teil dessen, was als Himmelsforschung galt, dem einfachen Volk, aber auch den Großen und Mächtigen am meisten zusagte und von ihnen beharrlich gefördert wurde. So wird es verständlich, daß manche Gelehrte, die sich mit der Astronomie befaßten, gar nicht darum herumkamen, sich auch als Astrologen zu betätigen, wollten sie nicht die öffentliche Förderung und damit die für ihre anderen Arbeiten benötigten Geldmittel verlieren. Wir sprechen freilich nicht von solchen, die nichts als Astrologie betrieben, die Wissenschaft kennt sie nicht, und ihre Namen sind längst der Vergessenheit anheimgefallen.

So kam es aber, daß selbst ein Kepler, wollte er seine astronomischen Studien weiter betreiben, sich gezwungen sah, Rudolf II. das Horoskop zu erstellen. Offen und rückhaltlos diesem allgemein verbreiteten Wahn entgegenzutreten, wagte auch er nicht. Er konnte nur indirekte Beweise liefern und damit auch den Glauben an die Astrologie erschüttern. Er erklärte seinem Kaiser, welchen Wert die echte Himmelskunde besäße. Die Sterne könnten uns noch etwas anderes lehren, und zwar etwas, das verläßlicher und sicherer sei als die Horoskope. Das aber sei nicht dem einzelnen, sondern der ganzen Menschheit von Nutzen.

Ohne die Ephemeriden-Tafeln des Regiomontanus hätten die großen Seefahrer der zweiten Hälfte des 15. Jahrhunderts ihre kühnen Entdeckungsreisen wohl gar nicht wagen können. Diese neue Kunst, „nach den Sternen zu segeln", war in der Tat auch eine der Vorbedingungen für das nunmehr beginnende Zeitalter der Entdeckungen. Sie wurde schon bald zu einem besonderen Zweig der Himmelskunde, der nautischen Astronomie.

Das neue Weltgefühl des Humanismus und das immer stärker werdende naturwissenschaftliche Denken taten ein übriges, um die Unhaltbarkeit der astrologischen Lehren zu erkennen. Der italienische Philosoph Giovanni Pico de la Mirandola (1463–1494), einer der Förderer des sogenannten Bildungshumanismus, nahm erbittert gegen diesen Unsinn, wie er es nannte, Stellung. „Aus rein astronomischen Vorkommnissen", so schrieb er, „wie Planetenkonjunktionen und Finsternissen, Seuchen oder anderes Unheil für den einzelnen zu prophezeien, widerspricht jeder Logik. Der Mensch ist vielmehr sein eigener freier Bildner und Überwinder, und in ihm allein sind alle Möglichkeiten angelegt, sich für den Himmel oder die Hölle zu entscheiden!"

„In seiner Brust allein waren also seines Schicksals Sterne!" – eine Behauptung, die man damals allerdings noch nicht verstand. Besonders in Italien, wo Pico de la Mirandola einen unnachsichtigen Kampf gegen die Sterndeuterei führte, besaß die Astrologie in den Städten und Dynastien noch eine erhebliche Bedeutung. Besoldete Astrologen wurden hier angestellt, und an einigen Universitäten gab es sogar

Lehrstühle für Astrologie. Wen mag es da wundern, daß bei irgend-einem Ereignis am Himmel, das aus dem gewohnten Rahmen fiel, Flugblätter mit unheilvollen Prophezeiungen erschienen. Besondere Kalender wurden regelmäßig herausgegeben, die das jeweilige Schick-sal der „Planetenkinder" voraussagten.

Ja sogar das Schicksal der einzelnen Körperteile und ihre Zuordnung zu den einzelnen Tierkreiszeichen war, wie aus einem Stundenbuch des Herzogs von Berry aus dem 15. Jahrhundert hervorgeht, im einzel-nen vorausgesagt worden. Darauf baute sich eine Art astrologische Medizin auf, die *Iatromathematik* – die ärztliche Mathematik –, welche am Krankenbett die Berechnungen der Astrologen mitver-wertete. Selbst so große Ärzte wie Paracelsus glaubten noch, daß „mehr denn der halbe Teil der Krankheiten vom Firmament regiert wird".

So wird es verständlich, daß die Astrologie noch lange als eine Art Wissenschaft fortlebte. Während Luther sie scharf bekämpfte, hielt Melanchthon in Wittenberg noch astrologische Vorlesungen. Wir er-wähnten bereits, daß es Kepler nicht für unter seiner Würde hielt, Horoskope zu stellen. Das gleiche taten auch Kopernikus, Tycho Brahe und viele andere Astronomen dieser Zeit. Erst in der Aufklärung begann sich das allmählich zu ändern. Aber immer noch war die Astro-logie eine Art Volksaberglauben, der besonders in Notzeiten, wie beispielsweise nach dem letzten Weltkrieg, in den verschiedensten Ländern beträchtlich an Boden gewann. Neben dieser abergläubischen Einstellung, die heute auch noch durch die Zeitschriften-Horoskope unterstützt wird, gibt es aber seit einiger Zeit auch ernsthafte Unter-suchungen, um den Glauben an die Astrologie statistisch und psycho-logisch zu erforschen.

Eines jedoch hat die Astrologie zum Vorteil für die Astronomie be-wirkt, sie brachte die Beschäftigung mit den Sternen den Menschen näher. Und so mögen jene recht haben, die da behaupten, sie wäre der Vater dieser heute im Weltraumzeitalter so wichtigen Wissenschaft. Das zeigte sich bereits im 15. Jahrhundert, als Männer wie Purbach und Regiomontanus sich bemühten, die Himmelsforschung auf neue Grundlagen zu stellen. Eine Anerkennung ihrer Verdienste ist nun-mehr auch darin zu erkennen, daß die Universitäten begannen, Lehr-stühle für Astronomie und Mathematik einzurichten, und sie auch mit fähigen Professoren besetzten. In Tübingen lehrte beispielsweise

72

Johannes Stöfler, in Wien Stabius, Stiborius, Collimitius und in Krakau Albert Brudzewski, der Lehrer des Kopernikus, über den wir nun im folgenden sprechen wollen.

Ein neues Zeitalter beginnt mit Nikolaus Kopernikus

Der Mann, der berufen und befähigt war, den Grund weiter zu festigen und auf den die Himmelsforschung aufbauen konnte, war beim Tode des Regiomontanus etwas mehr als drei Jahre alt. Es war Nikolaus Kopernikus. Er wurde am 19. Februar 1473 als Sohn eines Kaufmannes oder, wie andere behaupten, eines Bäckermeisters in Thorn im späteren Westpreußen geboren.

Das Leben und Wirken dieses großen „Reformators der Astronomie" fällt in eine Zeit, in der sich auf religiösem und politischem Gebiet, in Wissenschaft und Kunst, im Handel und Völkerverkehr die tiefgreifendsten und anhaltendsten Umwandlungen vollzogen. Diese Zeit ist reich an großen weltgeschichtlichen Namen, wie keine es früher je gewesen war; an Namen, die nicht der blinde Zufall zur Unsterblichkeit erhoben hat, sondern deren Träger im vollsten Maße die Auszeichnung verdienen, auf die fernste Nachwelt überzugehen.

Im Alter von neun Jahren schon vaterlos, kam der überdurchschnittlich befähigte Knabe in die Obhut eines Onkels, des Kanonikus Watzelrode. Dieser sorgte väterlich für ihn und stellte ihm auch die Mittel zur Verfügung, die Universität Krakau zu besuchen, die damals von keiner anderen übertroffen wurde. Albert Brudler (Brudzewski) lehrte hier Astronomie und Mathematik im Geiste des Regiomontanus. Außerdem belegte der junge Kopernikus theologische und medizinische Fächer. Ein derartiges vielseitiges Studium lag damals im Geiste der Zeit und entsprach dem allgemeinen Bildungsbedürfnis, zumal auch die anderen Fakultäten noch leichter überschaubar waren, als dies später der Fall sein wird. Außerdem mußte jeder Student darauf achten, eine Art „Brotwissenschaft" zu belegen, da man sich mit der Astronomie und Mathematik kaum ernähren konnte.

Nach einem zweijährigen Aufenthalt in Krakau ging Nikolaus Kopernikus an die Wiener Akademie und von dort nach Padua und Bologna, wo er die Vorlesungen von Dominicus Maria besuchte. In Gemeinschaft mit diesem machte er seine ersten astronomischen Be-

Erst Nikolaus Kopernikus (1473 bis 1543) hatte durch seine Beobachtungen die Beweise zusammengetragen, um behaupten zu können, die Erde drehe sich um die Sonne.

obachtungen und promovierte hier im Jahre 1499 zum Doktor des Kirchenrechtes und später auch der Medizin.

Schon vorher hatte er durch die Beziehung seines Onkels ein Kanonikat in Frauenburg erhalten, das ihm einige bescheidene Einkünfte verschaffte. Auf die Empfehlung seines Lehrers und Freundes Dominico Maria hatte ihn aber der Papst Alexander VI. nach Rom berufen und ihm eine Professur erteilt. Er setzte hier seine astronomischen Beobachtungen fort, zu denen auch eine Mondfinsternis am 9. November 1500 gehörte. Er blieb jedoch nur noch zwei Jahre in Rom und kehrte Anfang 1503 nach Krakau zurück, wo er weitere drei Jahre lebte. Man hätte ihn hier gern für dauernd als Lehrer gehalten und bot ihm die Professur seines inzwischen verstorbenen Lehrers Albert Brudzewski an. Aber Kopernikus schlug dieses Angebot aus. Seine strenge Gewissenhaftigkeit – so sagte er später – hielt ihn davon ab, etwas öffentlich zu lehren, dessen Unhaltbarkeit er erkannt hatte, und da er jetzt noch nichts Besseres an die Stelle des Ptolemäischen Systems zu setzen wußte, so zog er es vor, zunächst weiterzuforschen, ohne eine amtliche Verpflichtung einzugehen. Er ging nun zu seinem Onkel nach Heilsberg und arbeitete hier bis zu dessen Tode im Jahre 1512 als sein Sekretär, der sich auch mit der Verwaltung des Bistums Ermland zu befassen hatte.

Nach dem Tode seines Onkels und Gönners kehrte er nach Frauenburg in das Domstift am Frischen Haff an der Ostsee zurück. Mit Ausnahme von zwei Jahren, die er als Statthalter des Kapitels in Allenstein zu residieren hatte, blieb er hier für den Rest seines Lebens. In dem Domstift führte er durchaus kein klösterliches Leben in mönchischer Abgeschiedenheit. Die hier residierenden Domherren lebten vielmehr wie freie Edelmänner. Sie waren lediglich verpflichtet, beim Gottesdienst in der Kathedrale anwesend zu sein, als Beirat bei der Wahl des aus ihrer Mitte zu bestimmenden Bischofs mitzuwirken und die Geschäfte, welche die weltliche und geistige Verwaltung der Besitztümer des Kapitels mit sich brachte, zu besorgen. Da Kopernikus eine Ausbildung an den fünf berühmtesten Universitäten seiner Zeit gehabt hatte, ist es nicht verwunderlich, daß man gerade ihn mit besonderen Missionen betraute. Mehrmals vertrat er deshalb die Interessen des Stiftes an den *Preußischen Landtagen*.

Trotzdem hatte er reichlich Zeit, sich mit seinem „Hobby", wie wir heute sagen würden, der Astronomie und Mathematik, zu beschäftigen. Da er auch eine medizinische Ausbildung genossen hatte, betätigte er sich in Freundeskreisen als Arzt und wurde später sogar der ärztliche Berater der Bischöfe. Alle diese Pflichten erfüllte er mit größter Gewissenhaftigkeit.

Trotzdem fand er in diesen Jahren immer wieder Zeit, sich mit der Astronomie zu befassen. Allerdings standen ihm für seine Beobachtungen nicht solche Instrumente zur Verfügung, wie sie Regiomontanus durch die Freigebigkeit seines Freundes und Gönners Walther erhalten hatte. Er besaß auch keine *Armillarsphäre*, die dem Nürnberger Astronomen so gute Dienste geleistet hatte. Er arbeitete anfangs nur mit drei miteinander verbundenen hölzernen Stäben, von denen einer mit Papierstreifen versehen war, um eine genaue Gradeinteilung darauf anzubringen.

Seine erste Beobachtung in Frauenburg war eine Mondfinsternis. Dann folgten seinen Aufzeichnungen Beobachtungen des Mars und des Saturn. Im Sommer 1514 beschäftigte er sich außerdem noch mit Fixstern-Beobachtungen, vor allem des Sternes Spika in der Jungfrau, um die sogenannten *Äquinoktialpunkte*, die beiden astronomischen Örter also, nachzuprüfen, an denen sich die Sonne zur Zeit der Tagundnachtgleiche befindet und bei denen Ekliptik und Himmelsäquator sich schneiden.

Während dieser Arbeiten erreichte ihn eine Anfrage des Fünften Lateranischen Konzils (1512–1517), an einer Kalenderreform mitzuwirken, die immer dringender wurde. Sein Ruf als Sternkundiger muß damals schon recht beachtlich gewesen sein. Denn obwohl an den verschiedenen Hochschulen, besonders in Italien, die besten Astronomen jener Zeit lehrten, wandte sich das Konzilium zuerst an Kopernikus. Kopernikus aber lehnte den ehrenvollen Auftrag ab, da, wie er höflich zurückschrieb, die genaue Länge des Jahres noch zu unzureichend bekannt war, um als Grundlage für eine wirkliche Kalenderverbesserung dienen zu können.

In den nächsten Jahren bis etwa zum Herbst 1523 beschäftigte er sich wieder mit Planetenbeobachtungen. Er wollte hierbei genauere astronomische Daten erarbeiten. Bereits um das Jahr 1514 waren ihm nämlich berechtigte Zweifel an dem Ptolemäischen System gekommen, die er schon seit langem hegte, aber in diesem Jahr erstmals in einem kurzen Bericht mit dem Titel *Commentariolus* veröffentlichte. Er deutete hierin mit vorsichtigen Worten an, daß seiner Ansicht nach die richtige Erklärung für die sonderbaren Planeten-Laufbahnen überhaupt noch nicht gefunden sei. Vor allem störten ihn die bisherigen Deutungsversuche, besonders die *Epizykeltheorie* des Ptolemäus. Kopernikus war sicher, daß diese verwirrende Vielfalt der Kreisbewegungen einfach nicht stimmen konnte und den sonst einfacheren Naturgesetzen im All widersprach. Er war überzeugt, daß das wirkliche Bewegungssystem überhaupt noch nicht gefunden war und es erst von neuem durch genauere Beobachtungen gesucht werden müsse.

Ein neues astronomisches Manifest

In der Stille seines bescheidenen Studierzimmers machte er sich daran, genauere Beweise für sein anders geartetes Bewegungssystem der Planeten zu finden. Dabei suchte er zunächst nach Quellen im antiken Schrifttum, mit denen er seine Theorie untermauern konnte.

net, in quo terram cum orbe lunari tanquam epicyclo contineri
diximus. Quinto loco Venus nono mense reducitur. Sextum
deniq; locum Mercurius tenet, octuaginta dierum spacio circu
currens. In medio uero omnium residet Sol. Quis enim in hoc

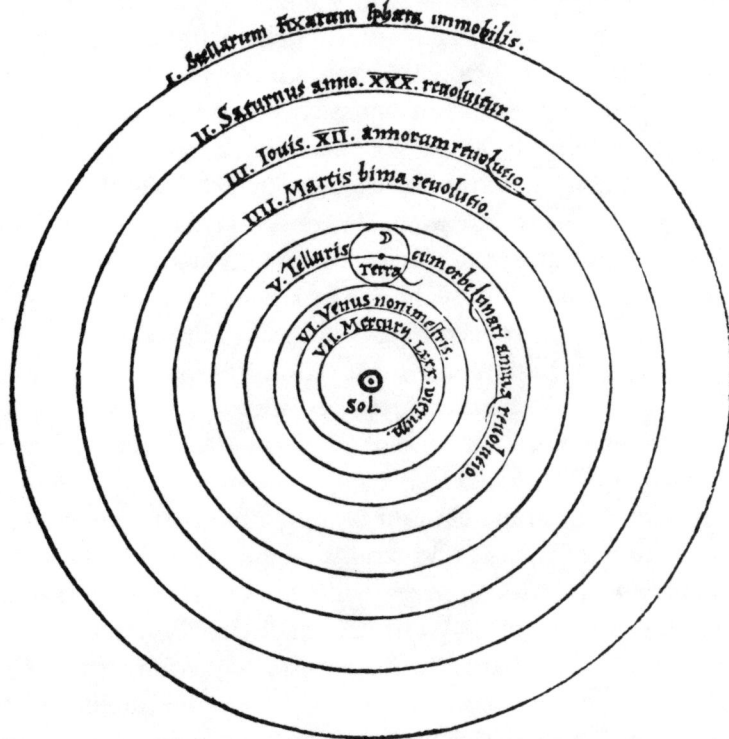

pulcherrimo templo lampadem hanc in alio uel meliori loco po
neret, quàm unde totum simul possit illuminare? Siquidem non
inepte quidam lucernam mundi, alij mentem, alij rectorem uo-
cant. Trimegistus uisibilem Deum, Sophoclis Electra intuentē
omnia. Ita profecto tanquam in solio re gali Sol residens circum
agentem gubernat Astrorum familiam. Tellus quoq; minime
fraudatur lunari ministerio, sed ut Aristoteles de animalibus
ait, maximā Luna cū terra cognationē habet. Concipit interea à
Sole terra, & impregnatur annuo partu. Inuenimus igitur sub
hac

Er fand, daß bereits der Pythagoreer Philolaos aus Kroton in Unteritalien schon gegen Ende des 5. Jahrhunderts v. Chr. von einer sich drehenden und zugleich auch sich im Raum fortbewegenden Rotation der Erde gesprochen hatte. Noch einen Schritt weiter ging Aristarch, von dem ebenfalls bereits berichtet wurde.

Diese Bemerkungen, von denen, wie man annimmt, Kopernikus gehört oder gelesen hatte, als er sich noch in Italien befand, mögen ihn schon Jahre vorher angeregt haben, immer wieder über die Planetenbewegungen nachzudenken und sich darüber durch laufende Beobachtungen zu vergewissern. Wir erwähnten bereits, daß Kopernikus im Jahre 1512 den Mars, im Jahre 1514 den Saturn und von 1518 bis 1523 laufend die anderen Planeten beobachtete. Erst daran anschließend wagte er es, das Manuskript zu seinem später so berühmt gewordenen Werk in sechs Büchern *Über die Umläufe der Himmelskörper – De revolutionibus orbium coelestium* niederzuschreiben.

Das ganze Werk basiert auf sieben die bisherigen astronomischen Grundsätze revolutionierenden Feststellungen:

Erster Satz: Alle Himmelskörper oder Sphären haben nicht einen gemeinsamen Mittelpunkt.

Zweiter Satz: Der Erdmittelpunkt ist nicht der Mittelpunkt der Welt, sondern nur der Schwere und der Mondbahn.

Dritter Satz: Alle Bahnen umgeben die Sonne, als stünde sie in aller Mitte, und daher liegt die Weltmitte nahe der Sonne.

Vierter Satz: Das Verhältnis der Entfernung Sonne–Erde zum Abstand des Fixsternhimmels ist kleiner als das vom Erdhalbmesser zur Sonnenentfernung, so daß diese im Verhältnis zum Fixsternhimmel unmerklich ist.

Fünfter Satz: Alles, was an Bewegungen am Fixsternhimmel sichtbar wird, ist nicht von sich aus so, sondern von der Erde aus gesehen. Die Erde also dreht sich mit den ihr anliegenden Elementen in täglicher Bewegung einmal ganz um ihre unveränderlichen Pole. Dabei bleibt der Fixsternhimmel unbeweglich als äußerer Himmel.

Sechster Satz: Alles, was bei uns bei der Sonne an Bewegung sichtbar wird, entsteht nicht durch sie selbst, sondern durch die Erde und die Erdbahn, auf der wir uns um die Sonne bewegen, wie jeder andere Planet. Und so wirken mehrere Bewegungen auf die Erde ein.

Siebenter Satz: Was bei den Planeten als Rückgang und Vorrücken erscheint, ist nicht von sich aus so, sondern von der Erde aus gesehen.

Nur aus ihrer Bewegung erklären sich so viele verschiedenartige Erscheinungen am Himmel.

Diese Grundsätze seines astronomischen Manifests hat Kopernikus in den sechs Büchern seines Werkes erläutert. Im ersten Buch werden zunächst die wesentlichen Grundzüge des neuen Weltsystems eingehend dargelegt. Die Welt und auch die Erde müssen kugelförmig sein. Die Beweise für die Kugelgestalt sind dieselben, wie sie die griechischen Philosophen und Astronomen gegeben haben.

Um die Rotation der Erde zu begründen, führt er aus: „Die meisten Gelehrten sind sich darüber einig, daß die Erde in der Mitte der Welt stehen müsse, so daß sie es einfach für unbegreiflich und lächerlich halten, das Gegenteil zu behaupten. Wenn man jedoch die Sache sorgfältig überlegt, wird man einsehen, daß dies durchaus nicht stimmen kann. Jede Ortsveränderung, welche wahrgenommen wird, rührt nämlich von einer Bewegung entweder des beobachteten Körpers oder von verschiedenen Bewegungen beider her. Nun ist es aber die Erde, von welcher der Himmel beobachtet wird. Wenn also die Erde irgendeine Bewegung macht, so wird dies an allem, was sich außerhalb von ihr befindet, in Erscheinung treten, aber in entgegengesetzter Richtung, gleichsam als ob alles an der Erde vorbeiziehe. Von dieser Art ist genau die tägliche kreisförmige Bewegung aller Gestirne, die wir beobachten."

Kopernikus führt dann weiter aus, wie bei der Annahme einer solchen Bewegung auch Zweifel darüber auftauchen, ob – wie bis jetzt allgemein gelehrt wurde – die Erde wirklich der Mittelpunkt der Welt sei und sich sonst nicht weiterbewege: „Denn, da die Planeten der Erde bald näher, bald entfernter erscheinen, verrät dies, daß der Mittelpunkt der Erde nicht der Mittelpunkt der Kreisbahn ist, wobei nicht einmal feststeht, ob die Erde oder der Planet an der Entfernungsänderung schuldig ist oder ob sich beide zugleich bewegen. Es ist also durchaus berechtigt, wenn der Erde noch eine andere Bewegung zugesprochen wird. Wenn das aber der Fall ist, kann nicht mehr angenommen werden, daß die Erde der Mittelpunkt der Welt ist."

Für Kopernikus war es das nächste, nunmehr die Sonne als den Mittelpunkt anzusehen und die Planeten einschließlich der Erde um sie kreisen zu lassen.

Das Hauptkapitel aber des ersten Buches handelt *Von der heliozentrischen Anordnung der Weltkörper.* Recht aufschlußreich ist es, daß Kopernikus darin immer noch die Sphären beibehält, die jetzt allerdings die Sonne als Mittelpunkt haben. Er schreibt im einzelnen dazu: „Die erste und höchste von allen Sphären ist diejenige der Fixsterne, sich selbst und alles enthaltend und daher unbeweglicher als der Ort des Universums, auf welche die Bewegung und Stellung aller übrigen Gestirne bezogen wird. Es folgt als erster Planet Saturn, welcher in 30 Jahren seinen Umlauf vollendet, hierauf Jupiter mit seinem zwölfjährigen Umlauf, dann Mars, seine Bahn in zwei Jahren umlaufend. Die vierte Stelle in der Reihe nimmt der jährliche Kreislauf der Erde ein, in welcher die Erde mit der Mondbahn als Epizykel enthalten ist. An fünfter Stelle kreist die Venus in neun Monaten um die Sonne. Die sechste nimmt der Merkur ein, der in 80 Tagen seinen Lauf vollendet. In der Mitte von allen aber steht die Sonne, denn wer

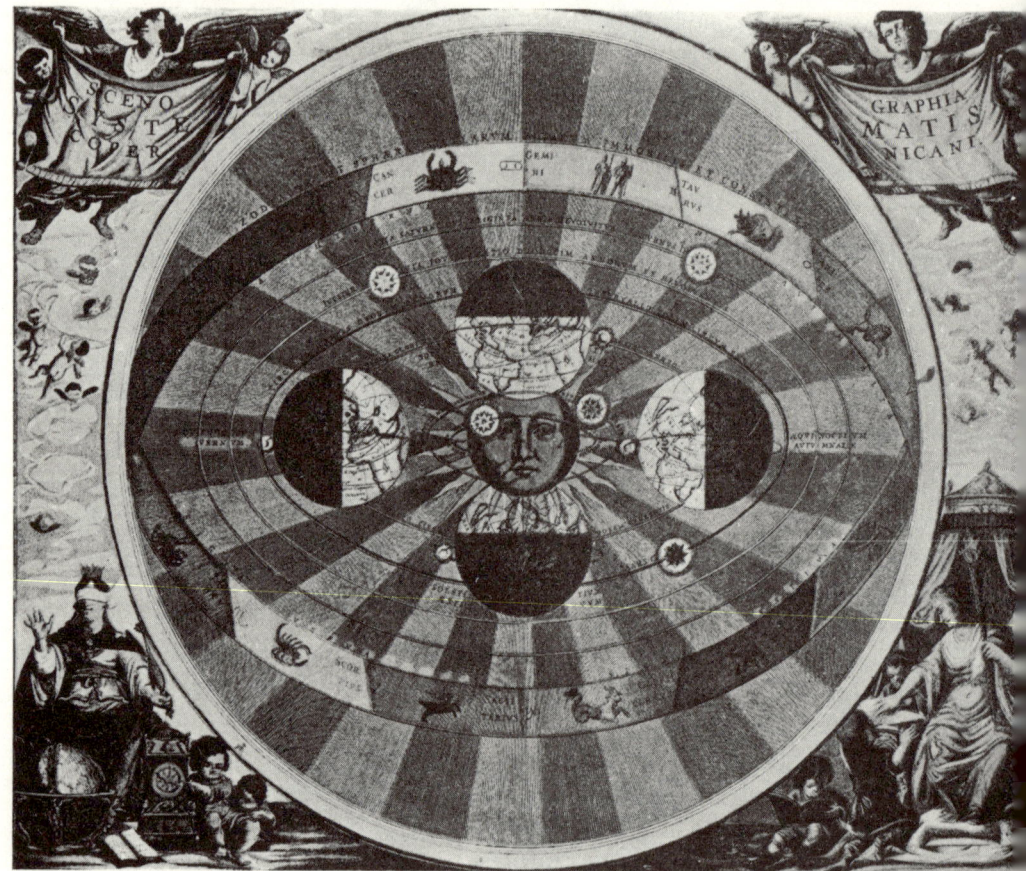

Weltsystem des Kopernikus nach einem Blatt von 1660.

möchte in diesem schönen Tempel diese Leuchte an einen anderen oder besseren Ort setzen, als von wo aus sie das Ganze zugleich erleuchten kann."

Die Erde – so führt Kopernikus weiter aus – befindet sich in einer dreifachen Bewegung. Zuerst bewegt sie sich auf der großen Bahn um die Sonne. Dabei beschreibt sie in derselben Zeit stets gleiche Kreisbögen, deren Mittelpunkt allerdings vom Sonnenmittelpunkt um den 25. Teil eines Bahnhalbmessers entfernt ist.

Die zweite Bewegung der Erde ist die tägliche Umdrehung. Diese ist ihr am meisten eigentümlich und geht um ihre Achse nach Osten vor sich. Durch sie scheint das Weltall in schnellem Wirbel herumgetrieben zu werden. In Wahrheit jedoch dreht sich die Erde allein herum mitsamt den Meeren und der Lufthülle, die sie umgibt.

Das zweite Buch des großen Werkes behandelt die sphärische Astronomie, mit anderen Worten also die Probleme, die mit der täglichen Bewegung der Gestirne, ihrer Ortsbestimmung am Himmel, ihren höchsten Ständen und ihren Auf- und Untergängen zusammenhängen. In diesem Buch ist auch ein Sternenverzeichnis vorhanden, deren Stellung aber nicht wie bei Ptolemäus auf die Frühlingspunkte, sondern auf einen bestimmten Fixstern bestimmt wird, der sich nahe dem Frühlingspunkt befindet.

Das dritte Buch hat die Bewegung der Frühlingspunkte, die genaue Bestimmung der Länge des Jahres zum Gegenstand. Es versucht außerdem die Theorie der Bewegung der Erde um die Sonne mathematisch zu begründen. Bei der Ermittlung der genauen Jahreslänge hatte Kopernikus allerdings beachtliche Schwierigkeiten.

Für die weiteren Verbesserungen des Kalenders legte man die im dritten Buch von Kopernikus aufgestellten Berechnungen des genauen Jahresumlaufes zugrunde, und die im Sommer 1582 von dem Papst Gregor XIII. angeordnete Kalenderreform ging von einer durchschnittlichen Jahreslänge von 365,2425 Tagen aus. Durch die Einführung eines Schaltjahres mit einem 29. Februar wurden die noch bestehenden Schwankungen weitgehend ausgeglichen, so daß erst nach 3000 Jahren der Gregorianische Kalender vom Lauf der Sonne um einen Tag abweicht. Die bestehende Differenz von zehn Tagen wurde dadurch ausgeglichen, daß auf den 4. Oktober 1582 sogleich der 15. Oktober folgte.

Doch kehren wir zurück zu dem Werk *De revolutionibus orbium coelestium*. In dem vierten Buch dieses Werkes wird die von Kopernikus aufgestellte neue Theorie der Mondbewegung besprochen. Sie erklärte Kopernikus wesentlich einfacher als Ptolemäus, denn er ging von einer doppelten Kreisbewegung des Mondes um die Erde aus. Das entspricht zwar nicht den heutigen Erkenntnissen, es konnten jedoch dadurch auffallende Unstimmigkeiten zwischen der alten Theorie und der Erfahrung wenn auch nicht völlig behoben, so doch erheblich verkleinert werden. Diese bestanden vor allem in dem nach der Ptolemäischen Theorie berechneten Verhältnis des größten und kleinsten Mondabstandes von der Erde. Nach Ptolemäus betrug das Verhältnis dieses größten und kleinsten Abstandes etwa 2:1, während bei der Annahme der doppelepizyklischen Bewegung des Mondes durch Kopernikus das Verhältnis 4:3 betrug. Nach heutigen Erkenntnissen ist das Verhältnis etwas größer als 10:9. Kopernikus hat also mit seiner Theorie größere Übereinstimmung mit der heutigen, als es bei der Ptolemäischen möglich war. Schon im 14. und 15. Jahrhundert hatten einige Astronomen aufgrund ihrer Beobachtungen bereits Zweifel an den Berechnungen von Ptolemäus geäußert.

Neben dieser Theorie von der Mondbewegung enthält das vierte Buch noch besondere Kapitel über die Bestimmung der Entfernung von Mond und Sonne sowie über die Größe von Sonne, Mond und Erde.

Im fünften und sechsten Buch werden ausführlich die Theorien der Bewegungen der einzelnen Planeten im heliozentrischen Weltsystem dargestellt. Recht eindrucksvoll ist es, wie Kopernikus hier die merkwürdige, von der Erde aus zu beobachtende Schleifenform in den Planetenbahnen erklärt, die er als eine Folge der gleichzeitigen Bewegung von Erde und Planet um die Sonne ansieht. Im Gegensatz zu der komplizierten Theorie, die Ptolemäus zur Erklärung dieses Phänomens entwickelt hat, sind die Darstellungen von Kopernikus klarer und ermöglichen eine bessere Übereinstimmung zwischen beobachteten und berechneten Planetenorten.

Allerdings hält sich Kopernikus ähnlich wie Ptolemäus immer noch an eine kreisförmige Bahn der Planeten und mußte deswegen noch mit exzentrischen Kreisen und Epizykeln arbeiten. Eine im Originalmanuskript vorhandene und nachher wieder durchgestrichene Stelle zeigt allerdings, daß er auch elliptische Umlaufbahnen durchaus für denkbar hielt. Eine Entdeckung, die Johannes Kepler erst sechs Jahrzehnte nach dem Tode von Kopernikus machte.

Ein geschickter Schachzug gegenüber dem Papst

Natürlich ließ sich eine solche epochemachende Arbeit nicht geheimhalten, und einer der wenigen Freunde von Kopernikus, der Professor für Mathematik in Wittenberg, Georg Rheticus, sah sich schließlich veranlaßt, im Jahr 1540 in einer „Narratio prima" die geistig interessierte Welt auf das bald erscheinende Hauptwerk vorzubereiten. Als begeisterter Verehrer von Kopernikus und seinem neuen System gab er bald schon seine Professur auf, um ein Schüler des großen Astronomen zu werden.

Um diese Zeit übergab daher Kopernikus sein Manuskript *Von den Umläufen der Himmelskörper* an den Bischof von Culm, Tiedemann Gysius, damit es dieser an Rheticus weiterleitete, da dieser größere Erfahrungen beim Druck und bei der Herausgabe desselben hatte.

Rheticus übertrug zunächst zwei in Nürnberg wohnenden Gelehrten, Osiander und dem schon bejahrten Schoner, die Herausgabe des Werkes, die damit den Drucker Johann Petrejus beauftragten. Mehrmals reiste Rheticus während des Druckes nach Nürnberg, um sich von dem guten Fortgang der Arbeiten zu überzeugen.

Kopernikus hatte auch eine Vorrede zu seinem Werk geschrieben, die von Osiander aber nicht verwertet wurde. Er verfaßte an dessen Stelle eine Art Widmung an den Papst, da er es für wichtiger hielt, das Oberhaupt der katholischen Kirche nicht zu verärgern. Er versuchte darin in sehr unpassender und ungeschickter Weise den Astronomen gleichsam zu entschuldigen, ein solches Werk überhaupt geschrieben zu haben. Das ganze System, so behauptete er, sei in Wirklichkeit nur ein Mittel, bequemer zu rechnen.

Sicher waren seine Bemühungen gut gemeint, hatten auch, was das Wichtigste war, Erfolg. Denn die Lehren des Kopernikus blieben bis zum Erlaß der Indexkongregation vom Jahre 1616 von der Kirche unbeanstandet, und das Werk hatte also Zeit, in die Hände der maßgebenden Astronomen zu gelangen.

Aber auch die echte Vorrede ist nicht verlorengegangen. Sie wurde als Manuskript in Prag aufgefunden und ist also der Nachwelt noch erhalten. Sie ist frei von taktischen und in der damaligen Zeit verständlichen Winkelzügen und erläutert in bescheidenen aber zutreffenden Worten die Zweckmäßigkeit des neuen Weltbildes.

Natürlich vermochten nur wenige die Tragweite der neuen Ideen und ihre Auswirkungen auf die Astronomie zu erfassen. Den Massen war das unverständlich, und es fanden sich schon bald viele Halbgebildete, die mit entsprechenden Kommentaren die neue Lehre angriffen und oft auch lächerlich zu machen versuchten. So zog beispielsweise, als durch die oben erwähnte Narratio prima von Rheticus die Ankündigung des neuen Werkes von Kopernikus auch bis in die deutschen Ostgebiete gelangte, eine Gruppe von fahrenden Schauspielern ausgerechnet nach Frauenburg. Auf dem Marktplatz dieses kleinen Ortes schlug sie ihre Bühne auf, um eine Posse zu spielen, durch die das System des Domherrn lächerlich gemacht werden sollte.

Natürlich fanden sie unter den vielen unwissenden Ortsansässigen viel Beifall, war es doch eine Möglichkeit, dem gelehrten Herrn eines auszuwischen.

Kopernikus, den seine Freunde aufforderten, dagegen einzuschreiten, antwortete nur mit einem alten slawischen Sprichwort: „Was schadet es dem Mond, wenn ihn die Wölfe anheulen! Man kann nur Mitleid mit den Armen haben, die so unwissend sind. Lassen wir ihnen also das Vergnügen!"

Das war ein weiser Ausspruch, und da das Interesse an dem Stück bald schwand, der erhoffte Skandal ausblieb und die Einnahmen der Schauspieler immer spärlicher wurden, verschwanden sie schon nach wenigen Tagen aus der Stadt, um an einem anderen Ort ihr Glück zu versuchen.

Viel ernster zu nehmen waren die Kritiken, die aus angeblich „berufenem Munde" erfolgten. Gewiß, das Kopernikanische System hatte Mängel. Einer von ihnen war die Beibehaltung der Ptolemäischen Epizykeln, wenngleich in anderer Form und unter einem anderen Namen. Eine Unvollkommenheit, die zu beseitigen erst Kepler gelang. Aber bezeichnend ist, daß diese Einwendung, die einzige, welche mit vollem Recht erhoben werden konnte, von niemandem um diese Zeit gemacht wurde.

Die Polemik, welche im 16. und teilweise noch im 17. und 18. Jahrhundert gegen das Kopernikanische System erhoben wurde, machte mit Ausnahmen wie den berechtigten Einwänden von Tycho Brahe einen mehr als kläglichen Eindruck. Nicht nur die Gegner, sondern auch die Verteidiger des neuen Systems kämpften mit Gründen, die alles andere als sachlich waren. Viele verzichteten auch ganz auf Gründe und setzten an ihre Stelle Schmähungen und Verdächtigungen, bei denen natürlich die Wissenschaft leer ausging. Fast keiner traf den Kern der Sache, so daß man häufig zu der Ansicht kommt, sie hätten ihn selbst nicht erkannt.

Einer der letzten Anti-Kopernikaner mit Namen Mercier hat in seiner Schrift *Sur l'impossibilité du Système de Copernic*, die im 18. Jahrhundert erschien, für seine Widerlegung Gründe angeführt, die längst von der Astronomie verworfen wurden und noch aus dem Mittelalter zu stammen scheinen.

Andere wollten das heliozentrische Weltsystem aus der Bibel beweisen. Überhaupt spielt die religiöse Einstellung und die Bibel in dem Streit um das Weltsystem eine große Rolle, wobei hauptsächlich die protestantische Kirche mit dem neuen Weltbild nicht einverstanden war. Luther soll noch vor dem Erscheinen des Buches über Kopernikus die Äußerung gemacht haben: „Der Narr will die ganze Kunst Astronomia umkehren, aber die Heilige Schrift lehrt, daß Josua die Sonne stillstehen ließ und nicht die Erde!"

Sogar Melanchthon, der in vielen Wissenschaften erfahrene Freund und Mitstreiter Luthers, schreibt in seinen *Anfangsgründen der Naturlehre*: „Unsere Augen bezeugen, daß sich der Himmel in 24 Stunden umdreht. Und da lehren nun einige, daß sich die Erde bewege. Sie sagen, weder die Sonne noch die achte Sphäre bewegen sich, schreiben aber allen übrigen Himmelskörpern und auch der Erde eine Bewegung zu und versetzen sie unter die Sterne. Wenn auch scharfsinnige Gelehrte vieles untersuchen, um den Geist zu üben, so sollten sie doch solches nicht im Ernst behaupten!"

Ein gnädiges Geschick bewahrte Kopernikus, daß er noch bei Lebzeiten in alle diese Streitigkeiten hereingezogen wurde. Er lag im Sterben, als das erste ausgedruckte Exemplar seines Werkes im Mai 1543 in Frauenburg ankam. Ein Schlagfluß hatte dem großen Astronomen die linke Seite gelähmt und ein starker Blutsturz die letzte Kraft genommen.

So starb er am 24. Mai 1543 im Alter von 70 Jahren. Nach wenigen Tagen bestatteten ihn seine Freunde in einer Gruft im Dom von Frauenburg.

Ein Teil seiner Gebeine ruht jetzt in Pulawy an der Weichsel. Das Domkapitel hat auf die Bitte einer polnischen Deputation die Gruft geöffnet und den Polen diese Reliquien übergeben. Denkmäler sind zu seinen Ehren in Warschau, Krakau, Thorn und in der Walhalla bei

Regensburg errichtet worden. Zur Erinnerung an seinen 500jährigen Geburtstag soll am 19. Februar 1973 von den Polen eine große Ausstellung durchgeführt werden. Wahrscheinlich wird es auch eine ähnliche Veranstaltung bei uns geben. Vielleicht wird auch dann jenes Motto gelten, was zur 400jährigen Wiederkehr seines Geburtstags Dr. Johannes Mädler bei der Einweihung eines seiner Denkmäler sagte: „Aber machtlos ist die Zeit nur über sein eigentliches und wahres Denkmal, das strahlend vom Himmel herabglänzen wird, so lange noch ein Auge von dieser Erde aus zu ihm emporblickt!"

Für das neue Weltbild auf den Scheiterhaufen

Wieviel Kopernikus auch für die Astronomie getan hat, so blieb für seine Nachfolger zum Beweis seiner Theorie noch Wesentliches zu tun übrig. Das lag vor allem an der noch von ihm vertretenen Vorstellung, daß alle Bahnen der Himmelskörper Kreise seien und von den Gestirnen mit gleichförmiger Geschwindigkeit durchmessen würden. Ehe wir jedoch auf die in den nächsten 250 Jahren durchgeführten Bemühungen eingehen, einen Beweis für die Richtigkeit des heliozentrischen Weltbildes zu erarbeiten, muß noch kurz über den Einfluß gesprochen werden, den das neue System auf die Philosophie und die Weltvorstellung seiner Zeit ausübte. Einer der größten Philosophen der zweiten Hälfte des 16. Jahrhunderts und damit der Hochrenaissance, Giordano Bruno, machte diese neue Lehre zur Grundlage eines völlig veränderten Weltbildes. Seine glühende Phantasie führte ihn allerdings weit über das hinaus, was der sorgfältig prüfende und kühl abwägende Verstand des Kopernikus ersonnen hatte. Während Kopernikus seinen Planetenumlauf nur auf das Sonnensystem beschränkt, will Bruno das System auf das ganze Weltall ausdehnen, in dem es seiner Meinung nach zahllose Sonnen mit ihren Planeten gibt. Am Himmel, von einem anderen Sonnensystem aus geschaut, so lehrt er, sei unser Tagesgestirn nichts als ein kleines leuchtendes Pünktchen. Es existiere außerdem kein Mittelpunkt in diesem Universum; er sei nirgends und überall!

„Das Himmelsgewölbe", schreibt er weiter, „kann nicht, wie wir es sehen, das ganze Weltall sein. Es ist ein unermeßlicher großer Raum mit Abertausenden von Sternen. In ihm gibt es" – und damit geht er

Eine fast moderne Ansicht über das Weltall hatte bereits Giordano Bruno (1548–1600), als er lehrte: „Das Himmelsgewölbe kann nicht das ganze Weltall sein."

weit hinaus über das, was Kopernikus sagte – „zahllose Sonnen wie die unserigen, um die sich Planeten drehen, die unserer Erde ähnlin. Wir können diese unzähligen Sterngebilde nur nicht sehen, weil sie so unendlich weit entfernt sind."

In einer seiner Schriften verlangt er außerdem die Loslösung der astronomischen Erkenntnisse und philosophischen Schlußfolgerungen von den theologischen Lehren und der kirchlichen Autorität, die noch um Jahrhunderte hinter dieser wissenschaftlichen und den Tatsachen entsprechenden Annahme herhinke und das Volk weiterhin verdumme.

Diese frühe Bekundung des Geistes neuzeitlicher Wissenschaft brachte ihn in Gegensatz zur katholischen Kirche und ihm die Verfolgung der Inquisition ein. Es gelang ihm aber, noch rechtzeitig zu fliehen und in Frankreich, Deutschland und England seinen Schülern seine Auffassung von dem neuen Universum zu diktieren und so der Nachwelt zu erhalten.

Der ehemalige Dominikanerpriester begründete seine Behauptung vor allem philosophisch „mit den neuesten Erkenntnissen der Vernunft". Von der Größe seiner Aufgabe besessen, kehrte er nach einigen Jahren trotz aller Warnungen nach Italien zurück, das damals der Mittelpunkt der geistigen Erneuerung, der Renaissance war. Er ging nach Venedig, weil diese Stadt, wie er wußte, die Wissenschaften begünstigte und in Glaubensdingen eine gewisse Freiheit gewährte.

Doch der Arm der Inquisition reichte auch hierhin. Er wurde verhaftet und in jahrelanger Kerkerhaft endlosen Verhören unterworfen, wobei immer wieder der Versuch gemacht wurde, ihn in den Schoß der Kirche zurückzuführen. Er blieb jedoch hartnäckig bei seiner Lehre und widerrief sie nicht. Nach Rom ausgeliefert, wurde er dort am 9. Februar 1600 im Palast des Großinquisitors zum Tode verurteilt, seiner Priesterwürde entkleidet und dem weltlichen Gericht überantwortet.

Am 17. Februar 1600 führte man ihn auf den Scheiterhaufen. „Ich habe gekämpft", sagte er dort gefaßt, „für ein Weltbild, das der Wahrheit entspricht. Die Zukunft wird beweisen, daß ich recht hatte!"

Für die katholische Kirche aber war diese Einstellung von Giordano Bruno eine Warnung! Sie hatte sich nämlich anfangs, wie wir bereits berichteten, durchaus nicht ablehnend gegen das Kopernikanische System verhalten. Einige Ergebnisse des Ermländischen Domherrn waren ihr sogar für die Kalenderreform willkommen. Im übrigen hielt die Kurie das neue System für eine interessante wissenschaftliche Hypothese, um die Bewegungen der Himmelskörper besser zu erklären. Das wurde aber anders, als das Trientiner Konzil zu einer Verschärfung der Gegensätze des Katholizismus und Protestantismus und damit zugleich zu einer Festigung der kirchlichen Autorität führte, die bald in einer Verfolgung aller Regungen der Kritik, insbesondere der neuen Forschung, ausartete.

Im Jahre 1616 wurde das Buch *Über den Umlauf der Planeten* als verbotene Schrift auf den Index gesetzt. Das geschah nach einem am 24. Februar 1616 gefällten Gutachten einer von Papst Paul V. eingesetzten Untersuchungskommission, das folgendermaßen lautete: „Zu behaupten, die Sonne stehe unbeweglich im Mittelpunkt der Welt, ist absurd, philosophisch falsch und außerdem ketzerisch, weil es ausdrücklich der Heiligen Schrift zuwider ist. Ferner zu behaupten, die Erde stehe nicht im Mittelpunkt der Welt, ist absurd, philosophisch falsch und gleichfalls ketzerisch, weil ebenfalls der Heiligen Schrift zuwider. Zu behaupten außerdem, sie sei nicht unbeweglich und habe sogar eine tägliche Rotationsbewegung, ist absurd, philosophisch falsch und zumindest ein irriger Glaube."

Augenscheinlich fühlte man sich in Rom auch nicht ganz wohl mit dem Gutachten. Das geht aus der Einleitung zu einem später beigebrachten Dekret aus dem Jahre 1620 hervor. Hier heißt es: „Die Väter der heiligen Kongregation des Index sind allerdings einstimmig der Meinung, daß die Schrift des Kopernikus gänzlich verboten werden müsse, weil er Lehren, die der Heiligen Schrift in ihrer wahren und katholischen Interpretation widersprechen, nicht hypothetisch abzuhandeln, sondern als durchaus wahr zu erweisen unternimmt. Da aber in der Schrift sich vieles findet, was dem Gemeinwesen in hohem Grade nützlich ist, haben sie einstimmig beschlossen, daß das Buch von Kopernikus wie zuvor zu erlauben sei unter der Bedingung, daß der nachfolgenden Anweisung gemäß die Stellen korrigiert werden, in denen er nicht hypothetisch, sondern in bestimmter Behauptung über die Stellung der Erde spricht."

Damit erreichte man aber nicht, wie es die katholische Kirche sich erhofft hatte, daß man sich nun nicht mehr mit dem Kopernikanischen System befaßte. Die Reform des Weltbildes lag nämlich in der Luft. Auch andere Gelehrte hatten über das von Ptolemäus aufgestellte Weltbild nachgedacht und herausgefunden, daß viele der von ihnen gemachten Himmelsbeobachtungen nicht mit seiner Lehre übereinstimmten.

Tycho Brahe, „ein Schwärmer und Duellant"

Hinzu kam noch, daß die Möglichkeiten der Himmelsbeobachtungen sich immer weiter verbesserten. So wurde auch eine laufende Beobachtung der Planeten möglich, die es gestattete, die von Kopernikus aufgestellten Behauptungen genauer nachzuprüfen. Es war das große Verdienst Tycho Brahes, eines dänischen Astronomen, hier entscheidend mitgewirkt zu haben. Die von ihm durchgeführten Beobachtungen bildeten eine neue Grundlage für die Himmelskunde des 17. Jahrhunderts.

Tycho Brahe wurde am 14. Dezember 1546 in Knudstrup, der damals zu Dänemark gehörenden südlichsten Provinz Schwedens Skane, geboren. Seine Eltern waren begütert und gehörten zu einer alten und angesehenen Adelsfamilie des Landes. Schon mit acht Jahren beherrschte Tycho so vollkommen die lateinische Sprache, daß er sich mündlich und schriftlich darin ausdrücken konnte. Das war für seine spätere Laufbahn deshalb wichtig, weil Lateinisch damals nicht nur die Sprache der Gelehrten, sondern auch der Staatsmänner gewesen war. Als Dreizehnjähriger kam er im Jahre 1559 auf die Hohe Schule von Kopenhagen, um hier die erste Vorbereitung für die Laufbahn eines Staatsmannes zu erhalten. Drei Jahre später im Herbst 1562 besuchte er auf den Wunsch seines Vaters die Universität in Leipzig, deren juristische Fakultät einen besonders guten Ruf hatte.

Aber schon als kleiner Junge hatte ihn eine Sonnenfinsternis, die genau der Vorausberechnung gemäß eintraf, fasziniert und zugleich den Wunsch in ihm erweckt, eine so vortreffliche Wissenschaft gründlicher kennenzulernen. Er durfte es jedoch nicht wagen, sich ganz offiziell mit der Astronomie zu befassen; denn er wußte, daß ein solches Studium eines angehenden Staatsmannes nicht würdig war und deshalb von seiner Familie abgelehnt wurde. Er beobachtete daher als Sechzehnjähriger nur nachts, wenn alle im Internat schliefen, die Sterne. Heimlich verschaffte er sich astronomische Bücher, da die Schulbücherei solche nicht enthielt, und versuchte sich am Himmel zu orientieren und auch den Lauf der Planeten zu verstehen.

Natürlich blieb sein Privatstudium im Internat nicht unentdeckt. Er wurde mehrfach beim Lesen der nicht im Lehrplan stehenden Lektüre überrascht. Verständlicherweise benachrichtigte man auch die Eltern davon, und als er zum Studium nach Leipzig reiste, gab man ihm einen jungen „Hofmeister", wir würden sagen „Erzieher", mit, damit dieser darauf achtete, daß der von ihm Betreute bei seinem juristischen Studium blieb.

Aber man hatte damit den Bock zum Gärtner gemacht; denn der für die Aufsicht Bestimmte war selbst ein großer Freund der Astronomie und er erklärte bei einer Aussprache seinem Zögling offen, es schiene ihm etwas Erstaunliches, ja beinahe Göttliches zu sein, daß man die Bewegung der Gestirne so genau verfolgen und schon lange Zeit vorher ihre zukünftige gegenseitige Stellung bestimmen konnte.

So wurde der „Familienspion", wie ihn Brahe später in einem seiner Briefe bezeichnete, zu einer Art Bundesgenossen. Tycho konnte sich nun ohne Scheu auch den astronomischen Studien widmen, sich Sonnen-, Mond- und Planetentafeln und die nicht lange vorher in Basel

Tycho Brahe (1546–1601), ein dänischer Astronom, dessen laufende Sternbeobachtungen und Aufzeichnungen eine wesentliche Unterlage für die weiteren Forschungen bildeten.

erschienene Buchausgabe des Ptolemäischen Werkes kaufen. Dieses von Tycho benutzte Buch mit seinem Namen, dem Datum des Ankaufs und vielen von ihm herrührenden Randbemerkungen wird heute noch in der Universitätsbibliothek von Prag aufbewahrt.

In Leipzig machte er auch seine ersten astronomischen Beobachtungen unter Anleitung seines Universitätsprofessors. So verfolgte er, wie wir wiederum aus seinen Aufzeichnungen wissen, im August 1563 eine Konjunktion von Jupiter und Saturn, bei der die beiden Planeten einander so nahe kamen, daß sie nur durch einen von der Erde kaum wahrnehmbaren Zwischenraum voneinander getrennt waren.

Mit einem gewöhnlichen Zirkel, dessen Drehpunkt er nahe an das Auge hielt und dessen Schenkel auf die beiden sich nähernden Wandelsterne gerichtet waren, verfolgte er die beiden Planeten und bestimmte so die genaue Konjunktion. Schon damals machte er sich Gedanken, wie man derartige Messungen vervollkommnen konnte.

Mit dem gleichen Eifer wie die Astronomie betrieb er nebenbei heimlich auch ein Studium der Chemie und der Arzneiwissenschaft.

Nach Beendigung seines juristischen Studiums kehrte Tycho Brahe im Herbst 1565 nach Hause zurück. Da er aber weder in seiner Familie noch in seinem adligen Bekanntenkreis Verständnis für seine vielseitigen wissenschaftlichen Interessen fand, blieb er nicht in seiner Heimat, sondern setzte seine Studien in Deutschland fort. Er ging im Frühjahr 1566 nach Wittenberg, und als dort die Pest ausbrach, nach Rostock.

Auf einem Ball beim Hochzeitsfest eines Rostocker Patriziers geriet er mit einem dänischen Landsmann in Streit, dem am 29. Dezember 1566 ein Duell folgte. Dabei wurde ihm ein Teil seiner Nase abgehauen. Er ließ ihn durch einen silbernen ersetzen.

Es wird erzählt, daß dieser Verlust den an sich schönen und wohlgebildeten Mann sehr befangen machte und er von nun an sehr zurückgezogen lebte und sich nur noch seinen Studien widmete. Da man ihn jedoch in Rostock als Schwärmer und Duellant bezeichnete und ihn diese Charakterisierung sehr traf, begab er sich von neuem auf Reisen durch Deutschland. Dabei machte er mehrere für sein späteres Leben bedeutsame wissenschaftliche Bekanntschaften. Er lernte nämlich die Mathematiker Cyprian Leovitius und Petrus Ramus kennen, die ihm gegenüber den Wunsch aussprachen, er möge endlich eine von allen Hypothesen freie Astronomie ausarbeiten, die nicht mehr allein mit Vermutungen argumentiere, sondern sich nur auf tatsächliche Beobachtungen stütze.

Ein ganzes Jahr, vom April 1569 bis zum April 1570, hielt er sich in Augsburg auf, wo er bei verschiedenen geschickten Handwerkern vieles lernen und sehen konnte, was ihm später für die Konstruktion seiner astronomischen Apparate recht nützlich war. Auf seinen Rat und unter seiner Leitung ließ der Bürgermeister der Stadt, der selbst ein Liebhaberastronom war, von den Gebrüdern Haintzel einen Himmelsquadranten von 5,8 Meter Radius mit Lochvisieren zur Messung von Gestirnshöhen bauen. Er meinte, daß ein solcher großer Quadrant unbedingt notwendig sei, damit jede Minute genau abgelesen und auch noch die Bruchteile geschätzt werden könnten. Nach einem Monat war das gewaltige, aus gut getrocknetem Eichenholz hergestellte astronomische Instrument endlich fertiggestellt. Zwanzig Leute waren notwendig, um es auf einen nahe gelegenen Hügel zu schaffen. Die Winkeleinteilung befand sich auf einem Messingstreifen auf dem mächtigen Kreisbogen. An der rechten Seite des Viertelkreises war das

Visier angebracht. Die gemessene Gestirnshöhe konnte an einem über der Skala hängenden Lot abgelesen werden.

Der Quadrant war an einem senkrechten, unten zu einer Spitze abgedrehten Eichenbalken befestigt und konnte durch vier Griffstangen in jede Vertikalebene gedreht werden. Das ganze Instrument aber ruhte auf starken Eichenbalken, die tief in den Boden eingelassen waren. Mehrere mit diesem Quadranten gemachte Beobachtungen sind übrigens in einigen von Tycho Brahes Werken abgedruckt worden und waren von einer erstaunlichen Genauigkeit. Das bestätigten die bis zu dieser Zeit immer wieder von Brahe gemachten Äußerungen, die Sternkunde könnte erst dann richtig gefördert werden, wenn man aufhöre, derartige kindliche Beobachtungsgeräte zu benutzen, mit denen die Astronomen bisher gearbeitet hatten.

Ein Stern explodiert

Auf die Nachricht hin, daß sein Vater sehr schwer erkrankt wäre, reiste Tycho Brahe Ende 1570 nach Dänemark zurück. Er kam noch gerade zurecht, um seinen Vater am Leben zu finden. Als er wenige Tage später starb, zog er zu einem Bruder seiner Mutter, dem einzigen Verwandten übrigens, der Interesse an seinen wissenschaftlichen Arbeiten zeigte.

Diesem Onkel, dem durch die Reformation und die anschließende Säkularisierung ein Benediktinerkloster in der Nähe von Helsingoer als Lehen übertragen worden war, hatte in seinem neuen Besitztum genügend Platz, um alle die Instrumente unterzubringen, die Tycho für seine wissenschaftlichen Forschungen benötigte. Auf die Bitten seines Onkels hin richtete Brahe hier sogar ein chemisches Laboratorium ein.

Tycho Brahe beschäftigte sich in den nächsten zwei Jahren ausschließlich mit chemischen Experimenten, denn von 1570 bis 1572 liegen keine Notizen über astronomische Beobachtungen vor.

Ein besonderes Vorkommnis führte ihn jedoch wieder zu seinen astronomischen Arbeiten zurück. Als er nämlich am 11. November 1572 am Abend aus seinem chemischen Laboratorium in seine Wohnräume zurückkehren wollte und den Hof des Klosters überquerte, fiel sein Blick wie zufällig auf einen besonders hellen Stern am Nachthimmel. Unwillkürlich blieb er stehen. Er hatte hier im Sternbild der Kassiopeia einen solchen hell strahlenden Stern, der in seinem Glanz der Venus gleichkam, niemals zuvor gesehen. Er holte seinen Onkel und auch einige Bedienstete herbei und fragte sie, ob sie zuvor etwas Ähnliches beobachtet hätten? Einer nach dem anderen schüttelte den Kopf.

Mit verhaltener Spannung erwartete Tycho den nächsten Abend, um den Stern, den er schon in der letzten Nacht nach seinem Standort bestimmt hatte, weiter verfolgen zu können. Der Stern war noch ebenso hell und nahm in den nächsten Tagen sogar an Leuchtkraft zu.

Übrigens war Brahe nicht der einzige, der dieses merkwürdige Phänomen beobachtet hatte. Der Astronom Gemma Frisius – das allerdings erfuhr Brahe erst später – hatte zuvor am 8. November 1572 die Kassiopeia betrachtet, ohne daß er etwas Ungewöhnliches bemerkte. Am 9. November sah er den Stern in vollem Glanz, wie ihn Tycho am 11. November entdeckte. Außer ihm hatte auch der Gelehrte Munosins am 2. November an dieser Stelle nichts Ungewöhnliches bemerkt.

In den nächsten Monaten ließ Tycho Brahe den Stern nicht aus den Augen. Er wollte herausfinden, wie dieses neue Himmelslicht astronomisch erklärt werden könnte. Er nahm zuerst an, es handele sich um einen Kometen mit einem sehr hellen Kern, der entweder keinen Schweif hatte oder ihn so hinter sich herzog, daß man ihn von der Erde aus nicht bemerken konnte. Mit einem für diesen Zweck von ihm hergestellten Sextanten maß er den Winkelabstand von den anderen Sternen im Bild der Kassiopeia. Er blieb stets der gleiche. Also konnte es schlecht ein Komet sein! Es mußte sich um einen neuen Fixstern handeln. Kurz entschlossen trug er an dieser Stelle auf seiner Sternkarte das Wort *Nova* ein, das eine Abkürzung für *Nova Stella* war und seitdem in der Astronomie die Bezeichnung für das jähe Aufleuchten und das alsbaldige Verschwinden eines vorher in seiner Helligkeit unbedeutenden Sternes ist. Wir wissen heute, daß es sich dabei um eine Art atomare Explosion eines „instabil" gewordenen Sternes handelt. Im einzelnen werden wir auf dieses hochinteressante Phänomen später noch eingehen.

Für Tycho Brahe waren dies natürlich damals noch unbekannte physikalische Vorgänge.

Trotzdem sind seine Beobachtungen, die Brahe im Jahre 1574 veröffentlichte, recht aufschlußreich für die erst in unserer Zeit erfolgte

Erklärung des Phänomens. Er schreibt nämlich in seinen Aufzeichnungen: „Der Stern behielt seinen vollen Glanz, der ihn am hellen Tag dem bloßen Auge sichtbar machte, nur einige Monate und konnte im März 1574 nur noch mit großer Mühe, im April gar nicht mehr wahrgenommen werden."

Natürlich waren Tycho Brahe und die beiden anderen Gelehrten nicht die einzigen, die das sonderbare Aufleuchten eines Sternes im Bild der Kassiopeia beobachtet hatten. Eine Flut von Schriften erschien in der nächsten Zeit, die den sonderbaren Vorgang irgendwie erklären wollte. Aber sie waren verständlicherweise bis auf die reinen Beobachtungen wissenschaftlich wertlos. Doch auch die Weltuntergangsprediger regten sich, sagten folgenschwere Heimsuchungen voraus und taten ihr Möglichstes, um die Menschen zu ängstigen.

Wie wir bereits schrieben, war der griechische Astronom Hipparch durch ein ähnliches Ereignis am Sternenhimmel veranlaßt worden, einen Sternenkatalog aufzustellen, den Ptolemäus noch vervollkommnete. Nach dem Auftauchen des neuen Sterns entschloß sich auch Tycho Brahe im November 1572, ein auf dem neuesten Stand befindliches Fixsternverzeichnis anzufertigen. Um diese Arbeit jedoch so umfassend wie nur möglich anzulegen, benötigte er bessere und genauere Instrumente und neue, noch nicht in Anwendung gekommene Beobachtungsmethoden. Die Herstellung dieser Geräte beschäftigte ihn in den nächsten Jahren, und es ist wohl eines seiner größten Verdienste gewesen, sich in einer so intensiven und umfassenden Weise um die praktische Astronomie bemüht zu haben, wie es keiner seiner Vorgänger bisher getan hatte.

Ein märchenhaftes Angebot

Um sich darüber zu informieren, was andere Astronomen inzwischen unternommen hatten, begab er sich wieder auf eine Reise nach Deutschland. Er verweilte längere Zeit bei dem Landgrafen von Hessen, um sich dort auf einer vom Landgrafen errichteten Sternwarte genauer mit den Einrichtungen und Beobachtungsmethoden vertraut zu machen.

Er kam dabei zu dem Entschluß, sich entweder in Deutschland oder in der Schweiz niederzulassen, da sein Onkel und Gönner Sten Bille

„Tychos Himmelsburg" war die bestausgerüstete Sternwarte seiner Zeit. Der dänische König scheute keine Kosten, um seine wissenschaftlichen Hilfsmittel immer weiter zu vervollkommnen.

inzwischen gestorben war. Er hatte bereits Basel zu seinem künftigen Wohnort gewählt, da erfuhr er, daß der Landgraf von Hessen an den König von Dänemark, einen entfernten Verwandten, geschrieben und diesem aufs dringendste ans Herz gelegt hatte, ein so seltenes Talent wie Tycho Brahe „seinem Lande, dem er zu Ruhm und Ehre gereichen werde", zu erhalten.

Friedrich II. von Dänemark veranlaßte deshalb seine Rückkehr und empfing ihn persönlich. Tycho war dem König sympathisch, und er beschloß, alles, was in seinen Kräften stand, für die Förderung des Gelehrten zu tun.

Er veranlaßte Brahe zunächst, am Hof von Kopenhagen Vorträge über Astronomie zu halten, und ermöglichte ihm so die Bekanntschaft einflußreicher Männer.

Nachdem Friedrich II. sich von dem Wissen und Können Tychos überzeugt hatte, überraschte er eines Tages seinen Schützling mit einem märchenhaften Angebot. Er wollte ihm auf Lebzeiten die Insel Hween im Sunde, etwa 15 Kilometer südlich von Helsingoer und 25 Kilometer nördlich von Kopenhagen entfernt, überlassen, um hier auf Staatskosten eine Sternwarte ganz nach seinen Ideen zu erbauen und mit den besten Instrumenten, die zu erlangen waren, auszurüsten.

Aus dem Belehnungsbrief des Königs vom 23. Mai 1576, der noch existiert, ist zu ersehen, daß Tycho außer der Insel mit ihren sämtlichen Einkünften auch noch die Pfründe der Roeskilder Präbende und ein Gehalt von 2000 Talern im Jahr erhielt.

Im August 1576 wurde der Grundstein zu der großen Sternwarte gelegt, die den Namen *Uranienburg* erhielt. Eine zeitgenössische Darstellung beschreibt den Bau nach seiner Fertigstellung folgendermaßen:

„Ziemlich in der Mitte der Insel gelegen, hatte das nach den Himmelsrichtungen genau ausgerichtete Gebäude eine quadratische Form von 60 Fuß Länge und Breite. Es besaß drei Stockwerke, die von den Beobachtungstürmen – zwei großen und zwei kleinen – noch überragt wurden und die eine Höhe bis zu 75 Fuß, das sind nach den heutigen Maßen etwa 25 Meter, erreichten. Sie waren mit Klappen zum Öffnen und Schließen der Dächer versehen, unter denen die Instrumente auf gemauerten Pfeilern standen. Die Beobachtungstürme waren unter sich außerdem noch durch Galerien verbunden.

Im Inneren enthielt das Gebäude noch einen großen Mittelsaal und zahlreiche Wohn-, Gast- und Gesellschaftszimmer, eine auserlesene Bücherei, eine große Himmelskugel und viele astronomische Werkzeuge. Einer der Säle war kreisrund und besaß Nischen, in denen die lebensgroßen Büsten der berühmtesten Astronomen standen. In ihrer Mitte befand sich die Statue des Kopernikus, mit Palmen und Lorbeerkränzen verziert und gerahmten Gedichten, die Tycho selbst verfaßt hatte. Diesem gegenüber zollt nämlich Tycho eine lebenslange Verehrung, wie kaum ein anderer seiner Zeitgenossen, und es muß dabei erwähnt werden, daß er in den dem Kopernikus gewidmeten Dichtungen nicht nur den großen Mann im allgemeinen feierte, sondern auch sein Sonnensystem in begeisterten Versen pries. Und es war dies bei ihm nicht allein ein bald vorüberrauschender Furore poeticus, sondern sein ganzes Leben gibt Zeugnis von dieser Verehrung.

Neben dem Hauptgebäude standen übrigens noch mehrere Wirtschaftsgebäude, Werkstätten aller Art, eine Buchdruckerei und eine Papiermühle, um auf der Insel möglichst unabhängig zu sein in allem, was er für sich selbst und seine Wissenschaft benötigte."

Das neue Gebäude war gerade erst fertig, da hatte Brahe sein zweites, großes astronomisches Erlebnis. In der frühen Abenddämmerung des 13. Novembers 1577 fiel ihm nämlich ein sehr heller Stern auf, den man für den Abendstern Venus hätte halten können, wenn dem Astronomen nicht bekannt gewesen wäre, daß die Venus um diese Zeit nur am Morgenhimmel sichtbar war.

Er blieb deshalb die ganze Nacht mit seinen Gehilfen auf seinem Beobachtungsturm und verfolgte den unbekannten Stern. Seine Ausdauer wurde belohnt; denn nach einigen Stunden tauchte ein mächtiger Schweif auf. Es handelte sich also um einen Kometen!

Dieser Schweif übrigens, der eine Länge von 22 Grad hatte und bald auch von anderen gesehen wurde, besaß nach ihrer Auffassung die Gestalt eines Schwertes, das verhängnisdrohend über den Himmel zog, was natürlich nur Krieg bedeuten konnte. In einem Buch von dem Astronomen Andreas Dudith *De cometarum significatione – Über die Bedeutung der Kometen*, das im Jahre 1579 erschien, sind die einzelnen Phasen des Kometen von seinem Erscheinen bis zu seinem Verschwinden getreulich aufgezeichnet und in der Mitte seiner Darstellung mit dem angeblichen Schwert verglichen worden, das seine Zeitgenossen gesehen haben wollten. Es zeigt, wie Dudith dabei im einzelnen ausführt, daß nicht im entferntesten irgendeine solche Ähnlichkeit vorliegt. Aber alle seine Bemühungen, den Kometenwahn damit einzudämmen, nützten nichts. Das Volk wollte seine Gruselsensation behalten!

Ein neues Wissen über die Kometen

Mit den ihm zur Verfügung stehenden astronomischen Geräten versuchte Brahe die Entfernungen des Kometen des Jahres 1577 genauer zu bestimmen. Er verglich deshalb zunächst die von ihm auf der Insel Hween aufgenommenen Winkeldistanzen mit denen, die von anderen Astronomen in Prag von dem Kometen gemacht worden waren.

Auf seiner Sternwarte „Uranienburg" untersuchte Tycho Brahe mit zahllosen Mitarbeitern und einer großen Anzahl, zum Teil erst von ihm entwickelter Beobachtungsgeräte sowie unter Einsatz genau gehender Uhren den Lauf der Gestirne.

Wäre nämlich der Komet nicht weiter als der Mond von der Erde entfernt gewesen – wie man bisher allgemein annahm –, dann müßten wegen der verschiedenen Standorte die gemessenen Winkeldistanzen um mindestens sechs bis sieben Winkelminuten voneinander abweichen. Der Unterschied betrug in Wirklichkeit jedoch nur ein bis zwei Minuten. Das aber bewies, daß der Komet weit jenseits der Mondbahn stand.

In seinem großen Hauptwerk *Einführung in die neue Astronomie* – lateinischer Titel: *Astronomia Instauratae Progymnasmata* – widmete Tycho Brahe dem Kometen von 1577 einen ganzen Band mit 465 Quartseiten. Er schloß daran seine Aufzeichnungen von den Kometen vom 26. Januar 1578 und von den Jahren 1580 und 1582 an. Bei allen diesen Beobachtungen und Messungen bestätigte sich seine Annahme, daß die Kometen Millionen von Kilometern von uns entfernt vorbeiziehen, sich also nicht, wie Aristoteles annahm und man um diese Zeit immer noch glaubte, in unserer Atmosphäre befinden. Sie hatten daher physikalisch nichts mit der Erde zu tun und könnten dementsprechend auch wohl kaum irgendwelche Einflüsse auf die Erdbewohner ausüben.

Das war ein harter Schlag für alle, die an diese „Zuchtrute Gottes" und ihre Unheilvoraussagen glaubten. In zahllosen Schriften und Büchern wurden alle nur denkbaren und selbst die unsinnigsten Ideen vertreten, um Tycho, den „Besserwisser", zu widerlegen. Wurde doch die Kometenfurcht damals noch als ein integrierender Bestandteil der Gottesfurcht angesehen und auf den Kanzeln wie ein Glaubensartikel gepredigt. Das beweist die in diesen Jahren von dem Theologieprofessor Jacob Heerbrand in Tübingen gedruckte *Predigt vom Kometen und Pfauenschwanz* und seine zweite *Ermahnung zur Buße wegen des Kometen.*

Aber so leicht verzichteten diese Unheilverkünder nicht auf ihr augenfälliges Beweisargument, zumal der nun bald ausbrechende Dreißigjährige Krieg und auch andere Ereignisse immer wieder eine Gelegenheit boten, sie mit dem Kometenauftauchen nachträglich in Verbindung zu bringen. Ein gutes Geschäft machten vor allem die Hersteller von Flugblättern, wobei es oft erstaunlich war, was sie alles an dem Kometen gesehen haben wollten. Die zeichnerische Phantasie kannte dabei keine Hemmungen. So sah man beispielsweise aus dem Kopf eines in Graz gesichteten Kometen warnend eine Hand heraus-

Der von Tycho Brahe am 13. November 1577 erstmals gesichtete Komet konnte auch im übrigen Deutschland gesehen und wie hier in Nürnberg voller Schrecken verfolgt werden.

gestreckt. Am 5. Oktober 1591, so wird aus Nürnberg berichtet, zog ein völlig wildgewordener und aus der Bahn geworfener Komet über den Tageshimmel. Strahlen und Zacken brachen aus den Wolken, beleuchteten sie gespenstisch und umgaben sie mit gräßlichem Feuerschein. Ganz Nürnberg schüttelte sich damals vor Entsetzen und erwartete fürchterliche Heimsuchungen.

Um besser und vor allem ohne Störungen beobachten zu können, ließ Brahe im Jahre 1584 etwa siebzig Schritte von der Uranienburg entfernt ein zweites Observatorium, die *Sternenburg*, bauen. Es war eine ebenerdige Plattform, deren Beobachtungsräume unterirdisch lagen, damit die großen Instrumente gegen die hier häufig auftretenden Seewinde und plötzliche Böen einigermaßen geschützt waren. Die runden, wagenradähnlichen Dächer besaßen in einzelnen Teilen zu öffnende Kreissektoren. Im ganzen drehbar war die in der Mitte angebrachte Kuppel, die sich auch in den verschiedenen Sektoren aufklappen ließ und in ihrer äußeren Form an die Beobachtungskuppeln unse-

101

rer heutigen Sternwarten erinnert. Von diesen *Radiis subterraneis*, wie sie Tycho Brahe nannte, sind viele genaue Messungen durchgeführt worden.

In dem Hauptgebäude und auch in der Sternenburg hat Tycho Brahe 21 Jahre gearbeitet und gelebt, und zwar vom Jahre 1577 bis 1598. Bis zu zwölf Schüler hatte er dabei gleichzeitig um sich, die gewissermaßen zu seiner Familie gehörten. Er hatte sich nämlich schon bald nach seiner Ankunft in Hween mit einer dort ansässigen Bauerntochter verheiratet. Diese Verbindung jedoch haben ihm seine adligen Verwandten nie verziehen.

Mit seiner „Sternseherei" hatte man sich zwar allmählich abgefunden, die öffentliche Anerkennung und die Gunst des Königs, die er erlangt hatte, überzeugten auch die noch in alten Vorstellungen Befangenen, daß diese Beschäftigung so ganz unstandesgemäß nicht sein könne. Aber die Heirat mit einer Bauerntochter vergab man ihm nie! Nicht allein seine Familie, sondern der ganze dänische Adel war entrüstet über diese Verbindung, ja man ging sogar so weit, sie gar nicht anzuerkennen und seine Kinder als unehelich zu betrachten. Schließlich mußte sogar der König eingreifen, um dieses beleidigende Verhalten seiner Standesgenossen abzustellen.

Dabei war Christine Brahe durchaus würdig, den Rang einzunehmen, den sie durch ihre Verehelichung erlangt hatte. Ihr geschicktes und durchaus standesgemäßes Verhalten, aber auch ihr hauswirtschaftliches Können ermöglichten erst die geordnete Unterbringung der zahllosen Gäste und Schüler und ihre ausreichende Verpflegung. Sie wird außerdem von einigen der Schüler, wie Christian Longomontanus und Gellius Sasserides, die jahrelang in ihrem Hause weilten, nicht nur als eine ausgesprochene Schönheit, sondern auch als eine geborene Diplomatin beschrieben, die manchen Streit unter den Männern auf der einsamen Insel geschickt zu schlichten wußte.

So war Christine Brahe während ihres gemeinsamen Lebens nicht nur eine würdige Gattin, sondern verstand es auch, in ihrem Haus Uranienburg vor hochgestellten Persönlichkeiten sich standesgemäß zu bewegen. Von nah und fern reiste man nämlich nun nach der Insel Hween, und Tycho erhielt hier den Besuch von Königen und Fürsten. Zu seinen Gästen gehörten neben anderen Jacob I. von England und Wilhelm von Braunschweig. Das früher nie gekannte Hween war jetzt in aller Munde. Viele Prominente kamen auch zu ihm, um einen ärztlichen Rat zu erbitten. Wie aus den neuesten Forschungen hervorgeht, war Brahe nicht nur mit der Medizin vertraut, er war auch ein zu dieser Zeit wohlbekannter Pflanzenheilkundiger. Das war damals nichts Außergewöhnliches, ein Überbleibsel noch aus den vergangenen Jahrhunderten, als die Astrologie und Medizin eng miteinander verbunden waren.

So ist es nicht zu verwundern, daß es neben den astronomischen Beobachtungsräumen in Uranienburg auch ein chemisches Laboratorium mit einem ärztlichen Behandlungsraum gab. Aber Brahe betrachtete diese Betätigung nur als eine Art Nebenbeschäftigung. Den größten Teil seiner Arbeitszeit widmete er der Astronomie. Hier saß er nun, wie es ein zeitgenössischer Stich darstellt, hinter seinem Quadranten und machte seine Meridianbeobachtungen und Messungen. Der Sonnenort wurde mit der Venus unmittelbar und diese mit den Fixsternen verglichen, wobei – und das war wieder ein Novum – auch die Minuten und Sekunden genau gemessen wurden. Tycho Brahe setzte daher alles daran, die besten Uhren zu bekommen, die es gab, um Abweichungen zu vermeiden.

Mit besseren Apparaten Sonnen- und Mondumlauf beobachtet

Der hölzerne Quadrant Brahes war nur der Anfang einer ganzen Serie von Instrumenten, die er auf der Insel Hween für die bessere Gestirnsbeobachtung hatte anfertigen lassen.

Besonders für die große Kuppel in der Sternenburg schuf er eine *äquatoriale Ringkugel*, die so über einer fünfstufigen, kreisförmigen Aushöhlung errichtet wurde, daß in jeder Lage und Stellung die genauen Winkelkoordinaten abgelesen werden konnten.

Eine solche Anlage war deshalb sehr notwendig, weil das Fernrohr erst dreißig Jahre später in Holland gebaut und im Jahre 1609 auf die Nachricht hin von Galilei nachkonstruiert wurde.

Ein weiteres astronomisches Gerät war ein Sextant von 1,65 Meter Radius zur Messung der Winkelabstände von Sternen. Damit die beiden Beobachter ihn leicht in die Ebene der zu messenden Sterne bringen konnten, ruhte er auf einer drehbaren Kugel und war in dieser Lage durch in den Boden gestemmte, spitze Stangen festgehalten wor-

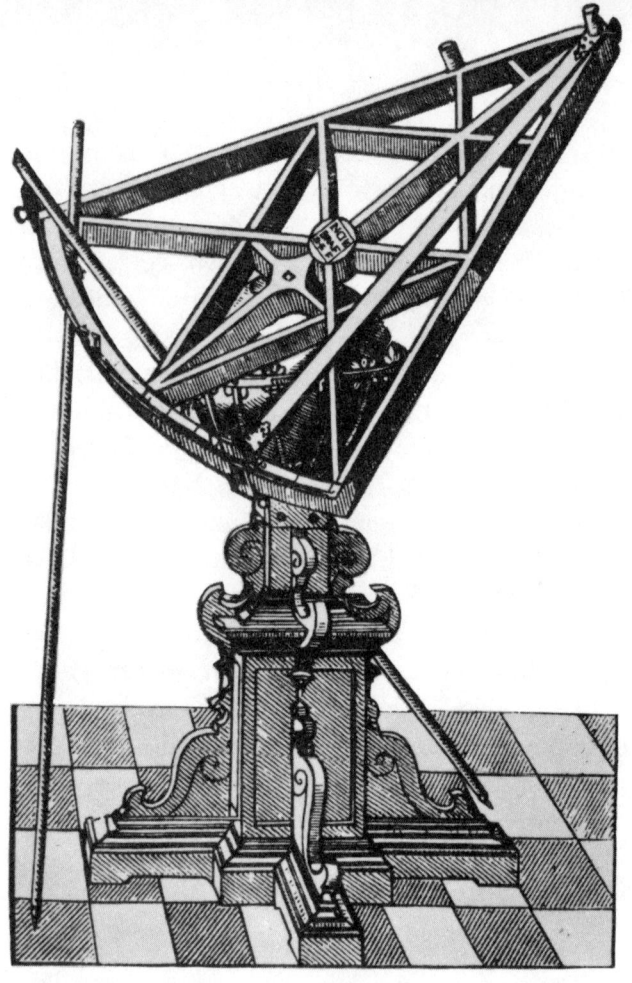

Astronomischer Sextant. Aus Brahes Werk „Astronomia instaurate Mechanica".

den. Der eine der Beobachter visierte dann den einen Stern über ein festes Beobachtungsloch auf der linken Seite des dreiecksförmigen Gerätes an und setzte seine Festhaltestangen. Dann trat der andere Beobachter in Aktion und richtete mit Hilfe eines Visiers, einer um die Winkelspitze drehbaren Stange, diese auf den anderen Stern aus. Der so gemessene Winkel konnte nun auf einer halbrunden Meßskala genau abgelesen werden.

Das Hauptbeobachtungsinstrument aber befand sich in der Uranienburg. Es war ein riesiger, von anderen Beobachtungsräumen umgebener Mauerquadrant. Hinter ihm saß Tycho Brahe bei seinen Sternenbeobachtungen und ließ sich von zwei Gehilfen genau die gemessene Zenitdistanz und die Deklination zurufen. Zugleich las ein Gehilfe an drei Räderuhren die genaue Zeit ab, die ebenfalls eingetragen wurde.

Über alle diese Instrumente schrieb übrigens Tycho Brahe im Jahre 1598 ein mit schönen Zeichnungen versehenes Buch mit dem Titel *Astronomicae Instauratae Mechanica*. Mit all diesen Instrumenten aber unternahmen er und seine Gehilfen in den nächsten Jahren umfassende Beobachtungen und Messungen.

Die regelmäßig auf diese Weise vorgenommenen Sonnenmessungen ergaben, daß die von Kopernikus errechnete mathematische Darstellung der scheinbaren Sonnenbewegung nicht genau stimmte. Der entfernteste Punkt des Umlaufes, von der Erde aus gesehen, war weiter gewandert, als nach der Theorie von Kopernikus zu erwarten war. Der von Kopernikus vorausberechnete Wert der jährlichen Verschiebung betrug 24 Bogensekunden, während Brahe 45″ mit seinen Instrumenten maß. Damit kam er schon näher an den heute mit den besten Hilfsmitteln bestimmten Wert von 61″ heran.

Brahe bestimmte auch die Länge des *tropischen Jahres* mit 365 Tagen, 5 Stunden, 48 Minuten und 45 Sekunden, was nur um eine Sekunde zu wenig ist. Mit diesen Werten für den Sonnenumlauf, also allen den Größen, die zu einer mathematischen Darstellung der Sonnenbewegung notwendig sind, legte er neue Tafeln für die scheinbare Sonnenbewegung an, die gegenüber den bereits erwähnten Alfonsischen Tafeln und den von Reinhold nach der Kopernikanischen Sonnentheorie berechneten wesentlich genauer sind.

Die laufenden Sonnenbeobachtungen führten Brahe auch auf eine andere Fehlerquelle bei der astronomischen Beobachtung, das Problem der *Refraktion*. Es ist dies die Brechung von Lichtstrahlen, die von den Sternen kommen, in der Erdatmosphäre. Er fand heraus, daß ein Gestirn, wenn es im Zenit steht, keinerlei Ablenkung seiner Lichtstrahlen erleidet. Bei einem horizontalen Stand, wie beispielsweise bei einem Sonnenuntergang, hebt die Refraktion scheinbar ein Gestirn um etwa 36 Bogenminuten. Bei der Sonne also um etwas mehr als den scheinbaren Durchmesser.

Aus dem Azimut, der geographischen Breite der Sternwarte und der Deklination, d. h. dem Winkelabstand des Gestirns vom Himmelsäquator, konnte er dann mit Hilfe eines sphärischen Dreiecks für jede Beobachtung die Höhe berechnen, und die Abweichungen der beobachteten von der berechneten Höhe gaben ihm die Grundlagen für seine Refraktionstafeln.

Wir berichteten bereits, daß Tycho Brahe schon als junger Mann

Mondbeobachtungen gemacht hatte. Die Theorie der von Ptolemäus vor zwei Jahrtausenden aufgestellten Mondbewegungen konnte zwar die Mondumlaufbahn durchaus verständlich darstellen, diese aber widersprachen den von Brahe gemessenen Winkelgrößen des Mondes. Hier stimmte also die Theorie augenscheinlich nicht mit den Messungen überein! Auch die von Kopernikus aufgestellte Theorie bedeutete in dieser Hinsicht zwar eine wesentliche Verbesserung der mathematischen Darstellung der Mondbewegung, aber auch sie zeigte Mängel in der Übereinstimmung der beobachteten und berechneten Mondpositionen, die besonders bei den Finsternissen auffällig zutage traten.

Um bessere Arbeitsunterlagen für die Vorausberechnungen von Mondfinsternissen und damit für die Aufstellung von Mondtafeln zu erhalten, führte Brahe auch regelmäßige Beobachtungen des Mondes durch. Bei der Bearbeitung des Materials, wozu auch die Meßdaten von verschiedenen älteren Mond- und Sonnenfinsternissen gehörten, entdeckte er zu den zwei schon von Ptolemäus und Kopernikus bemerkten Ungleichheiten in der Mondbewegung noch weitere Unregelmäßigkeiten. Früher war die Mittelpunktgleichung bekannt, die darin besteht, daß der Mond einmal etwas schneller und dann wieder langsamer läuft. Diese periodische Abweichung von einer gleichmäßigen Bewegung beträgt maximal etwa 6 Grad. Die *Evektion* ist eine weitere Schwankung mit einer Periode von 31,8 Tagen um den nach der Mittelpunktgleichung berechneten Ort. Sie beträgt etwa 1,3 Grad.

Die nunmehr dritte von Brahe entdeckte Ungleichheit in der Mondbewegung ist die sogenannte *Variation*. Es ist eine Störung des Mondumlaufes um die Erde durch die Sonnenanziehung. Zwischen Neumond und dem ersten Viertel wie zwischen Vollmond und dem letzten Viertel ist der wahre Mondort vor dem mittleren voraus, zwischen dem letzten Viertel und Neumond ist er hinter ihm zurück. Hingegen ist die *Variation* bei Voll- und Neumond wie auch beim ersten und letzten Viertel gleich Null. Tycho Brahe berechnete diese Abwandlung des Mondumlaufes mit einem Maximalwert von 40,5', der heute ermittelte genaue Wert liegt bei 39,5'. Man sieht also, wie exakt die Berechnungen des dänischen Astronomen waren.

Wenig später entdeckte Brahe noch eine weitere Besonderheit in der Mondbewegung. Sie wird als *Jährliche Gleichung* bezeichnet, obwohl sie eine periodische Ungleichheit beim Vorrücken des Mondes darstellt, bei der im Laufe eines Jahres der Mondort um 11' 10" schwankt.

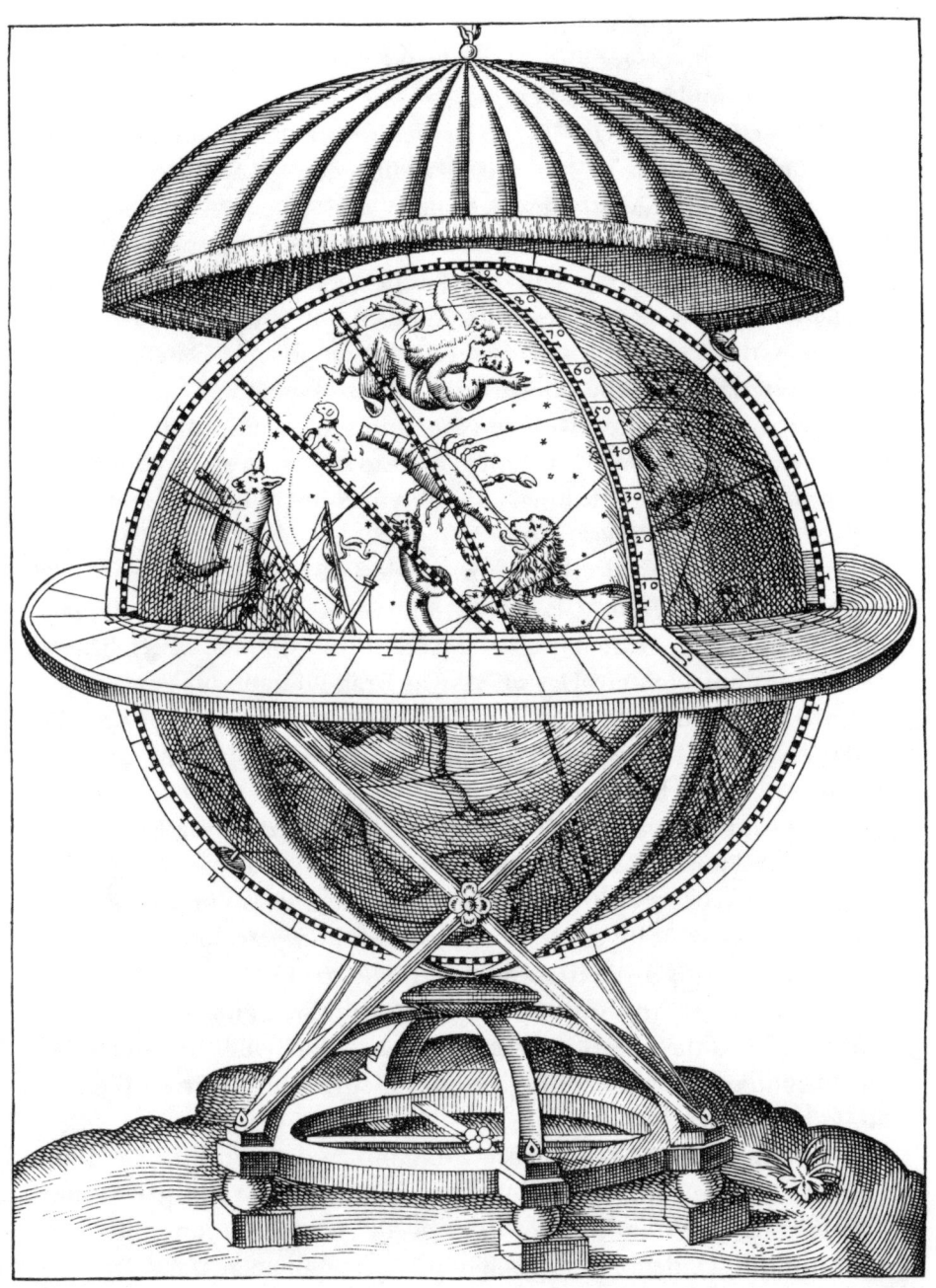

Himmelsglobus aus dem Jahre 1584 von Tycho Brahe.

Brahe aber, mit seinen immer noch unvollkommenen Instrumenten, berechnete diese Störung der Mondbewegung nur mit 4'. Sie wurde erst ein Jahrhundert später berichtigt.

Alle diese Feststellungen Tycho Brahes aber bedeuteten schon einen beachtlichen Fortschritt bei der Erfassung der Mondbewegung mit ihren vielen besonderen Abweichungen von einem gleichförmigen Umlauf. Während dieser Zeit hat Tycho Brahe auch mit wenigen Unterbrechungen die fünf damals bekannten Planeten beobachtet und versucht, genauere Positionsbestimmungen von ihnen zu erarbeiten, um die Grundlagen für verbesserte mathematische Darstellungen der Planetenbahnen und damit für genauere Planetenbahnen zu beschaffen, aus denen die jeweiligen Standorte mit wenigen Berechnungen zu einer beliebigen Zeit ermittelt werden konnten. Zu dieser Bestimmung der Planetenbahnen gehörten aber auch die Berechnungen der Koordinaten der Fixsterne.

Schon bei der Standortbestimmung des neuen Sternes von 1572 hatte es sich erwiesen, daß die um diese Zeit vorhandenen damals 1400 Jahre alten Ptolemäischen Fixstern-Koordinatenverzeichnisse nicht mehr ausreichten. Das erste, was Brahe darauf auf Hween tat, war die Aufstellung eines neuen Sternkataloges mit besseren Koordinaten-Angaben. Das war ein durchaus nicht einfaches und arbeitsmäßig umfangreiches Unternehmen.

Zur Bestimmung dieser Koordinaten der Fixsterne ging Brahe von dem hellen Planeten Venus und ihrem Sonnenumlauf aus. Er nützte dabei die bereits erwähnten verbesserten *Sonnentafeln* weitgehend aus. Außerdem wählte er für die Messungen und Berechnungen einen besonders günstigen Zeitraum, das Frühjahr 1582. Damals stand gerade die Venus in hoher Stellung in Meridiannähe, wo die Wirkung der erwähnten astronomischen Refraktion – die Brechung der Lichtstrahlen, die von den Sternen kommen, in der Erdatmosphäre – besonders gering war.

Da Sonne und Venus in diesen Frühjahrsmonaten des Jahres 1582 mehrere Wochen, ohne durch Wolkenschichten behindert zu sein, am Tageshimmel sichtbar waren, konnten die Arbeiten ununterbrochen durchgeführt werden. Zuerst maßen mit dem großen *Sextans Trigonicus* zwei Beobachter den Winkelabstand Venus–Sonne auf die schon beschriebene Weise. Sodann wurden nach Sonnenuntergang einige wichtige Sterne an die gemessenen Venuspositionen angeschlossen.

Mit Hilfe dieser Richtsterne und einer größeren Anzahl weiterer ebenso genau gemessener Fixsterne stellte Brahe seinen neuen Sternkatalog *Von tausend wichtigen Fundamentalsternen*, wie er ihn nannte, dar. Aufgrund dieser Fixsternörter war es ihm auch möglich, in Zukunft wesentlich exaktere Planetenbestimmungen zu machen. Bei seinen am besten vermessenen Sternpositionen betragen die durchschnittlichen Abweichungen zu den moderneren Werten nur 35 bis 38 Bogensekunden.

In Ungnade gefallen

Mitten in diese Arbeiten fiel jedoch ein Ereignis, das Tycho Brahes Leben bald radikal ändern sollte. Sein Freund und königlicher Beschützer Friedrich II. von Dänemark starb unerwartet im Jahr 1588. Tycho Brahe, der nie ein Höfling gewesen und wegen seiner laufenden astronomischen Arbeiten nur selten nach Kopenhagen gekommen war, bemerkte bald, daß in der Hauptstadt nun niemand mehr den Wert seiner astronomischen Arbeiten zu schätzen wußte.

Gewiß, es mag richtig gewesen sein, daß Tycho Brahe auf seiner abgelegenen Insel wie ein Despot herrschte. Vielleicht war das auch nötig, um die umfassenden astronomischen Beobachtungen ohne Rücksicht auf die Belange anderer mit dem gewünschten unermüdlichen Fleiß durchführen zu können. Das mochte manchen der Inselbewohner auch verletzen, in einigen Fällen sogar schädigen, da Brahe nur ein Ziel kannte, seine astronomische Arbeit, und dabei auf niemanden Rücksicht nahm.

Während früher die an die königliche Verwaltung eingereichten Klagen und Beschwerden abgebogen wurden, fanden sie jetzt bei Hofe ein williges Ohr. Ein unbedeutender Vorfall war der Anlaß dazu. Während früher der maßgebende Minister Walkendorp, wahrscheinlich um sich damit die Gunst des Königs zu erhalten, sich als Freund des Astronomen bezeichnete, wurde dies anders, als der minderjährige Christian IV. den Thron bestieg und gemeinsam mit anderen die Regentschaft führte.

Eines Tages erschien der Minister Walkendorp unerwartet in Uranienburg, um wahrscheinlich einige der Beschwerden an Ort und Stelle nachzuprüfen. Einem Hund Tychos, der ihn bei der Begrüßung ankläffte, gab er einen Fußtritt. Aufbrausend wie Tycho war, man denke an das Duell, das ihm seine Nase kostete, verwahrte sich Brahe dagegen. Die beiden Männer gerieten in Streit, und es fielen harte Zornesworte. Als unversöhnliche Feinde gingen sie auseinander.

Die Folgen bekam Brahe schon in den nächsten Wochen zu spüren. In Kopenhagen sprach man bald von übergroßen Kosten, welche Uranienburg erforderte, ebenso von Vernachlässigungen, die sich Tycho habe zuschulden kommen lassen. Man verweigerte sein Gehalt und ernannte eine Kommission, um Uranienburg und die aufwendige Sternwarte zu untersuchen. Ein Astronom gehörte dieser Kommission nicht an. Der Bericht lautete, wie man sich denken kann, ungünstig und entsprach damit den Wünschen der Regierung in Kopenhagen.

Mit Kummer sah Tycho jetzt ein, welche Folgen der Streit mit dem Minister Walkendorp für ihn gehabt hatte. Es wurde ihm bald klar, daß er Uranienburg, seine ihm durch eine mehr als zwanzigjährige Tätigkeit so lieb gewordene Arbeitsstätte, werde verlassen müssen. Noch hoffte er, das Schlimmste abwenden zu können. Im Frühjahr 1597 reiste er nach Kopenhagen, wo sein ehemaliger Gönner, Friedrich II., ihm einige Häuser geschenkt hatte. In einem seiner Anwesen versuchte er eine kleine Sternwarte einzurichten, aber der Minister Walkendorp ließ ihm dies durch den Stadtvogt, weil es für die Bevölkerung ungewohnt und leicht zu Massenaufläufen von Neugierigen führen könne, untersagen.

Deutlicher konnte diese Regierung ihm nicht zu erkennen geben, daß sie seine astronomische Betätigung nicht mehr wünschte. Um noch ärgeren Verfolgungen zu entgehen, verließ er mit seiner Familie und einem Teil seiner Schüler Dänemark. Neben seinen Instrumenten nahm er seine Bibliothek, die Druckpresse und einen Teil seiner Möbel mit.

Er begab sich zunächst zu seinem Freund, dem Grafen Rantzau, nach Wandsbek und wohnte hier längere Zeit. Noch immer hoffte er, daß eine ehrenvolle Rückkehr möglich sei. Er schrieb deshalb am 10. Juli 1597 an den König Christian, schilderte das ihm zugefügte Unrecht und bat um Abhilfe. Auch mehrere Fürsten, darunter der Kurfürst von Brandenburg, setzten sich für ihn ein. Aber alles war umsonst! Christian IV., hinter dem sein Minister Walkendorp stand, antwortete höchst ungnädig und überzeugte den Astronomen, daß er in Dänemark mit keiner Unterstützung mehr rechnen könne.

Schon zwei Jahre vorher hatte Tycho im Vorgefühl dessen, was vielleicht eintreten könnte, einem Kaiserlichen Rat, der ihn besuchte, seinen Wunsch zu erkennen gegeben, in einem derartigen Falle in die Dienste des deutschen Kaisers zu treten. Bereitwillig war dieser darauf eingegangen; ihn freute die Aussicht, einen Gelehrten mit einem solchen Ruf für seinen Monarchen gewinnen zu können.

Jetzt erinnerte sich Tycho an diese Zusage. Zwar war jener Rat inzwischen verstorben, sein Nachfolger aber hatte dieselbe wohlwollende Einstellung ihm gegenüber und trug die Angelegenheit dem Kaiser vor. Da inzwischen noch einige andere Angebote an Tycho herangetragen worden waren, fuhr er nach Prag, wo Rudolf II. als böhmischer König Hof hielt. Seine Familie ließ er unter der Obhut Longomontanus' in Wandsbek zurück. In diesem Zusammenhang muß noch erwähnt werden, daß der Kaiser ein begabter und gebildeter Herrscher war, der sich am liebsten seinen Kunstsammlungen, den Naturwissenschaften und der Astrologie widmete.

Der Vertrag mit Rudolf II. kam schon nach wenigen Tagen zustande. Er versprach, in Prag eine besondere Sternwarte zu erbauen, und bot ihm zum einstweiligen Aufenthalt eines seiner drei Schlösser in der Nähe der böhmischen Hauptstadt zur Auswahl an. Tycho wählte Benatek und ließ jetzt seine Familie nachkommen. Ein Gehalt von 3000 Gulden jährlich und eine ansehnliche Summe zur ersten Einrichtung wurde ihm zugesichert. Das kleine Palais der Königin Anna wurde zur Sternwarte umgebaut. Im Frühjahr 1598 konnte er seine neue Sternwarte auf dem Hradschin beziehen und seine aus Dänemark mitgebrachten Instrumente aufstellen. Andere wurden in Auftrag gegeben, und die astronomische Betätigung begann aufs neue.

Tycho Brahe wollte in Prag einen neuen astronomischen Mittelpunkt schaffen, wie es Uranienburg gewesen war. Er schrieb deshalb an den 28jährigen Kepler und bat ihn, bei seinen Arbeiten als Assistent mitzuwirken. Longomontanus war ihm schon aus Wandsbek gefolgt, und andere, teils neue Schüler schlossen sich an.

Die nächsten Arbeiten sollten sehr umfassend sein. Er wollte das in Uranienburg und an anderen Orten gewonnene, reichhaltige Beobachtungsmaterial benutzen, um neue und bessere astronomische Tafeln auszuarbeiten, die den Namen seines neuen Gönners erhielten.

In diesen Prager Jahren hat er sich nochmals eingehend mit den Planetenbewegungen, vor allem mit der des Mars befaßt. Das gelang ihm, wie Kepler später schrieb, so gut, daß er die Bewegung dieses Planeten in seiner Länge auf 2' genau bestimmte.

Um diese Zeit machte sich Brahe auch an die Herausgabe verschiedener Bücher. Der Grund dafür lag in der schleppend vorgenommenen Gehaltsauszahlung. Die zerrütteten Finanzen Rudolfs II. ließen eine regelmäßige und volle Auszahlung nicht zu. Tycho mußte um sein Geld kämpfen und verlor dadurch viel Zeit, die er sonst gern seiner Arbeit gewidmet hätte.

Er starb an den Folgen eines Festgelages am 24. Oktober 1601. Seine letzten Worte lauteten: „Ich hoffe wenigstens nicht vergeblich gelebt zu haben!"

Über die Größe seines Werkes wurde die breite Öffentlichkeit erst nach seinem Tode unterrichtet, als im Jahre 1611 – also zehn Jahre nach seinem Ableben – eine Gesamtausgabe seiner Werke unter dem Titel *Tychonis Brahae operia omnia* und im Jahre 1648 eine Neuausgabe, beide in lateinischer Sprache, erschienen. Sie bildeten die Grundlage für eine lateinische Prachtausgabe, die als eine späte Ehrenrettung in Kopenhagen in 14 großen Quartbänden mit zusammen 6200 Seiten in den Jahren 1913 bis 1929 herausgegeben wurde.

Das Wichtigste jedoch, was Tycho Brahe seiner Nachwelt hinterließ, waren sein umfangreiches Beobachtungsmaterial und seine verbesserte Arbeitstechnik. Johannes Kepler, sein Mitarbeiter in den letzten Lebensjahren und sein Nachfolger als kaiserlicher Hofastronom in Prag, schrieb später mit Recht über ihn, daß niemals zuvor genauere Gestirnsbeobachtungen gemacht worden seien, weil niemand bereit gewesen war, sich einer derartig großen Mühe zu unterziehen. Alle diese Beobachtungen hatte Tycho mit den bloßen Augen gemacht!

Johannes Kepler — Ein Leben in Armut und Sorge

Der Mitarbeiter Tycho Brahes in dessen letzten Lebensjahren war Johann Kepler. Das Leben dieses Mannes, der erst das Kopernikanische System zu seiner wirklichen Größe entwickelte und seine Fehler berichtigte, war weniger vom Glück begünstigt als das seines Vorgängers.

Er wurde am 27. Dezember 1571 in Weil, einer Stadt in Württemberg, geboren. Sein Großvater war einmal Bürgermeister dieser Stadt gewesen und hatte sogar einen Adelstitel verliehen bekommen. Seine

Johannes Kepler (1571 bis 1630), der die umfangreichen Arbeitsunterlagen Tycho Brahes auswertete und fortsetzte.

Eltern lebten jedoch bei seiner Geburt in ziemlich ärmlichen Verhältnissen. Da seine Mutter eine Gastwirtstochter war, verkaufte Keplers Vater schließlich das geerbte Haus und eröffnete eine Gastwirtschaft in dem nahe bei Weil gelegenen Dorf Magstatt. Aber er kam auch hier auf keinen grünen Zweig.

Der Vater, diese Verhältnisse schließlich leid, verließ seine Familie und trat als Söldner in österreichische Kriegsdienste. Die Mutter mit den vier Kindern ließ er in größter Armut zurück.

In dieser erbärmlichen Umgebung wuchs Johannes Kepler auf. Selbst die höchst dürftigen Belehrungen, welche die Dorfschule ihm bieten konnte, genoß er nur zeitweilig, da er trotz seiner schwächlichen Gesundheit bei den Bauern auf den Feldern arbeiten mußte, um das Seine zum Unterhalt der Familie beizutragen.

Ungeachtet dieser Einschränkung, zeichnete sich jedoch der kleine Johannes durch seine ungewöhnlich schnelle Auffassungsgabe vor seinen Altersgenossen aus. Schon bald kam er nach einer Art Schnellunterricht in die Klosterschule in Adelberg. Hier blieb er zwei Jahre bis zum Frühling 1586 und ging dann, wieder für zwei Jahre, auf das geistliche Seminar in Maulbronn. Im Jahre 1588 bestand er das Baccalaureat-Examen, was etwa unserem heutigen Abitur entspricht, mit Auszeichnung. Damit stand ihm ein kostenloses Studium in dem berühmten Theologischen Stift in Tübingen offen.

An dieser Hochschule für Theologen dienten die ersten zwei Studienjahre der Vorbereitung auf das Magisterexamen mit den Fächern Arithmetik, Geometrie, Astronomie, Musik, Dialektik und Rhetorik. Der Professor für Mathematik und Astronomie, M. Mästlin, der ein Anhänger der kopernikanischen Lehre war, aber in seinem Seminar die ptolemäischen Theorien lehren mußte, wurde bald auf den fleißigen und begabten Schüler aufmerksam und führte ihn in seiner Freizeit in das heliozentrische Weltbild von Kopernikus ein.

Nach dem Magisterexamen, das Kepler mit summa cum laude bestand, begann er das eigentliche dreijährige Theologie-Studium. Die Theologie aber, die um diese Zeit in Tübingen gelehrt wurde, war – wahrscheinlich durch die Religionskämpfe bedingt – eine der unduldsamsten Lehren, die je an dieser Universität gelehrt wurde. Eine so unbeugsame protestantische Lehre, mit ihrem glühenden Haß gegen die katholische Religion, paßte nicht zu dem friedlichen und toleranten Johannes Kepler.

Er zeichnete sich zwar durch eine außergewöhnliche Rednergabe aus, und sein Lehrer Hafenreffer wußte auch sein mathematisches Genie zu schätzen, aber alles das nützte nichts, um das Konzilium von einer ablehnenden Haltung abzubringen. Der Grund hierfür war wahrscheinlich, daß er als ein begeisterter Anhänger des kopernikanischen Weltbildes bekannt war und bestimmt Dogmen der damaligen protestantischen Kirche abgelehnt hatte.

Man erklärte jedenfalls nach dem Schlußexamen, daß er zwar vortreffliche Talente besitze, aber unfähig sei, ein Mitglied der württembergischen Kirche zu werden.

Diese Entscheidung war das Günstigste, was ihm passieren konnte. Er hatte eine gute Ausbildung genossen und war trotzdem nicht gezwungen, einen ihm widerstrebenden Beruf auszuüben.

Zunächst versuchte Kepler nun, ein geistliches Lehramt an einer der Schulen oder Seminare zu erhalten. Aber auch das scheiterte an den Beziehungen seiner Widersacher bei der württembergischen Regierung. Trotz allem aber gelang es seinem Lehrer Mästlin, ihm die Stelle eines Landschaftsmathematikers in Graz zu besorgen, mit der die Stelle eines Lehrers an der dortigen Stiftsschule verbunden war. Kepler nahm an, zumal es ihm als Lehrer der Mathematik nunmehr auch möglich war, sich eingehender mit der Astronomie zu beschäftigen. Ein wenig enttäuscht schied er von seiner Heimat.

Als „Landschafts-Mathematicus", wie der offizielle Titel lautet, trat er im April 1594 sein neues Amt an. Im ersten Jahr hatte Kepler nur wenige Schüler, im zweiten überhaupt keine mehr. Damit er nicht umsonst bezahlt wurde, ließen ihn seine Vorgesetzten nun auch Vorlesungen über Rhetorik halten.

Zu seinen Pflichten gehörte es auch, jedes Jahr einen Kalender mit astrologischen Voraussagen anzufertigen. Neben den Prophezeiungen über das Wetter im kommenden Jahr mußte er Prognosen über politische Ereignisse aufstellen. Kepler, dem diese Materie völlig unbekannt war, studierte zunächst die astrologischen Lehrbücher von Ptolemäus und einem geistreichen Arzt aus dem 16. Jahrhundert mit Namen Gardanus. Er entnahm diesen, daß man möglichst unbestimmt in den Vorhersagen sein muß, damit später diese oder jene Version hineininterpretiert werden konnte. Seiner angeborenen Skepsis ist es zu danken, daß er in seinem ersten Kalender meist wenig erfreuliche Ereignisse wie ein besonders schlechtes Wetter, eine grimmige Kälte im Winter und außerdem noch einen Türkeneinfall voraussagte.

Und sein Pessimismus behielt recht! Es kam genauso, wie er es prophezeit hatte. Sein Ruf als Astrologe erreichte damit eine erstaunliche Beliebtheit. Hochgestellte Persönlichkeiten baten ihn fortan um ihre Horoskope. Das kam nicht nur seiner Stellung zugute, sondern besserte nebenbei sein Einkommen erheblich auf. Auch in seinen Horoskopen war er äußerst vorsichtig und drückte sich nicht eindeutig aus. Damit schmeichelte er seinen Auftraggebern, die immer das Beste aus seinen Prophezeiungen herauslasen.

Je nach dem Stand der Fragenden benutzte er die Voraussagen dazu, eingedenk seiner theologischen Ausbildung für Sittenpredigt, um den Leuten ungestraft nützliche Wahrheiten sagen zu können. „Es ist ein gut Mittel", so schrieb er seinem ehemaligen Lehrer und jetzigen Freund Mästlin, „manches diesen großen Herren Adligen und Prälaten sagen zu können, was ich sonst nicht vermöcht; aber nötig ihnen vorzuhalten ist!"

In seinem Kalender aber, das schreibt er weiter, „sehe ich darauf, daß ich mit Geschichten, die mir wahr erscheinen, meinem oben beschriebenen Leserkreis einen frohen Genuß an Gottes schöner Natur bereite, in der Hoffnung, mancherley Ding nun besser zu verstehen".

Man hat oft Johannes Kepler wegen seiner verschiedenen Voraussagen als einen überzeugten Astrologen angesehen. Das stimmt in einem solchen Umfang durchaus nicht. Er meinte lediglich an einer Stelle: „Alles, was in der Astrologie einer Erfahrung gleichsieht und sich nicht auf unsinnige Grundlagen stützt, halte ich für würdig, darauf achtzugeben, ob es sich in Zukunft nicht also verhalten könne, und wenn das Ordentliche so beständig ist, verwirf es nicht ganz, auch wenn die Ursache nicht erkannt werden kann."

Er stützte sich also bei seinen Horoskopen auf gewisse Lebenserfahrungen. An anderer Stelle jedoch meinte er zweifelnd: „Während all meiner Wissenschaft der Astrologie weiß ich mit so viel Gewißheit, daß ich eine einzige Spezialsache mit Sicherheit dürfte voraussagen!" An einer anderen Stelle wird er noch klarer und spricht von der Astrologie, „als dem närrischen Töchterlein der hochvernünftigen Astronomia". Trotzdem aber scheint es, daß sich Kepler nie ganz von dem Glauben an wirkliche kosmobiologische Zusammenhänge lösen konnte, die sich nach seiner Ansicht aber nie auf eine Einzelpersönlichkeit bezogen.

Wir wissen heute durch zahllose Reihenuntersuchungen, daß solche Beeinflussungen aus dem Kosmos in einem gewissen Umfang durchaus denkbar sind. In rund 85000 Reihenuntersuchungen hat z. B. der Florentiner Professor Piccardi vor knapp 20 Jahren nachgewiesen, daß auch einige chemische Prozesse der Einwirkung der Sonnenfleckentätigkeit unterliegen. Er führte seine Tests an einem einfachen chemischen Vorgang, dem Niederschlag von Wismutchlorid in einem mit Wasser gefüllten Gefäß durch und beobachtete, daß dieser Vorgang sich je nach der Häufigkeit von Sonnenflecken mit unterschiedlicher Geschwindigkeit vollzog und manchmal das Dreifache des sonst üblichen betrug. Da sich auch im Menschen chemische Vorgänge vollziehen, wäre es – wie Prof. Piccardi meint – nicht verwunderlich, daß er in dieser Zeit eine erhöhte Anfälligkeit für Krankheiten und eine besondere Reizbarkeit zeigen könnte. Es ist wiederum interessant, daß der amerikanische Klimaforscher Professor Dr. Wheeler anhand der Sägedurchschnitte der bis zu 4000 Jahre alten Mammutbäume (Sequiadendron giganteum) im Yosemite-Nationalpark in Kalifornien nachwies, daß die stärksten Verdickungen der Jahresringe mit verstärkter Sonnenflecktätigkeit einhergehen.

Bestätigen diese und ähnliche Forschungen die behaupteten Einwirkungen, dann sind vielleicht manche nervöse Erkrankungen, Unfälle und Fehlhandlungen bei den einzelnen die Folgen der Sonnenaktivität, auch wenn dieser Zusammenhang statistisch nicht streng zu erfassen ist. Insofern hatte also Kepler recht, wenn er bereits damals an gewisse kosmische Zusammenhänge glaubte. Allerdings sahen diese „Einflüsse aus dem All" etwas anders aus, als es sich die Astrologen mit ihren Sternkonjunktionen vorstellten.

Geometrie entschleiert das Weltgeheimnis

In Graz begann der gerade 24 Jahre alte Johannes Kepler erstmals mit laufenden astronomischen Arbeiten. Besonders gern beschäftigte er sich – und wahrscheinlich war das eine Folge seiner astrologischen Betätigung – mit das ganze Weltall betreffenden Spekulationen. Seinem Hang für Philosophie, Religion und orientalische Musik folgend, suchte er eine übergeordnete Lösung für die Zusammenhänge und den Aufbau des Kosmos. Er ging davon aus, daß das ganze Weltall sich nach einem bestimmten geometrischen Plan aufbaue, der sich in der Anzahl der Planeten, ihren Entfernungsverhältnissen von der Sonne und der Art ihrer Bewegung offenbart.

Das alles konnte nicht zufällig sein! Irgendein Gesetz mußte die Zahl, die Größen und ihre periodischen Bewegungen in unserem Sonnensystem bewegen. Lange bemühte er sich, die „harmonische Ordnung" zu finden, welche der „beste und gesetzmäßigste aller Baumeister" benutzt hatte.

„Endlich am 19. Juli 1595" – so schreibt er in seinen diesbezüglichen Aufzeichnungen – „kam mir die Erleuchtung! Ich glaubte das Weltgeheimnis zu erkennen, das Gott bei der Erschaffung der Welt angewandt hat, indem er die sechs Planetenbahnen in eine Reihe bestimmter geometrischer Grundformen hineingestellt hat. Es handelt sich um jene vollkommenen dreidimensionalen Körper, bei denen alle Flächen gleich sind, und zwar um das Tetraeder (dreiseitige Pyramide), den Kubus (den gleichseitigen würfelförmigen Körper), das Oktaeder (den Achtflächner), das Dodekaeder (einen von 12 gleichen, regel-

117

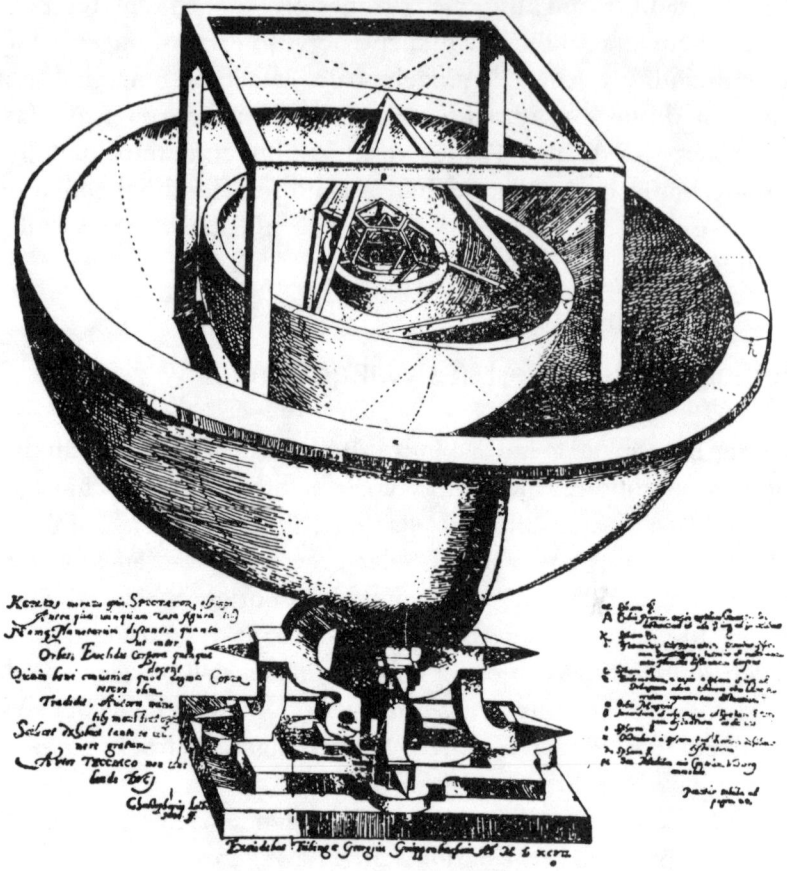

Der geniale Astronom Kepler hatte einen gewissen Hang zur Mystik. Diese merkwürdige Zeichnung wurde 1596 in seinem Werk „Mysterium Cosmographicum" veröffentlicht und sollte die Harmonie des Weltalls durch den Vergleich der fünf Polyeder (Vielflächner) der Geometrie beweisen.

mäßigen Fünfecken begrenzten Körper) und endlich das Ikosaeder (den Zwanzigflächner)."

Er dachte sich diese Polyeder (Vielflächner) in die sechs kugelförmigen Sphären der Planeten Merkur, Venus, Erde, Mars, Jupiter und Saturn eingeschoben – eine Gedankenakrobatik, die die Zeichnung verdeutlicht. Im Zentrum des Ganzen aber sollte als Mittelpunkt die Sonne stehen.

Mit dieser nicht beweisbaren Modellvorstellung erreichte er allerdings, daß die Entfernungen der Kugelschalen der Sphären von der Sonne mit den von Kopernikus gegebenen mittleren Entfernungen der sechs Planeten mit den Halbmessern der die regelmäßigen Körper umhüllenden sphärischen Kugeln nicht gar zu schlecht übereinstimmten. Kepler glaubte durch diesen Aufbau das geometrische Gerüst für die Anordnung der Planeten im Raum gefunden zu haben. Die nicht ganz befriedigenden Zahlenwerte meinte er der Ungenauigkeit der von Kopernikus ermittelten Werte der durchschnittlichen Entfernungen der Planeten von der Sonne zuschreiben zu müssen.

In seinem durch die Mithilfe seines Freundes Mästlin in lateinischer Sprache im Jahre 1596 gedruckten Buch *Mysterium Cosmographicum* (*Das Weltgeheimnis*, ins Deutsche übersetzt von M. Caspar im Jahre 1923) bemüht er sich, seine Theorie darzulegen. Wie er das ganze Thema sieht, geht aus dem Untertitel hervor. Er lautet: „Ein Vorläufer kosmographischer Abhandlungen, enthaltend das Weltgeheimnis der wunderbaren Proportionen zwischen den Himmelsbahnen und die wahren, natürlichen Gründe für ihre Zahl, Größen und periodischen Bewegungen."

Da diese *geometrischen Werte*, wo auch immer unsere Gesprächspartner im Weltall sich befinden, überall dieselben sind, wird trotz der riesigen Entfernungen und der Zeit, die notwendig ist, um sie zu überwinden, durchaus eine Verständigung mit Hilfe der Geometrie denkbar sein. Denn wie Johannes Kepler bereits feststellte, „ist die Geometrie" – er meint damit ihre Verhältniszahlen und Lehrsätze – „schon vor der Schöpfung vorhanden gewesen" und ihre Gesetze sind überall im Weltraum gültig. Eine Schlußfolgerung, deren Größe erst dann offenbar wird, wenn man sie in ihrer praktischen Auswirkung für eine eventuelle zukünftige interplanetarische Verständigung ausnützen will. Insofern also hatte Kepler recht, wenn er das kosmische Mysterium in der Geometrie sieht, mag auch die oben erwähnte praktische Verständigungsmöglichkeit im Weltraum ihm noch nicht bewußt gewesen sein.

Zwischen den Mahlsteinen der Religionen

Während Keplers *Mysterium Cosmographicum* gerade begann, ihm in Fachkreisen einen Namen zu machen, brachen in der Steiermark im Jahre 1598 für viele völlig unerwartet Protestantenverfolgungen aus. In Graz mußten deshalb alle protestantischen Prediger und Lehrer die Stadt innerhalb von acht Tagen verlassen. Kepler, der schon nach Ungarn abgereist war, konnte wieder zurückkehren, da seine auch von den jesuitischen Gelehrten anerkannten Verdienste als Lehrer und Astronom aus besonderen Gründen eine Ausnahme gestatteten. Er durfte sogar seine Lehrtätigkeit in Graz wieder aufnehmen. Froh, in dieser von religiösen Wirren durchzogenen Zeit in Ruhe gelassen zu werden, hatte er sich sogar ein paar Monate später mit einer vermögenden jungen Witwe verheiratet. Es war durchaus keine Liebesheirat. Kepler hoffte vielmehr, auf diese Weise wenigstens von seinen drückenden finanziellen Sorgen befreit zu werden. Bei dieser Gelegenheit war Kepler veranlaßt worden, den alten, aber in Vergessenheit geratenen Adel seines Großvaters, auf den er selber gar keinen Wert legte, wieder geltend zu machen, da seine spätere Frau, Barbara von Mühleck, ihn sonst wohl nie geheiratet hätte.

Kepler war sich natürlich darüber im klaren, daß seine Ausnahmestellung nur so lange währen würde, wie die Jesuiten die Hoffnung noch hatten, ihn zu bekehren. Bald wurden auch in der Steiermark die Maßnahmen zur Unterdrückung der Protestanten noch weiter verschärft. Kepler bekam sie beim Begräbnis eines Kindes zu spüren, und er sah ein, daß er nicht mehr in Graz bleiben konnte, wollte er seinen Glauben nicht aufgeben.

Gerne hätte er sich nach Tübingen oder an eine andere protestantische Universität berufen lassen. Aber sein Freund Mästlin, an den er sich deswegen gewandt hatte, teilte ihm mit, daß in Württemberg noch immer die Stimmung gegen ihn sei. Es ist wirklich traurig zu sehen, wie die enge Unduldsamkeit der beiden Konfessionen diesem großen Gelehrten, dessen Werke eine tiefe Religiosität erkennen lassen, das Leben in einer derartigen Weise schwermachten.

In seiner Sorge um die Zukunft wandte sich Kepler an einen anderen großen Astronomen, Galileo Galilei, der bereits in Italien einen Namen hatte. Er hatte ihm sofort nach der Drucklegung ein Exemplar seines Weltgeheimnisses geschickt und darauf einen unverbindlichen

Dankesbrief erhalten. Nur eine Stelle in diesem Schreiben war für Kepler recht aufschlußreich. Galilei gestand nämlich, daß er bisher nicht gewagt habe, die Lehre des Kopernikus, dessen Anhänger er war, öffentlich zu vertreten, um nicht von der Allgemeinheit verspottet zu werden.

„Ihr könntet Eueren Gefährten", so soll Kepler an Galilei geschrieben haben, „helfen, die sich unter einem dermaßen unbilligen Urteil schwer mühen, indem Ihr ihnen den Trost Eurer Zustimmung und den Schutz Eueres Ansehens gewährt. Denn nicht nur Euere Italiener weigern sich, zu glauben, daß sie (mit der Erde) in Bewegung sind, weil sie es nicht spüren; auch bei uns in Deutschland macht man sich durch derartige Angaben nicht beliebt!"

Kepler bat Galilei weiterhin, „da er keine anständigen Instrumente habe", für ihn einige Beobachtungen durchzuführen. Aber die erhoffte Zusammenarbeit kam trotz allem nicht zustande.

Zugleich mit der Buchübersendung an Galilei hatte Kepler auch ein Exemplar an Tycho Brahe nach Prag geschickt. Dieser studierte es eifrig. Wenn er auch die darin vertretene sphärische Geometrie ablehnte, so erkannte er doch sofort die Genialität der dabei entwickelten Gedanken. Er schrieb deshalb zurück, ob Kepler nicht als Rechner bei ihm arbeiten wolle. Nach einigen zögernden Bedenken und seinen Mißerfolgen in Württemberg willigte Kepler schließlich ein.

Im Herbst 1600 reiste er zunächst allein nach Prag, um sich seine neue Arbeitsstelle anzusehen. Die Situation dort war nicht sehr gut. Tycho mußte um die kleinsten Geldsummen mit dem Hofkämmerer streiten und bekam sein Gehalt in Raten und nur teilweise. Einige Assistenten hatten es deshalb vorgezogen, ihren Meister wieder zu verlassen. Viele der wertvollsten Instrumente waren noch immer nicht aus Dänemark eingetroffen und konnten deshalb nicht eingesetzt werden. Familienzwistigkeiten und höfische Intrigen schufen durchaus kein günstiges Arbeitsklima. Außerdem war die Pest ausgebrochen und Tycho mußte mit seinen Leuten auf das ihm zur Verfügung gestellte Schloß Benatek fliehen, um die Ansteckung zu vermeiden.

Das war die Lage, als Kepler ihn aufsuchte, eine ziemlich verworrene Situation. Brahe war verständlicherweise durch die Arbeitsunterbrechungen und die sonstigen Umstände sehr gereizt und Kepler durch die mühsame und lange Reise nervös. Beide aber waren sich, was schon bald offenkundig wurde, in ihrem heftigen und aufbrausenden Temperament ähnlich. So kam es zu einigen unliebsamen Zusammenstößen. Verzeifelt schrieb damals Kepler an Mästlin: „Tycho ist ein Mann, mit dem man nicht leben kann, ohne sich den größten Beleidigungen auszusetzen."

In Wirklichkeit hatte aber jeder von beiden den Eindruck, von dem anderen nicht gebührend behandelt und ausgenutzt zu werden. Das trat schon bei der neuen Arbeitsplanung zutage. Man wies Kepler die schwierigste Aufgabe, die Berechnung der Marsbahn, zu, eine Aufgabe, an der Tycho und sein erster Assistent Longomontanus bisher gescheitert waren.

Diese genaue Berechnung aber verlangte, daß Kepler die umfangreichen Marsbeobachtungen genau studierte, die Tycho noch in Uranienburg begonnen hatte. Gerade diese Beobachtungen jedoch hütete Brahe wie einen Schatz und ließ Kepler nicht an sie heran. Er wolle nämlich das Ganze erst veröffentlichen, wenn sein neues System fertig war.

Nun versuchte Kepler eigene Beobachtungen zu machen, aber Tycho ließ ihn nicht an die Instrumente. Erneut kam es zu heftigen Auseinandersetzungen. Da Brahe außerdem nicht bereit war, einen entsprechenden und vom Kaiser genehmigten Anstellungsvertrag zu unterzeichnen, packte schließlich Kepler wütend seine Koffer. Er wollte zunächst zu seiner Familie zurückkehren und sich irgendwo eine andere Beschäftigung suchen.

Kurz vor der Abreise jedoch beruhigte ihn Tycho mit der Nachricht, der Kaiser habe nunmehr seine Anstellung genehmigt. Kepler reiste trotzdem ab, jedoch um seine Frau nach Prag zu holen. Ganz zufrieden war er nicht. Etwas lakonisch schrieb er an Mästlin: „Wenn Gott um die Himmelskunde besorgt ist, was zu glauben die Frömmigkeit verlangt, so hoffe ich auf diesem Gebiet etwas zu leisten, da ich sehe, wie mich Gott durch ein unabänderliches Schicksal mit Tycho verbunden und auch trotz schwerer Mißhelligkeiten nicht hat entzweien lassen."

Eine Planetenbewegung, die nicht in das System paßt

Noch zögernd gestattete ihm nunmehr Tycho Brahe, wenigstens einen Teil seiner Beobachtungen über den Mars zu studieren. Kepler schrieb dazu an Mästlin:

„Tycho besitzt einen überaus großen Reichtum an vorzüglichen Beobachtungen, aber er macht wie viele reiche Leute keinen richtigen Gebrauch von seinem Reichtum."

Kepler nahm zunächst an, der Mars bewege sich, wie zu dieser Zeit alle Astronomen glaubten, in einer Kreisbahn um die Sonne. Als aber die Beobachtungsdaten nicht mit dieser Bewegung in Einklang zu bringen waren, überlegte er, ob nicht, entgegen der bisher herrschenden Lehrmeinung, die Bahn des Mars doch anders sein könnte. Der Gedanke, der ihn dabei beherrschte, war die Vorstellung, daß die Sonne sozusagen der Regulator der Planetenbewegungen sei. Für die von Kepler zum erstenmal in Betracht gezogene mechanische Beeinflussung der Planetenbahnen war diese Annahme von entscheidender Bedeutung, einer der großen Augenblicke in der Astronomie.

Bei Kopernikus war der Mittelpunkt der Sonne zugleich auch der Drehpunkt der kreisförmigen Erdbewegung. Er ging also von einem rein geometrischen Punkt aus. Dem aber standen die Beobachtungen entgegen, daß bei Sonnennähe die Geschwindigkeit der Planeten, vor allem des Mars, zunahm, während sie bei Sonnenferne geringer wurde. Das wiederum paßte nicht zu einer kreisförmigen Bewegung, bei der ja alle von der Sonne ausgehenden Beeinflussungen gleich sein mußten.

Um hinter das Rätsel zu kommen, ging Kepler in den nächsten Monaten zunächst einen anderen Weg. Er unternahm keine weiteren theoretischen Berechnungen, sondern versuchte mit einer höchstmöglichen Genauigkeit, die Bahn des Mars aufzuzeichnen. Dabei machte er sich von allen bisherigen theoretischen Annahmen frei und verlegte sich zunächst darauf, in mühevoller Arbeit soviel Marsbeobachtungspunkte zu bekommen wie möglich und auf einer Himmelskarte einzuzeichnen. Mit Hilfe dieser Kontrolle, so hoffte er, müßte es doch möglich sein, weitere Unterlagen über die wirkliche Marsbahn zu erhalten.

Er ging zunächst davon aus, alle die von Tycho in den Jahren 1580 bis 1600 beobachteten zehn Marsoppositionen, die ja auf bestimmte

Fixsterne bezogen waren, zuerst auszuwerten. Von diesen genau bestimmten Punkten ausgehend und dann immer aufgrund des zwischen zwei Oppositionen liegenden Zeitraumes – der sogenannten
synodischen Umlaufszeit – weiterschreitend, konnte Kepler die jeweils genauen Marsörter bestimmen.

Was er aber für die Marsbahn herausbekam, war kein Kreis, sondern
eine ovale Kurve. Zwar beliefen sich die Abweichungen zwischen den
Beobachtungen und Berechnungen nur noch auf acht Bogenminuten!
Da aber Tychos Messungen auf zwei Bogenminuten genau waren,
konnte diese Bahn noch nicht die richtige sein.

„Ich kam schließlich darauf", so schrieb im Dezember 1604 Kepler an seinen gelehrten Freund und Mitarbeiter, den Pfarrer David
Fabricius, der ebenfalls zahllose Marsbahnberechnungen angestellt
hatte, „daß der Marsumlauf in der Mitte zwischen einer Kreisbahn
und einem Oval liegen müsse und möglicherweise eine Ellipse sein
könnte."

Da die wichtigsten Eigenschaften der Ellipse schon durch die griechischen Mathematiker berechnet worden waren, konnte Kepler sehr
schnell nachweisen, daß die gefundenen Marsörter genau auf dieser
geometrischen Form lagen. Allerdings befanden sich bei den Planetenbahnen die beiden Brennpunkte der Ellipse so nahe beieinander oder
anders ausgedrückt, ihre Exzentrizität war so gering, daß die Bahn-
figur einem Kreis sehr nahe kommt. Doch war die Abweichung von
der Kreisbahn immerhin noch so groß, daß sie rechnerisch in Betracht kam. Aber die Umlaufbahnen auch der anderen Planeten stimmen nunmehr so genau mit den Beobachtungen und Berechnungen
überein, daß kein Zweifel mehr an der Ellipsenform der Planetenbahnen bestand.

Die Entdeckung dieser so gefundenen Bahnform, die gleichzeitig
auch der Sonne ihre zentrale Stelle im Planetensystem zuweist
(in einem der beiden Brennpunkte der Bahnellipse), wird in der Astronomie als das *Erste Keplersche Gesetz* bezeichnet.

Wir erwähnten bereits, daß bei Sonnennähe die Geschwindigkeit der
Planeten zunahm, während sie bei Sonnenferne geringer wurde. Dabei überstreichen – und das ist das zweite Phänomen, das Kepler
herausfand – die *Fahrstrahlen* (die gedachte Verbindungsstrecke zwischen Sonne und Planet) in derselben Zeit die gleichen Flächen. Auch
diese Erkenntnis war ein auf Beobachtungen und vor allem laufende

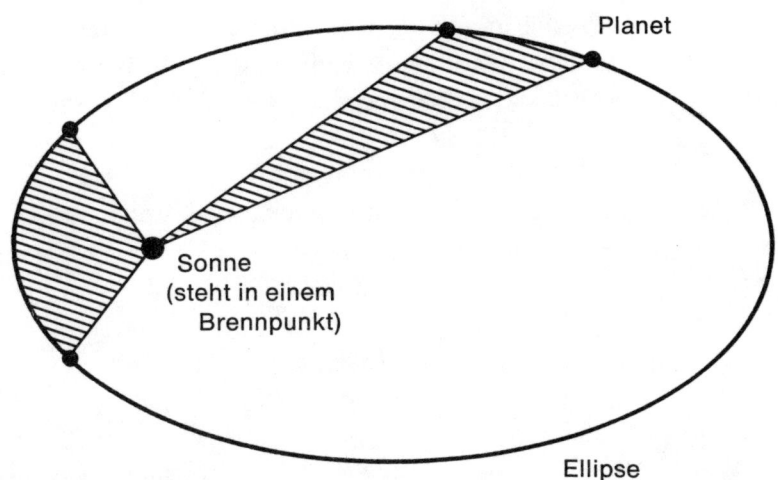

Planet

Sonne
(steht in einem
Brennpunkt)

Ellipse

Nach langen Überlegungen und Berechnungen fand Kepler schließlich heraus, daß die Bahnen der verschiedenen Planeten um die Sonne eine Ellipsenform haben müssen (I. Keplersche Gesetz). Weiterhin müssen auch die „Fahrstrahlen" – die gedachte Verbindungsstrecke zwischen Sonne und Planet – in derselben Zeit die gleichen Flächen überstreichen (II. Keplersche Gesetz).

Berechnungen sich aufbauendes Gesetz. Es wird als das *Zweite Keplersche Gesetz* bezeichnet.

Die so erarbeiteten beiden Gesetze bestärkten Kepler in der Annahme, daß er auf diese Weise der Erkenntnis von der Harmonie der Himmelsbewegungen ein Stück näher gekommen war. Er versuchte deshalb immer tiefer in die geheimnisvolle Ordnung des Universums einzudringen. Er verbrachte 16 Jahre damit, immer neue Kombinationen mit den errechneten Zahlenwerten aufzustellen. Er versuchte es mit arithmetischen, geometrischen und, wie er es nennt, harmonischen Proportionen, die er auf die verschiedenste Weise kombinierte. Am 8. März 1618 schließlich brachte ein glücklicher Zufall ihm den ersehnten Erfolg.

Er setzte nämlich an diesem Tage die Zahlen, welche die großen Halbachsen der Bahnellipsen und die Umlaufzeiten der Planeten in ihren Bahnen darstellen, in die zweite, dritte und vierte Potenz und verglich sie miteinander. Dabei fand er heraus, daß die Quadrate der Umlaufzeiten der Planeten genauso groß sind wie die Kuben (die dritten Potenzen) der großen Bahnachsen, also ihrer mittleren Entfernungen von der Sonne.

Um dieses Verhältnis zu verstehen, ist es zweckmäßig, die einzelnen Werte in einer Tabelle zu vergleichen, die damals Kepler aufstellte, wobei er bei der Erde von dem Wert „1,000" ausging.

Planet	mittl. Distanz	Umlaufzeit	Kubus der Distanz	Quadrat der Umlaufzeit
Merkur	0,387	0,241	0,058	0,058
Venus	0,723	0,615	0,378	0,378
Erde	1,000	1,000	1,000	1,000
Mars	1,524	1,881	3,540	3,540
Jupiter	5,203	11,86	140,8	140,8
Saturn	9,539	29,46	868,0	868,0

Die dadurch bewiesene Erkenntnis, daß die Quadrate der Umlaufzeiten der verschiedenen Planeten sich wie die Kuben ihrer mittleren Entfernung verhalten, ist das sogenannte *Dritte Keplersche Gesetz*.

Zwar vermutete auch er, daß es eine zentrale Kraft geben müsse, welche die Planeten in diesen genauen Abständen um die Sonne bewegt und die nach seiner Ansicht physikalischer Natur sein müsse. Wie diese aber beschaffen sei oder auf was sie beruhe, darüber zerbrach sich Kepler vergeblich den Kopf. Erst ein Jahrhundert später konnte Isaac Newton durch die Entdeckung des Schwerkraftgesetzes eine Begründung für die Keplerschen Gesetze geben.

Wie sehr schon Kepler von einer zentralen physikalischen Kraft bei der Steuerung der Himmelsbewegungen überzeugt war, geht aus dem bereits im Jahre 1609 von Kepler veröffentlichten Buch über die beiden ersten seiner Gesetze hervor, das den Titel trägt: *Astronomia Nova seu Physica coelesti – Neue Astronomie oder die Physik des Himmels*.

In einem Brief an David Fabricius, dem er sein neues Buch zuschickt und der ihm bei den komplizierten Marsbeobachtungen geholfen hat, schreibt er in diesem Zusammenhang übrigens recht aufschlußreich: „Mein Ziel ist zu zeigen, daß die himmlische Maschine gleichsam ein Uhrwerk ist, insofern nahezu alle die mannigfaltigen Bewegungen von einer einzigen Antriebskraft besorgt werden, wie bei einem Uhrwerk alle Bewegungen von einem fallenden Gewicht. Und zwar zeige ich weiter, wie diese physikalische Vorstellung auch geometrisch darzustellen ist."

Man ist verblüfft, wenn man diese Worte liest; denn das „fallende Gewicht", von dem Kepler spricht, war bei Newton ein zu Boden fallender Apfel, der ihn auf den Gedanken gebracht haben soll, die Schwerkraft- oder anders ausgedrückt die Gravitationsgesetze zu entdecken, die heute für die gesamte Weltraumfahrt maßgebend sind.

Wie weit eilte damit der Geist Keplers bereits seiner Zeit voraus! Nur wenige sind sich heute dessen bewußt. Bezeichnend ist auch, daß der berühmte französische Physiker, Mathematiker und Astronom Pierre Simon Laplace (1749–1827), als er sein fünfbändiges Werk über die *Mécanique Céleste – Die Himmelsmechanik –* herausgab, schrieb, die ersten Keime der ganzen Lehre der Himmelsmechanik seien schon in Keplers Astronomia Nova zu finden.

Kepler war sich im übrigen auch darüber im klaren, daß die Sonne irgendwelche Kraftwirkungen ausüben müsse, da die Bewegung der Planeten mit der Annäherung zu der Sonne zunimmt.

Die *Neue Astronomie*, deren Manuskript schon gegen Ende des Jahres 1605 fertig war, ist übrigens nicht seine einzige Veröffentlichung gewesen, die er in diesen Jahren schrieb.

Mathematische Kleinarbeit

Ähnlich wie Tycho Brahe entdeckte auch Kepler eine „Nova". Er wollte im Oktober 1604 eine Konjunktion des Mars mit dem Jupiter beobachten. Wolken verhinderten zunächst am 9. Oktober, an dem sich die beiden Planeten am nächsten standen, die genaue Beobachtung. Aber am 10. sah Kepler unerwartet durch eine Wolkenlücke statt zwei Sternen gleich drei. Er war verblüfft und wußte nicht, wie er die sonderbare Beobachtung erklären könne. Da die lästige Wolkenbildung allmählich nachließ, konnte er am 17. Oktober weitere Beobachtungen durchführen.

Er erkannte schon bald, daß es ein neuer Stern und kein Komet war, den er noch nie an dieser Stelle gesehen hatte. Er befand sich am Fuße des Sternbilds *Ophiuchus*, dem sogenannten *Schlangenträger*, nahe der Milchstraße. Sein Glanz, den er bis zum 3. Januar 1605 beibehielt, wurde nur noch von der Venus übertroffen. Nur allmählich nahm seine Leuchtkraft ab, und der Stern verschwand erst am 18. Oktober 1605 in den Strahlen der untergehenden Sonne und war von da an nicht mehr zu sehen.

Das Erscheinen der Nova hatte verständlicherweise auch bei den Nichtastronomen Aufsehen erregt, und alle, die es sich nur leisten konnten, eilten zu Kepler, um sich nach diesem seltenen astronomischen Ereignis erneut ihr Horoskop stellen zu lassen. Sie stahlen ihm damit die Zeit, die Nova mit der erforderlichen Sorgfalt beobachten zu können.

Verbittert über die Unwürdigkeit, seine Zeit mit astrologischen Berechnungen verbringen zu müssen, schreibt er wütend in sein Tagebuch: „Die Sterndeuterei ist die verwerflichste aller angeblichen Wissenschaften, die sich von Alpha bis Omega auf reine Lügen aufbaut. Sie ist nicht wert, daß ein Astronom seine Zeit an sie verschwendet. Aber die Leute glauben nun einmal, es gehöre zu den Aufgaben eines Astronomen.

Aber, was soll ich machen? Ich kann nicht dagegen angehen! Stellen mir doch Arm und Reich, Vornehm und Gering, Gelehrt und Ungelehrt, wenn ich nur wage, Zweifel anzudeuten, die dreiste Frage: zu welchem Zweck denn sonst die Sterne von Gott erschaffen wären? Welche Anmaßung, daß das ganze, wunderbare Universum nur für dieses jammervolle Häuflein Mensch geschaffen worden sein soll!"

Aber was wollte Kepler machen? Karg genug war schon das Brot, das man ihm spendete – hätte er sich geweigert, seinem Kaiser das Horoskop zu stellen, er hätte keinen Pfennig mehr zu sehen bekommen. So blieb ihm also nichts weiter übrig, als diese zeitraubenden Nebenarbeiten zu erledigen.

Kepler war übrigens nicht der einzige, der den neuen Stern am Fuße des Ophiuchus laufend beobachtete. In einem Brief hatte er den Pastor David Fabricius (1564–1617) auf den neuen Stern aufmerksam gemacht, und von nun an verfolgte auch dieser die Nova laufend, wobei er umfangreiche Aufzeichnungen anlegte. Das Manuskript darüber ist in der Städtischen Bibliothek in Aurich in Niedersachsen zum Teil noch vorhanden und wurde von dieser aus der früheren „Landschaftlichen Bibliothek" übernommen.

Der Pastor soll übrigens wegen seiner „Sternguckerei" einen sagenhaften Ruf nicht nur in seiner Gemeinde gehabt haben. Es wurde von ihm berichtet, daß er neben allerlei anderen Prophezeiungen auch seine Todesstunde vorher gewußt haben soll. Er wurde hinterrücks am 7. Mai 1617 von einem Mann mit einem Torfspaten erschlagen, den er von der Kanzel herab wegen seines schlechten Lebenswandels ermahnt hatte.

Der Pfarrer soll außerdem einer der ersten gewesen sein, der sich nach Kepler eines Fernrohres für seine astronomischen Beobachtungen bediente.

Es wurde verschiedentlich auch behauptet, daß ein englischer Mönch mit Namen Pater Rogerius Baco (1214–1294), bekannt unter dem Namen Roger Bacon, der Erfinder des Fernrohres gewesen sei. Tatsache ist jedenfalls, daß er plankonvexe Linsen verfertigte, um damit Brillen besser auszurüsten. Er kann sich daher auch mit anderen optischen Aufgaben beschäftigt haben. In seiner erst nach dem Tode veröffentlichten Schrift spricht er von sogenannten *Speculis*, mit denen man ein Kind als Riesen sehen und Sonne und Mond gleichsam heranziehen könne. Auch hier taucht wiederum die Frage auf, ob er vielleicht aufgrund seiner optischen Kenntnisse ein Fernrohr zusammengebaut habe.

Übrigens brachten Roger Bacon seine Forschungen nur Sorgen ein. Deshalb hütete er sich, die Ergebnisse seiner Arbeiten noch bei Lebzeiten zu veröffentlichen. Um Ruhe für seine Forschungen zu haben, wurde er ein Mönch. Doch wenn er glaubte, hier die entsprechende Muße für seine Studien zu finden, hatte er sich bitter getäuscht. Seine Arbeiten vertrugen sich schlecht mit jenen dialektischen Spitzfindigkeiten über religiöse Fragen, in denen sich die übrigen Mönche ergingen. Da Baco aber seine Arbeiten und Untersuchungen nicht ganz verbergen konnte und ihr Ergebnis manchmal den übrigen Glaubensbrüdern als Zauberei erscheinen mußte, wurde er vom Konvent als Hexer verurteilt und in den Kerker geworfen. Erst als Greis befreite man ihn, aber er starb schon bald an den Folgen dieser unmenschlichen Haft im Jahre 1294.

Sein einziges Verbrechen war, um zwei Jahrhunderte zu früh gelebt und sich mit Problemen befaßt zu haben, die seine Zeit noch gar nicht verstand. Ob er sich bei seinen erstaunlichen Versuchen wirklich mit der Konstruktion eines Fernrohres befaßt hat, ist heute allerdings nicht mehr eindeutig festzustellen.

Ein anderer, der etwas Ähnliches vorhatte und darüber auch schrieb, war der italienische Astronom Hieronymus Fracastor (1483 bis 1553). Er lebte 250 Jahre nach Baco. In einem im Jahre 1538 in Venedig erschienenen Buch *Homocentricorum seu de stellis liber unus* schrieb er unter anderem: „Ich habe auch einen Versuch unternommen, mit Hilfe zweier voreinander aufgestellter Glaslinsen (superpositis) Gegenstände größer zu sehen." Das hat einige italienische Nationalisten veranlaßt, in ihm den Erfinder des ersten Fernrohres zu sehen. Als Erfinder dieses Instrumentes ist aber doch wohl nur der anzusehen, der nicht nur Vorversuche machte, sondern das fertige Gerät schuf.

Diese Bedingung erfüllte vielleicht der holländische Brillenmacher Zacharias Jansen aus der niederländischen Stadt Middelburg in den ersten Jahren des 17. Jahrhunderts. Die dafür wichtige Entdeckung, die Verwendung der Linsen für solche Zwecke, sollen die Kinder Jansens beim Spielen gemacht haben.

Während eines Spiels im Hof sollen sie zwei fehlgeschliffene Linsen gefunden haben. Voller Freude beschäftigten sie sich damit. Sie hielten beide Linsen etwas entfernt voneinander vor die Augen und schauten auf das Dach eines hohen Turmes. Da sie nunmehr den Turm viel näher und größer sahen und dabei ein entsprechendes Geschrei veranstalteten, wurde der Vater aufmerksam und eilte herbei. Aufgeregt erzählten die Kinder von ihrer Beobachtung. Der Brillenmacher schaute selbst durch die Linsen und war von den Ergebnissen überrascht. Er nahm sich vor, den Dingen in zahllosen Experimenten auf den Grund zu gehen. So hat er angeblich ein brauchbares Fernrohr erfunden.

Kepler verbessert das Fernrohr

Die Geschichte von den Kindern, die mit den Linsen spielten, mag wahr sein oder nicht, sie ist auf jeden Fall gut erfunden. Die erste authentische Nachricht von einem Fernrohr findet sich allerdings erst in einer Eintragung der „Niederländischen Stände" am 2. Oktober 1608. Sie besagt: „Während des spanisch-niederländischen Krieges hat denselben ein aus Wesel gebürtiger, in Middelburg ansässiger Brillenschleifer Hans Lippershey ein ‚Instrument, um weit zu sehen', vorgelegen, weil mit Hilfe desselben im Felde wesentliche Vorteile über den Feind zu erringen sein dürften, und für die Ausbeutung dieser neuen Erfindung um ein Privilegium auf dreißig Jahre oder um eine Pension nachgesucht, wogegen er Geheimhaltung versprach und solche Instrumenta nur zum Nutzen des Landes und nicht für auswärtige Fürsten und Potentaten anfertigen wollte."

Wegen dieser Eintragung, die damals einer Patentanmeldung gleichkam, wurde eine Prüfungskommission einberufen und dem Erfinder darauf die Herstellung solcher Instrumente mit Linsen aus Bergkristall und darunter auch eines für zwei Augen aufgegeben. Hans Lippershey scheint der Auflage nachgekommen zu sein, trotzdem erhielt er das Privilegium nicht; denn inzwischen hatte am 17. Oktober 1608 Jakob Adriaanzoon Metius ein Gesuch für ein ähnliches Instrument, das angeblich von ihm erfunden worden war, eingereicht. Da innerhalb von vierzehn Tagen zwei gleiche Privilegien beantragt worden waren, konnte es sich wohl kaum um eine Alleinerfindung handeln.

Damit aber ist die Frage, wer von den drei Holländern, Zacharias Jansen, Jan Lippershey oder Jakob Metius, das erste Fernrohr gebaut hatte, noch lange nicht entschieden. Es kommt außerdem noch ein vierter hinzu, und zwar der Franzose Crepi aus Sedan, welcher gleichfalls von vielen als der Erfinder des Fernrohres angesehen wird. Es scheint jedoch, daß der letztere sich indirekt die Kenntnisse über den Aufbau des Instrumentes verschafft hat. Zum Beweis für diese Industrie-Spionage, wie wir es heute nennen würden, wird folgende Begebenheit angeführt: Am 28. Dezember 1608 schrieb nämlich der damalige französische Gesandte Joanin am holländischen Hof an den König Heinrich IV. über eine neue Erfindung, von der er sich für den Krieg großen Nutzen versprach. Durch die Vermittlung der Stände erhielt er dann auch zwei Fernrohre für den König, die er mit einem Brief nach Frankreich schickte. Der Überbringer aber war ein Botschaftsangestellter, der in mechanischen Künsten sehr erfahren war und den man schon vorher beauftragt hatte, insgeheim soviel wie möglich über die Anfertigung von Fernrohren zu erfahren, damit er sie später nachbauen konnte.

Diese Werkspionage gelang vortrefflich. Nur eines hatten die Franzosen nicht bedacht: Crepi baute zwar das Fernrohr nach, aber erhielt für seine Arbeit so wenig, daß er nicht einsah, diese allein zum Ruhme Frankreichs und aus Vaterlandsliebe getan zu haben. Er ging deshalb mit einem der nachgebauten Fernrohre nach Italien und bot es in

Mailand dem spanischen Grafen de Fuentes zum Kauf an. Durch Zufall sah es dort der italienische Astronom Sirturus. Dieser reiste sofort nach Venedig, um dort geeignetes Glas zu kaufen und die benötigten Linsen schleifen zu lassen, damit das Fernrohr nachgebaut werden konnte.

Zu dieser Zeit war auch Galilei in Venedig, und man erzählte ihm von dem Fernrohr. Kurze Zeit später, im Juni 1609, erhielt der Kardinal Borghese eines, das ihm aus Flandern zugeschickt worden war. Galilei hätte somit Gelegenheit gehabt, sich von der Einrichtung und der Wirkungsweise des Fernrohres selbst zu überzeugen. Ob er dies getan hat oder nicht, mag dahingestellt bleiben. Jedenfalls ist das Fernrohr, das er am 23. August 1609 dem Dogen von Venedig überreichte, nach genauer Kenntnis des Aufbaues der holländischen Instrumente zusammengesetzt und somit nicht erfunden, sondern lediglich nachgebaut worden. Er war im übrigen auch nicht der einzige! Kurze Zeit nachdem Galilei sein Fernrohr nachgebaut hatte, ließ auch der Fürst Cesi ein solches ohne Genehmigung herstellen und gab ihm den Namen *Teleskopium*, einen Namen, der sich in den Teleskopen bis heute erhalten hat.

So sah einer von dem anderen ab, und was die Großen machten, ahmten bald auch die Kleinen nach. Deshalb war es nicht erstaunlich, daß schon auf der Herbstmesse des Jahres 1609 in Frankfurt a. M. verschiedene Modelle angeboten wurden, die vorwiegend in Nürnberg hergestellt worden waren.

Alle diese Fernrohre waren nach dem selben System gebaut. Sie besaßen eine verhältnismäßig große Objektivlinse, die am Anfang des Rohres, also dem beobachteten Gegenstand zunächst lag. Sie empfängt die von dem Objekt ausgehenden Lichtstrahlen und möchte sie zu einem kleinen reellen Bild vereinigen. Dazu kommt es aber nicht, denn das Okular, eine bikonkave Linse, liegt vor dem Vereinigungspunkt und zerstreut die Strahlen wieder. Durch eine verschiebbare Einstellung des Okulars aber können die Strahlen so geleitet werden, als kämen sie aus der normalen Sehweite. Das Auge verlegt dann auch dahin das Bild, und dieses erscheint ihm dabei in richtiger Stellung und je nach der Brennweite der Linsen mehr oder weniger vergrößert. Diese Linsenanordnung bietet den großen Vorteil, in verhältnismäßig kurze Röhren eingebaut werden zu können, die recht handlich sind. Übrigens hat Galilei schon im Jahre 1618 ein Fernrohr für beide Augen konstruiert, das unseren heutigen Operngläsern oder Feldstechern ähnelt, und er kann in diesem Falle mit Recht als der Erfinder dieses *Binocles* angesehen werden.

Die erste wissenschaftliche Darstellung, auf der die Wirkung des Fernrohres beruht, gab jedoch Kepler in seinem Buch *Dioptrice seu demonstratio eorum, quae visui et visibilibus propter conspicilla nun ita pridem inventa accidunt etc.*

Nach seinen darin vorgenommenen Untersuchungen entwickelte er ein völlig neues Instrument, das sogenannte *astronomische Fernrohr*. Es unterscheidet sich von dem holländischen durch die Form und den Aufbau seiner Linsen. Er hat nämlich in seiner Arbeit die möglichen Formen der Linsengläser genau geprüft und ihre Krümmungshalbmesser und Brennweiten nach streng mathematischen Prinzipien zu finden versucht. Dabei schuf er die plankonvexen und doppeltkonvexen Linsen.

Sein Fernrohr unterscheidet sich von dem holländischen in wesentlichen Punkten. Bei ihm vereinigen sich die durch das bikonvexe Objektiv gehenden Strahlen wirklich zu einem reellen Bild, welches durch das vergrößernde Okular betrachtet wird. Das Okular ist also hier nicht wie bei dem holländischen Fernrohr eine bikonkave, sondern wie das Objektiv eine bikonvexe Linse.

Das hat allerdings zur Folge, daß das vom Objektivglas erzeugte verkehrte reelle Bild, durch die Okularlinse betrachtet, nicht umgekehrt wird. Daher erscheinen in dem Keplerschen Fernrohr auch alle Gegenstände verkehrt. Es ist deshalb nur zur Beobachtung von Sternen geeignet, bei denen die Stellung der Bilder keine so große Bedeutung hat.

Kepler konstruierte übrigens auch Fernrohre mit zwei und mehreren Okularen. Er hat die Theorie des Fernrohrbaues so vollständig durchdacht und entwickelt, daß innerhalb der nächsten 140 Jahre, bis zur Erfindung der achromatischen Objektive, über die wir noch sprechen werden, nichts Wesentliches hinzugefügt werden konnte. Er hat darüber hinaus das Verhältnis der Lichtstärken bei Lichtein- und -ausfall zu bestimmen versucht. Er berechnete außerdem, welche Fernrohrkonstruktion für astronomische Zwecke die vorteilhafteste sei, je nachdem, ob man Deutlichkeit der Bilder, starke Vergrößerungen, möglichste Lichtstärke oder Größe des Gesichtsfeldes verlangt.

Diese und noch viele andere ähnliche Entdeckungen bilden die Grundlage für sein Hauptwerk über die Dioptrik. Es war notwendig geworden durch die mehr zufällige holländische Erfindung, und so ist Kepler nicht nur ihr größter Förderer in jener Zeit, sondern auch ihr wahrer wissenschaftlicher Urheber.

Unglücksjahre und Anfeindungen

Man kann mit Recht das im Jahre 1611 erschienene Buch Keplers über die Dioptrik und die darauf sich aufbauende Entwicklung des astronomischen Fernrohres als einen Wendepunkt in der Geschichte der Astronomie betrachten. Von nun an war es möglich, die „Sterne näher heranzuholen und weit genauer zu beobachten", wie er an seinen Freund David Fabricius schrieb.

Er begann sofort mit diesem neuen Hilfsgerät seine astronomischen Beobachtungen zu kontrollieren und zu erweitern. Da traf ihn unerwartet von einer Seite ein Tadel, von der er es am allerwenigsten erwartet hatte. Kepler hatte es nach dem Tode Tycho Brahes übernommen, dessen astronomische Tafeln, die den Namen Rudolfs II. tragen sollten, zu verbessern und zu vervollkommnen. Natürlich war diese umfassende Arbeit nicht in wenigen Monaten fertigzustellen, sondern sie dauerte sechzehn Jahre. Sie wurde vor allem dadurch noch verzögert, weil sich die Erben Tycho Brahes Jahre hindurch weigerten, die Beobachtungen für die Herstellung der Tafeln freizugeben.

Der frühere Mitarbeiter Brahes, der in Wirklichkeit Christian Severin hieß und aus Langberg stammte, der Sitte der Zeit folgend aber dies ins Lateinische übersetzt hatte und sich nunmehr Longomontanus nannte, wurde allmählich zum Widersacher Keplers. Er erzählte jedem, der es hören wollte, daß Kepler absichtlich die Anfertigung der Rudolfinischen Tafeln verzögere.

Das kam natürlich auch Kepler zu Ohren, und ihn, der so gern und bereitwillig die Verdienste seines langjährigen Mitarbeiters anerkannte, berührte dies besonders schmerzlich. Er unternahm jedoch nichts, weil ihn die ganze Angelegenheit anwiderte. Das war ein großer Fehler! Denn von mißgünstigen Höflingen kam Rudolf II. bald diese Behauptung zu Ohren, und er forderte von Longomontanus einen genaueren Bericht.

Dieser lautete: „Kepler, anstatt an der ihm obliegenden Verbesserung der Tafeln zu arbeiten, will diese Beobachtungen nur haben, um sie bei seinen unnützen Spekulationen zu gebrauchen."

Derartige Anfeindungen waren leider nicht die einzigen, die Kepler durchzustehen hatte. Schon ein Jahr vorher, als er die *Dissertatio cum nuncio sidero*, ein astronomisches Buch, schrieb, hatte man dem Kaiser zugetragen, daß Kepler nur die ihm gegebenen Beobachtungsmöglichkeiten ausnutze, um andere astronomische Arbeiten zu erledigen, und die Tafeln vernachlässige und damit das in ihn gesetzte Vertrauen schmählich ausnutze. Daß er aber dazu gezwungen war, um neben den spärlichen Zahlungen des Kaisers noch Geld für seinen Lebensunterhalt zu verdienen, hat niemand der ihm nicht gewogenen Höflinge erwähnt.

Das Jahr 1611 war für Kepler ein wahres Unglücksjahr. Seine Frau, schon seit langem einer trüben Melancholie verfallen, starb im Wahnsinn. Kurz vorher hatte er auch seinen Lieblingssohn durch eine „tückische Krankheit" verloren.

Im selben Jahr wurde sein Gönner Rudolf II. abgesetzt und mußte seine Würde an seinen Bruder Matthias weitergeben. Er starb ein Jahr später am 20. Januar 1612. Das ohnehin nur schleppend und nie voll ausgezahlte Gehalt blieb nun fast ganz aus, und er mußte, um überhaupt leben zu können, zur Herstellung von Kalendern und Horoskopen übergehen. Das war natürlich eine mißliche Lage, die jede wissenschaftliche Arbeit unterband. Kepler bemühte sich daher um eine andere Wirkungsstätte. Ein neuer Versuch, als Hochschullehrer in Tübingen unterzukommen, schlug trotz seines wissenschaftlich anerkannten Namens fehl. Für die geistlichen Berater des württembergischen Herzogs war er immer noch ein religiöser Querkopf, der an der Landesuniversität Unruhe stiften könnte. Er bot darauf seine Dienste den oberösterreichischen Landesständen in Linz an. Seine Bewerbung wurde angenommen und er wiederum als Landschafts-Mathematiker angestellt. Für den kaiserlichen Mathematiker war das natürlich ein Abstieg, zumal er wie früher an der Landschaftsschule Mathematikunterricht erteilen mußte, die Landkarten zu revidieren und jedes Jahr einen Kalender herzustellen hatte.

Die Revision der Landkarten brachte ihm viel Ärger mit unerfahrenen, argwöhnischen Bauern und nahm ihm außerdem noch eine Menge Zeit weg, die er für wissenschaftliche Arbeiten gern nützlicher verwendet hätte. Die Landesregierung sah das nach verschiedenen Eingaben ein und entlastete ihn zumindest von dieser Aufgabe.

Die religiösen Spannungen jedoch ließen kein erfreuliches Arbeitsklima aufkommen. Das schadete nicht nur dem von ihm abgehaltenen mathematischen Unterricht, sondern auch seinem neuen astronomischen Werk, das er in Prag bereits begonnen hatte und nach einer achtjährigen Arbeit dort vollendete. Sein Titel lautete: *Harmoniae mundi – Die Weltharmonie* und erschien im Jahre 1619. Es war, wie man es später ausdrückte, sein astronomisches Glaubensbekenntnis. Es ging davon aus, daß die Welt als Schöpfung Gottes vollkommen sei und diese Vollkommenheit aus bestimmten, von der Geometrie und Musik ausgehenden Verhältnissen bestehe. Er war überzeugt, daß Gott, der alles in der Welt nach genauen Gesetzen gegründet hatte, den Menschen auch den Geist gegeben hatte, dies zu erfassen.

Um seine Ansicht unter Beweis zu stellen, machte er die verschiedensten Versuche, um Beziehungen zwischen den Geschwindigkeiten, den Umlaufzeiten und den mittleren Entfernungen der Planeten von der Sonne aufzufinden und zueinander in eine harmonische Beziehung zu bringen. Er glaubte dabei beispielsweise herausgefunden zu haben, daß sich die Geschwindigkeit des Saturn in seiner Sonnennähe wie -ferne in einem Verhältnis von 4:5, beim Mars von 2:3 verhalte, entsprechend den Schwingungszahlen, wie sie in der Musik bei der großen Terz und der Quinte vorkommen. Außerdem enthielt dieses Werk auch das bereits erwähnte dritte Gesetz der Planetenbewegung.

Nicht umsonst sagte übrigens Newton später, Kepler sei in dieser Hinsicht sein Lehrer gewesen. Das war gewiß die höchste und rühmlichste Anerkennung, die seiner Harmonie-Lehre und auch seinem Namen zuteil werden konnte.

Im Jahre 1626 wurden endlich die Rudolfinischen Tafeln nach langjähriger unablässiger Arbeit fertig. Aber woher sollte Kepler das Geld für ihren Druck nehmen? Die angestiegenen Kosten des 30jährigen Krieges hatten die kaiserliche Schatzkammer fast erschöpft, und nicht einmal das rückständige Gehalt Keplers konnte gezahlt werden, das inzwischen auf eine Schuld von 10000 Gulden angewachsen war. Diese für die damalige Zeit ungeheure Summe war dadurch entstanden, daß Kepler im Jahre 1622 nach langem Zögern von Kaiser Ferdinand II. neben seiner Stellung in Linz wiederum als kaiserlicher Mathematiker ernannt worden war.

136

Um Kepler irgendwie zu beschwichtigen und um seine Finanznot zu bessern, hat der Kaiser schließlich 6000 Gulden der Schuld auf verschiedene Reichsstädte umgelegt. Aber Nürnberg zahlte von den ihm zugewiesenen Gulden gar nichts und die anderen nur einen Teil ihrer Quote. Immerhin aber schaffte es Kepler wenigstens, die Tafeln in Ulm in Druck gehen zu lassen. Der Ladenpreis von drei Gulden brachte schließlich auch die Druckkosten wieder ein. Zu seiner Freude zahlten ihm einige Nürnberger Patrizier und Fürsten sogar erheblich mehr und der Cosmus von Medici sandte ihm darüber hinaus noch eine schwere goldene Kette. So hatte Kepler wenigstens wieder etwas Geld für seinen und seiner Familie Lebensunterhalt.

Die Rudolfinischen Tafeln waren die ersten, die den Lauf der Himmelskörper nach den neuesten Erkenntnissen darstellten. Beim Mondumlauf waren nicht nur die bereits erwähnte Evektion, die in einer Periode von 31,8 Tagen verlaufende Störung der Mondbahnlänge, sondern auch die von Tycho entdeckten Ungleichheiten, Variation und jährliche Gleichung zu berücksichtigen. Sie waren weiterhin durch die Beigabe einer Refraktions- und einer Logarithmentafel ergänzt.

Wegen ihrer Genauigkeit sind diese Tafeln bis in die Mitte des 18. Jahrhunderts in Gebrauch gewesen.

Die letzten Arbeiten an diesen Tafeln entstanden übrigens wiederum unter einer religiösen Verfolgung. Durch den Kriegsverlauf wurde der Kaiser Ferdinand II. zu einem fanatischen Kämpfer für den katholischen Glauben. In einem neuerlichen Religionsedikt befahl er die Bekehrung oder Austreibung der Protestanten. Kepler, der zwar einen gewissen Schutz als kaiserlicher Mathematiker besaß, zog es deshalb vor, zunächst mit seiner Familie nach Regensburg zu ziehen und dann mit kaiserlicher Erlaubnis nach Ulm umzusiedeln, wo der Druck der Rudolfinischen Tafeln erfolgte.

Aber auch hier war das Leben alles andere als angenehm. Die Gegenreformation begann bald ebenfalls in Ulm. Kepler überlegte deshalb, ob er nicht besser nach Frankreich, England oder nach Italien gehen sollte. Er zögerte aber, weil seine Augen ständig schlechter geworden waren und er fürchten mußte, in seinen astronomischen Beobachtungen immer stärker behindert zu werden.

Da kam ihm unerwartet Hilfe von einer Seite, von der er es am allerwenigsten erwartet hatte. Wallenstein, der bekannte kaiserliche

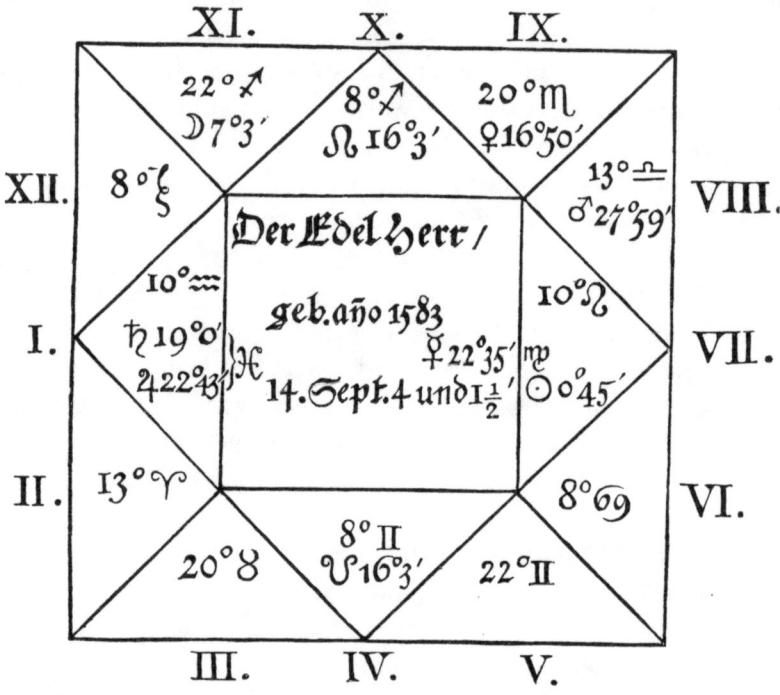

Ein von Kepler für den Herzog von Wallenstein gestelltes Horoskop aus dem Jahre 1608.

General, der sich in Sagan niedergelassen hatte, bot ihm an, als Astrologe in seine Dienste zu treten. Kepler atmete auf, konnte er doch hoffen, hier ein weiteres großes Werk zu beginnen, ein neues Almagest, das in einer umfassenden Zusammenstellung das gesamte astronomische Wissen seiner Zeit vereinigte. Vergebens bemühte er sich allerdings, diese große Arbeit ohne finanzielle Sorgen beginnen zu können, von der kaiserlichen Schatzkammer die auf 12 000 Gulden angewachsenen Gehaltsrückstände ausbezahlt zu bekommen. Er wurde jedoch für diese und spätere Zahlungen an Wallenstein verwiesen. Dieser aber konnte die ihm übertragene Zahlung des rückständigen Gehaltes nicht leisten und suchte ihn mit einer Professur in Rostock zu entschädigen. Kepler lehnte ab, er war ständig krank,

138

von Furunkeln und Fieber gequält, und konnte eine solche Aufgabe mit dem besten Willen nicht mehr erfüllen.

Er hatte so keinerlei Einnahmen und wandte sich an den Kaiser mit einer Bittschrift, erhielt jedoch keine Antwort. Als er erfuhr, daß im Jahre 1630 der Reichstag in Regensburg tagen sollte, machte er sich nach dort auf, um persönlich seine nunmehr auf 12000 Gulden angewachsene Gehaltsforderung vorzutragen. Seine Familie ließ er in Armut zurück. Nahezu mit dem letzten Geld wurde ein Gaul gekauft, damit er wenigstens nach Regensburg reisen konnte. Aber der alte Mann vertrug das Reiten nicht mehr und mußte große Strecken zu Fuß gehen, das Pferd hinter sich herziehend.

In hoffnungslosem Zustand traf er schließlich in Regensburg ein. Er verkaufte das Pferd für zwei Gulden, um eine Unterkunft damit bezahlen zu können. Aber der Reichstag, der mitten im Dreißigjährigen Krieg hier abgehalten wurde, hatte anderes zu tun, als sich mit den Gehaltsansprüchen eines Gelehrten zu befassen. Kepler kam nicht einmal dazu, sein Anliegen vorzutragen.

Mißmut und Ärger über die unverdiente Zurücksetzung verzehrten seine letzten Kräfte. Er stirbt am 15. November 1630.

Auf dem Friedhof von St. Peter findet er die Ruhe, die ihm im Leben nie zuteil wurde. Freunde haben auf seinem Grab eine Gedenkschrift errichtet, die er selbst auf lateinisch verfaßt hat. Sie lautet:

„Der ich durchmaß des Himmels Weiten,
hab' jetzt erlost der Erde Schattenreich;
ward mir vom Himmel auch der Geist,
blieb hier zurück der irdische Leib."

Galileo Galilei

Galileo Galilei wurde am 15. Februar 1564 in Pisa geboren. Sein Vater Vincenzio Galilei war ein verarmter florentinischer Edelmann, der den Lebensunterhalt für sich und seine Familie als Tuchhändler verdiente. Nebenbei interessierte er sich sehr für die Musik und war eines der führenden Mitglieder der *Camerata* des Grafen Giovanni Bardi, des Förderers der musikalischen Bestrebungen, die später zur Entstehung der italienischen Oper führte. Die theoretischen Erörterungen, die in dieser Vereinigung geführt wurden, veranlaßten Vincenzio,

einen rezitativen Stil zu entwickeln, durch den die in Worten ausgesprochenen Gefühle durch die Musik unterstrichen werden, wie es
heute bei der Oper der Fall ist. Seine Schriften waren daher für die
neue Oper von programmatischer Bedeutung. Johannes Kepler spricht
im übrigen in seiner Weltharmonie von seinem Werk und hebt besonders seinen *Dialog über alte und neue Musik* hervor.

Man berichtet von dem Sohn Galileo, daß er in der Kathedrale von
Pisa beim Gottesdienst sitzend sich weniger an der Predigt erbaut
haben soll, sondern die schwingenden Bewegungen der von der Decke
herabhängenden Kronleuchter beobachtete. Er stellte dabei mit Erstaunen fest, daß ihre Hin- und Herbewegungen sich in der gleichen
Zeit vollzogen, unabhängig von der Größe der Schwingungsbögen, und
daß nur der größere oder geringere Abstand vom Aufhängepunkt über
die kürzere oder längere Dauer der Schwingung entschied.

Diese Beobachtung vergaß er auch in späteren Jahren nicht und
verwendete sie bei seinen Fadenpendel-Versuchen.

Nach dem Abschluß seiner schulischen Ausbildung widmete er
sich zunächst, dem Wunsche seines Vaters folgend, in Florenz dem
Medizinstudium. Er tat es nur widerwillig, da er sich mehr für Physik

140

und Mathematik interessierte. So gut es ging, versuchte er beide Studien miteinander zu verbinden. Dabei erfand er das *Pulsilogium*, eine mechanische Einrichtung zur Pulsmessung von Kranken.

Da er nicht in der mathematischen Fakultät eingeschrieben war, lauschte er heimlich an den Türen der Vorlesungsräume, besonders wenn Ricci, ein großherzoglicher Prinz und Professor, las. Eines Tages wurde er dabei von einem Kastellan erwischt und vor den Prinzen geschleppt. Offenherzig erklärte er ihm seine Liebe zu diesem Fach und wurde als nichtzahlender Gasthörer aufgenommen. Der Prinz aber begab sich selbst zu seinem Vater, erklärte ihm die nach einer kurzen Prüfung festgestellte Begabung seines Sohnes und verschaffte ihm so die Erlaubnis, das Medizinstudium aufzugeben und die von ihm gewünschten Fächer zu belegen.

Galileo stürzte sich, wie aus einem noch vorhandenen Heft mit Vorlesungsnotizen hervorgeht, mit unbändigem Eifer in seine Arbeit. Ihn interessierten vor allem die Schriften des Archimedes, da er weniger Wert auf abstrakte Mathematik, sondern auf ihre Anwendung in der Technik legte.

Die erste Frucht seines neuen Studiums war eine im Jahre 1586 entstandene Schrift, in der er beschrieb, wie man durch den Auftrieb im Wasser feststellen konnte, ob ein Gegenstand aus reinem Metall oder aus einer Legierung bestand. Dieses Verfahren war schon von Archimedes erprobt worden und Galilei hatte es wiederentdeckt.

Er konstruierte auch eine hydrostatische Waage, mit welcher das spezifische Gewicht der Körper aus ihrem Gewicht und ihrem Gewichtsverlust im Wasser genauer als mit dem damals üblichen empirischen Verfahren bestimmt werden konnte.

Wenig später schrieb Galilei eine Abhandlung über die Probleme der Schwerpunktsbestimmungen der Körper, durch den zeitgenössische Mathematiker auf ihn aufmerksam wurden. Auch der angesehene Mathematiker Marchese Guidobaldo del Monte interessierte sich für ihn. Seiner Empfehlung verdankte es Galilei, daß er als Professor für Mathematik an die Universität von Pisa berufen wurde, wo er Vorlesungen über Geometrie und Astronomie hielt.

Die Lehrstühle für Mathematik hatten zu dieser Zeit noch nicht die gleiche Bedeutung wie diejenigen der Theologie, Medizin oder der Rechtswissenschaft. Die Besoldung war dementsprechend gering, und Galilei mußte sich seinen Lebensunterhalt durch Privatunterricht in mathematischen Wissenschaften nebenher verdienen. Sein ganzes Gehalt im Jahr betrug nur sechzig Taler, während ein Professor der Medizin 6000 bekam. Dabei waren die meisten seiner Kollegen von den anderen Fakultäten seine Gegner. Er besaß nämlich die Kühnheit, an der Wahrheit der Lehrsätze des griechischen Philosophen und Physikers Aristoteles (384–322 v. Chr.) zu zweifeln.

Galileo behauptete – und das war für die damalige Zeit eine Ungeheuerlichkeit – im Gegensatz zu Aristoteles, das Gewicht der Körper habe auf die Geschwindigkeit des freien Falles keinen unmittelbaren Einfluß. Das brachte aber seine Gegner auf den Plan, sie wollten ihm das Gegenteil beweisen, und so soll Galilei in einer großen öffentlichen Veranstaltung von dem Schiefen Turm in Pisa bleierne und hölzerne Kugeln gleichzeitig habe herunterfallen lassen. Sie kamen auf den Bruchteil einer Sekunde zugleich unten an. Man versuchte es ein gutes dutzendmal und bemühte sich dabei, den Abwurf genau im selben Augenblick durchzuführen.

Geschlagen mußten sie zugeben, daß Galilei mit seiner Behauptung recht hatte. Übrigens hat sich Galilei erst in den nächsten Jahren genauer mit den Fallgesetzen beschäftigt und stellte nach mehreren Versuchen und Berechnungen fest, daß der Unterschied, den Aristoteles zwischen leichten und schweren Körpern machte, nicht vorhanden war und vor allem keinen Einfluß auf die Geschwindigkeit im luftleeren Raum hatte.

Auch Galilei war, ähnlich wie Tycho Brahe, ein Choleriker. Wenn er sich im Recht glaubte, fuhr er hoch und brauste auf. Schon als Student hatte er, wie sein erster Biograph Viviani zu berichten weiß, leidenschaftliche Auseinandersetzungen über wissenschaftliche Themen, wobei er „wegen dieser Rechthaberei", wie seine Lehrer es ausdrückten, seine Gegner sehr oft verärgerte. Er war in dieser Hinsicht recht undiplomatisch und schonte niemanden, wenn er seine Gedanken für richtig hielt.

Diese verhängnisvolle Offenheit schaffte ihm ständig neue Feinde. Durch seine Freimütigkeit verdarb er es schon bald auch mit seinen Gönnern am toskanischen Hof. Ein Sohn des Großherzogs von Toskana mit Namen Johann hatte eine Reinigungsmaschine für den Hafen von Livorno erfunden, und der ganze Hof war stolz darauf. Die Maschine wurde Galilei zur Prüfung übergeben, und dieser entdeckte daran so schwere Mängel, daß sie ihm völlig unbrauchbar erschien.

Anstatt sich mit unverbindlichen Worten aus der Affäre zu ziehen, denn ihre Unbrauchbarkeit hätte sich schon bei dem ersten Einsatz erwiesen, fertigte er einen vernichtenden Bericht an. Natürlich fühlte sich dadurch der ganze Hof einschließlich des Großherzogs beleidigt. Die Folge war, daß sie ihren Einfluß geltend machten und schon bald die Entlassung Galileis als Universitätsprofessor durchsetzten.

Nur sein Freund, der Marchese del Monte, setzte sich für ihn ein und verschaffte ihm schließlich in Padua im Jahre 1592 die Professur des verstorbenen Moleti. Sein Jahresgehalt betrug nunmehr 300 Taler und wurde später sogar verdoppelt. Da inzwischen Galileis Vater verstorben war, hatte er als ältester Sohn nunmehr die Möglichkeit, seine Mutter und Geschwister besser zu versorgen.

Padua war um diese Zeit eine der berühmtesten Bildungsstätten Italiens, mehr als 5000 Studenten besuchten die Universität. Auch Galilei bekam einen starken Zulauf und hatte durchschnittlich zweitausend Zuhörer. Obwohl er, wie wir aus seinen Aufzeichnungen wissen, schon von der Richtigkeit des heliozentrischen Systems überzeugt war, ging er in seinem Unterricht aus Vorsicht kaum über das hinaus, was auch an anderen Universitäten gelehrt wurde. Nur einige Freunde und Privatschüler wußten etwas von seinen Zweifeln an den Lehren des Ptolemäus und von seinen eigenen neuen Ideen.

Galilei war ein einmaliges Universalgenie

Zu seinen Privatschülern gehörte in den Jahren 1609 bis 1610 auch Gustav Adolf, der spätere König von Schweden, dem Galilei neben Mechanik Privatvorlesungen über Kriegs- und Befestigungskunst hielt. Er hatte bereits um diese Zeit mehrere Abhandlungen über Mechanik, astronomische Meßinstrumente, Befestigungskunst und viele andere Gebiete geschrieben, von denen allerdings ein großer Teil verlorengegangen ist.

Nach dem Bericht seines Biographen Viviani soll Galilei im Jahre 1594 in Padua bereits eine Art Vorläufer des Thermometers erfunden haben. Allerdings war dieses Thermometer etwas anders konstruiert als unser heutiges. An einem mit Quecksilber teilweise gefüllten und ins Wasser eingetauchten Rohr konnte man lediglich feststellen, ob die Wärme zu- oder abnahm. Vergleichbare Grade waren auf dem

Rohr noch nicht angebracht, das erfand erst Fahrenheit hundert Jahre später.

Eine seiner größten Erfindungen war der *Proportionalzirkel* – Galilei nennt ihn den *Compasso geometrico.* Mit seiner Hilfe war auch der mathematisch Ungeschulte nach einer einfachen Anweisung in der Lage, Strecken beliebig zu teilen und Grundrisse von Plänen zu vergrößern oder zu verkleinern. Für diesen Zirkel und eine andere hydraulische Maschine erhielt er vom Dogen in Venedig eine Art Patentschutz auf zwanzig Jahre.

Alles dies erregte natürlich die Bewunderung der Öffentlichkeit, in vielen Fällen jedoch auch den Neid seiner Kollegen. Da er immer noch die Gewohnheit hatte, seine Erfindungen nicht in Büchern abzudrucken, sondern sie lediglich seinen Freunden in Handschriften mitteilte, hatte er oft Schwierigkeiten, sein geistiges Eigentum mit Hilfe eines zeitlichen Nachweises vor Nachahmern zu schützen.

Das wichtigste Werk seiner wissenschaftlichen Arbeit während der Paduaer Zeit ist *De Motu* betitelt und befaßt sich mit einer umfassenden Studie über die Bewegungen der Körper. Von dem Gedanken ausgehend, „daß zur Erforschung dieser Naturerscheinung vor allem eine genaue Einsicht in die Art dieses physikalischen Geschehnisses, genaueste Beobachtungen und Messungen sowie ein entsprechendes Nachdenken darüber erforderlich sind, damit man nicht, ähnlich wie beim freien Fall, zu solchen falschen Lösungen kommt, wie dies bei Aristoteles geschehen ist."

Das Buch übrigens, zu dem er nacheinander drei verschiedene Fassungen ausgearbeitet hatte, indem er jeweils die vorhergehende verwarf, zeigt, mit welcher Sorgfalt Galilei bei seinen wissenschaftlichen Arbeiten vorging. Es blieb trotz allem zunächst nur ein Fragment, und die beabsichtigte Veröffentlichung in Padua gab es nicht.

Schuld daran war wahrscheinlich ein Gerücht, das er zufällig in Venedig von einem Handelskapitän hörte. Da Padua zu dieser Republik gehörte, kam er gelegentlich immer wieder hierher. Er schrieb darüber in der Vorrede zu seinem im Jahre 1610 erschienenen Buch *Nuncius Sidereus*, der *Sternenbotschaft*, folgendes:

„Vor ungefähr zehn Monaten erfuhr ich, daß in Belgien ein Instrument erfunden worden sei, durch welches man entfernte Gegenstände deutlich sehen könne, und manche wunderbare Gerüchte wurden über diese Erfindung verbreitet. Als ich die erste Kunde darüber erhielt, sann ich darüber nach, auf welche Weise ein solches Instrument zu konstruieren sein möchte, und hatte bald darauf, von den Gesetzen der Dioptrik geleitet, mein Ziel erreicht. An das Ende des bleiernen Rohres befestigte ich zwei Gläser, ein plankonvexes und ein plankonkaves. Als ich das Auge dem letzteren näherte, sah ich die Gegenstände etwa dreimal näher und neunmal größer, als wenn ich sie mit unbewaffnetem Auge betrachtete. Bald hatte ich ein besseres Instrument verfertigt, das eine mehr als sechzigmalige Vergrößerung gab, und da ich keine Kosten scheute, so kam ich endlich dahin, daß mir die Gegenstände beinahe tausendmal größer und mehr als dreißigmal näher erschienen." (Anmerkung: Galilei spricht hier von der Vergrößerung der Flächen, während es heute üblich ist, die lineare Vergrößerung, die bei Galilei als „Näherkommen" bezeichnet wird, anzugeben.)

In seinem Vorwort gibt also Galilei offen zu, daß er nicht der erste Erfinder des Fernrohres ist, es lediglich auf das Gerücht hin nachkonstruierte. Es ist deshalb von dem holländischen Fernrohr in einigen Punkten verschieden. Für schwächere Vergrößerungen besitzt das Galileische Fernrohr gewisse Vorteile, die jedoch verschwinden und in das Gegenteil umschlagen, wenn man dieselbe Konstruktion bei größeren, leistungsstarken Fernrohren anwenden will. Johannes Kepler konstruierte ja für diese Zwecke, besonders für astronomische Beobachtungen, ein anderes Fernrohr. Trotzdem aber richtete er es schon bald gegen den Himmel, um die Sterne, so gut es ging, zu beobachten. Die holländischen Erfinder scheinen übrigens an diese wichtige Anwendungsmöglichkeit gar nicht gedacht zu haben.

Um diese Zeit haben sich verschiedene namhafte Gelehrte mit dem Nachbau des Fernrohres befaßt. Es scheint im wahrsten Sinne des Wortes ein Wettrennen mit der Zeit gewesen zu sein. So kann es niemand Galilei übelnehmen, daß er bereits am 23. August 1609 dem Dogen von Venedig, Donati, und seinem Senat auf der Terrasse des Markusdomes in Venedig das selbstgebaute und auf einem einfachen Gestell montierte Fernrohr vorführte. Die Anwesenden waren von der Erfindung begeistert, und als Galilei dem Dogen sein Fernrohr zum Geschenk machte, erhöhte dieser spontan dessen Gehalt auf lebenslänglich 1000 Gulden.

Für den Astronomen war das ein ausgezeichnetes Geschäft; denn in Venedig gab es zahlreiche Handwerker, die das aus Blei bestehende Rohr sehr schnell nachbauen konnten, und gute Glaslinsen waren genau nach den Angaben bei zahlreichen Brillenmachern zu bekommen. Im übrigen sollte sich für den Senat von Venedig der Besitz des Fernrohres schon bald bezahlt machen. Die Republik führte nämlich damals gerade Krieg mit den Türken, deren Flotte den Versuch machte, unbemerkt in die venezianischen Gewässer einzudringen. Wahrscheinlich wäre ihnen dies auch gelungen, wenn sie nicht mit Hilfe des Fernrohres bereits in größerer Entfernung entdeckt worden wären.

Der Geheimcode der Astronomen

Der Erfolg eines Fernrohres bei einem derartigen entscheidenden kriegerischen Unternehmen veranlaßte Galilei, zu seinem *Nuncius Sidereus* noch einen Anhang für kriegerische Zwecke sowie astronomische Beobachtungen hinzuzufügen. In den nächsten Monaten hatte sich nämlich Galilei damit befaßt, sein Fernrohr zu verbessern, und erreichte schließlich eine zwanzig- bis dreißigmalige *lineare* Vergrößerung. Damit konnte man schon manche astronomische Beobachtungen durchführen, wenn auch nicht so gut wie mit dem Keplerschen Fernrohr.

Er baute zwei Fernrohre von 1,25 und 0,95 Meter Länge und einem Durchmesser von 4,4 und 4,0 Zentimeter. Sie konnten nunmehr auf einem eisernen Ständer zwar leicht bewegt, aber zugleich festgeschraubt werden, wenn das erwünschte Ziel im Okular sichtbar wurde. Die neuen Geräte, über die er in seinem *Sternboten* schreibt, erregten in Fachkreisen eine besondere Aufmerksamkeit. Es gab aber auch einige, die sich weigerten, einen Blick durch das Fernrohr zu tun, weil sie einfach nicht sehen wollten, was Galilei damit beobachtet hatte; die große Zahl vieler noch unbekannter Sterne und die sonderbaren Berge und Täler auf der Mondoberfläche. Sie erklärten vielmehr von vornherein das Fernrohr für teuflisches Blendwerk.

Einer von ihnen, Franz Sitio, schrieb eine Streitschrift, in der er in lateinischen Worten mit besonderer Dialektik, angefangen von Aristoteles bis Ptolemäus, alles das, was Galilei zu sehen behauptet hatte, „nach der geltenden Lehrmeinung" widerlegte. Ein anderer seiner Gegner, der Professor für Astronomie an der Universität Bologna, *Johann Anton Maginus*, ließ durch seinen Assistenten eine Flugschrift unter dem Titel *Widerlegung des Sternboten* herausgeben, die

Galilei der Unglaubwürdigkeit bezichtigte. Das ist um so unverständlicher, weil Maginus einer der frühesten Anhänger des Kopernikus und seines heliozentrischen Sonnensystems war.

Auch hier antwortete Galilei aufgebracht und berief sich dabei auf den Verbesserer des kopernikanischen Systems, Kepler, obwohl er niemals mit diesem darüber gesprochen hatte und dessen wissenschaftliche Leistungen so weit wie möglich ignorierte. Der Streit erhitzte sich in diesem Falle an den Venusphasen, die Galilei mit seinem Fernrohr beobachtet, die aber Kopernikus, der sie ja gar nicht hätte sehen können, bereits berechnet hatte. Das mußte jeden, mit Ausnahme jener verbohrten Fanatiker, von der Wahrheit des kopernikanischen Systems überzeugen. Denn jetzt wurde die Berechnung von Kopernikus durch die Beobachtungen bestätigt.

„Denn", so schreibt Galilei, „wie hätte im alten System ein vollständiger Phasenzyklus dieses Planeten erklärt werden können? Die Venus, wie die Alten meinten, mußte doch entweder diesseits oder jenseits der Sonnenbahn laufen; im ersteren Falle war sie dann stets als schmale Sichel oder auch gar nicht, im letzteren stets mit voller Scheibe erschienen."

Außerdem aber sahen viele Anhänger des ptolemäischen Systems den Beweis für die Richtigkeit der These, daß die Erde im Mittelpunkt der Welt stehe, gerade in der Umlaufbahn des Mondes, den sie als einen Planeten betrachteten. Wenn nach dem neuen System aber die Erde sich drehte und somit ein Trabant der Sonne war, mußte der Mond doch zwei Bewegungen ausführen: Er mußte sich einmal um die Sonne und zugleich um die Erde drehen. Das war doch unsinnig, wie die Anhänger des ptolemäischen Systems immer noch behaupteten, zumal es in der Bibel so stand. Daß diese Vorstellung aus einer Zeit stammte, die mehrere tausend Jahre zurücklag, störte dabei niemanden.

Nun aber entdeckte Galilei mit Hilfe seines Fernrohres am 7. Januar 1610 die sogenannten drei inneren Jupitermonde, den vierten und lichtschwächeren sechs Tage später. (Im ganzen wurden übrigens bis heute zwölf Jupitermonde entdeckt.) Mit Ausnahme des achten, neunten, elften und zwölften bewegen sie sich in rechtsläufigen Bahnen, wobei die Exzentrizität bei den äußeren Monden bedeutend größer ist als bei den inneren. Die vier größeren von Galilei beobachteten Monde sind manchmal auf der von unscharfen, parallellaufenden hel-

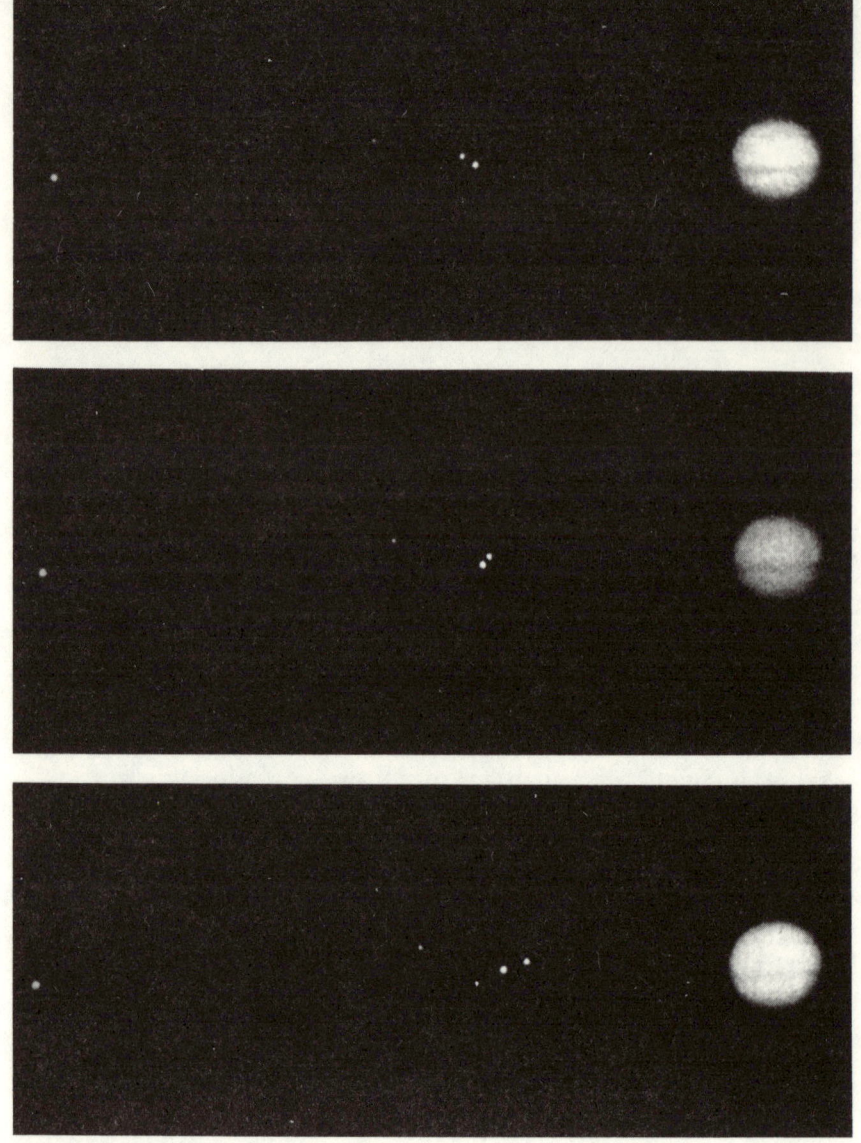

Die Jupitermonde, die Galilei mit Hilfe seines Fernrohres bereits im Januar 1610 entdeckte.

len und dunklen Streifen bedeckten Jupiterscheibe leicht durch ihre kreisrunden Schatten zu erkennen. Die vier inneren Monde, die auch die hellsten sind, haben unterschiedliche Größen. Sie unterscheiden sich in Masse, Radius und Dichte nicht wesentlich von dem Erdmond. Jedoch haben die Oberflächen aller Jupitermonde ein viel größeres Reflexionsvermögen als unser Mond.

Die Entdeckung der Jupitermonde durch Galilei, die ohne jeden Zweifel den Riesenplaneten umwanderten und der sich seinerseits um

148

die Sonne drehte, machte die Behauptung von Ptolemäus zunichte, der Mond sei ein eigener Planet. Damit aber war zugleich der Beweis gegeben, daß die Erde nicht im Mittelpunkt der Welt stehe.

Das war natürlich eine Entdeckung, die erhebliches Aufsehen erregte, als Galilei sie im Jahre 1610 im Sternboten veröffentlichte. Sie rief die katholische Kirche und die sie verteidigenden jesuitischen Gelehrten auf den Plan. Aber die Diskussionen, die damals über die Richtigkeit der Beobachtungen geführt wurden, waren trotz allem zunächst noch sachlich.

Einer der bedeutendsten Mathematiker und Astronomen des Ordens, C. Clavius, prüfte die Behauptungen Galileis nach und begann selbst, den Jupiter zu beobachten. Auch er sah die vier Monde und machte über den Orden die höchsten Würdenträger der Kirche auf diese Entdeckung aufmerksam. Darauf wurde Galilei im Frühjahr 1611 nach Rom zu einer päpstlichen Audienz eingeladen. Der damalige Papst Paul V. empfing ihn höchst huldvoll und zeichnete ihn aus. In langen Diskussionen mit den ersten Mathematikern und Astronomen des Jesuitenkollegiums einigte man sich darauf, daß die kopernikanische Theorie als „Arbeitshypothese", nicht aber als erwiesene Tatsache anzusehen sei.

Das geht aus einem Brief des Kardinals Bellarmin hervor, einem der höchsten Würdenträger des Jesuitenordens. Dieser Kardinal war zugleich Berater des Heiligen Offiziums und gehörte zu den Kardinal-Inquisitoren, die im Jahre 1600 Giordano Bruno zum Tode auf dem Scheiterhaufen verurteilten, weil er seine „theologischen Irrlehren" nicht widerrufen wollte.

Es ist bezeichnend für den Wandel, den der Jesuitenorden damals durchmachte, daß Bellarmin noch in einem Schreiben vom 4. April 1615 ausdrücklich erklärte, „daß es keinerlei Gefahr bedeute, das kopernikanische System als Arbeitshypothese zu benutzen, da dieses möglicherweise dem ptolemäischen System überlegen ist".

An einer anderen Stelle des gleichen Briefes aber warnte der Kardinal davor, trotz dieser Arbeitshypothese die rein theoretische Annahme des Kopernikus als eine bewiesene Wahrheit anzusehen: „Das ist eine sehr gefährliche Stellungnahme, die nicht nur alle scholastischen Philosophen und Theologen aufbringen muß, sondern auch unserem heiligen Glauben widerspricht. Wenn es jedoch eines Tages einen wirklichen Beweis dafür gibt, daß die Sonne tatsächlich im

Zentrum des Universums steht und sich nicht um die Erde bewegt, sondern die Erde um die Sonne, dann müßten wir bei Auslegung von Stellen der Heiligen Schrift, die das Gegenteil zu lehren scheinen, die größte Umsicht walten lassen und lieber sagen, wir verständen sie nicht, als eine Anschauung für falsch erklären, die als wahr bewiesen wurde."

Dank der hohen Stellung des Kardinals Bellarmin können diese Ausführungen als ein beschwichtigendes Angebot der katholischen Kirche angesehen werden, bis zur Einbringung weiterer durchschlagender Beweise eine Art Waffenstillstand zu schließen. Anstatt darauf einzugehen und, wie es durchaus möglich war, weiterzuforschen, tat Galilei in seiner aufbrausenden Art genau das Falsche. Er erklärte alle, die noch immer dem kopernikanischen System widersprächen, für Dummköpfe und später sogar „für geistige Pygmänen, die es kaum verdienten, menschliche Wesen genannt zu werden."

Damit aber beleidigte er die Jesuiten und zugleich auch den Papst Paul V., der anfangs an seinen Arbeiten so lebhaften Anteil genommen und ihn mit Ehrungen empfangen hatte. Zu spät erkannte Galilei, daß er sich zu weit vorgewagt hatte und sein Temperament mit ihm durchgegangen war. Um wenigstens noch einen Ausweg in dieser Lage zu finden, da der Kardinal Bellarmin in seinem Brief von möglichen späteren Beweisen gesprochen hatte, behauptete Galilei jetzt, er habe auch noch einen physikalischen Beweis für die Richtigkeit des kopernikanischen Systems in Händen. Er meinte damit den Einfluß des Mondes auf die Gezeiten der irdischen Meere. Das könne kein Planet sein, so meinte er, der so nahe stünde, um einen solchen physikalischen Einfluß auf die Erde auszuüben.

Die meisten Gelehrten zu Zeiten Galileis hielten noch immer an der Ansicht des Ptolemäus fest, daß der Mond, der im alten geozentrischen Weltsystem die Rolle des untersten Planeten spiele, wie die anderen Himmelskörper eine glatte, vollkommene Kugel sei. Diese glatte, vollkommene Form unterscheide alle Himmelskörper von der irdischen, so lautete die alte Lehre.

Daß dies, was den Mond betrifft, ein Unsinn war, bewiesen schon die viele Jahrtausende alten Beobachtungen, die allein mit dem bloßen Auge gemacht werden konnten und dunkle und helle Stellen zeigten, die man dann zu dem „Mann im Monde" oder wie bei den alten Germanen zu dem Fruchtbarkeitssymbol der Göttin Ase, dem Hasen,

So erscheint der Mond etwa zur Zeit des letzten Viertels.

umdeutete. Diese Unterschiede in der angeblich glatten Mondoberfläche wurden noch deutlicher, als Galilei erstmals sein Fernrohr auf
den Mond richtete. Er erkannte, daß neben den mit dem bloßen Auge
sichtbaren Flecken, die wir heute als *Mare* bezeichnen, die helleren
Teile der unserer Erde zugekehrten Mondhälfte übersät erscheinen
von Formen, die nur als Vertiefungen und Erhebungen gedeutet werden können.

Galilei schreibt darüber im einzelnen: „Am vierten oder fünften Tag
nach Neumond, wenn der Mond sich als helles Horn zeigt, sieht man

151

die Grenze, welche auf der Mondoberfläche Licht und Schatten teilt, nicht als Ellipse, wie es der Fall sein müßte, wenn der Mond eine vollkommen glatte Kugel wäre, sondern als unregelmäßige, gezackte und stark gewellte Linie. Helle Vorsprünge ragen in die Schattenteile hinein, und andererseits überschreiten auch dunkle Schattenteile die Lichtgrenze. Eine ganz gleiche Erscheinung haben wir auch auf der Erde, wenn wir uns in einem Bergtal noch im Schatten befinden, während die umgebenden Bergkämme schon vom Sonnenlicht übergossen sind."

Aus der Länge der Schatten versuchte übrigens Galilei bereits damals die Höhe einzelner Bergkämme zu berechnen.

Auch die Venusphasen, die denen des Mondes ähnelten und über die wir bereits einmal kurz gesprochen haben, zog Galilei als Beweis für die Richtigkeit des heliozentrischen Systems heran. Bereits Kopernikus hatte darauf hingewiesen, daß, wenn sich die Planeten um die Sonne drehten, gerade diese ähnliche Phasen zeigen müssen wie der Mond, der sich ja auch um die Erde drehe.

Soweit Galilei seine Erkenntnisse nicht im Sternboten veröffentlichte, versteckte er sie nach Sitte der Zeit in *Anagrammen*, das sind Buchstabenversetzungen nach einem bestimmten Code oder Wortspielereien.

So beispielsweise wird in einem solchen Brief die Frage: „Quid est veritas?" – „Was ist die Wahrheit?" umgesetzt in die Worte: „Est vir qui adest". Für den Unbefangenen gibt das natürlich auch einen Sinn.

Bei den oben erwähnten Phasen der Venus schreibt Galilei am 10. Dezember 1610 an Kepler folgendes: „Haec immatura a me jam frustra leguntur o.y." – „Diese unreifen Sachen werden jetzt vergebens von mir gelesen." In der gewünschten Verschlüsselung mit den umgestellten Buchstaben kam der nachfolgende Hexameter heraus: „Cynthiae figuras aemulatur mater amorum" – „Die Venus ahmt die Lichtphasen des Mondes nach".

Dieser sonderbare Code dient vor allem dazu, nur den Eingeweihten mit der neuen Entdeckung bekannt zu machen und sich einer geschickten Tarnung vor anderen, wie beispielsweise der Kirche zu bedienen, aber trotzdem die Priorität der Entdeckung zu sichern.

Zu den Entdeckungen, die Galilei auf diese Weise seinen Freunden mitteilte, die er allerdings dann später im Sternenboten veröffentlichte, gehörten auch die erstaunlichen Feststellungen, die er über die

Milchstraße machte, als er das erstemal sein Fernrohr auf sie richtete. Entgegen der Lehre der *Peripatetiker*, der Anhänger des Aristoteles und seiner Schüler fand er bestätigt, was schon Demokrit im 5. Jahrhundert v. Chr. behauptet hatte: Die Milchstraße ist eine so dichte Anhäufung von Sternen, daß man diese mit bloßem Auge nicht voneinander unterscheiden kann.

Der ganze Himmel, so schrieb er wenige Wochen später begeistert, wimmelt nur von Sternen. In einem Feld von etwa zwei Grad Durchmesser hatte er im Sternbild des Orion mehr als 500 Sterne gezählt, die vorher von keines Menschen Auge gesehen worden waren.

Um intensiver arbeiten zu können, hatte Galilei inzwischen seine Stellung als Universitätsprofessor in Padua aufgegeben und war als „Mathematicus primarius" in die Dienste des Großherzogs von Toskana in Florenz getreten. Er hatte hier keine Unterrichtsverpflichtungen und mußte deshalb nichts lehren, das seinen eigenen Ansichten nach seinen Forschungen vollkommen widersprach.

In dieser Zeit am Hofe von Florenz machte er die verschiedensten Beobachtungen. Im April 1611 entdeckte er einige dunkle Flecken auf der Sonne. Er berichtete darüber, als er im Frühjahr 1611 zur Audienz bei Papst Paul V. eingeladen wurde, vor den Gelehrten am Collegium Romanum in Rom. Ein Jahr später brachte er einen kurzen Aufsatz darüber: „Ich möchte noch die Beobachtung einiger dunkler Flecken erwähnen, die ich auf dem Sonnenkörper wahrgenommen habe und die durch die Veränderung ihrer Lage zeigen, daß sich entweder die Sonne um sich selbst dreht oder andere größere Weltkörper, wie Merkur oder Venus, um die Sonne laufen, die zu anderen Zeiten unsichtbar bleiben, weil sie sich noch weniger als Merkur von der strahlenden Sonne entfernen und nur gesehen werden, wenn sie zwischen die Sonne und unsere Augen treten."

Mit anderen Worten ausgedrückt, Galilei hielt die Sonnenflecken zunächst für irgendwelche Kleinstplaneten oder Trümmer von ihnen, die vor der Sonnenscheibe erkennbar waren. Da er selbst nicht durch das Fernrohr in die so lichtstarke Sonne sehen konnte, hatte er ein geniales Verfahren zur Beobachtung der Sonne benutzt. Er ließ die durch das Fernrohr fallenden grellen Lichtstrahlen auf ein Stück Papier fallen, das hinter dem Fernrohr auf einem Rahmen befestigt war, und zwar so, daß man von der Rückseite aus die dunklen Flecken nachzeichnen konnte.

In einigen Briefen, die im Jahre 1613 publiziert wurden, benutzte Galilei diese Sonnenflecken als einen Beweis für die Rotation der Sonne, und zwar in der Richtung, in der auch die Planeten um die Sonne liefen. Außerdem neigte er jetzt der Ansicht zu, die Flecken seien wolkenartige Gebilde in der Sonnenatmosphäre.

Ein gewagtes Unternehmen

Alle diese astronomischen Entdeckungen, die Erdnatur des Mondes, die Lichtphasen der Venus, die Jupitermonde und nicht zuletzt die Bewegungen der Sonnenflecken zog Galilei heran, um die Richtigkeit der kopernikanischen Lehre, die Erde dreht sich um die Sonne, zu beweisen.

Aber auch Galileis Gegner regten sich und versuchten immer wieder den Streit um das heliozentrische System mit den entsprechenden Stellen aus der Bibel zu widerlegen. Bereits Kepler hatte dieser Auffassung in seiner Neuen Astronomie damit widersprochen, „daß die Heilige Schrift vom Himmel und der Erde nicht im astronomischen Sinne spreche, sondern der dem Augenschein entsprechenden Auffassung der Erdbewohner gemäß".

Diesen Standpunkt machte sich auch Galilei zu eigen. „Die Heilige Schrift kann nicht lügen", so sagte er, „aber irren können sich ihre Ausleger, wenn sie am buchstäblichen Sinn der Worte festhalten". Er war der Meinung, daß die Autorität der Bibel nur die Bestimmung hat, die Menschen zu jenem Glauben zu führen, der zur Erlangung des Seelenheiles notwendig ist. Deshalb solle sie auch den höchsten Rang unter allen Wissenschaften haben, aber sich lediglich auf ihr Gebiet beschränken.

Diese Äußerung Galileis wurde an einem Adventssonntag des Jahres 1614 in einer von Haß sprühenden Predigt des Dominikanerpredigers Caccini scharf angegriffen. Er bezichtigte Galilei sogar der Ketzerei und schickte einen Brief an den Präfekten der Indexkongregation. Diese Kongregation hatte die Aufgabe, kirchlich anstößige Bücher zu verbieten. Caccini verlangte in diesem Brief, gegen die Lehre Galileis und Kopernikus' sofort einzuschreiten.

Daraufhin reiste Galilei sofort mit einem Empfehlungsschreiben des Großherzogs Cosimo II. von Florenz nach Rom, um ein eventuelles Verbot aufzuhalten. Aber es nützte nichts mehr! Am 24. Februar 1616 gaben die theologischen Konsulatoren der Inquisition ihr Gutachten über die Lehre des Kopernikus ab. Am 5. März 1616 erließ die Indexkongregation das berühmte Dekret, durch welches das Werk des Kopernikus bis zu seiner Verbesserung verboten wurde.

Von Galilei wurde in jenem Dekret gar nichts erwähnt. Auch keines seiner Werke wurde verboten. Offensichtlich wollte man ihn schonen; denn Paul V. empfing ihn zu einer langen Audienz, um sich über seine astronomischen Arbeiten zu unterrichten. Wenn sich Galilei damals an dieses Dekret gehalten hätte, sich nicht weiterhin offen für die kopernikanische Lehre eingesetzt und lediglich seine anderen astronomischen Arbeiten durchgeführt hätte, wäre durchaus nichts gegen ihn unternommen worden.

Entmutigt durch das Dekret über die kopernikanische Lehre und krank durch die Aufregungen und Strapazen der Reise, kehrte Galilei nach Florenz zurück. Sein Gesundheitszustand ließ es zunächst nicht zu, sich weiterhin mit anstrengenden astronomischen Arbeiten zu befassen. Erst im Jahre 1618 begann er wieder mit den Beobachtungen und Vermessungen der Jupitermonde.

Ungewollt wurde er jedoch in einen Streit mit den Jesuiten verwickelt. Es erschienen nämlich drei Kometen am Himmel, die allgemein als die „Warnung Gottes" vor dem bereits begonnenen Dreißigjährigen Krieg angesehen wurden. Der Jesuitenpater Grassi hielt einen Vortrag über diese Kometen, denen er jedoch entgegen der aristotelischen Lehre keinen irdischen Ursprung zuschreibt, sondern regelmäßige Bahnen ähnlich den Planeten, die in einem größeren Abstand als der Mond an der Erde vorbeiziehen.

Galilei war anderer Ansicht und ließ durch einen Schüler eine beleidigende Gegenschrift schreiben, auf die Grassi antwortete. Darauf aber erwiderte Galilei mit einem umfassenderen Manuskript, das er Die Goldwaage nennt und an dem er über zwei Jahre gearbeitet hatte. Das Werk ist dem früher Galilei sehr gewogenen Kardinal Maffeo Barberini gewidmet, der kurz vor Erscheinen des Buches zum Papst Urban VIII. gewählt worden war.

Galilei hat sich zwar durch dieses Buch Feinde unter den Jesuiten geschaffen, aber der neue Papst lud ihn zur Audienz nach Rom. Obwohl noch immer krank, reiste Galilei nach Rom, wo ihm ein ehrenvoller Empfang bereitet wurde. Sechsmal empfing ihn der Papst

resta nell'Emisferio illuminato prescriue la lunghezza del giorno, e il rimanente è la quantità della notte.

Disegno sem-
plicissimo,che
rappresenta la
costituzione
Copernicana,
e le sue conse-
quenze.

Proposte queste cose, per più chiara intelligenza di quello, che resta da dirsi, verremo a descriuerne vna figura; e prima segneremo la circonferenza di vn cerchio, che ci rappresenterà quella dell'orbe magno descritta nel piano dell'Eclittica, e questa diuideremo in quattro parti eguali, con li due diametri Capricorno, Granchio, Libra, e Ariete, che nell'istesso tempo ci rappresenteranno i quattro punti cardinali, cioe li due Solstizj, e li due equinozj; e nel centro di tal cerchio noteremo il Sole O fisso, & immobile. Segnamo hora circa i quattro punti Capricorno, Granchio, Libra, e Ariete, come centri, quattro cerchi eguali, li quali ci rappresentino la terra in essi in diuersi tempi costituita. La quale co'l suo centro nello spazio di vn'anno cammini per tutta la circonferenza Capricorno, Ariete, Granchio, e Libra, mouendosi da Occidente verso Oriente,

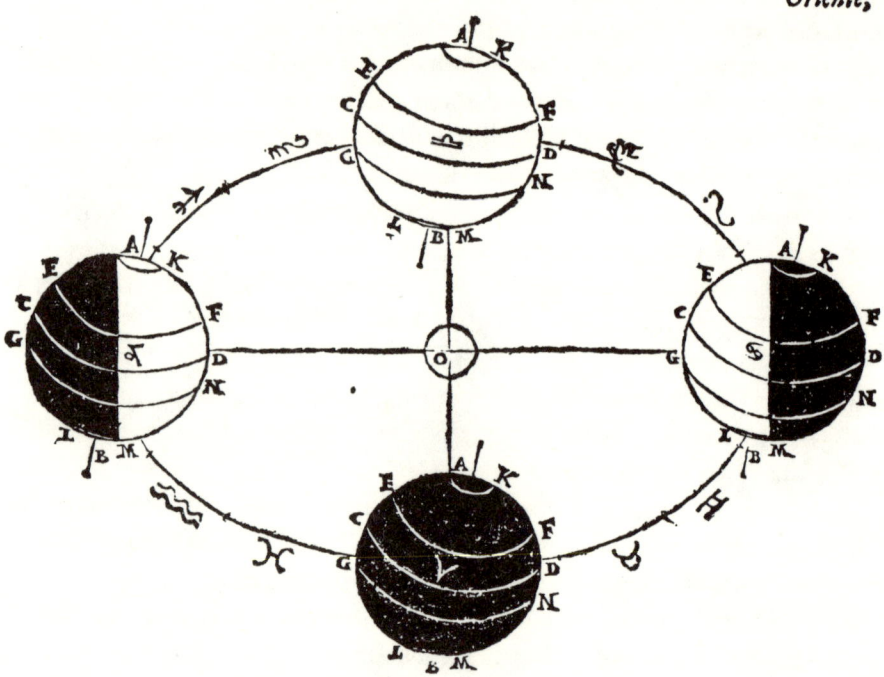

Eine Seite aus dem berühmten Dialog des Galilei, und zwar dem dritten Teil, mit dem bewiesen werden soll, daß die Erde sich um die Sonne drehen müsse.

zu stundenlangen astronomischen Gesprächen. Doch das Dekret gegen Kopernikus vom Jahre 1616 wurde nicht aufgehoben oder seine Aufhebung auch nur in Aussicht gestellt.

Galilei fühlte sich aber unter dem neuen Papst sicherer als vorher. Er entschloß sich daher, in den nächsten Jahren ein umfangreiches Werk zu schreiben, dem er den Titel *Dialoge über die Systeme der Welt* gab. Er wußte natürlich, daß er das kopernikanische System darin nur als „Hypothetische Arbeitsunterlage", wie es der frühere Kardinal Barberini verlangt hat, darstellen durfte. Deshalb gab er in geschickter Weise der ganzen Darstellung die Form eines Gespräches, in welchem jeweils ein Anhänger des Aristoteles und Ptolemäus scheinbar mit Erfolg gegen einen Kopernikaner disputieren. Der ganze Dialog ist in Form einer höflichen gesellschaftlichen Unterhaltung, nicht aber in einem erregten Streitgespräch dargestellt. Zu dem Vertreter der antiken Welttheorie hat Galilei, wie er später beteuert, ohne Hintergedanken, einen bekannten Kommentator der aristotelischen Schriften aus dem sechsten Jahrhundert, Simplicius, gewählt, dem er den Namen „Simplicio" gibt. Den anderen Gesprächsteilnehmer nennt er „Salviati" und den dritten „Sagredo". Diese beiden waren verstorbene Schüler und hochgeschätzte Freunde von Galilei, denen er hiermit ein Denkmal setzen wollte.

Allerdings behaupteten fanatische Gegner, als das Buch im Jahre 1632 endlich erschien, mit dem Namen „Simplicio" sei der Papst Urban VIII. gemeint, weil er dieselben Argumente gegen die neue Lehre bringe, wie sie der jetzige Papst mit Vorliebe benutzte. Ob Galilei dies wirklich so gewollt hat, ist höchst umstritten und bei objektiver Würdigung der Gesamtdarstellung kaum anzunehmen.

Mit seinem Manuskript reiste Galilei nach Rom, um die Druckerlaubnis zu erhalten. Wieder wurde er vom Papst freundlich empfangen. Da Urban VIII. aber selbst erhebliche politische Schwierigkeiten hatte, zog er sich, um die päpstliche Druckerlaubnis gebeten, dadurch aus der Affäre, daß er die Entscheidung über das Imprimatur dem Zensor, Pater Riccardi, überließ. Nach einigen kleineren Veränderungen, die das Vorwort betrafen, sollte der Präsident der Accademia dei Lincei, ein Fürst Cesi, das abgeänderte Werk nochmals überprüfen. Galilei kehrte nach Florenz zurück und erledigte die gewünschten Abänderungen. Doch im August 1630 stirbt Cesi. Pater Riccardi sollte das überarbeitete Werk nochmals prüfen und die letzte Zustimmung erteilen. Immer wieder gab es Verzögerungen. Schließlich ließ Galilei das Werk in Florenz drucken. Als im Februar 1632 die ersten Exemplare erschienen, erkannte man in Rom, in welcher Weise die Zensurauflage umgangen worden war. Der Papst war über diesen Vertrauensbruch natürlich verärgert.

Durch einen Eilkurier bekam der Florentiner Drucker und Verleger sofort unter einer entsprechenden Strafandrohung den Befehl, den Verkauf des *Dialoges über die Weltsysteme* einzustellen. Galilei selbst aber wurde für den 1. Oktober 1632 vor das Inquisitionsgericht geladen. Wegen seines schlechten Gesundheitszustandes und einer Bescheinigung von drei Ärzten gelang es ihm, einen Aufschub von drei Monaten zu erhalten.

Dann aber mußte er sich am 20. Januar 1633 doch auf den Weg nach Rom begeben. In einer Sänfte, die ihm der Großherzog von Florenz zur Verfügung stellte, mußte der kranke und vom Fieber geschüttelte Mann mitten im ärgsten Winter seine Reise antreten.

Natürlich verschlimmerten die Strapazen der Reise Galileis Zustand erheblich. Am 13. Februar 1633 traf er in Rom ein. Dank der Intervention des Großherzogs warf man ihn nicht gleich ins Inquisitionsgefängnis, sondern er durfte in der toskanischen Gesandtschaft wohnen, wo er jedoch weder ausgehen noch Besuche empfangen konnte.

Eine Verfälschung der Geschichte

Man ließ Galilei Zeit, sich zunächst von den Strapazen der Reise zu erholen. Vielleicht hoffte man immer noch, den kranken und durch das Alter und die Streitigkeiten ermüdeten Mann zu einem freiwilligen Widerruf bestimmen zu können. Der Prozeßbeginn wurde deshalb erst auf den 12. April festgesetzt.

Aber Galilei war schon immer starrköpfig gewesen, und außerdem glaubte er an die von ihm verkündete Lehre. „Überzeugt mich, daß ich unrecht habe!" antwortete er immer wieder.

Das konnte man natürlich bei dem Stand der damaligen Astronomie nicht. Wahrscheinlich wollte man es auch gar nicht. Die kopernikanische Lehre sollte gar nicht widerlegt, sondern lediglich totgeschwiegen werden, um nicht mit der Bibel in aller Öffentlichkeit in scheinbarem Widerspruch zu stehen.

In zahllosen Legenden und Geschichten wird nunmehr berichtet, daß Galilei schon vorher oder zumindest mit Beginn des Prozesses in den Kerker des Inquisitionsgerichtes geworfen worden sei. Bekannt ist ein Kupferstich des 19. Jahrhunderts. Er zeigt den Astronomen in einem Kerker, der sich bemüht, an der Wand seiner Zelle den astronomischen Beweis für seine Verteidigung darzulegen. Der bekannte Geschichtsmaler Karl von Piloty (1826–1886) hat eine noch schrecklichere Kerkerszene von dieser Inquisitionshaft gemalt. In Wirklichkeit – und das geht aus den noch vorhandenen Akten des Prozesses hervor – wurde ihm mit dem Beginn des Prozesses im Vatikan eine Drei-Zimmer-Wohnung mit einem Blick auf die Vatikanischen Gärten zur Verfügung gestellt. Sein Diener war bei ihm, um den kranken Mann zu betreuen.

Ebensowenig wurde er gefoltert, wie man immer wieder behauptete. Allerdings ging es bei der Vernehmung zunächst gar nicht um die kopernikanische Lehre und ihre Verbreitung, sondern um die Zensurauflage, gegen die Galilei verstoßen hatte.

Galilei verteidigte sich damit, er habe geglaubt, diese Art der Darstellung sei mit dem Dekret von 1616 gestattet worden, da es sich um eine rein hypothetische Darstellung im Laufe des Dialoges über die Weltsysteme handele. Hätte er, wie es in verschiedenen Darstellungen dieses Prozesses immer wieder behauptet wurde, als ein Märtyrer für die neue Lehre auftreten wollen, so steht dies in krassem Widerspruch zu seiner in der ersten Vernehmung gemachten Aussage.

Er sagte damals nämlich wörtlich: „Ich habe in dem Buch die Ansicht, daß die Erde sich bewegt und die Sonne stillsteht, nie behauptet oder verteidigt, sondern vielmehr das Gegenteil von Kopernikus' Ansichten bewiesen und gezeigt, daß die Argumente des Kopernikus schwach und nicht schlüssig sind!"

So spricht niemand, der für die Wahrheit der neuen Lehre kämpfen will. Man kann das Ganze natürlich auch als einen juristischen Trick ansehen; denn tatsächlich war es ja so, daß Galilei, um sich zu schützen und die Bestimmungen des Dekretes von 1616 zu umgehen, mit Absicht die Form des Dialoges gewählt hatte. Er konnte deshalb jetzt sagen, daß derjenige der drei Gesprächspartner recht hatte, der die ptolemäische Lehre vertrat.

Das Gericht war von dieser Aussage wahrscheinlich mehr als über-

Die Anteilnahme des Volkes an dem Prozeß der Inquisition gegen Galilei fand Jahrhunderte hindurch noch einen erheblichen Nachhall, wie dieses Gemälde auf einem sizilianischen Bauernkarren zeigt. Es stellt den Augenblick in dem zweiten Prozeß im Jahre 1633 dar, in dem der Gelehrte unter Androhung der Folter zum Widerruf seiner Lehre gezwungen worden sein soll, daß sich die Erde um die Sonne drehe, was gegen die bisherige Lehre der Kirche verstieß.

rascht. Es vertagte sich und berief drei Gutachter, um feststellen zu lassen, ob tatsächlich der *Dialog über die Weltsysteme* so ausgelegt werden könne. Ehe jedoch die Stellungnahme der Prüfer vorlag, verlor anscheinend Galilei die Nerven und bat um einen erneuten Termin vor dem Inquisitionsgericht, der ihm schließlich für den 30. April zugestanden wurde.

Er erklärte jetzt vor dem Inquisitionsgericht, er habe sein Buch noch einmal gründlich gelesen, und dabei habe er eingesehen, daß manche der Stellen höchst mißverständlich seien und unter Umständen gerade das Gegenteil von dem herausgelesen werden könne, was er in Wirklichkeit habe sagen wollen.

Das Gericht nahm diese Erklärung schweigend entgegen, ohne weitere Fragen zu stellen. Der Angeklagte wurde, wie es in solchen Verfahren üblich ist, entlassen. Plötzlich kamen Galilei anscheinend Bedenken, seine Richter mit dieser Erklärung nicht genügend beeindruckt zu haben. Er drehte sich deshalb um und bat nochmals ums Wort, und was er nun sagte und was auch im Protokoll festgehalten wurde, widerspricht allen Darstellungen, die ihn zu einem Märtyrer der Wissenschaft machen wollen. Er erklärte nämlich wörtlich: „Zur größeren Bekräftigung, daß ich die verdammte Meinung von der Bewegung der Erde und dem Stillstehen der Sonne nicht für wahr gehalten habe, noch sie für wahr halte, bin ich bereit, einen noch deutlicheren Beweis zu liefern, indem ich alle in meinem Buch vorgebrachten Argumente für Kopernikus widerlege."

Das Gericht honorierte diese überraschende Erklärung mit einem Beschluß, daß er in die Florentinische Botschaft zurückkehren könne. Am 10. Mai wurde er wieder vorgeladen, um seine Verteidigungsschrift zu übergeben, die im wesentlichen seine vorher vor dem Gericht gemachten Angaben enthielt. Sie wurde geprüft und am 21. Juni ein nochmaliges Verhör angeordnet. Vor diesem Schlußverhör wurde ihm, wie es üblich war, die Folterung angedroht, falls er nicht die Wahrheit sage. Diese Drohung mag später die Veranlassung dafür gewesen sein, daß man die Tortur als wirklich vollzogen ansah.

Am nächsten Tag, dem 22. Juni 1633, wurde das Urteil gesprochen. Es ging von der Annahme aus, daß es sich lediglich um einen Verstoß gegen das Dekret von 1616 handele.

Es läge daher nur ein Ungehorsam gegen einen mündlich ausgesprochenen Befehl eines Kardinals vor. Trotzdem habe er sich damit der Ketzerei sehr verdächtig gemacht.

„Damit dein schwerer und verderblicher Irrtum und Ungehorsam", so heißt es dann im einzelnen, „nicht ganz ungestraft bleibe und du in Zukunft vorsichtiger verfahren mögest, auch anderen zum Beispiel dienest, daß sie sich dergleichen Vergehen enthalten, so bestimmen wir, daß das Buch Dialog der Weltsysteme von Galileo Galilei durch eine öffentliche Verordnung verboten werde; dich aber verurteilen wir zu einem förmlichen Kerker bei diesem Heiligen Offizium für eine nach unserem Ermessen zu bestimmende Zeitdauer und tragen dir als heilsame Buße auf, in den drei folgenden Jahren wöchentlich einmal die sieben Bußpsalmen zu sprechen, uns vorbehaltend, die sogenannten Strafen und Bußen zu ermäßigen, umzuändern, ganz oder teilweise aufzuheben."

Dann mußte Galilei – und das war eine weitere Auflage des Urteils – der kopernikanischen Lehre abschwören. Sie lautete in etwas gekürzter Form: „Nachdem mir von dem Heiligen Offizium der gerichtliche Befehl verkündet wurde, ich müsse die falsche Meinung, daß die Sonne der Mittelpunkt der Welt und unbeweglich, und die Erde nicht der Mittelpunkt sei und sich bewege, aufgeben und dürfe diese falsche Lehre weder für wahr halten noch verteidigen und lehren, schwöre ich ab und verfluche und verwünsche mit aufrichtigem Herzen die genannten Irrtümer. Auch schwöre ich, in Zukunft weder mündlich noch schriftlich etwas zu sagen, wegen dessen ein ähnlicher Verdacht gegen mich entstehen könne."

Es wird gelegentlich erzählt, daß Galilei beim Aufstehen nach der Abschwörungsformel die Worte gemurmelt haben soll: *Eppur si muove – Und sie bewegt sich doch*! Die Geschichtsforscher bestreiten das allerdings und weisen nach, daß diese Worte zum erstenmal im Jahre 1757 in einem von Giuseppe Baretti in London veröffentlichten Buch *The Italian Library* erwähnt werden. In diesem Buch spricht Galilei die obigen Worte nicht nach der Ableistung des Schwures aus, sondern bei seiner Entlassung aus dem Kerker.

Die Darstellung scheint im übrigen durchaus glaubhaft; denn hundert Jahre nach dem Tode Galileis war man überall von der Richtigkeit der kopernikanischen Lehre überzeugt, sogar im Vatikan; denn mit Ausnahme des Dialoges von Galilei wurden alle Bücher, die sich mit dem heliozentrischen System befaßten, freigegeben. Das beanstandete Werk Galileis wurde allerdings erst 1822 im Index gestrichen.

Ungeklärt ist noch heute, ob Galilei im Inquisitionsgefängnis in Haft gehalten wurde. Irgendwelche Aktenvermerke gibt es darüber nicht. Eine Notiz besagt lediglich, daß Galilei sich unter die Aufsicht des Erzbischofs von Siena zu begeben hatte und die Abschwörungsformel und das Urteil an allen öffentlichen Plätzen angeschlagen werden mußte.

Unter der Aufsicht des Erzbischofs blieb Galilei allerdings nur bis zum Ende des Jahres 1633. Dann wurde es ihm gestattet, sich in seiner Villa in Arcetri bei Florenz aufzuhalten. Er stand hier ebenfalls unter einer wenn auch losen Überwachung der Inquisition. Zur Betreuung durfte außerdem seine Tochter, die Karmeliterin geworden war und nun Maria Celeste hieß, bei ihm sein. Ob diese, wie verschiedentlich behauptet wird, zu Spitzeldiensten eingesetzt worden ist, konnte nie bewiesen werden. Im Grunde genommen war das wahrscheinlich auch gar nicht nötig; denn die zur Bewährung ausgesetzte Kerkerhaft war ein durchaus geeignetes Druckmittel, um Galilei ohne ein Verfahren bei irgendwelchen Verstößen gegen die Abschwörungsformel sofort in Haft zu nehmen.

Eines jedoch konnte die Inquisition nicht verhindern, obwohl sie Galilei in der Hand hatte; die Verbreitung seines *Dialoges über die Weltsysteme* im nicht katholischen Ausland. Schon vor Beginn des Prozesses war nämlich eine lateinische Ausgabe des Werkes nach Holland verkauft und dort angeblich ohne Genehmigung des Autors veröffentlicht worden. Damit war die völlige Unterdrückung nicht nur dieses Werkes, sondern auch anderer später nachgedruckter Schriften vereitelt worden, da auch protestantische Länder die holländischen Veröffentlichungen nachdruckten. Der Vatikan nahm davon jedoch offiziell keine Kenntnis.

Während des Hausarrestes in seiner Villa in Arcetri war Galilei trotz ständig zunehmender Krankheits- und Altersbeschwerden noch immer wissenschaftlich recht rege. Trotz seines immer schlechter werdenden Augenlichtes entdeckte er die *Libration* des Mondes. Es handelt sich hierbei um eine scheinbare Pendelbewegung unseres Himmelsnachbarn, die bewirkt, daß man von der Erde aus im Laufe der Zeit $^4/_7$ der Mondoberfläche und nicht nur die Hälfte sehen kann.

Als sein Augenlicht für die astronomischen Beobachtungen nicht mehr ausreichte, nahm der Gelehrte seine alten, unveröffentlichten Arbeiten aus der Paduaer Zeit hervor, um die darin behandelten Probleme nach den neuesten Erkenntnissen noch einmal zu durchdenken und entsprechend zu verbessern. Drei Jahre später, im Dezember 1636, ist das Manuskript zu seinem zweiten großen Hauptwerk, das er *Dialoge über zwei neue Wissenschaften* nennt, fertig. Wieder diskutieren Salvatio, Sagredo und Simplicio über die von Galilei während seines Lebens untersuchten physikalischen Probleme. In einer freien Auseinandersetzung werden seine Forschungen über die Festigkeit der Körper, die Bewegungslehre einschließlich des freien Falles und der Bewegung auf einer schiefen Ebene, die Wurfbewegung, die Pendelschwingung und vieles andere besprochen.

Es ist eine Pionierarbeit über die neuesten Erkenntnisse in der Physik und rein wissenschaftlich gesehen von einer noch größeren Bedeutung als sein astronomischer Diskurs. Ein Freund Galileis, der katholische Geistliche Pater Micanzio, erkundigte sich zunächst vorsichtig bei einem Vertreter der Inquisition in Venedig, ob gegen die Herausgabe dieses Buches, in dem von irgendwelchen Weltsystemen nicht geredet wird, ein Veröffentlichungshindernis bestehe. Er erhielt jedoch die Antwort, daß durch das Inquisitionsurteil ein Druckverbot für alle, also auch der neuen Schriften, ausgesprochen worden sei.

Empört stellte Pater Micanzio dazu fest: „Es ist eine Tyrannei, solche Werke untergehen zu lassen! Das lasse ich nicht zu, auch wenn die ganze Hölle gegen mich wäre."

Man sieht also, daß es bereits zu dieser Zeit katholische Geistliche gab, welche gegen eine derartige geistige Unterdrückung aufbegehrten, obwohl sie sich selbst damit in Gefahr brachten.

Er veranlaßte darauf den französischen Botschafter beim Vatikan, Graf Noailles, der ein ehemaliger Schüler von Galilei war, das Manuskript aus Italien herauszuschmuggeln und nach Leyden zu bringen, damit es in derselben Druckerei in Satz gehen konnte, die auch den ersten Disput über die Weltsysteme herausgab. Es erschien dort im Jahre 1638.

Auch in diesem Falle schwieg der Vatikan. Aber die Inquisition rächte sich auf ihre Weise. Als eine seiner Töchter auf dem Sterbebett lag und Galilei sie noch einmal zu sehen wünschte, schlug das Inquisitionstribunal seine Bitte rundweg ab und bedeutete ihm, er möge mit solchen Ansuchen nicht wiederkommen, sonst müsse er ins Inquisitionsgefängnis zurückkehren.

Die Empörung darüber war groß in Florenz, zumal Galilei inzwischen erblindet und 1638 noch schwer erkrankt war. Auf wiederholte Gesuche und Interventionen des Großherzogs erhielt er schließlich die Erlaubnis, zur ärztlichen Behandlung gelegentlich in Begleitung seiner Tochter nach Florenz zu fahren. Als er sich wider Erwarten einigermaßen von seiner Krankheit erholte, durfte er schließlich sogar vom Juni 1639 ab seinen späteren Biographen Viviani und zwei Jahre später auch noch den Erfinder des Barometers Torricelli als Schüler in sein Haus in Arcetri aufnehmen. Sie halfen dem Greis bei seiner immer noch lebhaften Korrespondenz und haben manches von den

Problemen aufgezeichnet, die der alte Gelehrte mit ihnen besprach. So war das Leben des großen Astronomen bis fast zu seinem letzten Atemzug ausgefüllt von dem Bestreben, die neue Wissenschaft zu fördern.

Als er am 8. Juni 1642 im Sterben lag, brachte ihm der Oberinquisator von Florenz den Segen des Papstes. Sollte das nun Versöhnung oder Geste sein?

Wenige Stunden später starb Galilei im Beisein seines Sohnes Vincensio und seiner Schüler Viviani und Torricelli.

Viviani gelang es noch, einen großen Teil der vorhandenen Manuskripte beiseite zu schaffen, bevor ein Beauftragter der Inquisition den Nachlaß sicherte und zugleich die Anordnung überbrachte, daß eine Totenfeier für den Verstorbenen ebenso wie eine Beisetzung in der Familiengruft oder die Errichtung eines Denkmals untersagt sei.

Mehrere der von Viviani vor dem Zugriff der Inquisition gesicherten Manuskripte sind erst durch Zufall viel später wieder entdeckt worden. Viviani starb nämlich so plötzlich, daß er niemandem sein Geheimnis mehr mitteilen konnte. Ein Diener, der die Schriften bei der Ausräumung seiner Wohnung schließlich fand, kannte ihren Wert nicht und verkaufte sie als Altpapier an einen Wursthändler. Ein Senator mit Namen Nelli wurde auf dem Nachhauseweg stutzig, als er einen Blick auf das zum Einwickeln gebrauchte Papier warf. Er kehrte auf der Stelle wieder um und kaufte dem Händler alles ab, was er von diesen Papieren noch besaß. Er ließ sich sogar noch die Namen einiger Kunden nennen, eilte zu ihnen und konnte auch hier einiges retten. Aber vieles blieb für immer verloren!

Auch einige Manuskripte, die sich mit den Jupitermonden und ihrer Beobachtung, besonders ihrer Längenbestimmung und Verfinsterung befassen, konnten nach Holland geschmuggelt und hier veröffentlicht werden. Wie dies vor sich gegangen ist, bleibt unbekannt. Man erfuhr jedoch davon in Florenz, und der Prediger Pater Caccini fühlte sich veranlaßt, eine Predigt zu halten, in der er die Geometrie als eine teuflische Kunst bezeichnete und vorschlug, die Mathematiker sollten in allen Staaten als Urheber aller Ketzereien verbrannt werden. Eine nachträgliche Leichenrede, der man wohl nichts hinzuzufügen braucht!

Sie bauten Galileis Erkenntnisse weiter aus

Das Erbe, das Galilei seinen Kollegen, den Physikern und Astrono-men hinterlassen hatte, war groß und ein zum Teil noch undurch-forschter Schatz, den es weiter zu bearbeiten galt. Dazu gehörten auch die rätselhaften Sonnenflecken, die Galilei entdeckt hatte, als er zum erstenmal sein Fernrohr auf die Sonne richtete.

Die Kunde von dieser Beobachtung gelangte auch zu Johann Fabric-ius, dem Sohne des Kepler-Freundes David Fabricius. Johann Fabri-cius hatte nämlich derartige Sonnenflecken nur wenige Monate später als Galilei erstmals gesehen und berichtete darüber in einer im Som-mer 1611 erschienenen Schrift ausführlich. Das Büchlein trägt den Titel *De maculis in sole observatis – Über die auf der Sonne gesehenen Flecken* – und wurde im Jahre 1611 in Wittenberg gedruckt. Bedauer-licherweise erzählte Johann Fabricius darin, was er beobachtet hatte, aber nicht, zu welchem Zeitpunkt dies geschah. Er spricht lediglich ziemlich vage „vom Beginn dieses Jahres" – heute nimmt man an, daß es am 9. März 1611 war, während Galilei die Sonnenflecken bereits Ende 1610 gesehen hatte. Das eigentliche Primat der Entdeckung gebührt aber wahrscheinlich dem Engländer Thomas Harriot, der die Sonnenflecken bereits am 8. Dezember 1610 beobachtet haben dürfte.

Im einzelnen schreibt Johann Fabricius über seine Entdeckung: „Als ich mein neuerworbenes Fernrohr auf die Sonne richtete, sah ich, daß die Sonne um den Rand herum eine scheinbare Rauhigkeit aufwies und auch eine ganze Reihe von dunklen Flecken zeigte."

Zum Glück waren die damaligen Fernrohre sehr schwach. Fabricius wäre sonst durch die direkte Betrachtung der Sonne für immer blind geworden. Er schreibt weiter: „Ich nahm zuerst an, eine Wolke störe meine Beobachtung. Doch erschien mir dies bei der eigenartigen Form der Flecken recht unwahrscheinlich. Ich wiederholte deshalb die Beobachtung nach einiger Zeit, in der die Wolken längst hätten vorbeigezogen sein müssen. Die dunklen Punkte blieben jedoch.

Darauf rief ich meinen Vater herbei. Auch er sah die Flecken, und wir beschlossen, die Beobachtung am nächsten Tage zu wiederholen. Leider war der Himmel aber drei Tage bedeckt. Als es wieder auf-klarte, fanden wir die Flecken sofort wieder. Sie hatten sich nur, wie mir schien, ein wenig nach Westen verlagert. Dann tauchte ein gro-ßer Fleck am Ostrand auf und wanderte über die ganze Sonnenscheibe

166

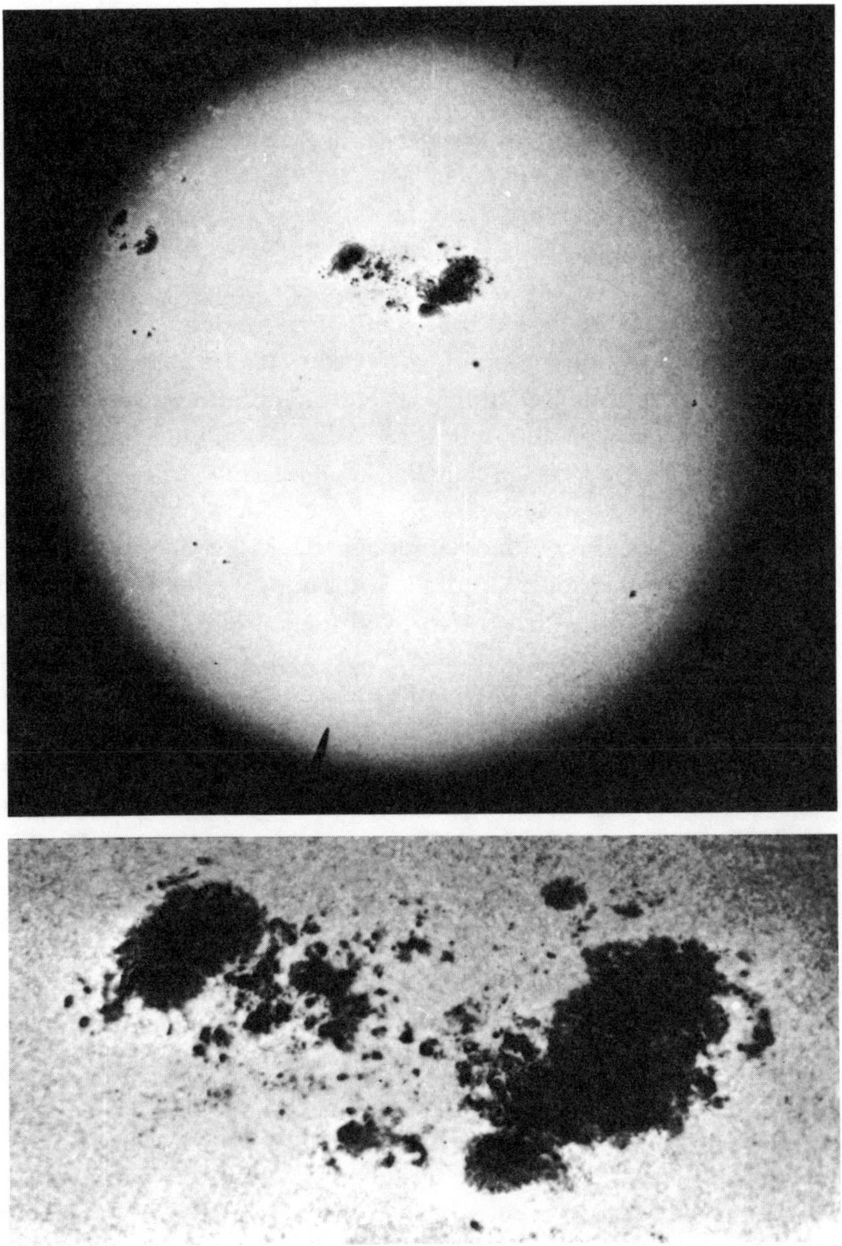

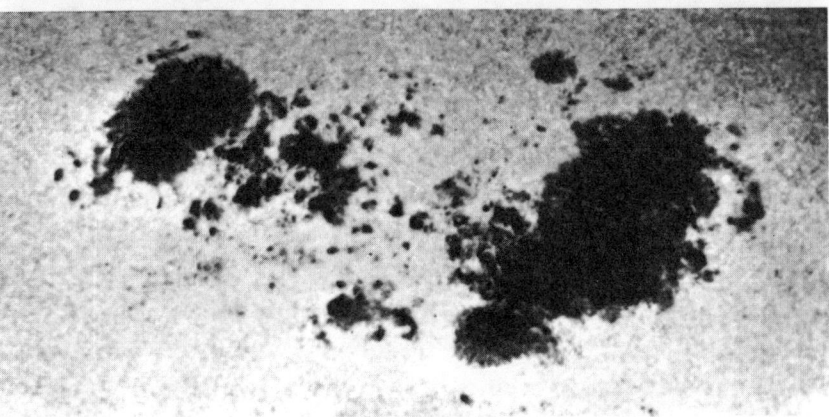

Die Oberfläche der Sonne ist ständig in Bewegung. Immer wieder erscheinen auf ihr Sonnenflecken.

nach Westen, um schließlich wieder zu verschwinden. Ich nahm an, daß er um die ganze Sonne wandern würde, um schließlich am Ostrand von neuem aufzutauchen. Das geschah auch genau nach zehn Tagen, und dem großen folgten die anderen Flecken, genau in den vorher beobachteten Abständen.

Sollten, so fragte ich mich, die Flecken um die Sonne rotieren oder die Sonne mit den Flecken sich drehen? Ich wagte dies noch nicht zu entscheiden und beschloß daher, das Ganze erst einige Monate hindurch zu beobachten. Um das Augenlicht zu schonen, hatte mir übrigens mein Vater geraten, nicht direkt durch das Fernrohr zu beobachten, sondern das helle Bild durch das Fernrohr hindurch auf eine weiße Wand zu werfen, wo es dann in vergrößerter Form erschien."

Wie es oft in der Wissenschaft ist, machte ein vierter zur gleichen Zeit fast dieselbe Entdeckung. Es war der Jesuitenpater Christoph Scheiner, der die Sonnenflecken im März 1611 beobachtete. Er hatte sich dazu eine besondere verstellbare Anlage gebaut, mit der das gleichfalls veränderbare Fernrohr verbunden war. Es war eine Art verschiebbarer Kasten, auf dessen Rückseite das Bild des Fernrohres projiziert wurde und außerdem noch scharf eingestellt werden konnte. Auf ein hier eingespanntes Papier ließen sich dann die Sonnenflecken genau einzeichnen.

Bei diesen Beobachtungen half ihm sein Schüler C. B. Cysat, den er später als Zeugen für seine Entdeckung benannte. Da das Bändchen von Fabricius noch nicht erhältlich war, glaubte Scheiner nämlich, eine Neuentdeckung gemacht zu haben. Die Schrift von Fabricius ging um diese Zeit erst in Druck und war ihm daher noch nicht bekannt. Auch von der Entdeckung Galileis wußte er noch nichts.

Als Mitglied der Gesellschaft Jesu hatte er jedoch den Regeln des Jesuitenordens entsprechend dem Pater Provinziales Busaeus Mitteilung über seine Entdeckung zu machen. Dieser vertröstete ihn auf den folgenden Tag, und als Scheiner wieder vorsprach, erhielt er den Bescheid: „Ich habe den Aristoteles von Anfang bis zu Ende durchgesehen und nichts von Sonnenflecken darin gefunden. Beruhige dich also, mein Sohn, und sei überzeugt, daß die Flecken in deinem Glase oder auch in deinen Augen, nicht aber in der Sonne liegen."

Mit den üblichen Ermahnungen zum Gehorsam wurde Scheiner entlassen. Zunächst wagte er nichts über die Sonnenflecken zu veröffentlichen. Erst als er im Oktober des gleichen Jahres die Schrift von Fabricius in die Hände bekam und festgestellt hatte, daß auch andere die Flecken auf der Sonne bemerkt hatten, entschloß er sich, seine Beobachtungen erstmals schriftlich festzuhalten. Das geschah am 21. Oktober 1611 in Form eines Briefes an seinen wohlwollenden Gönner, den Ratsherrn Markus Welser in Augsburg, einem Mitglied übrigens jener berühmten und reichen Kaufmannsfamilie. Welser vervielfältigte, um Scheiner nicht zu gefährden, diese und zwei spätere Briefe unter dem Pseudonym *Apelles latens post tabulam*, was in freier Übersetzung ungefähr heißt: „Der Autor, welcher einen Kommentar abwartet, bevor er seinen wirklichen Namen nennt."

Aus Vorsicht betitelte Markus Welser das Büchlein noch folgendermaßen: *Epistolae tres ad M. Velserum de maculis solaribus – Drei an M. Welser gerichtete Briefe über Flecken auf der Sonne.* Die Kopien dieser drei Briefe schickte Markus Welser an die verschiedensten Gelehrten, unter anderem auch an Galilei.

In einem dieser drei Briefe schrieb Scheiner übrigens, er habe anfangs überhaupt bezweifelt, daß die Königin des Tages schwarze Flecken

Mit dieser Einrichtung, die der Jesuitenpater Christoph Scheiner mit einem Fernrohr verbunden hatte, projizierte er das Bild der Sonne auf ein Stück Papier und konnte so die Sonnenflecken erkennen und nachzeichnen.

haben könne, und zunächst geglaubt, die Flecken wären dunkle Weltkörper, welche die Sonne in einer nahen Bahn umkreisen und so als schwarze Flecken auf ihr sichtbar würden, wenn sie zwischen die Erde und die Sonne kämen.

Auch Galilei nahm dies ja anfangs an. In seinem Antwortschreiben auf die drei Briefe an Markus Welser schrieb er jedoch neben einigen allgemeinen Sätzen etwas höchst Aufschlußreiches über seine weiteren Beobachtungen:

„Vor allem bezweifele ich nicht im geringsten, daß es sich um wirkliche Objekte handelt und nicht um bloße Erscheinungen oder Täuschungen des Auges oder der Linse des Fernrohres, wie der Freund Ihrer Exzellenz in seinem ersten Brief anzugeben geruht. Ich habe sie nämlich jetzt achtzehn Monate lang beobachtet und komme zu dem Schluß, daß diese Flecken der Sonne selbst angehören. Vor der Sonne vorbeiziehende Planeten müßten als beständige, kreisförmige dunkle Flecken sichtbar werden, während sie aber veränderliche und meistens sehr unregelmäßige Formen zeigen. Auch Teilungen habe ich schon beobachtet.

Die überdies allen Flecken gemeinsame Bewegung von Ost nach West über die Sonnenscheibe deutet vielmehr auf eine Rotation der Sonne selbst um eine zur Ebene des Tierkreises beinahe senkrecht stehende Achse hin. Dafür spricht vor allem die Wanderung der Flecken von Ost nach West und ihr Wiederauftauchen am Ostrand der Sonne. Auch die Sichtbarkeitsdauer der Sonnenflecken selbst, die von einem oder mehreren Tagen bis weit über einen Monat dauert, spricht dafür, daß es sich nicht um Sterne, Planeten oder sonstige permanente Körper handeln kann. Dafür verschwinden sie zu schnell und tauchen ständig von neuem auf. Es muß sich also um Erscheinungen auf oder dicht über der Sonnenoberfläche handeln."

Außer den Sonnenflecken hat der Jesuitenpater Scheiner, wie er in seinem Werk *Rosa ursina* schreibt, auch sogenannte *Sonnenfackeln* entdeckt. Wir wissen heute, daß es sich dabei um überhitzte Gebiete der Sonnenoberfläche handelt, im Gegensatz zu den etwas kühleren Sonnenflecken. Sie sind nicht zu verwechseln mit den erst im 19. Jahrhundert entdeckten Protuberanzen. Es sind dies von der Sonne ausströmende, leuchtende Gasmassen von sehr geringer Dichte, die besonders bei einer Sonnenfinsternis, wenn die strahlende Sonnenscheibe verdunkelt ist, gut zu sehen sind. In vielfacher Gestalt und vom Strahlungsdruck und Magnetfeldern getragen, können sie Geschwindigkeiten bis zu 700 Kilometer in der Sekunde und Höhen bis zu fast einer Million Kilometern erreichen.

Meist fallen sie nach Erreichen ihres Gipfelpunktes wieder zur Sonne, nicht selten auf bestimmten Bahnen, die durch magnetische Kräfte zustande kommen. In der Nähe ihres Einströmungspunktes befindet sich oft ein Sonnenfleck.

Scheiner stellte sich übrigens die Sonnenfackeln als eine Art „Raketenantrieb" vor, der die Sonne in Rotation versetzte. Er ging dabei wahrscheinlich von der Vorstellung aus, die er bei zahlreichen Feuerwerks-Darbietungen gesehen hatte und bei denen eine Scheibe durch die entzündeten Raketen zur Drehung gebracht wurde. Ein für die damalige Zeit zwar einleuchtender, aber völlig falscher Gedanke. Über die Protuberanzen und die Sonnenflecken selbst wie über ihre Entstehung werden wir später, bei der weiteren Erforschung der mit der Sonne verbundenen astrophysikalischen Probleme, insbesondere ihrer Energie durch Kernspaltung genauer berichten. Es wird sich dann allerdings zeigen, daß manches, was Galilei und Scheiner sahen, von einer ganz anderen Warte betrachtet werden muß.

Eine Mondkarte wird zum Serviertablett

Galilei befaßte sich auch mit der Erforschung des Mondes. In dem Okular seines Fernrohres entdeckte er Berge, Täler und Ebenen. Das veranlaßte ihn, den Mond als einen erdähnlichen Himmelskörper anzusehen.

Von diesem Gedanken fasziniert war Johannes Hewelke, sein latinisierter Name lautet „Hevelius" (1611 bis 1687), und er begann im Jahre 1641 mit der Mondbeobachtung. Sein Werdegang ist etwas ungewöhnlich; denn er war kein Mathematiker oder Astronom, sondern hatte zunächst in Leyden in Holland Jura studiert. Dann hatte er im Jahre 1634 die Brauerei seines verstorbenen Vaters in Danzig übernehmen müssen und wurde schließlich im Jahre 1651 Ratsherr in der Altstadt.

Er hatte, bevor er in seine Vaterstadt Danzig zurückkehrte, zahlreiche Reisen auch nach Italien unternommen und dort von Galilei und seinen Entdeckungen gehört. Dadurch angeregt, wollte er etwas

Der Danziger Ratsherr
Johannes Hoewelke,
der sich „Hevelius"
nannte und von 1611
bis 1687 lebte, befaßte
sich vor allem mit der
genauen Erforschung
des Mondes.

beginnen, was noch niemand zuvor getan hatte, er wollte nämlich eine Karte der von uns aus sichtbaren Mondoberfläche anfertigen.

Nach Hause zurückgekehrt, baute er sich deshalb im Jahre 1641 eine Sternwarte. Hier arbeitete er etwa vier Jahre an seiner ersten Karte, die er *Selenographia seu Lunae descriptio* nannte. Er hatte sich dafür ein besonderes Verfahren ausgedacht. In einem abgedunkelten Raum wurde ein Fernrohr auf den Mond gerichtet und warf ähnlich wie bei Scheiner oder Galilei bei der Beobachtung der Sonne das Bild des Mondes auf ein Stück Papier, wo die Einzelheiten nachgezeichnet werden konnten.

Er ergänzte diese Beobachtungen durch Quadrantenmessungen und Dioptermessungen, die mit Hilfe eines sogenannten *Durchblickers* durchgeführt wurden. Es war ein schon seit langem in Gebrauch befindliches Gerät. Mit Hilfe einer Metallplatte und einer kleinen runden Öffnung, die sich auf einer langen, über einem Viertelkreis beweglichen Metallschiene leicht verschieben ließ, konnte man das astronomische Objekt beobachten. Sowohl in der Winkelhöhe als auch in der Breite vermochte man so die genauen Werte auf der Gradeinteilung abzulesen.

Auf diese Weise, sozusagen doppelt kontrolliert, zeichnete Hevelius eine mit genauer Gradeinteilung versehene Mondkarte, auf der er auch die von Galilei in seinen letzten Lebensjahren entdeckte Libration mit berücksichtigte.

Mit der Anfertigung der Mondkarte ergab sich aber noch ein anderes Problem. Um die einzelnen Krater und Berge genauer zu bezeichnen, mußte man ihnen Namen geben, damit man später wußte, von welchem Teil des Mondes man sprach, wenn dieses oder jenes Ereignis mondgeographisch festgehalten werden sollte. Hevelius hatte zuerst die Idee, die verschiedenen Mondkrater und Gebirge mit den Namen berühmter Gelehrter zu bezeichnen. Er sah aber schließlich davon ab, da er fürchtete, sich diejenigen zu Feinden zu machen, die auf diese Weise nicht verewigt worden waren. Er wählte deshalb für die Namensbezeichnung irdische Gebirgszüge, Gewässer, Meere und Länder aus, wobei er ausdrücklich betonte, mit diesen Namen irgendwelche auf der Erde bestehende Ähnlichkeiten bezeichnen zu wollen. So verdanken wir es also Hevelius, daß man heute von den Mondalpen oder den Mondapenninen spricht, in deren Nähe übrigens die Mondfähre von Apollo 15 landete.

Später jedoch haben andere Astronomen, wie beispielsweise der Italiener Giovanni Battista Riccioli, der im Jahre 1651 ebenfalls eine Mondkarte veröffentlichte, damit begonnen, die verschiedensten Krater und Gegenden mit den Namen von berühmten Philosophen und Astronomen zu belegen. Als begeisterter Verehrer von Tycho Brahe taufte Riccioli den größten und auffälligsten Krater auf dessen Namen. Ein anderer, der in der Nähe lag, erhielt den Namen von Kopernikus, wieder andere Krater wurden mit klassischen Namen versehen wie Platon, Pythagoras, Strabo, Aristoteles, Aristillus, Agrippa, Calippus, des ägyptischen Astronomen Sosigenes, des griechischen Conon aus Samos, von Julius Cäsar usw. Man verwendete aber auch klassische Namen wie Menelaus, Plinius und viele andere.

Da man anfangs die dunklen Stellen auf dem Mond für Meere hielt und sie dementsprechend als „Mare" bezeichnete, gibt es hier ein *Meer der Ruhe, Meer der Fruchtbarkeit*, einen *Ozean der Stürme*, ein *Regenmeer* und viele andere Meere wie das *der Wolken, der Heiterkeit* und nicht zuletzt ein solches *der Krisen*.

Als es den Sowjets am 7. 10. 1959 gelang, die Rückseite des Mondes erstmals zu fotografieren, und zwar mit Hilfe einer um den Mond laufenden interplanetarischen Station, wurde in Zusammenarbeit mit dem Staatlichen astronomischen Sternberg-Institut und dem Zentralen sowjetischen Forschungsinstitut für Geodäsie und Kartographie die Rückseite des Mondes ähnlich benannt. Man findet jetzt Namen wie das *Sowjetische Gebirge*, das *Meer Moskawa* und Krater, die nach Pasteur, Sklodowskaja Curie, Joliot Curie, dem Begründer der Raumfahrt, Ziolkowski, aber auch nach dem Erfinder Edison, dem deutschen Gelehrten Hertz sowie nach dem auf dem Scheiterhaufen verbrannten Giordano Bruno benannt sind. Im Jahre 1970 vervollständigte die Internationale Astronomische Union diese Bezeichnungen für die Rückseite, nachdem mehrere weitere amerikanische und sowjetische Mondsonden zahlreiche Aufnahmen erzielten.

Doch kehren wir zurück zu der Mondkarte von Johann Hevelius. Um seine Mondkarte möglichst genau wiederzugeben und damit kein Fehler durch den Kupferstecher hereingebracht wurde, stach er sie selbst. Die für den Druck benutzte Kupferplatte hatte eine eigenartige Geschichte. Die Erben, die sie unter dem Nachlaß des am 28. Januar 1687 Verstorbenen fanden, wußten mit der Karte nichts anzufangen und ließen daraus ein Serviertablett anfertigen. Sie hatten nicht einmal so viel Verstand, um sich zu sagen, daß es bestimmt zahllose Verehrer von Hevelius gäbe, die ihnen mit Freuden den zwanzigfachen Metallwert dafür gegeben hätten.

Neben seiner *Selenographie*, die sich mit der Mondkarte und der Namensgebung der verschiedensten Gebiete auf unserem Himmelstrabanten befaßte, hatte er auch ein umfangreiches Werk über die Kometen geschrieben, das allerdings den marktschreierischen Titel *Historia omnium cometarum a mundo condito – Die Geschichte aller Kometen seit Beginn der Welt* trägt. Es behandelt in einem dicken Folianten die Geschichte von über vierhundert Kometen und ist für die damalige Zeit – soweit die Daten überhaupt stimmen – ein gutes Nachschlagewerk gewesen.

Bei vier zu seiner Zeit erschienenen Kometen – und zwar bei den aus den Jahren 1652, 1661, 1664 und 1677 – liegt sogar die Priorität ihrer Entdeckung bei ihm. Mehrere andere hat er gleichfalls beobachtet, und meist sind seine Ortsbestimmungen die besten, die zu ihrer Bahnbestimmung dienen können.

Hevelius hatte übrigens Wärter angestellt. Sie mußten den Himmel laufend beobachten und ihn in der Nacht wecken, wenn sich Neues

Karte des Mondes von Hevelius, Kupferstich 1647.

oder Bemerkenswertes ereignete. Sogar seine Gattin Margarethe hat ihm, wie er schreibt, „treulich und beharrlich" bei diesen Beobachtungen geholfen.

Für seine Sternbeobachtungen hat er die verschiedensten Geräte entweder weiterentwickelt oder auch neue Einrichtungen erfunden. Sein *Helioskop* war eine Art Projektionskammer, die er für die Mondkarte verwendete. Neben den Räderuhren, die er mit Balkenwaagen genau regulierte, hat er im Jahre 1654 bei der Beobachtung einer Sonnenfinsternis ein einfaches Pendel zum Zählen der Sekunden benutzt.

175

Treulich und beharrlich, so schreibt Hevelius, half ihm seine Gattin bei den Gestirnsbeobachtungen. Er baute dazu die verschiedensten Instrumente, die er in seinem Werk „Machina celestis" von dem Kupferstecher A. Stech abbilden ließ.

176

Bei der Gelegenheit eines Merkur-Durchganges im Jahre 1661 bestimmte er mit Hilfe seines Helioskopes den scheinbaren Durchmesser dieses sonnennächsten Planeten mit 12 Winkelsekunden. Der wirkliche Wert liegt bei 12,2 Winkelsekunden. Der Planet konnte deshalb nur einen geringen linearen Durchmesser haben. Er folgerte daraus, daß der wahre Durchmesser für mittlere Entfernungen etwa 6,5 Bogensekunden betragen müsse. Das war für jene Zeit und bei den damals vorhandenen Hilfsmitteln eine auffallende Genauigkeit. Denn man kannte das *Fadenmikrometer* noch nicht, das man heute als *Okularschraubenmikrometer* bezeichnet und das bei Mikroskopen und Fernrohren zum Messen geringer Abstände und Winkel benutzt wird.

In Ermangelung dieses Mikrometers war das Helioskop ein nicht unzweckmäßiges Mittel für die Bestimmung kleinerer Entfernungen. Deshalb benutzte Hevelius den Merkur-Durchmesser, um auch den anderer Planeten zu bestimmen. Er ließ in einer metallenen Platte kleine, kreisförmige Löcher von verschiedenem Durchmesser anbringen und verglich sie mit der Merkur-Öffnung, um so einen Vergleichswert für den anderen Planeten zu erhalten.

Alle diese Dinge beschrieb er in seinem 1673 erschienenen Werk *Machina Coelestis – Über die Himmelsmaschinen.* Die meisten Exemplare dieses Werkes wurden jedoch im Jahre 1679 ein Raub der Flammen. Ein wegen Untreue entlassener Diener hatte nämlich aus Rachsucht die Sternwarte angezündet, wobei neben den ausgedruckten Büchern auch zahllose wichtige Manuskripte verlorengingen.

Hevelius hatte, wie wir aus einigen seiner noch erhaltenen Briefe wissen, bereits im Jahre 1659 durch seine Beobachtungen erkannt, daß einer der Sterne im Steinbock und der Stern 61 im Schwan Doppelsterne waren. Es handelt sich dabei um Sterne, die scheinbar oder wirklich beieinander stehen. Man unterscheidet heute dabei sogenannte *optische Doppelsterne*, die sich in ganz verschiedenen Entfernungen vom Beobachter befinden – und lediglich vom Beobachter aus als dicht nebeneinander liegend gesehen werden.

Daneben aber gibt es noch die *physischen Doppelsterne*, bei denen die beiden Gestirne um einen gemeinsamen Schwerpunkt laufen, wobei sie Keplersche Ellipsen beschreiben. Von ihnen wußte Hevelius allerdings noch nichts, da dazu die Beobachtung von Veränderungen in den Doppelsternen notwendig war. Ein Beweis für die Existenz von physischen Doppelsternen gelang erst Wilhelm Herschel eineinhalb Jahrhunderte danach.

Seine abgebrannte Sternwarte ließ übrigens Hevelius unverzüglich wieder aufbauen und von neuem ausrüsten. Er hat von dieser zweiten Warte noch sieben Jahre Beobachtungen angestellt und den Himmel, besonders den noch mit unbenannten Sternbildern besetzten Teil, studiert. Dabei hat er selbst neue Namen für die dort befindlichen Sterngruppen ausgewählt, wobei er allerdings darauf achtete, kein bestehendes Bild zu beseitigen oder, wie er es ausdrückt, „keine der alten Heldengestalten in ihren drei- bis viertausendjährigen Rechten zu kränken".

Bei diesen neuen Sternbilder-Benennungen hat oft der Humor bei ihm mitgespielt. So nannte er eines Luchs, weil man, wie er hinzufügte, Luchsaugen haben müsse, um die Sterne dieses Bildes überhaupt sehen zu können. Dieses Sternbild mit dem lateinischen Namen Lynx, das am nördlichen Himmel steht, wird übrigens noch heute so bezeichnet. Ähnlich ist es mit den Jagdhunden in der Nähe des Großen Bären. Eine andere Gruppe, ein Sternbild der Äquatorzone in der Milchstraße, benennt er den Sobieskischen Schild (lat. *Scutum*). Eidechse (Lacerta) heißt ein nördliches Sternbild, Sextant – (Sextans) ein anderes im selben Himmelsteil.

Im Alter von 76 Jahren starb Hevelius in Danzig. „Er hatte der Welt", wie es in einer Urkunde des französischen Herrschers Ludwig XIV. heißt, „durch seine Mondkarte und die zahllosen Entdeckungen und Erfindungen in der Astronomie ein großes Geschenk gemacht, von dem die Nachwelt noch lange profitieren wird."

Das Geheimnis des Saturnringes

Mit dieser Buchstaben-Verschlüsselung: aaaaaaa – ccccc – d – eeeee – g – h – iiiiiii – llll – mm – nnnnnnnnn – oooo – pp – q – rr – s – ttttt – uuuu – kleidete vor 316 Jahren der große niederländische Astronom Christian Huygens seine für die damalige Zeit sensationelle Entdeckung über den Saturn ein. Ähnlich wie Galilei hatte er zu einem Anagramm Zuflucht genommen, um die Priorität seiner Beobachtung zu sichern.

In lateinischer Sprache lautete die Auflösung dieser Buchstaben-

Christian Huygens (1629–1695), der sich besonders durch die Beobachtung des Saturn und seine Wellentheorie des Lichtes einen Namen machte.

verdrehung: „Annulo cingitur, tenui, plano, nusquam cohaerente, ad eclipticam inclinato" – „Er (der Saturn) wird von einem Ring umgeben, der dünn und flach ist, ihn nirgends berührt und zur Ekliptikebene eine Neigung aufweist."

Seitdem Galilei sein Fernrohr immer wieder zur Erforschung unseres Planetensystemes einsetzte und dabei auch den Ring um den Saturn bemerkte, ist Huygens der erste gewesen, der mit Hilfe eines besseren und stärkeren Fernrohres, dessen Linsen ihm sein Bruder auf seine Berechnungen hin geschliffen hatte, genauere Einzelheiten des Ringes entdeckte, die zu seiner obigen Schlußfolgerung führten.

Auch andere Astronomen hatten nach Galilei und vor Huygens den Saturn betrachtet, dabei aber die merkwürdigsten Formen um ihn herum gesehen. Einmal sah es aus, als ob der Saturn zwei grifförmige Ausbuchtungen an den Seiten besäße, dann wieder schienen sich zwei halbmondartige Scheiben von ihm abzusetzen, oder das Ganze wurde zu einem vollen Oval mit zwei runden schwarzen Löchern, und schließlich war alles ein durch einen Ring verbundenes Dreigestirn.

Diese merkwürdigen Formen beruhten einmal auf dem zu schwachen Auflösungsvermögen ihrer Fernrohre, zum anderen aber auch auf der ständig wechselnden Sicht, die wir von der Erde aus auf den in 29½ Jahren um die Sonne laufenden Planeten haben. Wir sehen dabei von unserem Beobachtungsstandpunkt den Saturnring einmal von oben und das andere Mal von unten, da sich die Lage der Erdachse ständig ändert. Das hat zur Folge, daß auch das Bild der Saturnscheibe sich laufend verschiebt und die Gebilde zustande kommen, die den Astronomen des 17. Jahrhunderts so rätselhaft erschienen.

Oft ist auch der Fall, daß wir bei der bis zu 28 Grad schwankenden Neigung von der Erdsicht aus nur auf die schmale Ringkante sehen, die lediglich eine Dicke von etwa 15 Kilometer bis zu 200 Kilometer besitzt und die bei der zwischen 1280 bis 1580 Millionen Kilometer schwankenden Entfernung von unserem Planeten als ein dünner schwarzer Strich über dem helleren Saturnkörper erscheinen kann. Das tritt jeweils zweimal bei einem Umlauf um die Sonne ein, also in Abständen von knapp 15 Jahren. Deshalb konnte bereits Huygens vorausberechnen, daß der Saturnring, der bei den damals schwachen Fernrohren in dieser Lage nicht sichtbar war, im Juli 1671, im März 1685 und im Dezember 1700 verschwinden würde. Huygens erlebte auch noch, daß sich die beiden ersten Voraussagen, wenn auch mit geringen zeitlichen Abweichungen, bewahrheiteten.

Als Huygens den Ring mit seinem Fernrohr genauer beobachtete, hielt er ihn für einen festen, wie aus Blech geschnittenen, gewaltigen Reifen. Später aber wurden physikalische und mathematische Einwendungen dagegen erhoben, da ein solcher Ring nicht stabil sein könne. Man nahm deshalb an, er bestehe aus einer flüssigen oder gasförmigen Masse. Doch hier traten die gleichen Schwierigkeiten wieder auf. Erst als der Physiker Clerk Maxwell zwei Jahrhunderte später die Behauptung aufstellte, der Ring setze sich aus Milliarden von Meteoriten oder kosmischen Staubteilchen zusammen, begannen sich die Widersprüche allmählich zu lösen. Damit griff er eine Idee auf, die bereits I. D. Cassini am Anfang des 18. Jahrhunderts hatte. Den exakten, beobachtungsmäßigen Beweis lieferte dann schließlich J. E. Keeler 1895 am Lick-Observatorium, die letzten theoretischen Probleme löste der deutsche Astronom Hugo von Seeliger.

Bereits vorher hatte der Astronom Johann Franz Encke (1791–1865) festgestellt, daß der Saturnring aus zwei unterschiedlichen Schichten besteht, und zwar aus einem lichtschwächeren und schmäleren Außen-

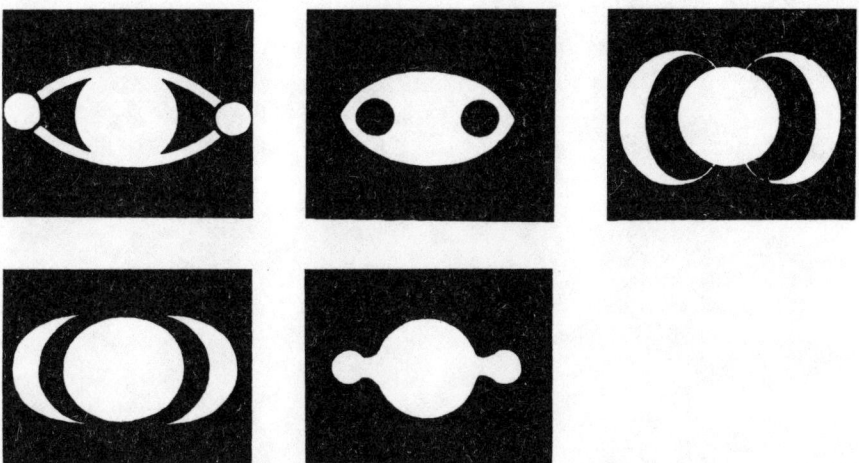

Rätsel über Rätsel gab der Saturn den alten Astronomen auf. Da wir während seines Sonnenumlaufes in verschiedenem Blickwinkel auf den Ring sehen, ergeben sich die merkwürdigen Figuren, die man allerdings nur mit Hilfe eines Fernrohres beobachten kann, die aber schon in der ersten Hälfte des 17. Jahrhunderts beobachtet wurden.

ring und dem Innenring, an dessen Innenseite sich der fast völlig durchsichtige *Florring* oder *Kreppring* anschließt, der von Johann Gottfried Galle 1838 erstmals gesehen wurde.

Zwischen dem Außen- und Innenring befindet sich die etwa 3000 Kilometer breite *Cassinische Teilung*, die bereits im Jahre 1676 von dem italienischen Astronomen Giovanni Domenico Cassini entdeckt und nach diesem benannt wurde.

Das Rätsel, wie es zur Entstehung des Ringes gekommen ist, wurde bis in unsere Zeit noch nicht eindeutig geklärt. Einige Astronomen sehen in dem heutigen Saturnring das Auflösungsergebnis eines früheren selbständigen Himmelskörpers, der vorher zwischen der Bahn der heutigen Saturnkugel und dem Uranus um die Sonne lief, schließlich aber vom Saturn eingefangen wurde. Von da an mußte sich seine Bahn spiralförmig verengen, bis jener kritische Abstand erreicht war, innerhalb dessen kein größerer Trabant bestehen kann, ohne zerrissen zu werden. Die Auflösung begann damit, daß der schon vorher eiförmig gezogene Sternkörper an den Spitzenden aufbröckelte, beziehungsweise zu zerstäuben begann. Die einzelnen Teile bildeten dabei eine Art zweiteiligen Kometenschweif hinter dem sich auflösenden, eingefangenen Gestirn.

Saturn mit seinem Ring und der Cassinischen Teilung nach einer Aufnahme des 2,5-m-Spiegels auf dem Mount Wilson, Kalifornien.

Nach einer anderen Ansicht handelt es sich um die Bruchstücke eines früheren Saturnmondes, der dem Planeten zu nahe kam und von dessen Gezeitenwirkung zerstört wurde. Dabei sind die einzelnen Teile dieses Mondes infolge der Störung durch die anderen Monde aus bestimmten Abstandszonen vom Saturn herausgetrieben worden, wodurch die Cassinische Rinne entstand.

Wie auch immer der Saturnring entstanden und später seine Teilung vor sich gegangen ist, sie ist von dem kosmischen Geschehen aus gesehen eine „jüngere Bildung" im Vergleich zu dem Entstehungszeitraum unseres Sonnensystems, vielleicht wird er sich auch als ein verhältnismäßig kurzlebiger Schmuck des Saturns erweisen. Der Florring hat sich unter Umständen seit seiner Entdeckung in den letzten 80 Jahren schon merklich verändert, und er wird es auch in den nächsten Jahrhunderten noch weiter tun. 1969 wurde übrigens innerhalb des Florrings ein noch schwächerer Ring entdeckt.

182

Christian Huygens, der Entdecker des Saturnrings, wurde als zweiter Sohn des niederländischen Cabinetsrathes und späteren Rathspräsidenten Constantin Huygens am 14. April 1629 in Den Haag geboren. Sein Vater, der in Leiden Rechtswissenschaft studiert hatte und 62 Jahre hindurch der Geheimsekretär dreier Prinzen von Oranien gewesen ist, war ein bekannter Renaissancedichter, der sich aber außerdem für physikalische Probleme interessierte. Er schrieb ein Buch über den Bau von Orgeln.

Christian Huygens studierte ähnlich wie sein Vater zunächst Rechtswissenschaft in Leiden und promovierte später in Angers. Schon während seines juristischen Studiums interessierte er sich für mathematische Forschungen und schrieb unter anderem im Jahre 1657 eine Abhandlung über die Wahrscheinlichkeitsrechnung.

Nach seinem juristischen Studium unternahm er zunächst verschiedene Reisen nach Deutschland, Frankreich und England, die mit wissenschaftlichen Interessen verbunden waren. Er kehrte nach Holland zurück, um sich hier astronomischen Studien zu widmen. Bei der Entdeckung des Saturnringes und seiner laufenden Beobachtung bemerkte er am 25. März 1655 als erster einen Saturnmond, dem man später den Namen Titan gab.

Das war eine rein zufällige Entdeckung, wie sie häufig in der Geschichte der Astronomie vorgekommen ist. Über die Entdeckung des Mondes veröffentlichte er unter dem Titel *De Saturni luna observatio nova* eine Schrift.

Soweit wir heute wissen, besitzt der Saturn außer dem Titan, welcher der größte ist und einen Durchmesser von 5000 Kilometer hat, noch weitere neun Monde. Viele von ihnen umlaufen ihn zum Teil in größeren Entfernungen, so der Mond Mimas, der im Jahre 1789 von dem Astronomen W. Herschel entdeckt wurde. Er umkreist den Saturn in einer Entfernung von nur 186 000 Kilometern, während der von dem Amerikaner Edward Pickering im Jahre 1898 gefundene Saturnmond Phoebe eine Entfernung von 12 930 000 Kilometer von diesem Planeten hat. Der gleiche Astronom entdeckte übrigens im Jahre 1905 noch einen Mond, der den Namen Themis trägt, der aber später nie mehr gesehen wurde. Der zehnte Satellit wurde erst 1966 gefunden und heißt Janus.

Im Maßstab eines Ringmodelles, in dessen Mitte der Saturn wie ein Kinderball liegt, würden die fünf von Huygens und Cassini im 17. Jahrhundert gefundenen helleren Monde in eine Entfernung von diesem Planeten bis zu 50 cm einzuordnen sein, drei weitere laufen in einem Abstand von 1,2 bis 1,5 m, der neunte von etwa 3½ m, der äußere, dessen Existenz jedoch noch umstritten ist, bei 12 m liegen. Der Saturnmond Japetus zeigt übrigens Helligkeitsänderungen, deren Ursache bisher noch nicht eindeutig geklärt ist.

Eigenartig ist auch, daß der neunte Mond Phoebe in seiner Bewegung um seinen Mutterplaneten rückläufig ist. Damit ähnelt er einigen äußeren Jupitersatelliten.

Auf der Saturnkugel selbst ist im allgemeinen auch mit großen Fernrohren nicht viel zu sehen, abgesehen von einigen matten, grauen Bändern, die parallel zum Äquator liegen. Eigentliche helle oder dunkle Flecken, die plötzlich auftreten, sind in den 350 Jahren seit der Erfindung des Fernrohres nur selten bemerkt worden, das letzte Mal vor allem im Jahre 1960. Daher bestand auch früher eine sehr große Schwierigkeit, die Rotations- oder Achsendrehungszeit des Saturns bestimmen zu können. Aus den neuesten spektrographischen Untersuchungen ergab sich, daß diese am Äquator 10 Stunden und 14,6 Minuten beträgt. Der Saturn dreht sich mehr als doppelt so schnell wie unsere Erde. An Rauminhalt übertrifft der Saturn unsere Erde 766,6mal, an Masse freilich nur 95mal, was auf eine sehr viel geringere Dichte der sie aufbauenden Stoffe schließen läßt. Wiegt unsere Erde – um dies an einem Beispiel zu erläutern – 5,55mal soviel wie eine gleich große Kugel aus reinem Wasser, so haben die Sternforscher für den Saturn eine Dichte von nur ⅔ oder 0,66 des reinen Wassers errechnet.

Die Astrophysiker sind daher geneigt, das, was wir als Oberfläche der Saturnkugel sehen, für eine hochschwebende, undurchdringliche, viele tausend Kilometer dicke Wolkenschicht aufzufassen, unter der sich erst ein viel kleinerer, aber schwerer erdig-metallischer Saturnkern befindet. Die ausgedehnte Atmosphäre, das hat man durch die Spektralanalyse, auf die wir noch zu sprechen kommen, festgestellt, besteht vorwiegend aus Wasserstoff, etwas weniger Methan und Ammoniak.

Außer dem Saturn und seinem rätselhaften Ring entdeckte Huygens auch genau den *Orionnebel*, der bereits 1620 von dem Astronomen Cysatus gesehen wurde. Er liegt im südlichen Teil des eindrucksvollen Sternbild des Orion, und zwar unterhalb der drei nebeneinander lie-

genden Gürtelgestirne und besteht, wie wir heute wissen, aus soge-
nannter *interstellarer Materie*. Sein Licht rührt von selbstleuch-
tenden Gasen her. Man hat aus den im Spektrum auftretenden Linien-
verschiebungen erkannt, daß die Nebelmassen sich gegeneinander in
verschiedenster Weise bewegen, also doch nicht völlig regungslos im
Weltraum liegen.

Über den Orionnebel schrieb Huygens in seinem Werk *Systema
Saturnium* und hat darin auch eine Zeichnung veröffentlicht, die
allerdings nicht sehr gut ist. Wir werden jedoch später im Zusammenhang mit den anderen Nebeln auf diese Entdeckung des niederländischen Astronomen zurückkommen.

Je mehr sich Huygens mit astronomischen Beobachtungen beschäftigte, um so häufiger spürte er das Fehlen einer anhaltend genauen
Zeitmessung, um den Durchgang der verschiedensten Gestirne exakt
verfolgen zu können. Die Uhren, selbst die besten und teuersten jener
Zeit, änderten ihren Gang von einem Tag zum anderen um ganze
Minuten. Die freischwebenden Pendel, die man deshalb oft benutzte,
blieben hingegen nur kurze Zeit in ununterbrochenem Gang, und das
Zählen der Schwingungen war sehr lästig, namentlich für den Astronomen, der seine Aufmerksamkeit gleichzeitig auf anderes zu richten
hatte. Huygens hatte schon 1656 den Gedanken, einen mechanischen
Zähler mit dem Pendel zu verbinden, der auf einer Scheibe eine Nadel
bewegen sollte. Bald jedoch verfiel er weiterhin auf die Idee, ob es
nicht besser wäre, das Pendel zugleich mit dem Räderwerk einer Uhr
zu verbinden und die bis jetzt benutzte Stahlfeder durch dieses zu ersetzen. Den Antrieb aber besorgten in diesem Falle zwei Gewichte, die
aufgezogen langsam wieder herunterglitten und durch den Zug das
Pendel in einer dauernden gleichmäßigen Bewegung hielten. Die
Länge der Pendelschwingung konnte außerdem durch eine verschiebbare Scheibe auf dem Pendel selbst reguliert werden, so daß die Uhr
auf den Bruchteil einer Sekunde genau eingestellt werden konnte.

Einen Sekunden- oder Pendelschwingungszähler hatte Huygens
gesucht und nun etwas weit Besseres, die Penduluhr, erfunden. Das
Schreiben, mit welchem er um ein Patent oder, wie es damals hieß,
um ein Privilegium für seine Erfindung nachsuchte und gleichzeitig
den Generalstaaten von Holland die erste Penduluhr überreichte, trägt
das Datum vom 16. Juni 1657. In seinem 1658 in Den Haag erschienenen *Horologium* ist alles diese Erfindung Betreffende mitgeteilt. Sie

wurde ergänzt durch ein umfassenderes Hauptwerk aus dem Jahre 1673, das den Titel *Horologium oscillatorium – Die Pendeluhr* trug und neben der Beschreibung einer verbesserten Pendeluhr, einer millimetergenau verschraubbaren Scheibe auf dem Pendel, auch die Theorie der Pendelbewegung erklärt. Aber er erfand nicht nur diese neuartige Uhr, sondern verbesserte auch die Federuhr, die er mit der jetzt gebräuchlichen *Unruhe* ausrüstete.

Diese Erfindung machte er jedoch erst während seines Aufenthaltes in Paris. Er war nämlich 1663 zum Mitglied der Royal Society in London gewählt worden und siedelte 1665 als Mitglied der neugegründeten französischen Akademie der Wissenschaft nach Paris über. Hier blieb er 15 Jahre, bis zur Aufhebung des *Edicts von Nantes* im Jahre 1681, das die Glaubensfreiheit der Protestanten betraf. Obwohl man bei ihm ähnlich wie bei Johannes Kepler eine Ausnahme machen wollte, zog er es vor, gemeinsam mit fast einer Million seiner Glaubensgenossen Frankreich zu verlassen. Er lebte von da an wieder in Den Haag.

Hier schrieb und veröffentlichte er im Jahre 1690 seinen *Tractatus de lumine*, eine Abhandlung über das Licht, worin eine erste Art Wellentheorie (Stoßtheorie) für die Ausbreitung des Lichtes beschrieben wird. In diesem Werk gibt er auch die Entdeckung der Doppelbrechung mit Hilfe des isländischen Kalkspates sowie die der Polarisation des Lichtes bei Reflexion bekannt. In einem Anhang erklärt er außerdem die kugelförmige Ausbreitung des Lichtes mit Hilfe der von ihm aufgestellten Stoßtheorie.

Im Jahre 1694 beobachtete er die Achsendrehung des Mars, und er fertigte darüber Notizen an, die er später veröffentlichen wollte. Der Tod nahm ihm jedoch im Jahre 1695 die Feder aus der Hand. Der von ihm zurückgelassene, ungedruckte Nachlaß war nicht unbeträchtlich. Er wurde später, im Jahre 1698, nur zum Teil und in wenig fachmännischer Weise veröffentlicht. Allein seine uns noch erhaltenen Werke aber zeigen, wie fortschrittlich dieser Astronom schon damals war. Seine Arbeiten müssen zu den Großtaten der Astronomie gezählt werden. Daneben aber förderte sein universelles Genie die Mathematik, die Mechanik und auch die Optik.

Isaak Newton (1643–1727) schuf mit der von ihm entwickelten Gravitationstheorie die Grundlage für die Erfassung der Bewegungen der Himmelskörper. Sie bilden auch heute noch die Grundlagen für die Raumfahrt.

Isaak Newton, Begründer der neuzeitlichen Himmelsmechanik

Zu Beginn des Jahres 1642 starb Galileo Galilei, der große Astronom. Doch am Anfang des folgenden Jahres wurde ein Kind geboren, das für die Astronomie und ihre weitere Entwicklung von ungeheuerer Bedeutung werden sollte.

In dem Dorf Woolsthorpe in Lincolnshire kam am 4. Januar 1643 (nach unserem heutigen Kalender) ein Knabe viel zu früh auf die Welt. Das Kind war so schwach, daß seine Mutter wenig Hoffnung hatte, den Knaben am Leben zu erhalten.

Doch das Kind überstand die kritische Situation und wurde auf den Namen Isaak getauft, Isaak Newton.

Der Vater war schon vor der Geburt seines Sohnes gestorben, und als der Knabe drei Jahre alt wurde, heiratete seine Mutter ein zweitesmal, und zwar den Pfarrer eines benachbarten Ortes. Von da an übernahm die Großmutter Ayscough seine Pflege. Nach dem Tod seines Stiefvaters zwei Jahre später kehrte Isaak zu seiner Mutter zurück.

Doch wenn sie glaubte, daß ihr immer älter werdender Sohn die Bearbeitung der Felder und die Versorgung des Viehs mit der Zeit übernehmen würde, hatte sie sich getäuscht. Der Junge interessierte sich vielmehr für alle möglichen Konstruktionen und mechanischen Raffinessen.

In der Nähe seines Wohnortes wurde eine Wassermühle gebaut. Isaak stand stundenlang daneben, um die Entstehung genau verfolgen zu können. Danach bastelte er die Mühle im kleinen nach und fing eine Maus ein, die er in das Mühlrad setzte. Sie sollte es in Betrieb halten.

Das Modell erregte in der Nachbarschaft erhebliches Aufsehen. Doch noch erstaunter waren die Nachbarn über einen Wagen, den Isaak konstruiert hatte. Dieser Wagen konnte durch eine Tretvorrichtung von einem darin sitzenden Knaben in Bewegung gebracht werden. Isaak hatte seine helle Freude, daß die Konstruktion funktionierte, und machte sich gleich daran, an sein Elternhaus eine Sonnenuhr zu bauen. Diese Konstruktion erhielt ebenfalls Beifall, und alle Nachbarn und Freunde ließen sich Sonnenuhren errichten, um die genaue Zeit ablesen zu können.

Damit man jedoch auch bei schlechtem Wetter sich in der Zeit zurechtfand, schuf Isaak noch eine mit einem Zeiger versehene Wasseruhr. Zwar wußte seine Mutter nun bei jedem Wetter, ob es Morgen, Mittag oder Abend war, doch die landwirtschaftlichen Arbeiten blieben liegen. Nicht einmal zum Schafehüten taugte er, denn sobald er auf der Weide war, legte er sich unter einen Baum und rechnete. Die Schafe ließ er Schafe sein, und wenn ihn jemand an seine Pflichten erinnerte, schaute er völlig verstört und verständnislos durch die Gegend.

Wie Kopernikus und Tycho Brahe hatte auch er es einem Onkel zu verdanken, daß sein wissenschaftliches Talent nicht durch den Unverstand seiner Familie zugrunde ging. Seine Mutter hatte es sich nämlich in den Kopf gesetzt, daß ihr einziger Sohn später das kleine Gut übernehmen sollte.

Nur der Bruder seiner Mutter, ein gebildeter Pfarrer, erkannte die Begabung seines Neffen und redete seiner Schwester zu, ihn auf keinen Fall Landwirt werden zu lassen, sondern, wenn es nur eben ginge, ein Studium zu ermöglichen. Er war sogar bereit, einen Teil der Ausbildungskosten zu übernehmen.

Natürlich genügte die bisherige Vorbildung nicht, und er mußte zunächst eine Schule in Grantham besuchen. Es war eine gute Schule, in der auch andere berühmte Männer wie der spätere Staatsmann Sir William Cecil ihre Vorausbildung erhielten. Aus dem Register dieser Schule geht hervor, daß Isaak im Jahre 1661, also als Achtzehnjähriger als „subsizar", das heißt als Student des untersten Grades, in das Trinity College in Cambridge eintrat.

Jedem jungen Studenten wurde damals an der Schule ein „Tutor" beigegeben, um ihm über die ersten Anfänge seines Studiums hinwegzuhelfen. Zu den Pflichten des Tutors gehörte es auch, seinem Schützling diese oder jene Literatur zu empfehlen. Newtons Betreuer, dem die Begabung und Neigung seines neuen Schutzbefohlenen nicht lange verborgen blieb, führte ihn auch gleich in die astronomische Abteilung der Collegebücherei und ließ ihn dort auswählen, was er lesen wollte.

Newton kam sich, so berichtet er später, wie ein Kind vor dem Weihnachtsgabentisch vor. Er nahm zunächst Euklids Elementenlehre, dann wählte er Descartes Geometrie, darauf Wallis' *Arithmetica infinitorum* und schließlich Keplers Optik. Voller Begeisterung stürzte er sich auf die Bücher und las Tag und Nacht.

Aus den ersten Studienjahren Newtons ist nicht viel bekannt. In sich gekehrt, wenig mitteilsam und bescheiden in seinem Benehmen, schlicht in seinem Äußeren, scheint er zunächst seinen Lehrern und Kommilitonen kaum aufgefallen zu sein. In den Jahren 1664 und 1665 erwarb er nacheinander die ersten akademischen Grade als Scholar und Baccalaureus. 1667 wurde er bereits Magister und älterer Kollegiat. Als solcher bekam er schon ein bescheidenes Honorar und konnte auf die Zuschüsse seines Onkels und seiner Familie verzichten.

Da brach in Cambridge die Pest aus, und alle verließen fluchtartig die Universitätsstadt. Newton kehrte in sein Elternhaus nach Woolsthorpe zurück, um hier die Wiedereröffnung der Universität abzuwarten. Einen großen Teil seiner Bücher hatte er mitgenommen, um sein Studium fortsetzen zu können. Damals – so wird erzählt – soll er, während er im Garten des Gutshofes las, bemerkt haben, wie ein Apfel vom Baum herunter auf die Erde fiel. Das veranlaßte ihn, sich darüber Gedanken zu machen, welche Kraft wohl den Apfel zu Boden fallen ließ. Er dachte über diesen alltäglichen Vorgang nach und knobelte und kombinierte sich eine geniale Idee zusammen. Er zog nämlich in Erwägung, daß die Kraft, welche den Apfel zu Boden fallen läßt, auch verantwortlich für das Kreisen des Mondes um die Erde oder der Planeten um die Sonne ist. Was auf unserer Erde als Schwerkraft auftritt, ist in Wirklichkeit eine Anziehungskraft der Erde! Die Erde konnte aber sehr wohl die Planeten oder Monde durch ihre Anziehungskraft in ihren Bahnen halten.

Ein vager Gedanke vorerst! Doch der setzte sich in ihm fest und ruhte nicht eher, bis der große Gelehrte sich näher mit ihm befaßte.

War wirklich der freie Fall, wie ihn Galilei beschrieben hatte und der ohne Zweifel auf der Anziehungskraft der Erde beruhte, dieselbe Kraft, die auch auf den Mond einwirkt?

Wenn diese Kraft nicht vorhanden wäre, so würde die Bahn des Mondes sich nicht krümmen und um die Erde verlaufen, sondern geradlinig ins Unermeßliche weitergehen.

Newton war überzeugt davon, etwas Großes entdeckt zu haben. Jetzt kam es darauf an, die Bewegung des Mondes um die Erde mit dem freien Fall eines Körpers auf der Erdoberfläche zu vergleichen.

Doch noch waren weder die Entfernung des Mondes noch der Durchmesser der Erdkugel mit der hier erforderlichen Genauigkeit bekannt, um die entsprechenden Berechnungen durchführen zu können. Newton rechnete und rechnete, doch er sah bald selbst ein, daß er ohne die entsprechenden Untersuchungen zu keinem Ergebnis kommen konnte. Deshalb versuchte er erst einmal, sich die fehlenden Grundlagen zu verschaffen.

Jener Apfelbaum soll übrigens noch bis zu Beginn des 18. Jahrhunderts im Garten des Gutshofes von Woolsthorpe gestanden und fremden und einheimischen Besuchern bereitwilligst gezeigt worden sein. Wichtiger jedoch als dieser Baum ist Isaak Newtons Gedankenspielerei gewesen und die daraus sich ergebenden Überlegungen, die später, wie wir noch sehen werden, zu seinem berühmten *Gravitationsgesetz* führten.

Doch auch die Pest ging vorüber, und Newton konnte wieder nach Cambridge in sein College zurückkehren. Dort hatte sich inzwischen manches geändert. Viele der Professoren und Studenten waren an der Pest gestorben. Die Herrschaft des Puritanismus, die Reinigung der Religion von katholischen Formen unter dem Protektorat von Oliver Cromwell hatte nachgelassen und nach der Hinrichtung Karls I. die

Verfolgung seiner Anhänger, der Royalisten. Newtons Lehrer, der bekannte Mathematiker und Doktor der Theologie Isaak Barrow, der zunächst als Royalist ins Ausland geflohen war, kehrte nach dem Tode Cromwells wegen des Lehrermangels wieder nach Cambridge zurück. Aber diese neue Tätigkeit gefiel Barrow gar nicht, und er faßte im Jahre 1669 den Entschluß, sich nunmehr ganz der Theologie zu widmen.

Bevor er sich zurückzog, sorgte er dafür, daß sein ehemaliger Schüler und jetziger Freund sein Nachfolger wurde. So kam es, daß der 27jährige Newton zum Mathematikprofessor in Cambridge ernannt wurde. Doch er hatte nur so wenige Studenten, daß er in seiner Lehrtätigkeit nicht voll ausgelastet war. Deshalb konnte er sich ganz seinen Forschungen widmen.

Der Versuch mit dem Sonnenlicht

Newton begann mit optischen Untersuchungen, die er erst viel später veröffentlichte. Ihn interessierten zunächst die Gesetze der geometrischen Optik, und zwar der gradlinige Gang der Lichtstrahlen, die Gesetze der Reflexion und der Brechung. Die Tatsache, daß Sonnenlicht, das an sich weiß war, durch ein Glasprisma die Farben des Regenbogens zeigt, beschäftigte ihn sehr. Der Vorgang war nicht neu, denn schon damals konnte man auf den Jahrmärkten dreieckig geschliffene Prismengläser als Spielzeug kaufen, die das in Farben zerlegte Licht auf eine abgedunkelte Wand warfen.

Aber vor Newton hatte kein Forscher diese Erscheinung zu erklären versucht. Der damaligen Naturlehre war die Vorstellung, daß das Sonnenlicht ein Gemisch von verschiedenfarbigem Licht sein könnte, völlig fremd.

Newton kaufte deshalb ein gut geschliffenes Prisma und achtete dabei auf die besondere Reinheit des verwendeten Glases. Dann stellte er dieses Glasprisma auf ein Tischchen, schob eines der nach oben verschiebbaren, aber mit einer Gardine abgedunkelten Fenster einen Spalt hoch, und zwar so, daß genügend Sonnenstrahlen auf das Prisma fielen. Dann drehte er es so lange, bis die in die einzelnen Farben zerlegten Strahlen in ein verdunkeltes Zimmer auf einen dort aufgestellten Schirm fielen.

Zu seinem Erstaunen erhielt er auf dieser Fläche ein farbiges Bild, das fünfmal so breit wie hoch war und Färbungen von Rot angefangen bis Violett zeigte. Er hatte jedoch ein kreisförmiges Bild erwartet, wie es auch der Sonne entsprach, wenn man sie durch ein abgedunkeltes Fernrohr betrachtet oder das Fernrohrbild mit Hilfe der von Scheiner beschriebenen Einrichtung in einem abgedunkelten Raum auf ein helles Stück Papier warf! Ein breitflächiger, bunter Streifen aber veranlaßte ihn, die Sache genauer nachzuprüfen. Er nahm zunächst die verschiedensten Prismen und wiederholte den Versuch. Der farbige Streifen blieb, wenn auch seine Größe sich je nach der Art des Prismas veränderte.

Er setzte darauf ein anderes Prisma in die Fensteröffnung, und zwar so, daß seine Strahlen auch durch das zweite Prisma gingen: das farbige Bild blieb, verlor aber beträchtlich an Schärfe. Nun setzte er ein zweites Prisma, und zwar in umgekehrter Lage hinter das erste, und nun erhielt er zu seiner Verwunderung einen weißen, farblosen Streifen.

Darauf baute er zwei Prismen in aufrechter Lage hintereinander auf. Zwischen beiden konnte er einen Schirm mit einer Öffnung hin und her bewegen. Er erhielt zuerst ein rotes Sonnenbild ohne Verzerrung und ohne alle anderen Farben, darauf ein orangefarbenes, ein gelbes und so fort. Damit war erwiesen, daß das weiße Licht aus vielen ineinander übergehenden Farben zusammengesetzt war, die unsere Sinne zu verschiedensten Farbempfindungen anregen.

Das war jedoch nur eine seiner Untersuchungen. Er prüfte nunmehr, ob die merkwürdige Farbzerlegung nur bei Sonnenlicht vor sich ging. Mit entsprechender Vorsicht prüfte er auch andere Lichtquellen, und es stellte sich heraus, daß die Erscheinung stets gleich blieb.

Er fragte sich nun, ob vielleicht eine Krümmung der Strahlen im Prisma stattfand, und ließ sie auf eine beträchtlich nähere Wand fallen. Das farbige Bild war zwar kleiner, aber das Verhältnis in der Höhe zur Breite blieb dasselbe, was nicht der Fall gewesen wäre, wenn nur eine Krümmung der Strahlen stattgefunden hätte.

Er prüfte daraufhin, ob die Weglänge des Lichtes bis zum Prisma einen Einfluß habe, und veränderte die Entfernung der Lichtquelle zum Prisma. Das Bild des Spektrums blieb aber dasselbe, ob das Licht nun näher oder weiter von dem Prisma war.

Er ging daran, nach ähnlichen Lichtbrechungen zu suchen, wie beispielsweise bei optischen Glaslinsen. Auf die plane Seite eines Objektivglases legte er eine konvexe einer anderen Linse von sehr großer Brennweite: Dabei entstanden Farbringe, und zwar die nach ihm genannten Ringe bei optischen Glaslinsen.

Er zog hieraus zunächst den Schluß, daß das bekannte Farbenspiel bei den früheren Fernrohren und ihrer Konstruktion – und eine andere war damals noch nicht bekannt – nicht wegzuschaffen wäre. Bereits René Descartes (1596–1650) hatte die Ursache dieses Farbenspieles in einer noch unvollkommenen Reinheit zu finden gehofft. Newton hingegen fand bei seinen jetzigen Experimenten heraus, daß auch bei der größten Reinheit des Glases sowie bei der genauesten Herstellung des Linsenkrümmungsbogens das Farbenspiel nicht aufhörte und man bei der immer weiter getriebenen Länge der Fernrohre wohl die Vergrößerung, nicht aber die Deutlichkeit der Bilder werde erhöhen können.

Er war zwar bemüht, bessere Linsen zu schleifen, und versuchte auch die bisherigen Fernrohre umzukonstruieren. Aber die Farbringe blieben, sie mußten ähnlich wie bei einem Prisma durch die Brechung des Lichtes in der Objektivlinse erfolgen. Beim Durchgang des Lichtes war, wie seine Linsenversuche ergaben, die Brechung der violetten Strahlen stärker als die der roten. Die violetten Strahlen ergaben überdies von einem fernen Gegenstand ein Fokusbild, das näher bei der Objektivlinse stand und in der untenstehenden *Zeichnung* mit „V" bezeichnet ist. Während bei blauen Strahlen das Bild weiter entfernt

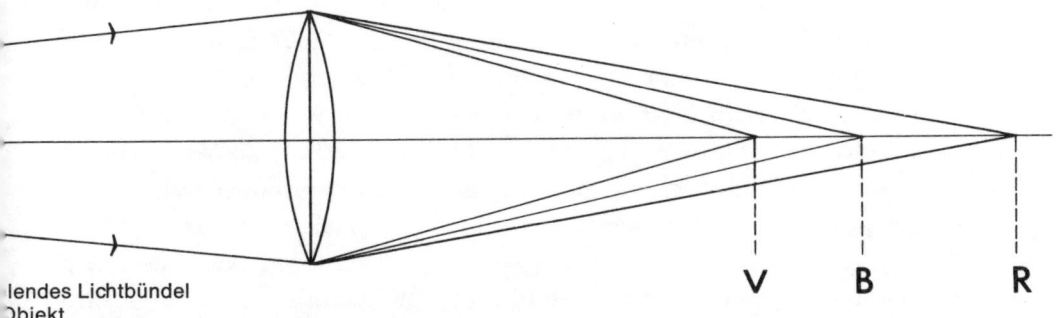

lendes Lichtbündel
Objekt

V   B   R

Newton störten besonders die farbigen Abbildungsfehler bei den von ihm zu astronomischen Beobachtungen benutzten Linsenfernrohren, die auf der unterschiedlichen Brechung des Lichtes in der Objektivlinse zu beruhen schienen. Das vom Objekt einfallende Lichtbündel wurde dabei zunächst in ein violettes, dann in ein blaues und schließlich in ein rotes Bild zerlegt. Das ergab bei den verschiedenen sich überdeckenden Farbbildern selbst bei der besten Scharfeinstellung eine erhebliche Ungenauigkeit.

bei „B" liegt und bei roten noch weiter entfernt bei „R". Das ergab bei den verschiedenen sich überdeckenden Farbbildern selbst bei der größten Scharfeinstellung eine gewisse Ungenauigkeit bei den sich überdeckenden Bildern, die Newton glaubte bei dieser Art von Fernrohren nicht beseitigen zu können.

Er überlegte sich deshalb, ob es nicht eine Möglichkeit gäbe, Fernrohre zu bauen, die auf einem anderen Prinzip beruhten. Seine Versuche mit der Lichtbrechung hatten ihm nämlich gezeigt, daß bei der Reflexion vom Licht verschiedener Farben der Einfallswinkel und der Reflexionswinkel gleich bleiben und daher in den so reflektierten Lichtbündeln keine Farbdispersionen auftreten.

Diese Möglichkeit, so überlegte er immer wieder, müßte man ausnutzen und eine völlig neuartige Konstruktion darauf aufbauen. Es war nicht einfach, hier eine Lösung zu finden, die allein mit der Reflexion des von den Sternen kommenden Lichtes arbeitete. Aber schließlich kam ihm doch der entscheidende Einfall, der große Augenblick, der eine völlig neue Art von Teleskopen für die Himmelsbeobachtung schuf.

Ein neues Fernrohr wird entwickelt

Mit wenigen Strichen zeichnete er auf einem Stück Papier, wie er sich das neue Instrument vorstellte. (Vgl. nebenstehende Zeichnung.) Da war zunächst die Röhre, durch welche die Lichtstrahlen „A" und „B" fielen, wenn man sie auf einen fernen Stern richtete. Sie trafen direkt auf einen gekrümmten, konkaven Spiegel, den er mit „M" bezeichnete und der sich am Ende der Röhre befand. Von hier aus wurden die Strahlen „A" und „B" auf einen zweiten, schräg gestellten Spiegel geworfen, dem er den Namen „m" gab. Dieser Spiegel „m" – er wurde später als „Fangspiegel" bezeichnet –, warf nun das durch die Reflexion entstandene Lichtbündel in eine kurze seitliche Röhre, in der sich die Okularlinse „O" befand, in deren Brennpunkt „F" das Bild entstand, das man nunmehr betrachten konnte.

Das alles klingt komplizierter, als es in Wirklichkeit war. Ein Blick auf die Zeichnung zeigt jedoch besser als alle Worte, wie genial diese neue Lösung war. Sie konnte nur entstehen, weil es Newton gewöhnt war, sich von Jugend an mit technischen Lösungen zu befassen. Auch

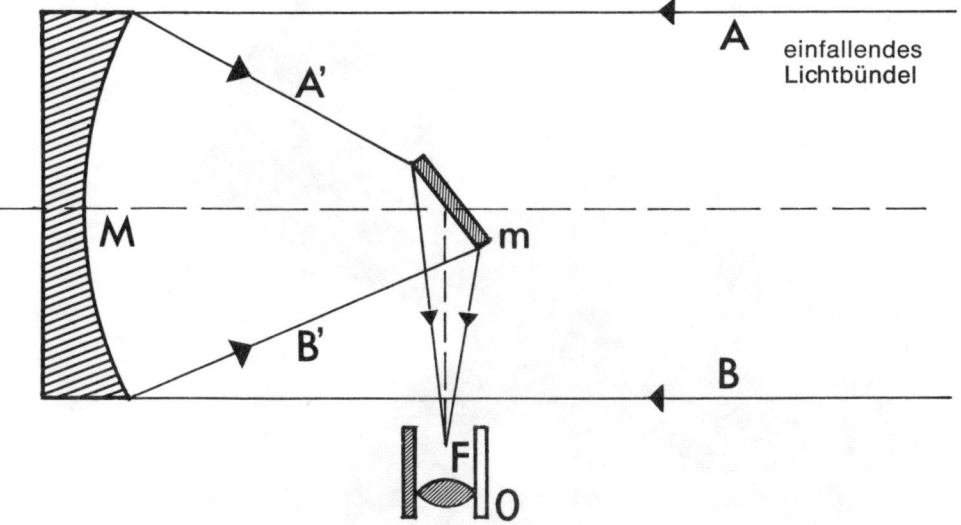

A einfallendes
Lichtbündel

B

Da er die farbigen Abbildungsfehler nicht zu beseitigen vermochte, konstruierte Newton ein völlig neuartiges Fernrohr. Das zwischen A und B einfallende Lichtbündel traf zunächst auf einen konkav gekrümmten Spiegel M, von dem er auf einen schräg gestellten kleineren Spiegel m geworfen wurde. Das bei F entstehende Bild wurde dann mit dem Okular O stark vergrößert beobachtet. Bei der Reflexion an einem Spiegel lassen sich die störenden Farbabweichungen vermeiden.

bei diesem Problem kam es auf das ihm angeborene handwerkliche Können an, um den großen Spiegel überhaupt anzufertigen.

Es gelang ihm zunächst, eine geeignete Metallegierung zu finden, die mit entsprechenden Schleifmitteln bearbeitet werden konnte. Um der Spiegelfläche genau die richtige Krümmung zu geben, erfand er hierfür einen neuen Schleifapparat. So brachte er nach vieler Mühe und manchen vergeblichen Versuchen schließlich ein Spiegelteleskop zustande, dessen Brennweite, obwohl das Ganze nur eine Länge von sechs Zoll besaß, fünf Zoll betrug. Die Vergrößerung war 40fach.

Er konnte damit ohne Farbverzerrung den Ring des Saturns, die Phasengestalten der Venus und vieles andere deutlich erkennen, was ihm mit einem sechs Fuß langen dioptrischen Fernrohr nach der damaligen, nicht achromatischen Konstruktion nicht möglich war. Newton war zwar der erste, der die Linse als Bilderzeuger in einem Fernrohr durch einen Hohlspiegel ersetzte. Dagegen war seine Konstruktion mit dem seitlich die Lichtstrahlen ablenkenden Fangspiegel neu.

So sah das erste beweglich auf einem Kugelgelenk montierte Spiegelteleskop von Isaak Newton aus.

Überhaupt hatte Newton in den nächsten Jahrzehnten mehr als alle anderen Mitglieder der Royal Society sich mit Anfeindungen auseinanderzusetzen. Als neues Mitglied dieser gelehrten Vereinigung war es ihm im Jahre 1672 möglich, die größere Abhandlung *Eine neue Theorie über das Licht und die Farben* in den *Philosophical Transactions*, einer Zeitschrift dieser Gesellschaft, zu veröffentlichen. Es ist jedoch ein altes Wort, das heute noch gilt: „Niemand verspreche sich ruhige Tage, der eine neue Wahrheit entdeckt hat." Newtons Bericht über das Licht und die Farben war kaum veröffentlicht, als schon erbitterte Gegner dagegen auftraten. Der erste war Pardies, ein Professor der Mathematik am Jesuitenkolleg von Clermont. Er wollte die Verlängerung des Prismenbildes aus dem ungleichen Einfallswinkel im Prisma herleiten, obgleich Newton seine Versuche ja in vielfacher Form variierte. Als er hierin den kürzeren zog, suchte er nach anderen noch schlechter begründeten Einwänden, die Newton ohne große Mühe zu widerlegen vermochte. Pardies starb ein Jahr später im Dezember 1673.

Nun aber trat Linus, ein schon fast 80jähriger Mann von einem Jesuitenkolleg in Lüttich, gegen ihn auf. In zwei Briefen beschuldigte er Newton „der Übertreibung und des Mangels an Umsicht bei seinen Experimenten". Übrigens behauptete er, nie andere als kreisförmige Bilder mit dem Prisma erhalten zu haben.

Newton widerlegte ihn, doch Linus gab nicht nach, und es folgten abermals Repliken und Gegenrepliken. Als Linus starb, nahm sein Kollege Gascoigne den Streit auf und ließ durch Lucas in Lüttich Versuche anstellen, bei denen das so heftig bestrittene längliche Prismenbild dennoch herauskam.

Streitereien ohne Ende

Gerade an dieser Auseinandersetzung zeigte es sich, daß es Newtons Gegnern mehr um das Rechthaben als um die Wahrheit ging. Hätte man in Ruhe experimentiert und alle Umstände sorgfältig und vorurteilslos geprüft und verglichen, dann hätte sich wahrscheinlich schon bald ergeben, daß die Verschiedenheit der für die Prismen benutzten Glasarten zum größten Teil die Ursache der Streitereien war.

Newton, der nichts mehr haßte als solche Streitereien, wurde dadurch bestärkt, seine Arbeiten und Entdeckungen zunächst nur der Royal Society, nicht aber einem größeren Publikum mitzuteilen. Er schrieb deshalb an Heinrich Oldenburg (1626–1678), den damaligen Sekretär der Royal Society: „Ich halte es nicht nur für eine Pflicht, in Ihrer Vereinigung zur Beförderung wesentlicher Kenntnisse mitzuwirken, sondern auch für ein großes Vorrecht, daß, anstatt die Abhandlungen dem Urteil eines stets vorurteilsvollen Publikums auszusetzen (auf welchem Wege schon manche Entdeckung verhöhnt und zugrunde gerichtet worden ist), ich mich an eine so einsichtsvolle und unparteiische Versammlung wenden kann."

Gleichwohl waren ihm aber auch in der Royal Society die Streitereien nicht erspart geblieben, nur wurden sie hier auf eine würdigere Art und von Gegnern geführt, die ein Newton ebenbürtiges geistiges Niveau hatten. Ein solcher war Robert Hooke, dem es ganz und gar nicht an Scharfsinn fehlte, wohl aber an der Beharrlichkeit und Ruhe, mit welcher Newton arbeitete. Er hatte zahlreiche wichtige Erfindungen gemacht, wie beispielsweise die Spiralfeder in Taschenuhren, den optischen Telegrafen, Neuerungen im Schiff- und Mühlenbau, bessere Brillen und vieles andere mehr. Nun war es seine Absicht, ein besseres Fernrohr zu bauen. Er versuchte es zunächst mit größeren Längen, wie man sie um die zweite Hälfte des 17. Jahrhunderts auch an anderen Orten baute. Aber er erzielte damit nicht die gewünschte Größe und Schärfe des Bildes. Besonders die höchst komplizierten Hebevorrichtungen derartiger Ungetüme verursachten erhebliche Schwierigkeiten, vor allem wenn es sich um mehrere in einer Sternwarte vereinigte Riesenrohre handelte, da viele von ihnen Längen bis zu 30 und gelegentlich auch 40 Metern besaßen, wie dies auch schon bei vielen Fernrohren von Hevelius, Huygens usw. der Fall war. Man war aber zu diesen Längen gezwungen, da man damals nur auf diese Weise die bereits erwähnte chromatische Aberration, die störenden Farbringe vermindern konnte. So ist verständlich, daß man in der Öffentlichkeit dem von Newton konstruierten Spiegelteleskop größtes Interesse entgegenbrachte, dessen Erfindung aber Hooke ihm streitig machte.

Der Streit zwischen beiden wurde zu einer offenen Feindschaft, als Hooke erklärte, durch die Brechung des Lichtes im Prisma entstünden nur zwei Farben, nämlich Rot und Violett, alle übrigen seien das Ergebnis einer Vermischung. Auch Huygens, auf den er sich als mächtigen Bundesgenossen berief, ging nur von zwei Prismafarben aus, und zwar von Gelb und Blau. Verärgert darüber, sich um etwas streiten zu müssen, was er bereits früher in seinem Streit mit Linus widerlegt hatte, antwortete Newton wohl ein wenig zu schroff und schrieb 1676 an Oldenburg: „Wundern Sie sich nicht, wenn Sie über diesen Gegenstand nichts mehr von mir erhalten. Ich wurde mit Erörterungen über meine Farbtheorien derart gefoltert, daß ich mich hart getadelt habe, ein so großes Gut wie die Ruhe geopfert zu haben!"

In den schwersten Streit aber geriet Newton 1712 mit dem deutschen

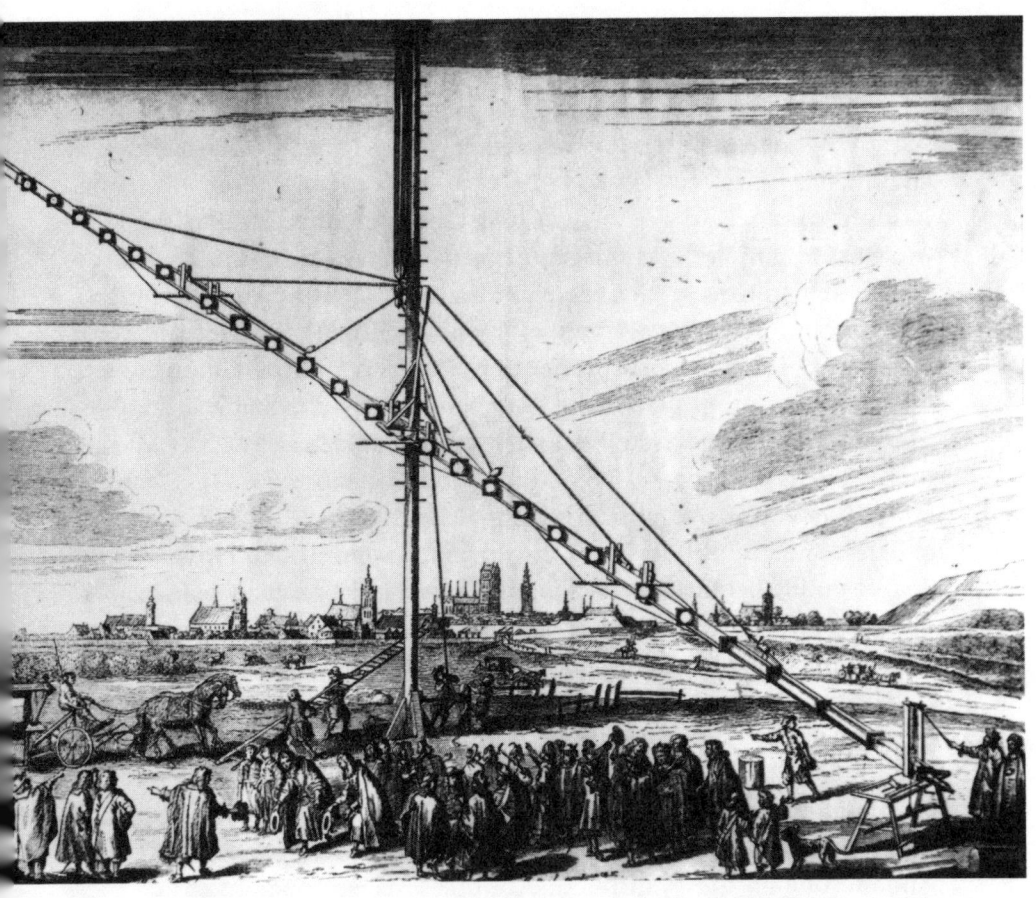

Um die farblichen Abbildungsfehler zu vermeiden, hatte man immer längere Fernrohre gebaut. Eines der längsten baute Hevelius in Danzig. Die Bewegung und
Drehung derartiger Ungetüme machte aber immer größere Schwierigkeiten.

Philosophen und Mathematiker Gottfried Wilhelm Leibniz, dem einzigen ihm wahrscheinlich ebenbürtigen Mathematiker dieser Zeit.
Dieser hatte bei einem Besuch in England erfahren, daß Newton in
einem Manuskript, das er wahrscheinlich noch als Student geschrieben hatte, Gedanken über die Integralrechnung und die Infinitesimal-
Kalkulation, die wir heute als Differentialrechnung bezeichnen,
niedergelegt hatte. Daraus entstand wiederum ein Prioritätsstreit. Er
wurde vor allem von den Freunden der beiden Gelehrten entfacht.
Einer von ihnen behauptete nämlich, Newton sei ein Schüler von
Leibniz gewesen. Daß diese Behauptung nicht stimmte, konnte leicht

bewiesen werden. Leibniz beschuldigte nun Newton, ein Plagiator zu sein. Empört darüber ließ sich dieser dazu hinreißen, an einer Veröffentlichung mitzuarbeiten, die einige seiner Freunde von der Royal Society herausbrachten. Sie drehten den Spieß um und verdächtigten Leibniz des Plagiates.

Heute wissen wir, daß beide recht und auch unrecht hatten; denn wie es häufig in der Wissenschaft und Technik vorkommt, arbeiteten sie zur selben Zeit an den gleichen Problemen, ohne zunächst etwas voneinander über diese Arbeiten zu wissen. Das Peinliche an diesem Streit war, daß er unter Anteilnahme vieler namhafter Gelehrter aus allen Teilen Europas stattfand. Auf seiten Newtons stand ein großer Teil der Royal Society, Leibniz aber wurde von den Schweizer Mathematikern Jakob (1654–1705) und Johann Bernoulli (1667–1748) unterstützt. Als Vermittler (obwohl er mit seiner Lichtwellen-Theorie einen anderen Standpunkt als Newton vertrat) bemühten sich Huygens und andere große Gelehrte, zwischen den Parteien Frieden zu schaffen.

Die Folge dieser unerquicklichen Auseinandersetzung war eine Abneigung Newtons, seine neuesten Forschungen öffentlich bekanntzugeben. Er hatte sich in dieser Zeit gerade mit einem neuartigen mathematischen Problem, der *Fluxionstheorie*, beschäftigt, einer Rechnungsart, die, wie er schreibt, es gestattet, „Kurven zu ergänzen, Oberflächen und Inhalte von Körpern zu bestimmen, entweder völlig genau oder mit einer ganz in das Belieben des Berechners gestellten Annäherung an die Wahrheit". Auf diese Weise gelangte er zu einer allgemeinen Methode, diese Werte gleichsam „als fließende Größen" *(Fluenten)* darzustellen und ihr Wachstum selbst als den „Fluß" *(Fluxion)* zu bezeichnen. Er verfaßte darüber auch ein Manuskript, das er als *Analysis per aequationes numero terminorum infinitas* betitelte. Doch erst 1711 ließ sich Newton von seinem Freund Jones überreden, es in Druck gehen zu lassen.

Nebenher beschäftigte er sich mit physikalischen Überlegungen, zum Beispiel derart, wie es zur Zerlegung des weißen Lichtes in die Regenbogenfarben mit Hilfe des Prismas käme. Ihm kam dabei der Gedanke, ob es nicht die Abstrahlungen der verschiedenen Elemente seien, welche diese eigenartigen Farben erzeugten und sich dann später im weißen Licht vereinigten. Wir wissen heute, daß diese Ideen der erste, wenn auch zögernde Schritt zur *Spektralanalyse* gewesen sind, auf dem man später ein Verfahren zum Nachweis und zur

Mengenbestimmung chemischer Elemente aus dem Linienspektrum des Lichtes aufbaute. Diese Erkenntnisse sind allerdings erst rund zweihundert Jahre später von Gustav Kirchhoff (1824–1887) und Robert Bunsen (1811–1899) erarbeitet worden. Trotzdem aber kann man heute sagen, daß der erste Anstoß zu diesen Feststellungen, mit denen wir heute den chemischen Aufbau ferner Gestirne zu bestimmen vermögen, von Newton ausging.

Er beschäftigte sich immer wieder mit der Untersuchung der Prismafarben und stellte fest, daß alle Farben, die wir erkennen können, durch ein Gemisch von sog. reinen Spektralfarben, Rot bis Violett, herzustellen sind. Er machte aus diesem Grunde verschiedene Versuche mit farbigen dünnen Plättchen, durch die er Licht fallen ließ. Alle diese Forschungsergebnisse faßte er in einem Werk mit dem Titel *Optik, Abhandlung über Zurückwerfung, Brechung, Beugung und Farben des Lichtes* zusammen, das er jedoch erst 1704 nach dem Tode von Hooke herausgab, da ihn dieser, wie wir bereits erwähnten, dauernd in Prioritätsstreitigkeiten verwickelt hatte.

Er behandelt übrigens darin das Licht „als einen Strom unwägbarer, schnell dahinfliegender Teilchen", die er „fits" nennt und deren Haupteigenschaft neben periodischen Abwandlungen in einem leichten Durchgang durch brechende Flächen und in einer guten Reflexion besteht. Er spricht in diesem Buch auch von einer Molekularkraft, deren Vorhandensein sich die Physiker des 18. und 19. Jahrhunderts bei ihren Theorien zu eigen machten.

In der ganzen Zeit beschäftigte er sich mit der Verbesserung des Spiegelteleskopes, zumal er gehört hatte, daß der französische Physiker N. Cassegrain ein Spiegelteleskop mit konvexen Hilfsspiegeln in Brennpunktnähe des Hauptspiegels herausgebracht hatte, das bessere Vergrößerungen lieferte als das vor einem Jahrzehnt von Gregory in der Konstruktion mit einem normalen Hilfsspiegel. Die Entwicklung aber, die mit dieser Art von Teleskopen begann, ist heute nocht nicht abgeschlossen. Sie führte zu dem „Großen Auge" auf dem Mount Palomar in Kalifornien, einem gigantischen Teleskop mit einem 5-Meter-Spiegel, mit dessen Hilfe wir heute das Weltall bis auf eine Entfernung von über sechs Milliarden Lichtjahren durchforschen können.

Der große 5-m-Hale-Spiegel auf dem Mount Palomar, Kalifornien.

Drei Gesetze, welche die Raumfahrt ermöglichten

Das für den Fortschritt der physikalischen und astronomischen Forschung wichtigste Werk, die *Philosophiae naturalis principia mathematica – Die mathematischen Grundlagen der Naturwissenschaft*
erschien trotz aller Bedenken, die Newton anfangs gegen die Veröffentlichung hatte, im Jahre 1687.

Schuld für diese von ihm sonst nicht gewünschte frühe Veröffentlichung war neben dem Drängen seiner Freunde auch ein Brief, den
der englische Astronom Edmond Halley (1656–1742) ihm am 22. Mai
1686 schrieb. Halley drängte Newton darin, dieses Buch zu schreiben,
und übernahm dafür sogar die Druckkosten.

202

In einer einmaligen, souveränen Beherrschung der Materie faßt Newton in diesem umfangreichen Werk die Leistungen seiner Vorgänger Kepler, Galilei und Huygens zu einem System der theoretischen Mechanik zusammen. Es würde über den Rahmen dieses Berichtes hinausgehen, auf die Einzelheiten der in drei Büchern zusammengetragenen Erkenntnisse einzugehen. Die wichtigsten davon waren jedenfalls die drei von Newton an die Spitze gestellten Grundaussagen – *axiomata sive leges motus* – über die wir im einzelnen sprechen werden.

Wir erwähnten bereits, daß der junge Newton, als er im Jahre 1666 vor der Pest aus Cambridge auf das Gut seiner Mutter in Woolsthorpe flüchtete, rein zufällig das Herabfallen eines Apfels bemerkte und an diesem von Millionen bereits beobachteten Vorgang nach der Anekdote plötzlich die geniale Frage aufwirft, wieso fällt eigentlich nicht der Mond auf die Erde?

Sicher fällt er, so hatte der 24jährige sich damals überlegt, da aber der Mond weiter entfernt als der Apfel von der Erde ist, geschieht dies nur langsamer und wird durch den Umlauf des Mondes ausgeglichen, da die dabei entstehende Fliehkraft der Anziehungskraft entgegenwirkt.

Die Bewegung des Mondes um die Erde – so überlegte Newton in den späteren Jahren immer wieder – war zu erklären durch das Zusammenwirken einer gleichmäßigen, geradlinig wirkenden Kraft unbekannter Herkunft und der Anziehungskraft der Erde. Die Stetigkeit dieser Bewegung beruhte auf dem bereits von Galileo Galilei ausgearbeiteten Prinzip: „Daß jeder Körper in Ruhe verharrt oder seine Bewegung in gerader Linie und mit gleichbleibender Geschwindigkeit fortsetzt, wenn er nicht durch eine andere Kraft diese zu verlassen gezwungen wird."

Dieses Beharrungsvermögen, das Newton das *Trägheitsgesetz* nennt, ist zusammen mit der Anziehungskraft der Grund dafür, daß sich der Mond um die Erde und die Planeten um die Sonne drehen. Schon Kepler und Kopernikus ahnten das Vorhandensein von gegenseitig aufeinanderwirkenden Kräften. Beide hatten bereits beobachtet, daß bei Sonnennähe die Geschwindigkeit der Planeten zunahm, während sie bei Sonnenferne geringer wurde. Das hatte auch Newton beobachtet, und er kam dabei zu der fundamentalen Feststellung: „Zwei Massen ziehen sich mit einer Kraft an, die ihren Massen proportional, dem Quadrat der Entfernung der Massen aber umgekehrt proportional ist."

Das heißt also, beide Himmelskörper ziehen sich gegenseitig an und diese Anziehungskraft nimmt mit dem Quadrat der Entfernung ab.

Newton versuchte nun, was er bei der Beobachtung des Apfelfalles noch nicht konnte, die Anziehungskraft zu berechnen, die den Mond zu einer annähernden Kreisbahn um unseren Planeten zwingt.

Im Jahr 1679 veröffentlichte der französische Gelehrte Jean Picard (1620–1682) das Ergebnis seiner Untersuchungen über die Größe des Erdkörpers. Es ergab aufgrund zahlloser Neuvermessungen einen weit größeren Wert für den Erdradius und damit auch für die Größe der Erdkugel. Erst mit diesen Unterlagen vermochte Newton in einer mehr als zweijährigen, angestrengten Arbeit mit Hilfe der Fluxionsrechnung die Mondbahn und die dabei auf den Mond wirkende Anziehung – Gravitation – zu berechnen. Nachdem dieser Wert gefunden, war es für ihn nicht schwer, folgende Frage zu behandeln:

Ist die Kraft, welche die Planeten und den Mond in ihrer Bahn hält, identisch mit der Schwerkraft, welche den Fall der Körper auf die Erdoberfläche bewirkt, oder ist sie verschieden von ihr?

Da nun die Bewegung eines Trabanten auf den Erdmittelpunkt bezogen werden kann, so war auch nur diese mit dem Fall der irdischen Körper in Vergleich zu setzen. Nun fiel der Apfel, den Newton 1666 vom Baum stürzen sah, nach Galileis Untersuchungen 15 Fuß in der ersten Sekunde (mit Absicht setzen wir hier nur runde Zahlen ein). Der Mond aber ist im Durchschnitt, wie man bereits zu Newtons Zeiten wußte, 60 Erdhalbmesser vom Erdzentrum entfernt. Die Entfernung von diesem Mittelpunkt verhält sich demnach für Apfel und Mond wie $1:60$ und ihre Quadrate wie $1:3600$. Der Mond also mußte, wenn beide Kräfte dieselben sind, um $^{15}/_{3600} = ^{1}/_{240}$ Fuß innerhalb einer Sekunde von der geraden Linie abgelenkt werden. Er verglich dies mit seiner Fluxionsberechnung und fand das Ergebnis bestätigt.

Man erzählt sich, daß Newton, als er sich mit dieser Schlußrechnung beschäftigte und dabei mit ihr bereits so weit vorgerückt war, um das Ergebnis voraussehen zu können, von einem heftigen, freudigen Zittern befallen wurde. Er war außerstande, die Feder noch in der Hand zu halten und mußte einen zufällig eintretenden Freund bitten, die Rechnung für ihn zu Ende zu führen.

Das, was er jahrelang erhofft hatte, bestätigte sich: Das Fall- und das Gravitationsgesetz waren identisch! Diesen Berechnungen lagen drei berühmte Gesetze zugrunde, die *Newtonschen Gesetze*.

1. Alle Körper verharren bei Nichteinwirkung anderer Kräfte in Ruhe oder in ihrer gleichförmigen, geradlinigen Bewegung (Trägheitsprinzip – Beharrungsgesetz).
2. Die Änderung der Bewegung ist der Einwirkung der bewegenden Kraft proportional und geschieht nach der Richtung der geraden Linie, nach der jene Kraft wirkt (Aktionsprinzip – Bewegungsgesetz).
3. Die Wirkung ist stets der Gegenwirkung gleich, oder die Wirkungen zweier Körper aufeinander sind stets gleich und von entgegengesetzter Richtung (Reaktionsprinzip).

Es erscheint zweckmäßig, diese drei Gesetze an praktischen Beispielen zu erläutern.

Zu Gesetz 1:
Geschosse oder Langstreckenraketen würden in ihrer geraden Bewegung verharren, wenn nicht die Anziehungskraft der Erde diese beeinflussen würde.

Zu Gesetz 2:
Wenn ein Auto mit einem Druck auf das Gaspedal beschleunigt wird, so wirkt dabei eine bestimmte (Motor-)kraft. Würde diese Kraft zweimal so groß sein, so würde das Auto auch zweimal so stark beschleunigen.

Zu Gesetz 3:
Jeder Gegenstand, welcher einen anderen drückt oder zieht, wird ebenso stark durch diesen gedrückt oder gezogen. Drückt beispielsweise jemand einen Stein mit dem Finger, so wird der Finger ebenfalls von dem Stein gedrückt (Gegenwirkung). Zieht ein Pferd an dem Pfahl, an dem es befestigt ist, so wirkt auch der Pfahl mit derselben Kraft gegen die Zugkraft des Pferdes.

Alle diese Dinge, die uns aufgrund einer praktischen Erfahrung, wie die Beispiele zeigen, bekannt sind, mußten jedoch zunächst einmal in ihrem Prinzip herausgeschält und in ihrer Wirkung durch eine Berechnung bewiesen werden. Erstaunlicherweise beruhen auf diesen Gesetzen, wie Newton zeigte, die Bewegungen der Planeten und Monde und in unserer Zeit die Bahnen der künstlichen Satelliten und Raumstationen.

So konnte man nun endlich auch die Entstehung von Ebbe und Flut durch die Anziehungskraft des Mondes und der Sonne erklären und viele andere, bis dahin rätselhafte Naturphänomene fanden eine befriedigende Antwort.

Zwei Begriffe, die mit diesen Gesetzen zusammenhängen, werden 250 Jahre später den Anstoß zu einer neuen Entwicklung in der Physik geben: „Die absolute Zeit", die nach Newton gleichförmig und ohne Beziehung auf irgendeinen äußeren Gegenstand dahinfließt, sowie „der absolute Raum", der vermöge seiner Natur und ohne Beziehung auf einen äußeren Gegenstand nach der Lehre Newtons stets gleich und unbeweglich bleibt. Die Relativitätstheorie Einsteins baute darauf auf und schuf hier völlig neuartige Vorstellungen.

„Ein Werk, das die Welt verändern wird!"

nannte der englische Astronom Halley in kluger Voraussicht die *Philosophiae naturalis principia mathematica*. Er fügte noch hinzu: „Wissenschaft hat nichts auszuweisen, das diesem Werk gleichkäme."

Der später so berühmte Joseph Louis Lagrange (1736–1813), den Friedrich der Große an die Berliner Akademie der Wissenschaften berief, meinte hundert Jahre später: „Newton ist nicht allein der größte Gelehrte, sondern auch der glücklichste; denn es gibt nur ein Weltsystem zu erfinden."

Damit meinte er das dritte Buch der *Principia mathematica*, das von dem „Weltgebäude" handelte.

Aufgrund der Auswirkung seiner drei Gesetze, so führt Newton hier aus, werden nicht nur die Weltkörper in ihren Bahnen gehalten, sondern sie wirken sich auch auf die einzelnen Weltkörper selbst aus, wie beispielsweise bei unserer Erde, in Form der Schwerkraft *(Gravitation)*.

Aus der Rotation der Erde und dem durch sie erzeugten Schwung, zusammengestellt und verglichen mit der Schwerkraft, berechnet er, daß die Schwerkraft der Erde an den Polen unvermindert sein müsse, am Äquator jedoch um ihren 289. Teil geringer sei. Deshalb könne auch ein rotierender Körper bei einer ursprünglichen Kugelform nicht im Gleichgewicht, sondern müsse an den Polen abgeplattet sein. Daraus folgert er eine Abplattung der Erde an den Polen, und zwar in einem Verhältnis von 230:229, wenn die Erde, was Newton annimmt, durchweg dieselbe Dichte besitzt.

„Ist dies nicht der Fall", so schreibt er, „und nimmt die Dichtigkeit nach dem Zentrum hin zu, so ist die Abplattung geringer, wie umgekehrt größer, wenn die Dichtigkeit nach innen abnimmt."

Das waren Feststellungen und Berechnungen, die wiederum seiner Zeit weit vorauseilten und nur von einigen seiner Kollegen verstanden wurden. Es dauerte 50 Jahre, bis der französische Physiker Pierre Louis Maupertuis durch eine Gradmessung im Jahre 1736 in Lappland Newtons Behauptung von einer Abplattung der Erde längs der Achse bestätigte.

Anfangs wollte Newton auch das Schlußkapitel des Werkes, das von den Kometen handelt, vorläufig noch zurückhalten, damit er es nochmals überarbeiten könnte. Von den Kometen, deren Erklärung noch eine ganze Zeit hindurch den Astronomen erhebliche Schwierigkeiten bereitete, war damals, was die Gestalt ihrer Bahnen betraf, noch sehr wenig bekannt. Newton entwickelte zuerst eine Methode, aus drei vollständigen Beobachtungen die Elemente der Bahn zu bestimmen, und wendete sie zunächst auf den Kometen vom 16. bis 26. September 1680 an, von dem er unter anderem auch einige von ihm selbst angestellte Beobachtungen besaß. Er fand, daß sowohl dieser als einige andere sich in einem Kegelschnitt nach den Keplerschen Gesetzen bewegten und daß dies höchstwahrscheinlich für alle Kometen gelte. Er stellte ferner fest, daß die Bahnen der Kometen weit über das Planetensystem der Sonne hinausgingen.

Der Erfolg, den das im Jahre 1687 erschienene Werk hatte, ließ verständlicherweise bei der Größe und der Vielzahl der angeschnittenen Probleme einige Zeit auf sich warten. Während sich ein enger Freundeskreis begeistert zeigte und „die Gelehrsamkeit seines Schöpfers pries", wie Cotes, einer seiner Schüler, meinte, waren viele anderer Meinung. Sie waren der Ansicht, „daß die Principia ein mit vielen Dingen gefüllter Schlauch wäre", von dem manches ohne Nachteil für das Ganze hätte wegbleiben können. Sie hatten in ihrer harten Kritik nicht erkannt, daß Newton mit Absicht darauf bedacht gewesen war, alles zu untersuchen und gründlich darzustellen, was in irgendeiner Verbindung mit dem Gravitationsgesetz stand und sogar auch das berücksichtigte, was möglicherweise in Zukunft – und sei sie auch noch so fern – einmal von größter Wichtigkeit sein könnte. So sind seine Untersuchungen und Berechnungen im luftleeren Raum zwar für seine Zeitgenossen uninteressant, für die Weltraumfahrt jedoch von größter Bedeutung gewesen. Denn man nahm damals an, daß das Weltall durchaus nicht luftleer wäre, sondern, wie René Descartes (1596–1650) meinte, von einer Materie erfüllt, deren Wirbel die Bewegung der Planeten verursache. Selbst so große Astronomen wie Christian Huygens verkannten die Gravitationslehre und ließen sie lediglich als eine Art Begleiterscheinung der Planetenmassen gelten. Auch Gottfried Wilhelm Leibniz und der bekannte Baseler Mathematiker Johannes Bernoulli (1667–1748) glaubten Einwände gegen die Lehre Newtons erheben zu müssen.

Aber allen Einwendungen zum Trotz, setzten sich Newtons Theorien allmählich durch. Auch Nichtastronomen, z. B. der Schriftsteller Voltaire (1694–1778) waren unter den Anhängern Newtons. Es gehörte zu den Kuriosa dieses Streites um die an sich komplizierte Theorie, daß die Marquise Gabrielle-Emilie Duchâtelet (1706–1749), die sich eingehend mit Naturwissenschaften befaßte und selbst ein großes Laboratorium besaß, von den Principia mathematica so begeistert war, daß sie dieselben ins Französische übersetzte und damit in Frankreich populär machte.

Aber auch in England war die Auflage vom Jahre 1687 schon bald vergriffen, und es erschienen zu Lebzeiten Newtons noch zwei weitere, die nötig geworden waren, trotz des sehr hohen Preises, mit dem man das jeweils bald vergriffene Werk bezahlen mußte.

Endlich die verdiente Anerkennung

Während Newton noch mit den Vorbereitungen zu seinem großen Werk beschäftigt war, trat ein besonderes Ereignis ein, das Newtons Gelehrten-Dasein neben den üblichen Streitigkeiten mit anderen Kollegen noch mit weiterer Unruhe erfüllte. Der Grund dafür war ein mehr oder weniger politischer.

Im Jahre 1685 wollte der damalige König Jakob II. den Katholizismus wieder in England an die Macht bringen. Er versuchte deshalb, einen Mönch unter die Graduierten der Cambridger Universität aufnehmen zu lassen. Die Universität weigerte sich jedoch, diesen Wunsch zu erfüllen. Erst als das Anliegen mit Drohungen verbunden wurde, war der Senat der Universität geneigt, doch nachzugeben. Nur um das Gesicht zu wahren und um die festgebliebenen Mitglieder davon zu überzeugen, setzte man eine Abordnung ein, welche die Rechte der Universität bei der Auswahl ihrer Graduierten verteidigen sollte. Zu diesen gehörte auch Newton, und er verstand es, seine Überzeugung so geschickt zu vertreten, daß der König sich veranlaßt sah, seine Anordnung zurückzunehmen. Das machte auf seine Kollegen einen solchen Eindruck, daß er 1688 als Abgeordneter ins Parlament gewählt wurde.

Das nahm natürlich einen beachtlichen Teil seiner Zeit in Anspruch, und er ließ sich deshalb später nicht wieder wählen. „Er sehnte sich", wie er während der endlosen Debatten oft äußerte, „an seinen Arbeitsplatz in Cambridge zurück", obwohl er von seinem bescheidenen Professorengehalt gerade so hatte leben können. Es scheint aber damals in England oft vorgekommen zu sein, daß verdiente Universitätsgelehrte in ihren älteren Tagen in einen anderen, besser bezahlten Wirkungskreis übernommen wurden. So wurde Newton im Jahre 1696 die Stellung eines Aufsehers in der Münze angeboten, wozu er nicht nur als anerkannte Vertrauensperson und als Mathematiker, sondern in der Hauptsache auch als Metallurge – wegen seiner zahlreichen Versuche mit Metallegierungen zur Herstellung seiner Teleskopspiegel – besonders geeignet erschien.

In dieser Stellung, die damals wegen der bevorstehenden Erneuerung im Münzwesen Englands von erheblicher Bedeutung war, leistete er wertvolle Dienste, wobei er sich vor allem durch die Schaffung einer besonders rationellen Arbeitsmethode auszeichnete. Eine Leistung, die man dem sonst als weltfremd angesehenen Gelehrten kaum zugetraut hätte. Er schaffte es nämlich, die gesamte Umprägung der Münzen in zwei Jahren durchzuführen. Als Anerkennung wurde er darauf zum Münzmeister ernannt, eine wohldotierte Stellung, die er während seines ganzen Lebens behielt.

Seine Professur in Cambridge hatte er inzwischen aufgegeben, nachdem er sich dort zunächst hatte vertreten lassen. Er lebte jetzt ganz in London, und sein Hauswesen besorgte auch hier seine Nichte, Mrs. Catharina Barton, da er selbst nie eine eigene Familie gegründet hatte. Genau wie in Cambridge, benutzte er auch hier die Zeit, die ihm geblieben war, zu wissenschaftlichen Arbeiten. Es würde über den Rahmen dieses Buches hinausgehen, wollten wir über die Einzelheiten seiner chemischen, physikalischen, mineralogischen und anderen Untersuchungen berichten. Sie finden ihre nähere Erwähnung in der Geschichte dieser Wissenschaften, nicht aber in unserer Darstellung, die sich mit der Astronomie befaßt. Aber zur vollständigen Charakterisierung dieses großen Mannes erschien es nicht unwichtig, sie wenigstens zu erwähnen.

Daneben standen natürlich seine astronomischen Arbeiten, über die er laufend in der Royal Society berichtet, deren Präsident er im Jahre 1703 geworden ist. Im Jahre 1705 wird Newton von der Königin Anna zum Ritter geschlagen. Er bewohnt nun ein Palais in London und hat sich hier ein eigenes Observatorium bauen lassen.

Sein Lebensunterhalt ist gesichert, und er kann sich sogar einen gewissen Luxus leisten und besitzt zu seiner Bedienung drei männliche und drei weibliche Personen, die alle unter der bewährten Leitung seiner inzwischen wieder verheirateten Nichte stehen.

Trotz seiner vielen gesellschaftlichen Verpflichtungen vernachlässigte er auch seine astronomischen Arbeiten nicht, von denen jedoch ein Teil erst nach seinem Tode veröffentlicht wurde. Er beschäftigte sich unter anderem mit der Zusammenstellung eines Sternenkataloges und – dies sei der Kuriosität halber erwähnt – mit einer merkwürdigen Naturerscheinung, die man *Halo* nennt. Sie tritt in Form von Bögen, Ringen, Säulen oder Lichtflecken um und neben Sonne und Mond auf und hatte in Hamburg im Jahre 1628 erhebliches Aufsehen und sogar eine Panik erregt, als am Tageshimmel zugleich drei Nebensonnen und zwei Ringe erschienen. Das Wort „Halo" stammt aus dem Griechischen und bedeutet „Hof". Newton identifizierte sie als ein atmosphärisch-optisches Phänomen, das durchaus nichts mit Wundern zu tun habe, sondern durch die Brechung und Spiegelung des Lichtes an Eisteilchen in der Atmosphäre hervorgerufen werde. Eine Erklärung, die noch heute gültig ist. Von Deutschland aus kann man pro Jahr immerhin 40–60 Halos beobachten, wenn auch die meisten Erscheinungen unbedeutend sind.

So arbeitete Newton, solange er noch dazu imstande war. In seinem 80. Lebensjahr meldeten sich die ersten Anzeichen eines schmerzhaften Leidens.

Er legte sein Amt als Präsident der Royal Society nieder und vertauschte seinen geräuschvollen Wohnsitz in London mit einem ruhigeren in Kensington, was ihm auch Linderung zu verschaffen schien.

Am 11. März 1727 fühlte er sich deshalb kräftig genug, um sich nach London zu einer wichtigen Sitzung der Royal Society zu begeben. Er blieb hier bis zum 13. März in seinem Palais und fühlte sich bis zu diesem Tage anscheinend wohl. Aus diesen Tagen soll eine Äußerung von ihm stammen: „Ich weiß nicht, wie ich der Welt erscheine, aber, wenn ich mein Leben betrachte, so komme ich mir vor wie ein Knabe, der am Meeresufer spielt und sich damit belustigt, daß er dann und wann einen glatten Kiesel oder eine schöne Muschel findet, während der große Ozean der Forschung noch vor ihm liegt!"

Am Abend des 13. März 1727 aber trat ein heftiger Rückfall auf, die Schmerzen nahmen zu. Am 29. März schwand ihm das Bewußtsein, und so lag er 32 Stunden, bis er endlich am 31. März 1727 morgens um 1.30 Uhr verschied.

Durch eine Verfügung Georgs I. wurde er mit königlichen Ehren in der Gruft von Westminster-Abbey, in der Englands berühmte Männer und Frauen ruhen, bestattet. Seine in lateinischer Sprache abgefaßte Grabinschrift lautet:

„Hier ruht der Ritter Isaak Newton, welcher durch fast göttliche Geisteskraft der Planeten Bewegung gestaltet, der Kometen Bahnen, der Gezeiten Verlauf, durch seine eigene Mathematik als erster bewies, die Verschiedenheit der Lichtstrahlen, die darauf beruhenden Eigenschaften der Farben, von denen niemand vorher nur ahnte, erforschte er. Er war der Natur, des Altertums, der Heiligen Schrift fleißiger, scharfsinniger Erklärer. Die Majestät Gottes verherrlichte er in seiner Wissenschaft. Die Schlichtheit des Evangeliums zeigte er durch seinen Wandel. Mögen die Sterblichen sich freuen, daß er unter uns lebte."

Es war die größte Ehrung, die man dem unsterblichen Forscher erweisen konnte. Über seinem Grab in der Westminster-Abbey wurde später ein Denkmal errichtet, das bis heute Millionen besichtigt haben.

Der Mann, der die Kometen erforschte

Das Zeitalter, in dem Newton lebte, war im übrigen in Beziehung auf die Astronomie und die anderen Naturwissenschaften ein völlig anderes, als das, in welchem Kopernikus, Tycho Brahe und Kepler leben mußten. Sie brauchten keine Horoskope zu stellen oder Fragen zu beantworten, welche magischen Heilmittel man benutzen müsse, um den unheilvollen Wirkungen eines Kometen zu entgehen. Auch von kirchlicher Seite wurden Newton nicht, wie es beispielsweise noch bei Galilei geschehen war, irgendwelche Schwierigkeiten gemacht. Ja, es begann sich bereits ein Verhältnis zwischen der Theologie und den Naturwissenschaften, zu denen natürlich auch die Astronomie zählte, herauszubilden, das sich auf einer gegenseitigen Anerkennung gründete.

Das kam vor allem der Astronomie und dem von Newton geschaffenen neuen Weltbild zugute. Namhafte Gelehrte bemühten sich, die Arbeiten Newtons mit eigenen Beobachtungen zu untermauern. Zu ihnen gehörte John Flamsteed (1646–1719), der noch bei Lebzeiten Newtons, 1712 und 1725, eine *Historiae coelestis* herausgab. Dieses Werk enthielt die Positionen von rund 2900 Fixsternen sowie die genauen Zeitangaben, wann die einzelnen Sterne beobachtet worden waren, und zwar in alphabetischer Reihenfolge. Eine für die damalige Zeit erstaunliche und gründliche Arbeit.

Der Lebenslauf Flamsteeds ähnelte übrigens, was die Herkunft und die Ausbildung in der Jugend betrifft, dem Newtons. Ähnlich wie bei diesem, gab seine große körperliche Schwäche bei seiner Geburt seinen Eltern nur wenig Hoffnung, das Kind am Leben zu erhalten. In seiner ersten Jugend hatte auch Flamsteed keinen anderen Unterricht als den in der Ortsschule seiner Geburtsstadt Derby erhalten. Bücher waren ihm lieber als die Spiele mit seinen Altersgenossen und, um sich Lektüre zu beschaffen, soll er auch nicht davor zurückgeschreckt sein, sie sich heimlich aus der Bibliothek des Pfarrers zu „besorgen", wobei er auch einmal erwischt wurde. Der Pfarrer war jedoch ein vernünftiger Mann, und anstatt ihn zu bestrafen, ging er dem Lesehunger des Jungen nach und fand in einem Heft zu seinem maßlosen Erstaunen einen wenn auch unzureichenden Versuch, eine Sonnenfinsternis zu berechnen.

Er veranlaßte nun Johns Vater, dem Sohn eine andere Ausbildung zu geben, und nahm einen Teil dieser Erziehung selbst in die Hand. So konnte John endlich im Jahre 1670 in Cambridge Theologie und Astronomie studieren. Er wurde hier frühzeitig zu Beobachtungen herangezogen und diese wurden zugleich mit denen von Horrox und Grabtree veröffentlicht.

Nach bestandenem Examen setzte er seine Beobachtungen fort und teilte die Ergebnisse dem damaligen Präsidenten der Royal Society, Oldenburg, mit. Dieser veranlaßte, als die Errichtung der Sternwarte Greenwich von Karl II. beschlossen wurde, den damit beauftragten Kommandanten der Artillerie Moor, Flamsteed zum Direktor des neuen Institutes vorzuschlagen. Flamsteed hatte sich dem König bereits durch ein Memorandum empfohlen, eine genauere Einteilung der Längenunterschiede vorzunehmen, deren Nullmeridian genau durch einen bestimmten Raum der zu bauenden Sternwarte gehen sollte. Die Bestimmung eines derartig genauen Längengrades war nämlich notwendig geworden, um der Schiffahrt eine Möglichkeit zu bieten, den Kurs mit Sicherheit zu ermitteln. Flamsteed wurde daher angestellt und eröffnete am 27. August 1676 in Anwesenheit des Königs die Sternwarte von Greenwich. Er war damit der erste jener hochverdienten Männer, die nun fast drei Jahrhunderte hindurch den Vorschriften der königlichen „Fundationsacte" entsprechend hier ihren Dienst erfüllten. Dazu gehörte es auch „mit allem Fleiß sich einer möglichst genauen Beobachtung der Fixsternörter zu widmen".

Um dieses Ziel zu erreichen, machte sich Edmund Halley (1656 bis 1742) im Jahre 1676 auf eine Reise in die Südhalbkugel der Erde, um hier den noch gar nicht oder nur zum Teil bekannten Fixsternhimmel zu beobachten. Halley war der Sohn eines wohlhabenden Seifensieders in London. Er hatte nach einer entsprechenden Ausbildung in Greenwich unter Flamsteed gearbeitet und eine Methode entwickelt, die Bahnen gewisser Sterne aus nur wenigen Beobachtungen bestimmen zu können. Für seine Arbeiten unter dem südlichen Sternenhimmel hatte man ihm entweder das Kap der Guten Hoffnung oder einen Ort in Brasilien vorgeschlagen. Er zog jedoch die Insel St. Helena vor, weil diese in britischem Besitz war. Die Wahl war allerdings in klimatischer Beziehung besonders ungünstig. Das Kap hätte ihm einen weit reineren und weniger durch Trübheit bezogenen Himmel gezeigt. Trotzdem aber erledigte er hier seine Aufgabe und bestimmte 350 neue Sternörter.

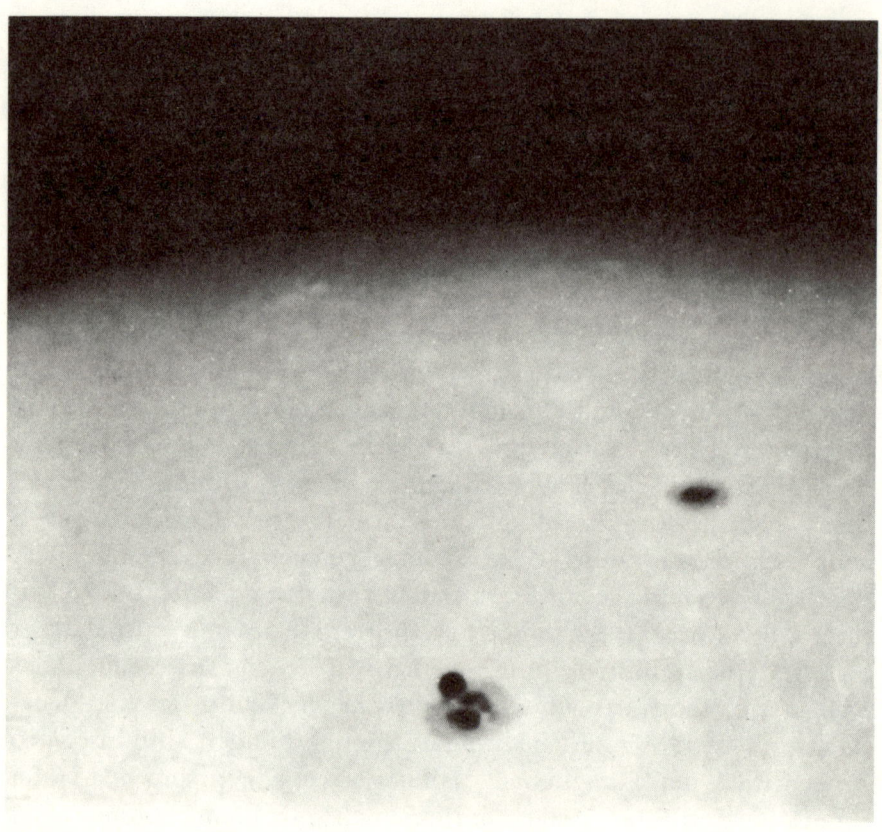

Der sonnennächste Planet Merkur ist nur sehr schwierig zu beobachten. Bei den sogenannten Merkur-Durchgängen kann man auf der hellen Sonnenfläche seine dunkle Scheibe erkennen. Er steht hier, auf dem am 9. Mai 1970 aufgenommenen Foto, dicht oberhalb des in der Mitte befindlichen Sonnenfleckens.

Bei diesen Arbeiten führte er das Sternbild *Karlseiche* am südlichen Himmel zum Andenken an den Baum, in dem sich sein Auftraggeber Karl II. einst vor seinen Mördern in einer hohlen Eiche verbarg, in den Katalog der Sternbilder ein. Hier im Süden beobachtete er 1677 auch einen Durchgang des sonnennächsten Planeten, des Merkurs, vor unserem Tagesgestirn, und zwar in seiner ganzen Dauer. Er war der erste Mensch, der diesen Vorgang in allen Einzelheiten verfolgen und wissenschaftlich genau beschreiben konnte. Zwar hatten schon vor ihm Gassendi 1631, Shakerley 1651, Huygens und Hevelius im Jahre 1661 Merkurdurchgänge beobachten, aber niemals den gesamten Vorgang verfolgen können.

Diese Beobachtung war für die Astronomie insofern wichtig, weil der Merkur, obwohl er gelegentlich so hell wie der Sirius werden kann, wegen seiner Sonnennähe sehr schlecht sichtbar ist. Nur, wenn er sich mitunter als dunkler Punkt auf der Sonnenscheibe projiziert, kann man seine Bahn gut verfolgen. Er durchzieht dabei die Sonnenscheibe entlang einer Sehne, deren Lage, abgesehen von der Neigung der Merkurbahn gegen die Ekliptik, auch von dem Beobachtungsort auf der Erde und seiner Entfernung von unserem Planeten abhängt.

Der Umlauf des Merkur um die Sonne dauert 88 Tage. Der lineare Durchmesser des Merkur beträgt 4840 km. Er hat nur 5,6% der Erdmasse. Seine Oberfläche scheint der unseres Erdmondes ähnlich zu sein, und er dürfte allenfalls eine extrem dünne Atmosphäre besitzen. Rätselhaft scheinen jedoch gelegentlich über seiner Scheibe beobachtete weiße Wolken zu sein, deren Ursprung man sich bis heute nicht erklären kann.

Der „Halleysche Komet" bei seiner erneuten Annäherung an die Erde, aufgenommen am 13. Mai 1910 vom Lowell-Observatorium in den USA.

Der junge Halley war ein hervorragender Mathematiker. Er ist der erste gewesen, der die Gravitationsgesetze Isaak Newtons auf die Kometen anwandte. Es war ja gerade dieses Kapitel, das auf seinen Wunsch hin an den dritten Band der Principia mathematica im Jahre 1687 angefügt wurde, obwohl Newton selbst starke Bedenken dagegen äußerte.

Halley verfolgte eine bestimmte Absicht dabei; denn er hatte Jahre damit zugebracht, Nachrichten von Kometenerscheinungen zu sammeln und zu Bahnberechnungen zu benutzen. Leider zeigte es sich jedoch, daß unter den mehr als 400, von denen Hevelius und Lubienitzky berichten, nur bei zwölfen nach den genaueren Angaben mit einiger Aussicht auf Erfolg Bahnberechnungen durchgeführt werden konnten. Es stellte sich heraus, daß die Bahnen gewisser hell leuchtender Kometen fast immer die gleichen waren. Besonders einer bestätigte das, der am 25. August 1531, am 26. Oktober 1607 und am 14. September 1682 den sonnennächsten Punkt seiner Bahn, das sog. Perikel, durchlief. Er hatte, so berechnete Halley, eine Umlaufzeit von ca. 76 Jahren, bis er wieder in den Bereich der Erde kam und an ihr vorbeiglitt. Er stand zuletzt am 20. April 1910 in Sonnennähe, konnte vom Herbst 1909 bis Sommer 1911 zumindest mit Fernrohren gesehen werden und war im Frühjahr 1910 teilweise extrem hell und sein riesiger Schweif bedeckte fast den ganzen Himmel und erfüllte die Menschen mit Todesangst. Viele Menschen glaubten damals an den Weltuntergang, da im Schweif, durch den die Erde am 19. Mai 1910 gehen sollte, tödliche Gase enthalten seien.

Ein französischer Augenzeuge berichtete über seine Eindrücke in Paris: „Und dann ist die Stunde da, die viele für ihre letzte halten. Groß und leuchtend steht jetzt der Halleysche Komet über der Erde. In schräg zum Horizont geneigter Bahn gleitet er langsam dahin. Die Minuten verstrichen . . . Benommen starren die Menschen empor.

In das Gemurmel der Gebete mischt sich aus den nahegelegenen Kneipen und Restaurants das Gegröle der Betrunkenen. Von der Madelaine schlägt es vier Uhr. Sorgsam zähle ich die Schläge mit.

Und dann wird es Tag! Langsam dämmert er herauf . . . Wenn etwas Wahres an der unheilvollen Ankündigung ist, dann müßte die Erde jetzt durch den Gasschweif des Kometen gehen, und alles Leben würde in den nächsten Minuten erlöschen.

Aber nichts geschieht! Kein tödliches Gas lähmt die Atmung. Die

Schon im Jahre 1066 erschreckte der später nach dem englischen Astronom Halley benannte Komet die Menschen. Das wird auf dem berühmten „Teppich von Bayeux" dargestellt. Rechts: König Harold von England, der am 14. Oktober 1066 von den Normannen in der Schlacht bei Hastings besiegt wurde und starb.

Menschen vor der Oper, die sich wie hier auch auf den anderen Plätzen von Paris gesammelt haben, starren erleichtert dem langsam entschwindenden Kometen nach.

Die vorausgesagte Katastrophe tritt wie manche schon prophezeiten Weltuntergänge nicht ein!"

Aber es waren viele mit Schrecken erfüllte Tage, die der Halley-Komet auf der Erde verursachte. Sein erstes überliefertes Erscheinen fand im Jahre 466 v. Chr. statt. Damals soll er in China erhebliches Aufsehen erregt haben. In dem berühmten Teppich von Bayeux wird dargestellt, wie der Halleysche Komet bei seinem erneuten Auftauchen die Menschen in England erschreckte und selbst dem König von England, Harold, Furcht einflößte, der am 14. Oktober 1066 von den Normannen in der Schlacht bei Hastings besiegt wurde und fiel.

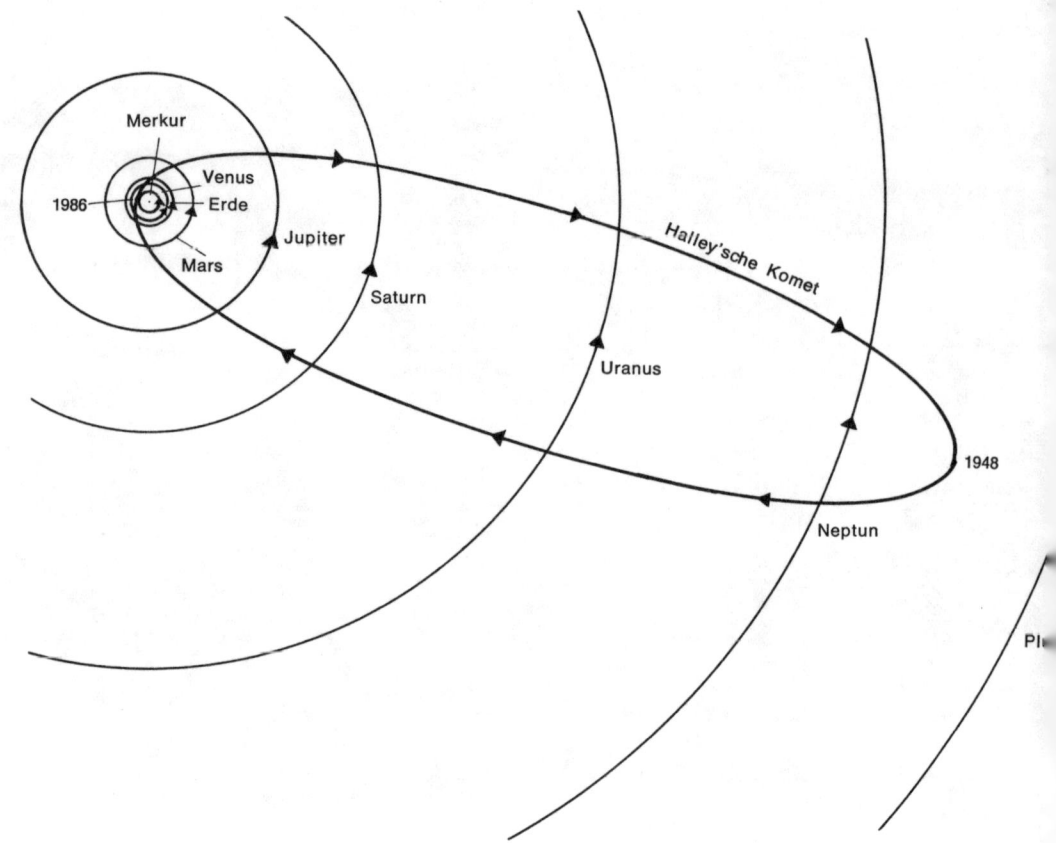

Die Bahn des Halleyschen Kometen um die Sonne.

Der „Unglückskomet", wie er genannt wurde, kehrte nun regelmäßig in einem Abstand von 76 Jahren wieder und wird es erneut im Jahre 1986 tun. Auch Halley hatte die Wiederkehr dieses nunmehr nach ihm benannten Kometen auf das Jahr 1758 vorausgesagt. Er selbst erlebte das Ereignis zwar nicht mehr, aber es war die erste Vorausbestimmung einer Kometenerscheinung, welche eintraf.

Hochstapler im Weltraum

Bereits Edmund Halley fragte sich, woraus die Kometen eigentlich bestünden. Die Antwort hängt eng mit der Frage zusammen, wann, wo und wie sie entstanden sein könnten. Um es gleich vorweg zu sagen: Die Astronomen sind sich hierin nicht einig. Es gibt etwa drei Hypothesen für die Entstehung dieser seltsamen Himmelskörper.

Die erste Theorie besagt, Kometenkerne seien Auswürfe eines Planeten, Brocken lokaler Explosionen. Da es nun aber verschiedene Arten von Kometen gibt, nämlich solche, die in kurzen Perioden und andere, die in langen Zeiträumen sich der Sonne und dem inneren Planetensystem wieder nähern, kommen die Verfechter dieser Theorie in eine Art Zwickmühle. Ihre Ansicht kann höchstens für kurzperiodische Kometen gelten.

Die zweite Theorie behauptet, die Kometenkerne seien gemeinschaftlich mit den kleinen Planeten *(Asteroiden)* entstanden, beide wären Bruchstücke eines ehemaligen Planeten, der einem anderen Planeten zu nahe gekommen sei und dabei vollständig zersplitterte. Die Verfechter dieser Theorie können nur schwer die Frage beantworten, warum die einen Trümmerteile, nämlich die Asteroiden, gleichmäßig mit den anderen Planeten wie Erde, Mars, Jupiter, ihre Bahn um die Sonne ziehen, während die Kometenköpfe, die diese Trümmer enthalten sollen, sich so seltsam auf langgestreckten Ellipsen durch das All bewegen.

Eine dritte Hypothese behauptet, und dies ist die wahrscheinlichste Lösung, die Kometenkerne seien gleichzeitig mit den Planeten entstanden. Sonne und Planeten hätten sich aus einem ausgebreiteten, flachen, rotierenden Gasnebel gebildet. Es wäre nun denkbar, daß sich vor allem in den äußeren Teilen des Nebels, als sich die Gase konzentrierten, selbständige Gebilde herausformten, die sich vom eigentlichen Planetensystem entfernten und die nun in periodischen Abständen als Kometen zu ihrem Ursprungsort immer wieder zurückfinden. Vermutlich wird unser Sonnensystem von einer riesigen Kometenwolke umgeben.

Selbstverständlich ist heute nur, daß man nicht nur ihre Bahnen zu berechnen vermag und damit auch vielfach die Perioden berechnen kann, in denen sich ein Komet unserem Sonnensystem wieder nähert, sondern auch das Kometenlicht spektralanalytisch zu untersuchen imstande ist, um dadurch die chemischen und physikalischen Bedingungen zu erforschen, die in seinem Kopf und Schweif bestehen.

Die spektrographische Untersuchung zeigt, daß wir es mit den verschiedenartigsten chemischen Verbindungen zu tun haben. Man findet dabei höchst unterschiedliche Zusammensetzungen je nachdem, ob es sich um den Kopf und die ihn umschließende helle Lichthülle (oder Koma) und den Schweif handelt.

Kern und *Koma* bilden den Kometenkopf, der am stärksten unter dem reflektierten Sonnenlicht aufleuchtet. Die Gase der Koma können durch die Sonnenstrahlen auch zum Eigenleuchten angeregt werden. Am sonderbarsten ist ohne Zweifel der Schweif, der vom Kopf ausgeht und sich allmählich im Weltall verliert. Er ist immer von der Sonne abgewandt, weil der Strahlungsdruck und die von der Sonne ausgeschleuderten elektrisch geladenen Teilchen, der sog. *Sonnenwind*, die Gase vom Kometenkopf wegdrücken. Das Gasgemisch des Schweifes ist so durchsichtig, daß die Sterne durchscheinen.

Ein Komet hat übrigens nicht unbedingt einen Schweif. Es genügt ihm schon ein Stummelschwanz oder auch nur ein kleiner Ansatz. Dies ist sogar die Regel, wenn ein Komet noch sehr weit von der Sonne entfernt ist. Die spektrographische Untersuchung ergab, daß ein Kometenschweif die verschiedensten Gase enthält. Dazu gehören Kohlenmonoxyd, Zyan, Kohlenwasserstoff, Kohlendioxyd sowie zweiatomiger Stickstoff. Ferner schwirren in ihm freie Elektronen herum. Von alldem ist jedoch so wenig vorhanden, daß der Gasdruck geringer ist als im Inneren einer luftleer gepumpten Röhre.

Von einem ganz anderen Material sind dagegen die Kometenköpfe. Sie bestehen aus einem festen Kern von höchst unterschiedlicher Größe. Es gibt solche von einigen hundert, ja sogar bis zu tausend Kilometern Durchmesser neben anderen von nur wenigen Kilometern. Die in diesen Kernen enthaltenen Eisen- und Gesteinsmassen werden von gefrorenen Gasen sozusagen zusammengekittet. Ammoniak, Methan und verschiedene andere Kohlenstoffverbindungen, die bei uns gasförmig vorkommen, bilden die Hauptmasse. Unter Weltraumbedingungen bei mehr als 250 Grad Kälte ist diese vereiste Masse stabil. Aber wenn sich ein Komet auf seiner Ellipsenbahn der Sonne nähert, beginnen durch die intensive Wärmebestrahlung die „Eismassen aufzutauen" und sich wieder in Gas aufzulösen. Sie legen sich dann als leuchtende Koma um den Kometenkern. Diese Lichtschicht

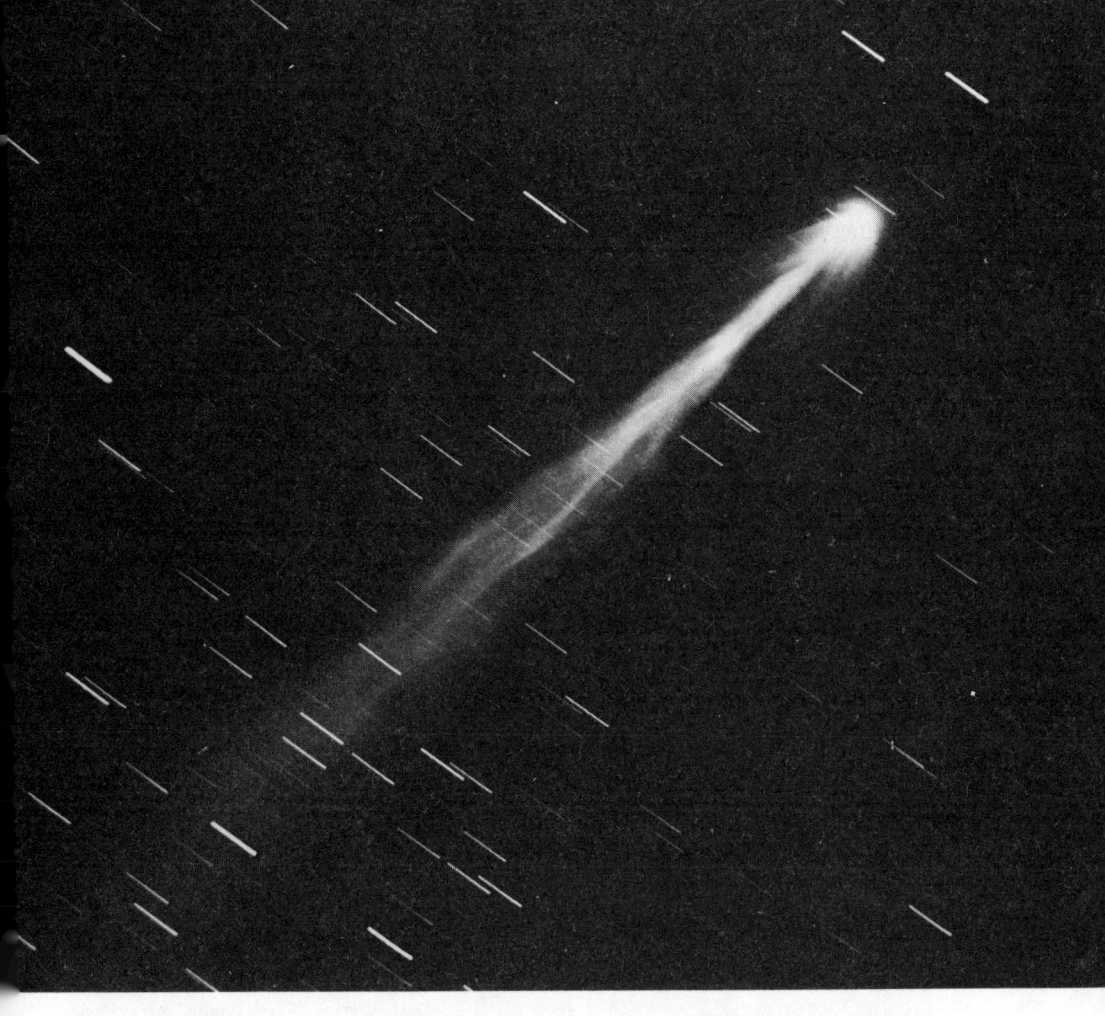

Das Gasgemisch eines Kometenschweifes ist so durchsichtig, daß die Sterne hindurchscheinen.

kann einen Durchmesser von 10000 Kilometern erreichen und bei besonders großen Kometen bis auf 100000 Kilometer anwachsen. Sie ist gelegentlich plötzlichen Helligkeitsschwankungen unterworfen, die, wie neuere Forschungen ergaben, mit den Sonnenflecken in Zusammenhang stehen. Die Koma enthält auch kompliziertere Moleküle wie z. B. Ammoniak, aber auch Kohlenstoffmoleküle, Natriumatome usw.

Manchmal können die Kometenkerne sogar gesprengt werden. Das geschah beispielsweise bei einem Kometen, der von dem österreichischen Offizier Wilhelm von Biela, einem Liebhaberastronomen, durch seine privaten Beobachtungen im Jahre 1826 in Böhmen entdeckt worden war. Man gab ihm darauf den Namen seines Entdeckers und nannte ihn *Biela-Komet*. Die Astronomen berechneten seine Bahn und fanden heraus, daß seine Umlaufzeit sechs Jahre und neun Monate betrug.

Der französische Astronom M. Damoisseau hatte auf diese Weise berechnet, daß der neue Komet am 29. Oktober 1832 wieder erscheinen werde. Im Jahre 1839 konnte er wegen seiner ungünstigen Stellung zur Sonne nicht gesehen werden. Als er sich im Jahre 1845 von neuem dem inneren Planetensystem näherte, beobachtete am 29. Dezember der amerikanische Astronom Maury, daß er in zwei Teile gespalten war.

Im Jahre 1852 erschien der Biela-Komet wieder. Er war ein Doppelkomet geworden, und in einer Entfernung von 2,6 Millionen Kilometern rasten jetzt zwei Schweifsterne nebeneinander her. Im Jahre 1859 blieb er jedoch aus.

Mit besonderem Interesse erwartete man daher die folgende Wiederkehr des Kometenpaares. Die Astronomen schauten sich jedoch im Jahre 1866 abermals vergeblich nach ihm um, man konnte nichts mehr von dem Zwillingskometen entdecken.

In der Nacht vom 27. November 1872 ging plötzlich über verschiedenen Teilen Europas ein wahrer Meteorregen nieder. Die Astronomen stellten bald fest, daß er aus einer Himmelsrichtung kam, die mit der Bahn des Bielaschen Kometen verträglich war. Professor Klinkerfues vom Göttinger Observatorium vermutete sicher nicht zu Unrecht, daß dieser Meteorregen der Rest des sich auflösenden Zwillingskometen war.

So wie der Komet Biela in zwei Teile gespalten wurde, sollen sich nach einer neueren Veröffentlichung von Prof. Dr. Fred. L. Whipple von der US-Universität Havard in den nächsten Jahrzehnten eine ganze Reihe anderer Kometen auflösen. Zu ihnen gehören vor allem diejenigen mit einer kurzen Umlaufzeit, wie beispielsweise der Komet *Encke*, dessen periodische Wiederkehr nur 1200 Tage beträgt. Nur die, welche eine viel längere Umlaufzeit haben, wie der Halleysche mit 76 Jahren oder der Komet *Herschel-Rigollet* mit 164,3 Jahren und daher weniger oft in die Sonnennähe kommen, sind nicht so gefährdet.

So leben die Kometen, die am Himmel mehr zu sein scheinen, als sie in Wirklichkeit sind, gefährlich. Man bezeichnet sie daher auch als „Hochstapler im Weltraum". Sie sind überdies im Weltraum so etwas wie Verkehrssünder; denn sie werden durch die Anziehungskraft der anderen Planeten oft stark gestört. So wurde beispielsweise der Komet *Brooks* bei einem nahen Vorübergang an Jupiter im Jahr 1886 so stark gestört, daß er später überhaupt nicht mehr von der Erde aus zu beobachten war.

Geschosse aus dem All

„Weltall-Vagabunden" ganz anderer Art wie die Kometen sind die Meteoriten. Die Zahl, die von ihnen auf die Erde herabprasselt, geht jährlich in die Millionen. Zum Teil sind es Bruchstücke oder Trümmer früherer kosmischer Katastrophen oder Reste von ehemaligen Kometen, die gelegentlich mit der Erde zusammenstoßen.

Wir erwähnten bereits, daß die Reste des ehemaligen Biela-Kometen, die weiterhin in seiner Bahn durch den Weltraum zogen, am 27. November 1872 einen wahren Meteorregen über den verschiedensten Gebieten auslösten. Solche kleinsten Trümmer ehemaliger Kometen gehen als Meteoritenschauer mehrfach im Jahr auf die Erde nieder.

„Laurentius-Tränen" nennt das Volk die leuchtenden Sternschnuppenschwärme, die sich alljährlich etwa um den 10. August herum in besonderer Fülle zeigen. Sie wurden so genannt zur Erinnerung an diesen christlichen Heiligen, der am 10. August des Jahres 258 einen qualvollen Märtyrertod erlitt.

Jäh blitzen diese Sternschnuppen auf, und plötzlich erlöschen sie wieder. Es ist verständlich, daß sich an diese himmlischen Erscheinungen alte Märchen, Sagen und Gebräuche knüpfen: Zeichen der Götter, die ihre Anhänger auf besondere Geschehnisse aufmerksam machen wollten, glaubte der Mensch in früheren Zeiten in ihrem Fall zu erkennen.

Schnell wünschte man sich als Kind etwas; denn die Mär lautete, daß der im Aufleuchten der Sternschnuppe ausgesprochene oder auch nur gedachte Wunsch in Erfüllung ginge, wenn man so lange schweigen könne, bis jemand die erste Frage an einen richtete.

Schwarmweise tauchen die Sternschnuppen in den Nächten der Hundstage auf, und schon früh fragte sich die Wissenschaft, warum und woher gerade zu dieser Zeit die Sternschnuppen so massenhaft auftauchen. Die Laurentius-Tränen stammen, wie die Astronomen schon bald feststellten, aus dem Sternbild des Perseus, und man nennt daher diese Meteore *Perseiden*. Die verstärkten Sternschnuppenregen, die sich in den Nächten des 14. bis 20. November einstellen, heißen *Leoniden*, weil sie aus dem Sternbild des Löwen (Leo) stammen.

Durch laufende Beobachtungen erkannte man schon im vorigen Jahrhundert, daß diese Meteorströme ähnlich wie beim Biela-Kometen häufig die Reste eines sich auflösenden Schweifsterns sind, die sich über die ganze elliptische Bahn des Ursprungskometen verteilt haben. Das konnte man vor allem bei den Leoniden beobachten. In der Nacht des 12. November 1833 lieferten diese Sternschnuppen-Einfälle ein besonders glänzendes Schauspiel, bei dem ein Beobachter 200000 von ihnen pro Stunde gezählt haben soll.

Ein ähnliches Schauspiel war schon 1799 gesehen worden, und ein weiteres ereignete sich im Jahre 1866. Das deutete auf eine Umlaufbahn des Ursprungskometen von etwas mehr als 33 Jahren. Mitte November 1966 wurde auch erwartungsgemäß ein verstärkter Leoniden-Einfall festgestellt. Pro Sekunde zählte man damals 40 Sternschnuppen, was in der Stunde 144000 ergibt.

Das Aufglühen geht dabei so vor sich: Die Trümmer des Kometen gelangen in die oberste, verdünnte Schicht unserer Erdatmosphäre, schneiden sie oder dringen gar in sie ein. Das Leuchten eines Meteors kommt dadurch zustande, daß die umliegenden Luftschichten zum eigenen Leuchten angeregt werden.

Die leuchtende Bahn eines Meteors beginnt in Höhen von etwa 50–300 km und endet meist in 20–100 km. Die größten Meteoriten, die nicht vollständig in der Atmosphäre verdampfen, können auch manchmal noch bis zu geringeren Höhen herunter gesehen werden. Zuvor vervielfältigt sich die Intensität der Lichterscheinung. Die Farben des Lichtes werden von Beobachtern als weiß, aber auch als grünlich sowie rötlich oder gelb angegeben. Es kommt dabei zu sogenannten „Lichtausbrüchen", plötzlichem Aufleuchten und auch Vergrößern des Lichtquellendurchmessers. Das Leuchten geht stets von den Gasschichten aus, die sich vor und um den verdampfenden Meteor legen. Diese können oft erheblich größer sein als der Meteorit selbst. So hatte beispielsweise der Treysaer Meteor, der in 50 km Höhe eine Leuchterscheinung von 1000 Meter Durchmesser hervorrief, nur einen Durchmesser von 35 cm.

Bei der ungeheueren Hitzeentwicklung verdampft der Meteorit oder größere Stücke zerspringen in Einzelteile. Bei Meteoritenfällen am

224

Der Leonidenschauer am 17. November 1966 nach einer Aufnahme des Kitt-Peak-Observatoriums in Arizona. Im Hintergrund das Sternbild des Großen Wagens.

Tage tritt dabei auch eine Rauchbahn aus glutflüssig abgestreiftem und feinzerstäubtem Material auf. Die aufgefundenen Meteoriten sind daher nur geringe Reste des ursprünglichen Körpers. Der abgesonderte Staub wird oft auf den Schneeflächen der Antarktis in einer bräunlich gefärbten Schicht sichtbar. Doch können diese Staubmassen auch einen beachtlichen Umfang erreichen. So wurde beispielsweise im Jahre 1947 das in der Rauchspur des großen Meteoriten-Eisenschauers von Sichote Alin – halbwegs zwischen Wladiwostok und Chabarowsk – enthaltene Material auf 200 Tonnen geschätzt. Die aufgefundenen zusammenhängenden Klumpen hatten nur noch ein Gewicht von 23 Tonnen. Die bei diesem Meteoriteneinfall entstandene Rauchfahne verdeckte mehrere Stunden lang die Sonne. Ein ähnliches Ereignis wurde am 5. Dezember 1682 in Frankfurt a. M. beobachtet und gezeichnet.

Wenn aber selbst umfangreichere Teile die Erde erreichen, so ist die Gefahr doch nicht so groß, und man braucht kaum zu fürchten, einmal von einem solchen Brocken erschlagen zu werden. Einschließlich der kleinsten Meteoriten wird zwar die Erde an jedem Tag durchschnittlich von 1000 bis 10000 Tonnen „Weltraummaterial" getroffen. Aber nur etwa eine Tonne entfällt auf Brocken von über 1 cm Durchmesser. Auch davon verdampfen die meisten noch in der Atmosphäre. Im übrigen sind die besiedelten Gebiete so dünn auf der Erdoberfläche gesät, daß die meisten Meteoritenfälle keinen Schaden anrichten.

Natürlich gibt es auch gelegentlich recht große. Der *Willamette*-Meteorit, der im Jahre 1902 in der Nähe von Oregon City gefunden wurde und ein Gewicht von 15 Tonnen besitzt, ist einer von ihnen. Einen anderen mit einem Gewicht von 27 Tonnen entdeckte man in der Nähe von Bacubirito in Mexiko. Historisch nachgewiesen ist ein Fall, der sich am 14. Juli 1847 in Braunau in Böhmen ereignete. Damals schlug ein 17 Kilogramm schwerer Meteorit auf das Dach eines Gutshauses und durchschlug es. In der Kammer, die der Meteorit erreichte, schliefen drei Kinder; doch sie wurden kaum verletzt. Aus neuerer Zeit wird ein ähnlicher Fall aus Beuld in Illinois/USA berichtet, der sich am 29. September 1938 ereignete. Eine Frau arbeitete gerade in ihrem Garten, als sie ein jaulendes Pfeifen und einen Aufschlag in ihrer Nähe hörte. Sie glaubte zunächst, ein Flugzeug sei abgestürzt, und erfuhr erst später, daß das Dach einer Garage in ihrer Nähe von einem Meteoriten durchschlagen worden war. Er drang weiter durch ein Autodach, den Fahrersitz und grub sich tief in den Zementboden ein.

Ähnliche Ereignisse mögen es wohl gewesen sein, die sich in uralten Sagen und Berichten widerspiegeln und die ins Religiöse übertragen davon sprechen, daß der rächende Gott mit einem Strahl oder einem Donnerkeil einen Übeltäter getroffen und getötet habe.

Wenn man diesen Überlieferungen glauben soll, dann wurden im Laufe der Jahrtausende immer wieder Menschen von Meteoriten getötet. Schon babylonische Steintafeln, alte chinesische Chroniken, die Bibel und griechische und römische Schriftsteller berichten davon. In Deutschland wird uns ein Unglück durch Meteoriteneinschläge aus dem Jahre 823 n. Chr. überliefert, bei dem eine ganze Viehherde vernichtet wurde. Im Jahre 1411 regnete es „Donnerkeile" auf die Stadt Mailand. Zwei Jahre danach fielen in Frankreich „heiße Steine" vom Himmel. Im Jahre 1578 sollen in der Tschechei ungezählte Dächer auf diese Weise zertrümmert worden sein. Dreitausend Meteoriten hagelten 1803 auf die Stadt L'Aigle in Nordfrankreich, und 65 Jahre später waren es in Pultusk in Polen angeblich mehr als zehntausend.

Im Volksaberglauben galten die Meteoritensteine als magische Gegenstände. So ist der *Hadschar al-aswad*, der berühmte *Schwarze Stein*, der in der Ecke der Kaaba in Mekka eingemauert ist, ein Meteorit, der bereits in vorislamischer Zeit Gegenstand religiöser Verehrung war. Auch die berühmte *Nichtrostende Säule* in Delhi soll aus Eisenmeteoriten hergestellt worden sein, deren Eisengehalt weit größer ist als alle anderen irdischen Erze.

Katastrophen von größtem Ausmaß

Es hat bereits in vorgeschichtlicher Zeit Einschläge von Meteoriten gegeben, die folgenschwere Katastrophen gewesen waren:

Oft sind es riesige Krater, in denen eine ganze Stadt Platz hätte. Ein solcher Trichter befindet sich beispielsweise in der Nähe der Stadt Winslow in Arizona (USA). Er ist vielleicht mehrere tausend Jahre alt, hat einen Durchmesser von 1295 Meter und eine Tiefe von 174 Meter.

Im Jahre 1950 wurde durch eine Luftaufnahme in einem abgelegenen Teil Labradors ein noch weit größerer Meteorkrater gefunden. Sein Durchmesser beträgt 3,7 Kilometer, seine Tiefe 250 Meter. Man hat errechnet, daß bei einer derartigen Katastrophe nicht nur eine Stadt von der Größe New Yorks vom Erdboden weggefegt, sondern durch den ungeheueren Luftdruck im Umkreis von 100 Kilometern alles Leben vernichtet werden könnte.

Wie ein derartiger Einschlag vor sich geht, wissen wir übrigens aus unserer jüngsten Vergangenheit. Am 30. Januar 1908 schlug ein Meteorit, dessen Gewicht auf mehrere tausend Tonnen geschätzt wird, in die Tungusensteppe im nördlichen Sibirien ein. Viele hundert Kilometer von der Aufschlagstelle entfernt vernahmen die Menschen ein ohrenbetäubendes Rauschen, das immer mehr anschwoll und dann mit einem donnernden Schlag jäh abbrach. Die Erde schwankte wie bei einem Erdbeben. Unzählige Hütten wurden beschädigt. Ein Lokomotivführer der Transsibirischen Eisenbahn, der mit seinem Expreß zufällig in einer Entfernung von 700 Kilometern vorüberfuhr, hielt den Zug an, da er glaubte, es habe sich eine Explosion in den Wagen ereignet.

Im Laufe der Erdgeschichte sind übrigens wiederholt auch noch größere Meteoriten auf unserem Planeten eingeschlagen. Ein Meteoritenkrater, der mit einem Durchmesser von etwa 250 Kilometern die Ausmaße eines der größten Mondkrater besitzt, wurde von amerikanischen und französischen Forschern unter dem Eispanzer des antarktischen Kontinents vermutet. Seismische Messungen und eine Abnahme der Schwerkraft im Kratergebiet um etwa ein Zehntausendstel des normalen Wertes führten zu seiner Entdeckung. Bei dem Meteoriteneinschlag, der vor Urzeiten stattgefunden haben könnte, wurde vielleicht die felsige Oberfläche der Antarktis pulverisiert, zu glasartigen Klumpen *(Tektiten)* geschmolzen und 4500 Kilometer weit fort-

Dieser gewaltige Krater in Arizona entstand durch den Einschlag eines großen Meteoriten.

geschleudert. In Südaustralien können sie heute noch gefunden werden. Sie liegen dort verstreut auf einem Kreisbogen, der seinen Mittelpunkt genau im Zentrum des jetzt entdeckten Meteoritenkraters *Antarktica* hat.

Gewiß, solche Katastrophen sind furchtbar, und sie könnten sich eines Tages in der langen Geschichte unserer Erde einmal wiederholen. „Aber wenn man die Zahl derartiger Katastrophen", so meint der sowjetische Astronom E. L. Krinow in seinem 1966 in Oxford erschienenen Buch *Giant Meteorites*, „auf die Erde verteilt und die Länge der Zeit berücksichtigt, dann haben doch nur verhältnismäßig wenige solcher Katastrophen stattgefunden."

Aber wie man es auch immer drehen mag, eine wenn auch geringe Gefahr besteht trotzdem. Um dieser in absehbarer Zeit begegnen zu können, hat man sich in den USA schon überlegt, mit ferngelenkten Atom-Raumraketen derartige sich der Erde nähernde Himmelskörper zu zersprengen oder wenigstens aus ihrer Bahn zu drängen.

Mit Hilfe von Raumstationen wäre es mit entsprechenden Radareinrichtungen möglich, genaueste Messungen von den sich nähernden gefährlichen Riesenmeteoriten zu machen und die von der Erde auf sie abgeschossenen Atomraketen von einem bemannten Satelliten aus so drahtlos zu lenken, daß sie in der gewünschten Richtung ins Ziel fliegen.

Ob dieses System aber schnell genug die drohende Gefahr abwenden könnte und ob es sich auch finanzieren läßt, bleibt abzuwarten. Vorläufig bestehen solche konkreten Pläne nicht.

Die Meteore geben manche Rätsel auf

Schon seit der Zeit, als am 16. November 1492 mittags bei Ensisheim im Elsaß ein 127 Kilogramm schwerer Meteorit auf die Erde fiel und dieses „Greußlich Ereignis" in einem Flugblatt von Sebastian Brant über den „Donnerstein" aller Welt mitgeteilt wurde, zerbrach man sich den Kopf, woher dieser Stein kam und woraus er bestand. Man hatte nämlich einen Teil weggeschlagen und „nichts Näheres aus der dunklen harten Masse entnehmen können".

Erst Wilhelm Schickard, ein Mathematiker und Liebhaber-Astronom aus Württemberg, versuchte als erster die Bahn einer Feuerkugel zu

Von dem donnerstein gefallē jm 1492. iar: vor Enfisbe

Das Flugblatt von Sebastian Brant über den „Donnerstein", der als drei Zentner schwerer Meteorit am 16. November 1492 mittags in Ensisheim im Elsaß auf die Erde fiel.

bestimmen und veröffentlichte einen kurzen Bericht über die am 7. November 1623 über Tübingen erschienene „Feuerkugel", deren Bahn er mit mathematischen Hilfsmitteln zu bestimmen suchte. Diese eingehende Untersuchung unter Heranziehung auswärts gemachter Beobachtungen ließ ihn die Auflösung des Meteoriten – „sein Zerspringen", wie er es nennt – in einer Höhe von 20 Meilen über dem Erdboden berechnen. Er kam zu der Schlußfolgerung, daß die Feuerkugel himmlischen Ursprungs sein müsse und nicht, wie man allgemein noch annahm, es sich um eine „Ausdünstung in der Atmosphäre" handele. In seinem 1624 veröffentlichten *Weiteren Bericht* begründete er diese Schlußfolgerung noch eingehender. Seit der Zeit schenkten die Gelehrten diesen Himmelskörpern erst eine größere Aufmerksamkeit.

Aber eine nähere Begründung für den außerirdischen Ursprung der Meteoriten konnte man zunächst nicht geben. Selbst der berühmte französische Chemiker Antoine Laurent Lavoisier (1743–1794), der seit 1768 Mitglied der Akademie der Wissenschaften in Paris war, erklärte nach einer Tagung dieser Gesellschaft, auf der über verschie-

230

dene naturwissenschaftliche Probleme gesprochen wurde, mit einem zynischen Lächeln, daß er noch einige Worte über eine seltsame Nachricht zu machen habe.

Ein paar sonst ganz vernünftige Leute – so begann er dann – hätten einen Bericht eingesandt, demzufolge am 24. Juli 1790 bei Juillac aus heiterem Himmel Steine zur Erde gefallen seien. Auf das Gelächter der gelehrten Versammlung eingehend, fuhr er dann fort, er brauche hier wohl kaum die Unmöglichkeit einer solchen Erscheinung zu betonen. In der Nähe der Vulkane, der feuerspeienden Berge, komme das wohl vor; denn sie schleuderten auch Steine aus dem Erdinneren empor in den Luftraum. Aber fern von solchen Feuerbergen sei das eine völlige Unmöglichkeit! Es müsse daher eine Täuschung vorliegen, und es lohne sich deshalb nicht, auf die Sache noch näher einzugehen.

Lavoisier hat nicht mehr erlebt, wie falsch seine Ansicht war, denn die Französische Revolution vernichtete auch diesen großen Gelehrten und er endete im Mai 1794 unter dem Fallbeil der Guillotine. Aber der Zufall wollte es, daß genau in demselben Monat der deutsche Gelehrte Ernst Florens Chladni (1756–1827) den Nachweis führte, daß unausgesetzt solche Steine aus dem Himmelsraum zur Erde fallen. Es gäbe Tausende von Berichten darüber seit den ältesten Zeiten, und viele dieser herabgefallenen Steine seien sogar in Kirchen „als Zeichen Gottes" aufbewahrt worden.

Chladni, der ein geborener Wittenberger war, führte dann weiter aus: „Es gibt nämlich nicht nur die großen Weltenkörper, die Sonnen, Planeten, Monde im Sternenraum, sondern auch diese Steine von verschiedener Größe. Sie sind sozusagen die ‚Weltspäne', die vielleicht beim Bau der Welt übrigblieben und nun im All dahinfliegen. Kommen sie in die Nähe eines großen Sternes, wie es unsere Erde ist, so werden sie durch die Gravitation angezogen und rasen auf sie zu. Mit großer Geschwindigkeit durchsausen sie die Lufthülle der Erde, erfahren da Widerstand und Reibung, und so glühen sie auf."

Woraus besteht nun ein solcher „Himmelskeil", wie man derartige Geschosse aus dem All auch gelegentlich genannt hat? Man kennt, in groben Zügen gesprochen, Meteoriten aus Stein, Eisen und endlich, wenn auch recht selten, aus Glas, die *Tektite* genannt werden und 80 Prozent Kieselsäure enthalten. Zu den Stein-Meteoriten, den *Chondriten*, werden auch die *Kohle-Meteoriten* gezählt. Dazwischen werden noch zahllose Übergangsformen registriert. Nach ihrer chemischen Zusammensetzung teilt man die Meteoriten in 80 unterschiedliche Arten ein. Dabei wurden bisher nur chemische Elemente gefunden, die von der Erde her bekannt sind, wenn auch in anderer Häufigkeitsverteilung.

Ein unverkennbares Erkennungzeichen der Eisen-Meteoriten ist oft ihre Struktur. Sie bestehen häufig aus einem sonderbaren Lamellenaufbau, der bei Eisen irdischen Ursprungs nicht vorkommt. Verhältnismäßig dicke Schichten von mäßig nickelhaltigem Eisen wechseln sich ab mit blattartig dünnen, die überaus nickelreich sind. Dieses Gemenge bildet häufig ein Kristallgefüge von Sechs- und Achtecken. Poliert man beispielsweise bei einem solchen Oktaedriten einen Schnitt durch die Meteoreisenfläche und ätzt ihn dann mit verdünnter Salpetersäure, so wird die nickelärmere Eisenschicht stärker angegriffen, und die Ätzfiguren der dünnen Schichten nickelreichen Eisens bleiben erhalten. Sie treten dann als ein Netzwerk von feinenLinien hervor, die man die *Widmannstättenschen Figuren* nennt.

Bei Sechseckern bilden sich querlaufende Parallellinien, die man *Neumannsche Linien* nennt, und bei anderen Formen von Meteoreisen die sogenannten *Reichenbachschen Lamellen*.

Eisen irdischen Ursprungs zeigt ähnliches nicht. Man kann daher mit Hilfe dieser Ätzfiguren Eisen-Meteorite als solche einwandfrei erkennen.

Bei der Herausarbeitung der merkwürdigen Figuren im 19. Jahrhundert tauchte natürlich schon bald die Frage auf: Kann man irdisches Eisen in verschiedenen Prozessen auch dazu bringen, daß es ähnliche Strukturen annimmt wie das Meteoreisen? Dann wären nämlich, wie wir sehen werden, verschiedene wichtige Schlußfolgerungen möglich.

Die erfolgreichsten Versuche in dieser Richtung unternahm Professor Benedicks von der Universität Uppsala in Schweden. Das Hauptergebnis seiner zahlreichen Versuche war: Man muß kohlenstoffhaltigen Eisenstahl während der Abkühlung nach dem Schmelzen von etwa 650° an äußerst langsam erkalten lassen. Dann findet eine ähnliche Aussonderung von nickelarmem Eisen in dickeren Schichten statt, wie sie in den Meteoriten vorhanden ist. Das aber erlaubt den Schluß: Wahrscheinlich hat das Meteoreisen einen ganz außerordentlich langsamen Abkühlungsprozeß durchgemacht, so wie wir es für die tieferen Bestandteile eines Planetenkörpers annehmen können. Das wäre ein wertvoller Hinweis, daß es sich bei diesem Meteoreisen

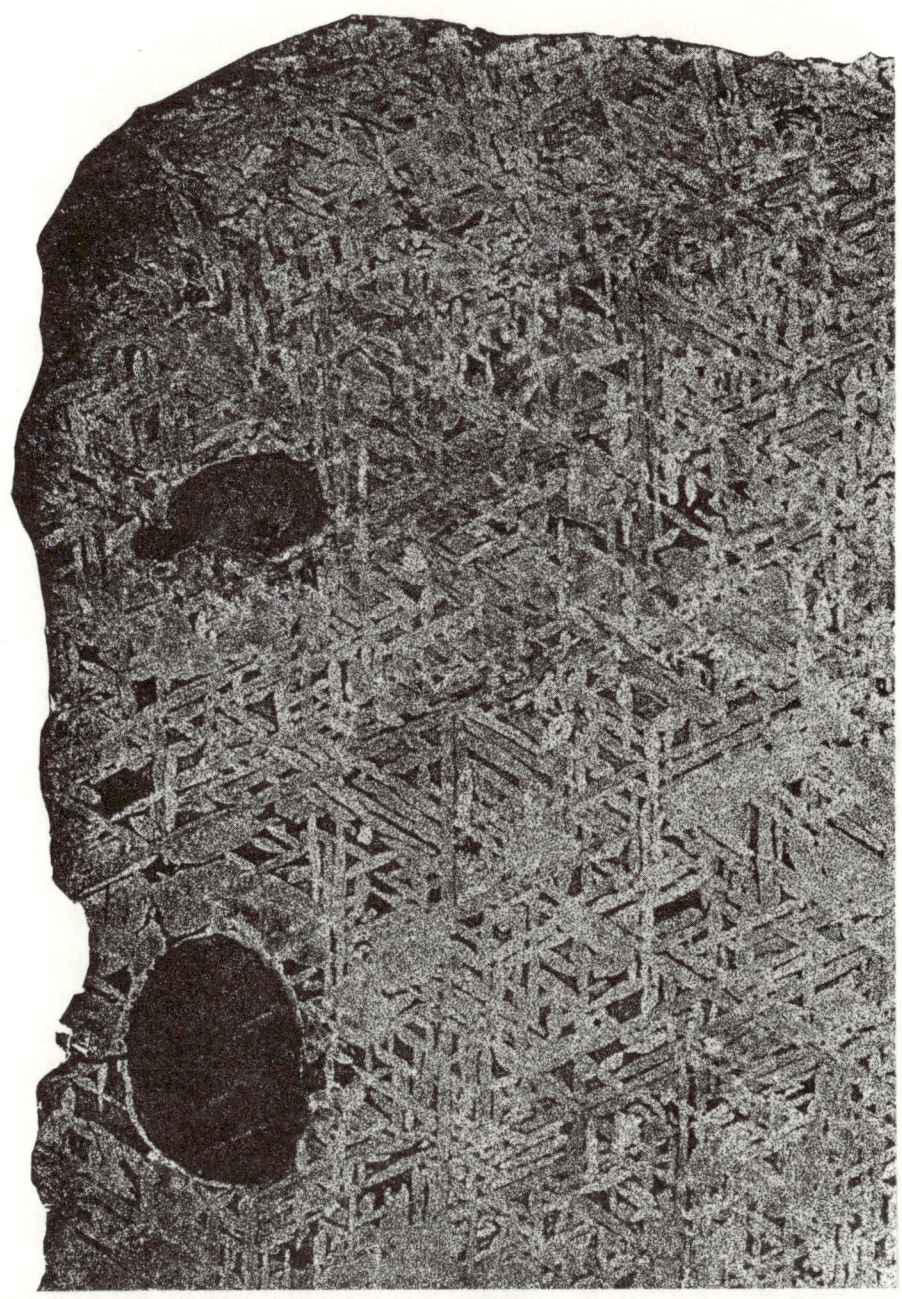

Das sichere Kennzeichen eines Eisen-Meteoriten sind die sogenannten Widmann-stättenschen Linien. Sie entstehen durch die Kristallisation des Materials.

vielleicht um tieferliegende Bestandteile eines im Weltraum zer-
trümmerten Planeten handeln könnte.

Hinzu kommt aber noch folgendes: Wir wissen, daß die Stoffe in den
tieferen Schichten des Erdkörpers und der Erdhaut weniger stark
oxydiert sind als die an der Oberfläche. Nun treten in den Meteoriten
Mineralien auf, die an der Erdoberfläche ganz oder fast ganz fehlen,
weil der Luftsauerstoff sie rasch umgebildet, oxydiert, also im chemischen Sinne verbrannt hat. Diese Mineralien wie beispielsweise
Einfach-Schwefeleisen, Schwefelkalzium oder Phosphornickeleisen-
verbindungen wie Schreibersit, sind nämlich in den Meteoriten nicht
zu finden. Das läßt auch hier die Vermutung aufkommen, das Meteori-
tenmaterial entstamme größeren Tiefen und sei erst durch die Zerstörung eines planetarischen Weltkörpers frei geworden. Im Zusammenhang hiermit ist der Umstand wichtig, daß in den Meteoriten kein
Material gefunden wird, dessen Bildung Wasser erfordert, also nur an
der Oberfläche eines Himmelskörpers gewesen sein kann.

Es scheint daher so, daß die Meteoriten die Trümmer ehemaliger
Himmelskörper sind, die bei irgendeiner kosmischen Katastrophe
auseinanderflogen. In diesem Zusammenhang ist auch die Frage recht
aufschlußreich, wie alt die Meteoriten sind. Ihr Alter kann nämlich
heute nach verschiedenen neuartigen Methoden bestimmt werden.

Altersbestimmung durch Atomzerfall

Die Physiker haben eine Art Kontrolluhr für diesen Vorgang gefunden. Bei dem Zerfall des Urans bildet sich Blei und auch eine ganz
bestimmte Menge des gasförmigen Heliums. Da dieses Helium im
Gestein beziehungsweise seinen Trümmern eingeschlossen bleibt,
kann die Messung des Heliums zu einer zweiten, vom Uran unabhän-
gigen Datierung verwendet werden.

Auch für anderes nicht uranhaltiges Gestein ist in den letzten Jahren
eine Datierungsmöglichkeit geschaffen worden. In vielem findet man
das Element Kalium. Davon gibt es auch eine radioaktive Atomsorte
mit dem Atomgewicht 40. Dessen Zerfall führt ähnlich wie beim Uran
zu zwei verschiedenen Elementen, und zwar dem Metall Kalzium
und dem Edelgas Argon. Das Fortschreiten dieses Umwandlungspro-
zesses führte hier zu einer Halbwertzeit von 1,3 Milliarden Jahren, die

gleichfalls zur Berechnung des Alters von aus derartigem Gestein bestehenden Meteoriten eingesetzt worden ist.

Eine Methode, noch weit größere Zeiträume zu untersuchen, ist das Rubidium-Strontium-Verfahren. Das Prinzip der Umwandlung von Rubidium in Strontium aufgrund einer schwachen Radioaktivität ist hier ähnlich wie bei den anderen Verfahren, jedoch beträgt in diesem Falle die Halbwertzeit 47 Milliarden Jahre. Solange unsere Erde steht – und man schätzt ihr Alter auf rund fünf Milliarden Jahre –, fand daher nur eine geringe Umwandlung von Rubidium in Strontium in dem seit dieser Zeit gebildeten Gestein statt. Für eine Kontrolle der durch die obigen Verfahren bestimmten Datierung ist aber bereits der bisherige Zerfall ausreichend. Für die Altersbestimmung der Meteoriten aber, die unter Umständen noch älter als die Erde sein können, da sie ja aus ganz anderen Teilen des Universums zu uns gelangen könnten, ist dieses Verfahren äußerst wichtig.

Mit allen den unterschiedlichen Verfahren kam man zu Altersbestimmungen, die von 360 Millionen Jahren bis zu 60 Milliarden Jahren reichen.

Sind diese Dinge, die zum Verständnis der Meteorite, ihrem Alter und Ursprung erwähnt werden mußten, schon kompliziert genug, so wird es etwas schwierig, wenn wir weitere Besonderheiten erwähnen, die in keinem modernen Buch, das dieses Thema behandelt, fehlen dürfen.

Wir sprachen bereits über die riesigen kraterähnlichen Einschläge von Riesenmeteoriten, wie beispielsweise den vom Canon Diablo in Arizona, von Odessa/Texas, von Henbury in Australien sowie von dem Einschlag von 1908 in der Tungusensteppe. In der Nähe der meisten dieser Riesenkrater finden sich stets erhebliche Mengen von Eisenmeteoriten sowie eine Schicht von Eisenschiefer, die man *Iron-shale – Eisenschild* nennt. Es ist ein festes, rotbraunes, aus Oxyden von Eisen und Nickel mit etwas kalkigen oder anderen irdischen Bestandteilen gemischtes, beim Einschlag gebildetes Material. Diese Iron-shale ist sozusagen ein Indiz für die meteoritische Natur eines Kraters, der ja in seiner äußeren Form einem Vulkan ähnelt.

Nun aber – und das ist das Merkwürdige – fehlt die Iron-shale ebenso wie andere Reste beim Einschlag in der Tungusensteppe im Jahre 1908. Dieser Einschlag ereignete sich mit unvorstellbarer Wucht in dem einsamen Waldgebiet. Noch jahrelang markierte eine etwa 50 Kilometer lange Schneise aus verbrannter Erde und umgestürzten Bäumen die Bahn, die der kosmische Feuerball kurz vor seinem Aufprall durchraste.

Obwohl schon damals die Meteoritenforscher dem Absturz jedes noch so kleinen Teilchens nachspürten, unterblieb eine wissenschaftliche Untersuchung der Einschlagstelle in der Tunguska. Erst im Jahre 1927 drang der russische Wissenschaftler Kulik in die unwegsamen sibirischen Wälder vor, aber er fand nicht, was er erwartet hatte. Seine Grabekolonnen konnten an der Einschlagstelle nicht ein einziges Stück meteoritischen Materials aus dem Boden holen. Auch spätere gründlichere Untersuchungen hatten keinen Erfolg.

Jahrzehnte hindurch vermochten die Wissenschaftler keine überzeugende Erklärung für das Fehlen jeglichen Meteoritenmaterials zu geben. Die verschiedenen Deutungsversuche dieses „Rätsels der Tunguska" führten schließlich dazu, daß noch vor wenigen Jahren sowjetische Experten, wenn es auch wohl nicht so ernst gemeint war, behaupteten, der riesige Krater könne möglicherweise auch durch die Explosion eines atomgetriebenen, kosmischen Raumschiffes entstanden sein. Eine abenteuerliche Vermutung, die erhebliches Aufsehen erregte!

Eine sensationelle Behauptung

Darauf entbrannte ein Streit für und wider das „Raumschiff aus einer anderen Welt" nicht nur in der Sowjetunion, sondern auch in vielen anderen Ländern. Ende April 1958 veröffentlichte die angesehene britische Zeitschrift *Nature* einen Beitrag, der das Meteoriten-Rätsel in der Taiga in Übereinstimmung mit den jüngsten physikalischen Forschungsergebnissen auf eine neue, verblüffende Weise zu klären versuchte.

Verfasser des Meteoriten-Artikels war der amerikanische Physiker Philip J. Wyatt, der am Physikalischen Institut der Universität von Florida arbeitet.

„In manchen der zahlreichen Meteoritenkrater", so schreibt er, „wie beispielsweise an der Einschlagstelle des riesigen Tunguska-Meteorits konnten bisher weder die Riesenprojektile noch irgendwelches Material von ihnen gefunden werden."

Es ist daher zu vermuten, daß die Meteoriten, welche diese Löcher geschlagen haben, aus einem Material bestanden haben, das beim Zusammentreffen mit irdischen Stoffen sofort explosionsartig reagiert und nach einer Art atomarer Reaktion keinerlei Rückstände hinterläßt. Wir nennen dieses Material *Antimaterie*, und es ist zumindest anzunehmen, daß die genannten Meteoriteneinschläge daraus bestanden haben.

Der Begriff *Antimaterie* taucht schon seit einiger Zeit immer wieder in der Diskussion der Wissenschaftler auf, die sich mit Atomfragen befassen. Besonders in der kalifornischen Atomforscherstadt Berkeley spüren die Wissenschaftler diesem seltsamen unirdischen Stoff nach.

Sie kamen dabei zu der Erkenntnis, daß es Gegenstücke zu den Grundbausteinen des Atoms – Elektronen, Protonen, Neutronen – geben müsse: die sogenannten „Antiteilchen", die sich physikalisch in vieler Hinsicht genau wie die normalen Atombausteine verhalten. Das *Anti-Proton* wäre demnach das Gegenstück zum positiv geladenen Proton und müßte daher negativ geladen sein. Die Existenz dieser Gegenmaterie wäre übrigens mit den bekannten physikalischen Gesetzen durchaus vereinbar. Doch müßte es bei einem Zusammentreffen von Materie und Antimaterie zu einer gemeinsamen Zerstrahlung des Materials kommen. Die dabei freigesetzte Energie entspräche der Ruheenergie der beteiligten Materie und Antimaterie.

Inzwischen ist es auch den Atomforschern von Berkeley gelungen, mit Hilfe einer riesigen Forschungsanlage, einem *Bevatron*, die geheimnisvollen Antiteilchen künstlich zu erzeugen. Sie existieren in den Versuchsapparaten allerdings nur wenige tausendstel Sekunden, ehe sie sich in einem Energieblitz auflösen.

Nach diesem Beweis halten es die Wissenschaftler nicht für ausgeschlossen, daß möglicherweise in den Weiten des Alls Welten existieren, die im Gegensatz zur Erde nur aus Anti-Atomen bestehen. Eine solche Antiwelt könnte übrigens durchaus beständig sein, wenn sie – wie etwa ein fernes Milchstraßen-System – durch Millionen Lichtjahre leeren Raumes von der aus normalen Atomen aufgebauten Welt getrennt wäre. Es könnte sogar sein, so vermuten einige Wissenschaftler, daß sich unsere Welt und die der Antimaterie in einer Art Gleichgewicht befinden und es deswegen nicht zu universellen Katastrophen kommen kann, die sonst beim Zusammentreffen der unterschiedlichen Materieformen unweigerlich ausgelöst würden.

Allerdings sind das vorläufig nur Gedankenspielereien, die durch

Wissenschaftlern der kalifornischen Universität Berkeley gelang es, in einem Bevatron Antimaterie erstmals künstlich zu erzeugen.

exakte Beobachtungen nicht zu untermauern sind. Wahrscheinlich handelt es sich bei dem sibirischen Meteoriten vom Jahre 1908 um kein fremdes Raumschiff und auch nicht um Antimaterie, sondern um den staubhaltigen Kern eines kleinen Kometen. Das in die Erdatmosphäre eindringende „Staubpaket" verursachte eine gewaltige Druck- und Hitzewelle, verdampfte aber selbst völlig, und so ist es verständlich, daß man heute keine meteoritischen Brocken mehr auffinden kann.

Neue Erkenntnisse erweitern das Weltbild

Kopernikus, Kepler und Newton hatten durch ihre Theorien über die Anordnung der Planeten in unserem Sonnensystem, über ihre Bewegungsgesetze und die Kräfte, die diese beherrschten, die Grundlagen für eine neue Astronomie geschaffen. Sie gingen davon aus, daß das Sonnensystem eine in sich geschlossene Einheit darstellte.

Für die Prüfung und Begründung dieser Theorie war es notwendig geworden, noch genauere Positionen der Sonne, der Planeten und ihrer Monde durch eine Verbesserung der Meßinstrumente sowie der Methoden zur Bestimmung und Errechnung der Koordinaten dieser Himmelskörper zu gewinnen.

Einer derjenigen, der wesentlich zu der Verbesserung der Meßinstrumente beitrug, war der Vizepräsident der Royal Society in London, John Hadley. Er wurde übrigens vor kurzem durch das Apollo-15-Unternehmen weltbekannt, als das amerikanische Raumschiff in der Nähe der *Hadley-Rille* landete, die nach diesem Astronomen benannt worden war und deren Ränder die Astronauten Scott und Irwin erforschten. Hadley hat sich nicht nur um die Verbesserung der Teleskope bemüht und schrieb darüber im Jahre 1723 ein Werk mit dem Titel *Account Of A Catoptric Reflecting Telescop – Ein Bericht über ein reflektierendes katadioptrisches Teleskop*. Acht Jahre später verfaßte er ein anderes Werk *New Instrument For Taking Angles*, das sich mit einem neuartigen Quadranten befaßte.

Mit Hilfe dieser Instrumente war es nunmehr auch möglich, eine Beobachtung des dänischen Astronomen Olaf Römer (1644–1710) nachzuprüfen. Dieser hatte während seines Aufenthaltes in Paris als Lehrer des Dauphins die Jupitermonde und deren regelmäßige Verfinsterungen beobachtet. Er stellte dabei fest, daß die Verfinsterungen später zu sehen waren, wenn die Entfernung zwischen Erde und Jupiter sich vergrößerte. Wenn aber die beiden Planeten sich wieder näherten, blieb die Verspätung aus. Mit dieser Grundlage gelang es Olaf Römer, die Lichtgeschwindigkeit zu messen. Er bestimmt sie fast richtig mit zirka 300000 Kilometer in der Sekunde. Das war für die damaligen Verhältnisse eine unvorstellbare Geschwindigkeit. Ein Lichtblitz könnte (wenn er nicht geradlinig verlaufen würde) in einer einzigen Sekunde 7½mal um den Erdball rasen. Verständlicherweise wurde diese Berechnung von vielen Wissenschaftlern angezweifelt.

Alle Unterlagen seiner Berechnung nahm Römer mit, als er ähnlich wie Huygens zusammen mit 800000 anderen Protestanten Frankreich verlassen mußte. Römer fand damals in Kopenhagen durch den König Friedrich IV. eine ehrenvolle Aufnahme und konnte seine Arbeiten auf einer nach seinen Plänen errichteten Sternwarte fortsetzen. Er starb inmitten seiner Arbeiten über weitere Zeit- und Lichtgeschwindigkeitsbestimmungen am 19. September 1710.

Die reichliche Fülle dieser Arbeiten hätte ungemein zur Förderung der Wissenschaften beigetragen, hätte nicht ein schrecklicher Brand im Oktober 1728 die Sternwarte und einen Teil Kopenhagens in Schutt und Asche gelegt. Die gesamten Berechnungen Römers befanden sich in der Sternwarte in einem Wandschrank, zu dem nur sein Nachfolger Horrebow den Schlüssel besaß. Beim Ausbruch des Brandes eilte er sogleich hin, um die Beobachtungen zu retten. Doch bis er in der Sternwarte ankam, hatte das Feuer den Schrank schon ergriffen und die wertvollen Manuskripte vernichtet.

So mußten mit Hilfe der neu entwickelten Geräte in der neu aufgebauten Sternwarte die ganzen Berechnungen Römers wiederholt werden. Daß man auf die gleichen Ergebnisse kam, überzeugte schließlich auch die Zweifler.

Aber das war nicht die einzige neue Erkenntnis dieser Zeit! Ein halbes Jahrhundert mußte jedoch erst vorübergehen, bis man den von Newton entdeckten Gravitationsgesetzen etwas Wesentliches hinzufügen konnte. Was damals die Astronomen beschäftigte, nachdem von ihnen endlich die Newtonschen Gesetze anerkannt wurden, war die Frage, ob es möglich sei, mit diesen die Bewegungen der Planeten und ihrer Satelliten mit allen ihren beobachteten Besonderheiten zu erklären und mathematische Darstellungen dafür zu geben, die es erlauben, die Positionen dieser Gestirne für längere Zeit genauer als bisher vorauszuberechnen.

Newtons Gravitationsgesetz waren nämlich nur Zweikörperbewegungen zugrunde gelegt, wie der Erde um die Sonne oder dem Mond um unseren Planeten. Wenn aber ein anderer Himmelskörper mit ins Spiel kommt, wie beispielsweise die Sonne bei der Erd-Mond-Umkreisung, wird die Keplersche Ellipse die Bahn des Mondes nur sehr unvollkommen darstellen, und für einen Beobachter auf der Erde werden sich Unterschiede zwischen den beobachteten und aufgrund der Keplerschen Gesetze berechneten Mondörtern zeigen. Das hatten bereits der deutsche Astronom Leonhard Euler (1707–1783) und sein französischer Kollege Joseph Louis de Lagrange (1736–1813) festgestellt. Sie hatten herausgefunden, daß bei bestimmten Stellungen des Mondes die Anziehungskraft der Sonne auf ihn wirkt und seine Bahnbewegung beschleunigt wird, während bei anderen Stellungen eine Verlangsamung eintritt. Diese Bahnstörungen als solche waren zwar schon früher bekannt und wurden in diesem Buch auch schon verschiedentlich erwähnt. Jetzt gelang auch ihre theoretische Deutung. Ähnliche Fälle gibt es übrigens viele, allein schon in unserem Sonnensystem, besonders bei den Planeten, die mehrere Monde besitzen. Alle diese Störungen lassen sich nach dem Gravitationsgesetz erklären. Newton war es allerdings noch nicht möglich, mit den ihm zur Verfügung stehenden mathematischen Hilfsmitteln diese verschiedenen Beeinflussungen rechnerisch zu verfolgen.

Es ist das große Verdienst von Pierre Simon Laplace (1749–1827), diese Abweichungen genauer dargestellt zu haben. Von den Arbeiten Newtons, Eulers und Lagranges ausgehend, befaßte er sich mit der Gesamtheit der Probleme und gab darüber ein fünfbändiges umfangreiches Werk mit dem Titel: *Mécanique céleste – Die Himmelsmechanik* heraus.

Sein Lebenslauf ist recht ungewöhnlich und soll deshalb kurz erwähnt werden. Er wurde am 23. März 1749 als Sohn eines Landwirtes in Beaumont-en-Auge in der Normandie geboren. Auch er war ein Kind armer Leute. Der junge Pierre Simon sollte Priester werden, weil dies am wenigsten kostete. Er begann seine Studien an einer Benediktinerschule in Beaumont und besuchte anschließend die Universität in Caen. Einer seiner Lehrer erkannte bald die außerordentliche mathematische Begabung des jungen Studenten und empfahl ihn an den damals auf der Höhe seines Ruhmes stehenden Mathematiker d'Alembert in Paris weiter, der dem Zwanzigjährigen nach einer kurzen Weiterbildung eine Stelle als Mathematiklehrer an der Militärschule in seinem Heimatort verschaffte. Bald darauf wurde er Examinator beim königlichen Artilleriekorps in Paris.

Im Jahre 1773 legte Laplace seine erste wissenschaftliche Arbeit der Académie des Sciences vor, der in den nächsten zwanzig Jahren eine ganze Anzahl weiterer folgten. Im gleichen Jahr wurde Laplace zum Mitglied der Académie des Sciences ernannt. Trotzdem behielt er seine Mathematikprofessur an der Militärschule bei.

Pierre Simon La-
place (1749–1827)
war einer der fran-
zösischen Astrono-
men, die durch ihre
Theorie über die
Entstehung des Pla-
netensystems all-
gemeines Aufsehen
erregten.

Eine seiner Aufgaben war es, die in die Militärschule eintretenden
Anwärter zu prüfen. Zu ihnen gehörte auch der damals sechzehnjäh-
rige Napoléon Bonaparte, der später nicht nur in der Weltgeschichte,
sondern auch im Leben von Laplace eine bedeutende Rolle spielen
sollte.

Der Guillotine entgangen

Seine Lehrtätigkeit in Paris rettete übrigens später Laplace das
Leben. Die Französische Revolution, die 1789 ausbrach und zum
Sturz des Königtums und schließlich am 21. Januar 1793 zur Hinrichtung von Ludwig XVI. und rund 40000 Franzosen führte, überstand
der Mathematik- und Physikprofessor. Man hatte nämlich ihn und
seinen Freund Lagrange 1792 bei Beginn der französischen Revolu-
tionskriege eingezogen, um sich Berechnungen der Bahnen von Artil-
leriegeschossen aufstellen zu lassen, und ihnen ebenfalls die Überwachung der Fabrikation von Salpeter zur Herstellung von Pulver
übertragen.

242

Für die beginnenden Kriege waren die beiden Männer deshalb so wichtig, daß man ihnen schlecht die Köpfe abschlagen lassen konnte, wie es anderen Gelehrten, zum Beispiel Lavoisier, ergangen war. Mit ihm hatte Laplace übrigens vom Jahre 1780 an gemeinsame kalorimetrische Messungen durchgeführt und eine Theorie über die Kapillarität sowie eine bessere Formel für die Fortpflanzungsgeschwindigkeit des Schalles entwickelt.

Nachdem die Schrecken der Großen Revolution vorüber waren, kehrte Laplace von seiner Pulvermühle als Professor für Mathematik an die Ecole normale in Paris zurück. Er wurde alsbald Mitglied und später auch vorübergehend Präsident des Bureau des Longitudes in Paris, das zu jener Zeit zum Zwecke der Koordinierung mathematisch-astronomischer Arbeiten gegründet worden war und heute noch existiert.

Im Jahre 1795 erschien sein Buch *Exposition du système du monde*, das schon bald einen beachtlichen Erfolg erzielte. Ohne Anwendung mathematischer Hilfsmittel gab Laplace in diesem Buch, nach ausführlichen Beschreibungen der verschiedensten Himmelserscheinungen, eine gute Übersicht über die bis dahin bekannten Theorien der Himmelskörper und brachte zum Schluß seine berühmte *Nebelhypothese* über die Entstehung der Planetensysteme. Er kommt dabei zu dem Ergebnis, daß auch unser Sonnensystem nicht durch Zufall entstanden ist, sondern sich aus einem Wirbel heißer, sich drehender Gasmassen entwickelt habe, von denen hin und wieder durch die Wirkung der Fliehkraft Arme abgeschleudert wurden, aus denen sich dann die verschiedenen Planeten bildeten.

Eine ähnliche Theorie entwickelte übrigens der große Königsberger Philosoph Immanuel Kant (1724–1804). Man spricht deshalb heute noch von der *Kant-Laplaceschen Theorie*, obwohl diese Bezeichnung nicht genau stimmt, da Kant davon ausgeht, daß sich im Anfang eine ungeordnete Menge kleinster meteoritenartiger Teilchen zu Himmelskörpern zusammengeballt hat.

Übrigens war Laplace ein ebenso phantastischer Schriftsteller wie Astronom. Das Vorwort, das er zu seinem *Weltsystem* geschrieben hat, lautet in freier Übersetzung:

„Von allen Naturwissenschaften ist die Astronomie diejenige, die sich auf einer langen Kette von Entdeckungen aufbaut. Es war ein weit über Jahrtausende gehender Weg von der ersten einfachen Himmelsbetrachtung bis zu der allgemeinen Übersicht, wie wir sie heute über das vergangene und zukünftige Weltsystem besitzen. Um dahin zu gelangen, war es nötig, die Sterne zahllose Jahrhunderte hindurch fortgesetzt zu beobachten, wobei eine Generation immer wieder auf den Erkenntnissen der vorhergehenden aufbaute und so die Gesetze erkannte, nach denen sich die Sonne, die Planeten und auch unsere Erde bewegt, um endlich die Gesetze des gestirnten Himmels zu erfassen und damit das ganze Universum verstehen zu lernen."

Die Karriere von Laplace ging nach der Veröffentlichung dieses Buches steil aufwärts. Als Napoleon am 18. November 1799 zum ersten Konsul Frankreichs ernannt wurde, übergab er das Portefeuille des Ministers des Inneren an Laplace. Er hatte also seinen früheren Prüfer und späteren Lehrer nicht vergessen. Der große Mathematiker und Astronom zeigte sich jedoch dem Ministerposten nicht gewachsen und sah sich – zum Glück für die Wissenschaft – gezwungen, ihn nach sechs Wochen wieder aufzugeben. „Er ist eben doch ein zu großer Mathematiker", so meinte Napoleon gelassen, „er wird leicht durch einen entsprechenden Verwaltungsbeamten zu ersetzen sein!"

Napoleon trug seinem ehemaligen Lehrer sein Versagen nicht nach. Zum Ausgleich gab er ihm einen Sitz im Senat. Im Jahre 1803 wurde er sogar dessen Vizepräsident, und 1806 ehrte ihn der Kaiser durch die Verleihung des Grafentitels. Als Ludwig XVIII. nach dem Sturz Napoleons im Jahre 1815 wieder die Regierung übernahm, ernannte er Laplace zum Pair de France.

In dieser Zeit erschien das große mathematische Hauptwerk von Laplace, die *Théorie analytique de probabilité*, eine systematische Darstellung der Wahrscheinlichkeitsrechnung. Eine allgemein verständlichere Darstellung desselben Gegenstandes veröffentlichte er einige Jahre später unter dem Titel: *Essais philosophiques de la probabilité – Eine philosophische Darstellung über die Wahrscheinlichkeitsrechnung.* Zahlreiche astronomische und mathematische Arbeiten folgten. Laufend aber ergänzte er sein bereits erwähntes Werk über die Himmelsmechanik. Dieses Hauptwerk über die Theorie der Himmelsbewegungen bildete die Grundlage zu weiteren astronomischen Erkenntnissen im 19. Jahrhundert. Die Genauigkeit, die mit den Laplaceschen Formeln zu erreichen war, verringerte die bisher größeren Abweichungen zwischen Beobachtungen. Die Berechnungen wichen nur um geringe Bruchteile voneinander ab. Die Theoretiker unter den Astronomen konnten auf den Grundlagen von Laplace weiterbauen. Wie hoch im 19. Jahrhundert die Bedeutung des Laplaceschen Werkes noch eingeschätzt wurde, beweist die Tatsache, daß die französische Regierung in der Zeit von 1843 bis 1847 die Werke dieses großen Astronomen in sieben Bänden auf Staatskosten herausgab und eine vervollständigte Ausgabe in dreizehn Bänden in den Jahren 1878 bis 1904 erschien.

Seine letzten Lebensjahre verbrachte Laplace in einem Landhaus nicht weit von Paris. Hier starb er nach kurzer Krankheit am 5. März 1827.

Ein Musiker wird Astronom

Weitere wesentliche Fortschritte in der Himmelskunde erforderten neue, von der beobachtenden Astronomie beschaffte Tatsachen. Dazu jedoch wurden bessere und weitreichendere Teleskope und Fernrohre gebraucht. Sie zu erfinden, zu bauen und für neue Entdeckungen einzusetzen, betrachtete Wilhelm Herschel (1738–1822) als seine Lebensaufgabe.

Friedrich Wilhelm Herschel (1738–1822) war ursprünglich Musiker und baute zunächst als astronomischer und optischer Amateur Riesenteleskope, mit denen er den Planeten Uranus entdeckte.

Auch sein Lebenslauf verlief höchst ungewöhnlich. Er wurde am 15. November 1738 als viertes Kind von Isaak Herschel, einem Musiker in einem Garderegiment in Hannover, geboren. Hannover stand damals mit England in Personalunion, wurde also von dem britischen König regiert. Ein Umstand, der später für Friedrich Wilhelm Herschel von großem Nutzen war.

Das Elternpaar lebte in beschränkten Verhältnissen und konnte seinen sechs Kindern nur eine bescheidene Ausbildung bezahlen. Die vier Söhne wurden deshalb alle Musiker. Friedrich Wilhelm lernte die Oboe blasen. Der Vater aber, der seinen Söhnen lieber eine andere Ausbildung gegeben hätte, da er auch geistig sehr interessiert war, versuchte ihnen wenigstens sein Wissen weiterzugeben. Dazu gehörten einige Kenntnisse über die Sternkunde und Philosophie. Zum erstenmal hörte damals der junge Herschel Namen wie Newton und Leibniz.

Im Jahre 1755 wurde das Regiment, bei dem der Vater und die vier Söhne als Musiker dienten, nach England versetzt. Zwar kehrte es wieder nach Hannover zurück, aber der jüngste der vier Söhne, Wilhelm, trat einige Zeit später aus dem Militärdienst aus und kehrte nach London zurück. Dort schlug er sich zunächst recht mühsam mit Musikunterricht durchs Leben. Aber eines Tages fand er auch als Musiker wieder eine Anstellung. Einige seiner Kompositionen fanden sogar Anerkennung und wurden zum Stolz der ganzen Familie in Hannover aufgeführt.

Nach verschiedenen Erfolgen erhielt der junge Komponist eine einträgliche Stellung als Organist. Zwei Jahre später konnte er es sich sogar leisten, in das Modebad Bath zu ziehen. Er komponierte nun Motetten und größere Kirchenmusikstücke mit Chorgesang und Orchester sowie eine Sinfonie und Militärkonzerte. Seine Laufbahn als Musiker schien nunmehr gesichert, zumal gut bezahlende Damen von hohem Rang zu seinen Schülerinnen gehörten. Plötzlich aber fand in dem so erfolgreichen Musiker eine Art geistiger Umbruch statt. Er begann sich mehr und mehr für mathematische Probleme zu interessieren. Seine ganze Freizeit widmete er diesem Hobby, und er wagte es sogar, sich an einer mit einem hohen Preis ausgeschriebenen Arbeit über die Schwingungstheorie von Musiksaiten zu beteiligen.

Von der Mathematik war der Schritt zur Astronomie nicht weit. Herschel stürzte sich auf alle ihm erreichbare Literatur. Um das Ge-

Das große Spiegelteleskop von F. W. Herschel, das er 1785–1789 baute; die Brennweite betrug zwölf Meter, die Öffnung des Spiegels 1,25 Meter; der von König Georg III. bezahlte Spiegel allein wog mehr als 20 Zentner.

lernte durch eigene Beobachtungen zu ergänzen, hatte er Gelegenheit, ein Spiegelteleskop von 50 cm Brennweite zu benutzen. Das Teleskop hatte ein ehemaliger Glasschleifer gebaut, der sich im Alter noch einen Nebenerwerb von der Herstellung dieser Geräte versprach. Da dieses Unternehmen aber doch nicht so gewinnbringend war, wie er es sich vorgestellt hatte, verkaufte er schließlich seinen ganzen

Vorrat an Werkzeugen, Glasrohlingen, Formen, Schleifsteinen und Polierzeug für wenig Geld an Herschel, dem er außerdem noch Unterricht im Schleifen von gekrümmten Spiegelflächen gab.

Herschel erfaßte sofort, worauf es dabei ankam. In seiner Wohnung machte er einige Räume als Werkstatt frei. Mit seiner Schwester Karoline, die er nach England geholt hatte, damit sie ihm den Haushalt führen konnte und seinem Bruder Alexander, der als erster Cellist in Bath arbeitete, machte er sich mit großer Begeisterung an die Herstellung des ersten Spiegelteleskopes.

Verständlicherweise mißlangen die Anfangsarbeiten, aber die handwerkliche Geschicklichkeit der drei wurde ständig besser. Endlich, im Jahr 1774 gelang das erste Spiegelteleskop. Es besaß bereits eine Brennweite von 150 Zentimeter. Dieser Erfolg ermunterte die Herschels, ein noch größeres Teleskop von 210 Zentimeter und bald noch weitere von 3 bis 6 Meter Brennweite zu bauen.

Wilhelm Herschel verkaufte sie alle, um schließlich ein Riesenspiegelteleskop von 12 Meter Länge und 120 Zentimeter Spiegeldurchmesser zu bauen. Das ganze Rohr konnte nur noch mit Hilfe einer mechanischen Einrichtung bewegt werden. Der konkave Spiegel am unteren Rohrende war etwas schief zur Achse angebracht, und zwar so, daß das vom Spiegel eingefangene Bild durch ein am oberen Rohrende angebrachtes Okular direkt beobachtet werden konnte. Dadurch wurde der Fangspiegel in der Newtonschen Anordnung, wie ihn Herschel bei allen vorhergehenden Spiegelteleskopen eingebaut hatte, überflüssig. Da aber jede Reflexion mit einem Lichtverlust verbunden ist, bedeutete diese Neuerung einen beachtlichen Gewinn an Lichtstärke.

Im übrigen bezahlte Herschel die Kosten für dieses Monstrum aus den Gewinnen, die inzwischen seine Hohlspiegelproduktion abwarf. Seine Werkstatt hat im ganzen etwa 400 solcher Teleskophohlspiegel hergestellt. Seinen Lebensunterhalt aber bestritt Wilhelm Herschel, wenigstens bis zum Bau seines Riesenteleskopes, immer noch mit den Einkünften aus seiner Musik.

Nun hatte Herschel endlich das Instrument, mit dem er, wie er es ausdrückte, „auf die Jagd nach den Sternen" gehen konnte. Das wurde ihm durch eine Beihilfe der Royal Society und eine finanzielle Unterstützung des Königs Georg III. ermöglicht. Für die Bedienung des Rieseninstrumentes bekam er 200 Pfund im Jahr, und seine Schwester verdiente als Assistentin noch ein jährliches Gehalt von 50 Pfund. Nebenbei erhielt er noch besondere Aufträge für seine Werkstatt. Für König Georg mußte er ein zehnfüßiges (30,48 Meter) Teleskop herstellen und ein zweites für die Universität Göttingen. Die Arbeiten leitete nun Alexander Herschel, der inzwischen entsprechende Hilfskräfte herangebildet hatte. Mit diesen Geräten öffneten sich den Astronomen ganz neue Weiten im Weltall, wie sie mit den bisherigen Instrumenten nicht erreicht worden waren.

Allerdings hatten auch die Geräte noch gewissen Nachteil, sie konnten nur mit Erfolg benutzt werden, wenn die Luft ruhig war. Deshalb mußten für sie besondere Standorte ausgewählt werden, und sie konnten auch dann nur in klaren Nächten eingesetzt werden. Herschel hatte es sich daher zur Gewohnheit gemacht, sich erst spät in der Nacht, wenn er von Konzerten und Theatervorstellungen nach Hause kam, an das Okular seines Riesenteleskops zu setzen.

Er beobachtete einen sich merkwürdig verändernden Stern, Mira Ceti. Dieser erste veränderliche Stern wurde bereits im Jahre 1596 von David Fabricius entdeckt. Dieser schwankte in einem zeitlich zu bestimmenden Abstand in seiner Helligkeit um mehrere Größenklassen. Herschel konnte sich das Phänomen nicht erklären und berichtete darüber an die Royal Society. Es gibt viele derartige Mirasterne. Diese verändern in Perioden, die zwischen 100 bis 1000 Tagen liegen, nicht nur ihre Helligkeit erheblich, sondern ihre Oberflächentemperatur schwankt auch, wie wir heute wissen, zwischen 3000 und 5000 Grad Celsius. Auch ihr Spektrum verändert dabei sein Aussehen. Auf diese „pulsierenden Sterne" werden wir später noch zu sprechen kommen.

Der siebte Planet

Wilhelm Herschel faßte einen großen Plan. Er wollte den ganzen ihm zugänglichen Himmel durchsuchen, Sternbild um Sternbild, und hoffte, dabei noch andere Besonderheiten zu entdecken. Voller Eifer und mit viel Spaß an der Sache begann er seine „Jagd" auf Neuigkeiten am Firmament im März 1781. Begeistert führte er Buch über seine Arbeit:

„Dienstag, der 13. März 1781, zwischen zehn und elf Uhr abends bemerke ich bei der Durchmusterung der schwachen Sterne in der Nachbarschaft des Sternes H Geminorum einen Stern, der größer schien als die benachbarten Sterne, so daß ich vermute, daß dieses Gestirn ein Komet sein müsse. Ich machte zu dieser Zeit eine Reihe von Beobachtungen über die Parallaxe von Fixsternen, die eine sehr starke Vergrößerung erfordern. Ich hatte daher Okulare für 227-, 460-, 932-, 1536-, sowie 2010fache Vergrößerung zur Hand, die ich alle auf diesen Stern anwandte. Ich beobachtete den Stern, der meine Aufmerksamkeit erregt hatte, zunächst mit 227-, dann mit 460- und schließlich mit 932facher Vergrößerung und fand seinen Durchmesser im Verhältnis dieser Vergrößerung stärker, als er sein mußte, wenn es sich um einen Fixstern gehandelt hätte. Überdies zeigte dieser Stern bei 1536- und 2010facher Vergrößerung ein verschwommenes Bild, während im Gegensatz dazu ein Fixstern seinen Glanz und überhaupt sein Aussehen beibehält.

Es konnte sich also nicht um einen Fixstern, sondern wahrscheinlich um einen jener seltenen schweiflosen Kometen handeln. Da die Nacht allmählich zu Ende ging, wartete ich auf die folgende am 19. März. Die scheinbare Bewegung des Kometen beträgt jetzt $2^1/_4$ Bogensekunden in der Stunde. Er bewegt sich in der Richtung der Folge der Tierkreiszeichen, und seine Bahn am Himmel weicht nur wenig von der Ekliptik ab.

— 25. März: Die scheinbare Bewegung nimmt zu und auch der Durchmesser wird größer.

— 28. März: Der Durchmesser hat noch weiter zugenommen, woraus zu schließen ist, daß der Komet sich uns nähert.

— 6. April: Mit einer Vergrößerung von 278 erscheint der Komet jetzt mit scharfem, gut erkennbarem Rand. Das Ganze erscheint mir immer rätselhafter, da ich jetzt und auch in anderen Vergrößerungen deutlich erkenne, daß der sich nähernde Stern sich dreht. Ein Komet kann es also nicht sein ! Was zum Teufel aber ist es? Vielleicht ein Planet, der zu unserem Sonnensystem gehört?"

Aufgeregt teilte Herschel seine sonderbare Beobachtung der Royal Society mit. Der Astronom Maskelyne vermutete, daß es sich bei der eigenartigen Bewegung des sonderbaren Gestirnes und der von ihm beobachteten Bahn möglicherweise um einen weiteren Planeten der Sonne handeln könne. Herschel glaubte indessen weiterhin an einen Kometen. Schon bald richteten sich in allen Teilen der Welt die Fernrohre verschiedener Observatorien auf diese Stelle des Himmels. Man begann mit umfangreichen Beobachtungen und Rechnungen. Der Deutsche Leonhard Euler (1707–1783) und seine Schüler fingen an, gemeinsam mit dem russischen Astronomen Andreas Johann Lexell (1740–1784) und Laplace die Bahn zu berechnen. Besonders die Arbeiten Lexells an der Petersburger Sternwarte ergaben, daß die Bewegungen des neuen Gestirns sehr gut durch eine Umlaufbahn um die Sonne dargestellt werden könnten. Er schrieb darüber eine Arbeit, die den Titel trug *Recherches sur la nouvelle planète découverte par Herschel – Untersuchungen über den neuen von Herschel entdeckten Planeten.*

Dieses im Jahre 1783 veröffentlichte Werk stimmte genau mit den Arbeitsergebnissen von Laplace über die elliptischen Bahnelemente des neuen Planeten überein, der nunmehr den Namen *Uranus* erhielt. Zwar hatte man im Altertum schon von sieben Planeten gesprochen, da man irrtümlicherweise auch den Mond zu den Planeten zählte. Nun aber hatte die Sonne ihren siebten Planeten wieder. Die Entdeckung erregte natürlich Aufsehen, und Herschel wurde bald unter die großen Astronomen gezählt. Von der Royal Society in London erhielt er die goldene Medaille und wurde zu ihrem Mitglied ernannt. König Georg III., der selbst eine kleine Privatsternwarte besaß, ernannte ihn zum Königlichen Hofastronomen und empfing ihn in einer persönlichen Audienz, um Näheres über den neuen Planeten zu erfahren.

Was man in den nächsten Jahren über den Uranus herausfand, war auch für die Wissenschaft mehr als interessant. Es handelte sich, wie man alsbald feststellte, um einen großen Planeten, ähnlich wie Jupiter und Saturn. Seine Umlaufzeit um die Sonne betrug etwa 84 Jahre (heutiger Wert: 84,018 Jahre). Seine Entfernung von der Erde schwankte zwischen 2600 und 3150 Millionen Kilometer und sein Volumen errechnete man damals zum 70fachen des Erdvolumens (heutige Berechnung 50mal so groß wie die Erde). Der Äquatordurchmesser beträgt 47100 Kilometer.

Nach heutigen Erkenntnissen besitzt der Uranus einen verhältnismäßig kleinen inneren Kern aus Stein und Metall und dürfte von einem Eispanzer und einer sehr ausgedehnten, undurchsichtigen Atmosphäre, vermutlich aus Wasserstoffverbindungen umgeben sein. Auch Methan tritt deutlich im Spektrum auf. Seine Oberflächentemperatur wurde nach den neuesten Verfahren, über die wir noch sprechen werden, mit 180 Grad Celsius gemessen.

Seine Rotation, also die Umdrehung um sich selbst, die Tag und Nacht bewirkt, beträgt 10 Stunden und 49 Minuten. Der Uranus hat fünf Monde, die nach und nach entdeckt wurden und sich alle innerhalb seiner Äquatorebene bewegen, so daß sie, da auch der Uranusäquator um 98° gegen die Bahnebene geneigt ist, eine rückläufige Bahnbewegung gegenüber dem Sonnenumlauf besitzen.

Auch das ganze Sonnensystem bewegt sich

Um bessere Beobachtungsmöglichkeiten vor allem wegen der Luftbewegungen in der Atmosphäre zu haben, zog Wilhelm Herschel im Jahre 1786 mit seiner Sternwarte nach Slough um. Getreu seinem Plan, mit einem Riesenteleskop den Himmel genauer zu erforschen, begann er mit der Beobachtung von Fixsternen.

Diese Arbeit war von den früheren Astronomen mangels entsprechender weitreichender Instrumente bisher vernachlässigt worden. Herschel begann zunächst damit, den nördlichen Himmelsraum in Felder einzuteilen, die er dann einzeln durchforschte. Gleichzeitig informierte er sich über die Literatur, die über das jeweilige Himmelsgebiet erschienen war. Dabei fiel ihm ein Bericht des englischen Astronomen Halley aus dem Jahre 1717 in die Hände, in dem dieser die zu seiner Zeit gemessenen Winkelabstände der hellen Sterne Sirius, Aldebaran und Arkturus von der Ekliptik mit den Werten im Sternkatalog des Almagest von Ptolemäus vor 1600 Jahren vergleicht. Halley fand dabei Abweichungen in den Größen von 37, 42 und 33 Bogenminuten, die dem Begriff eines Fixsternes als eines „Feststernes" zu widersprechen scheinen. Einige Jahrzehnte später konnten Jacques Cassini (1677–1756) und Tobias Meyer (1723–1762) durch Vergleich eigener mit denen von Halley durchgeführten Koordinatenmessungen erneute Änderungen ermitteln.

Herschel folgerte daraus, daß es ohne Zweifel eine Bewegung der Fixsterne gab. Wenn diese aber, wie man jetzt allgemein annahm, Sonnen mit einem eigenen Planetensystem waren, dann müßte auch unsere Sonne mit ihren Planeten durch den Weltraum wandern. Dieser Gedanke ließ Herschel eine ganze Zeit nicht mehr in Ruhe.

Wenn das stimmte, dann müßte doch der scheinbare Abstand zwischen zwei in der Fahrtrichtung der Sonne liegenden Sternen allmählich größer werden. Auf diesen Gedanken war Herschel gekommen, als er eines Nachts mit seinem Wagen auf einer Landstraße nach Slough fuhr und ihm ein anderes Fahrzeug entgegenkam. Plötzlich sah er in der Ferne einen einzigen Lichtschein, und erst als der andere Wagen immer näher kam, teilte er sich, und man konnte nun die beiden rechts und links angebrachten Laternen deutlich erkennen.

Unwillkürlich drehte Herschel sich um und verfolgte nun das Schauspiel in umgekehrter Richtung. Langsam wurde aus den zwei Laternen wieder ein Licht.

Einen ähnlichen Vorgang hatte er bestimmt schon hundertmal beobachtet. Doch diese alltägliche Begegnung wurde für ihn zu einem schöpferischen Augenblick. Nicht nur der Abstand zwischen den Sternen, auf die sich unser Sonnensystem zubewegte, müßte größer werden, sondern auch umgekehrt, die Sterne, die wir hinter uns ließen und die sich damit von uns entfernten, aus dem gleichen Grunde näher zueinanderrücken.

Begeistert von seiner großen Idee, begann Herschel nun die Abstände zu messen und mit allen ihm erreichbaren früheren Messungen zu vergleichen. Ohne auf die Einzelberechnungen einzugehen, die weit über den Rahmen dieser Darstellung hinausgehen würden, fand Herschel seine Annahme bestätigt. Er bestimmte darüber hinaus sogar als Zielpunkt der Bewegung unseres Sonnensystems einen Punkt in der Nähe des Sternes Lambda im Sternbild des Herkules.

Herschel veröffentlichte seine Arbeiten wieder in der Zeitschrift der Royal Society und erregte damit erhebliches Aufsehen. Von einigen Astronomen, wie beispielsweise von Laplace, wurde die Theorie von der Bewegung des Sonnensystems allerdings recht skeptisch aufgenommen. Wahrscheinlich war die Zeit noch nicht reif für derartige kühne Behauptungen.

Mit einigen späteren Veröffentlichungen, die in den Jahren 1805 und 1806 ebenfalls in der Zeitschrift *Philosophical Transactions* erfolgten und bei denen er mit zahlreichen weiteren Sternberechnungen und mit einem inzwischen entwickelten vereinfachten mathematischen Verfahren seine Theorie untermauerte, bemühte er sich, die Zweifel seiner Gegner zu zerstreuen. Spätere Untersuchungen erbrachten darüber hinaus eine Bestätigung seiner Theorie, nachdem vor allem einige

Jahrzehnte danach neben reicherem und genauerem Beobachtungsmaterial auch noch verbesserte Berechnungsmethoden vorlagen.

Neben dieser die Astronomie revolutionierenden Entdeckung stehen
aber noch andere, die den ehemaligen Musiker allein schon zu einem
berühmten Astronomen gemacht hätten. Dazu gehörten im Jahre 1787
die Entdeckung der beiden äußeren Uranusmonde und 1789 die der
zwei Saturnmonde Mirnas und Enceladus.

Ein weiteres Verdienst Herschels war es, in diesen Jahren den Himmel nach sogenannten *Doppelsternen* zu durchmustern. Damit sind
Sterne gemeint, die in derselben Richtung stehen und, nur mit bloßem
Auge betrachtet, als ein Stern erscheinen, während sie aber im Teleskop als zwei Sterne gesehen werden. Bei der Durchmusterung des
Himmels nach diesen Sternen kam er auf die geniale Idee, diese Doppelsterne als eine Art „Meilensteine" für die Bestimmung der Entfernungen im Weltall zu benutzen.

Er ging dabei von der Erkenntnis aus, daß es bei optischen Doppelsternen durchaus möglich sein müsse, die Entfernung theoretisch zu
bestimmen, und zwar durch die Messung der durch die Bewegung des
Beobachters mit der Erde um die Sonne bewirkten jährlichen parallaktischen Verschiebung des helleren und damit wahrscheinlich näheren
Sternes in bezug auf den lichtschwächeren. Aus einer solchen Verschiebung wollte er auf diese Weise einen oberen Grenzwert für die
Entfernung des näheren, lichtstärkeren Sternes rechnerisch ermitteln.

„Ich beschloß", so schreibt er in seiner ersten Veröffentlichung über
den Zweck seiner Beobachtung von Doppelsternen, „jeden Stern dieser Art mit der größten Aufmerksamkeit und unter Anwendung sehr
hoher Vergrößerungen zu untersuchen, um für mein Vorhaben aus-
reichendes Material zu sammeln."

Diese Beobachtungen wiederholte er verschiedene Jahre hindurch
und veröffentlichte bis zum Jahre 1804 mehrere Listen von etwa 850
Doppelsternen. Darunter befanden sich nach den eingehenden Beobachtungen Herschels rund 50 Doppelsterne, die als physische Doppelsterne zu betrachten waren, bei denen, wie er es ausdrückte, „zwei"
ferne Sonnen durch das Band der gegenseitigen Anziehung zusammen-
gehalten werden". Auch das war für die damalige Zeit eine Art Sensation!

Die Milchstraße — ein großes Sternenrad

Galilei hatte bereits im Jahre 1609 sein Fernrohr gegen die Milchstraße gerichtet und erkannte, daß der flimmernde Bogen am Sternenhimmel aus einer Unzahl von blitzenden Sternen bestand, die wie unregelmäßige Punkte auf einem dunklen Hintergrund lagen.

Verschiedene Gelehrte wie der Kanadier Thomas Wright hatten sich in einer Veröffentlichung im Jahre 1750 darüber Gedanken gemacht, wie diese Unregelmäßigkeit im Aufbau des Sternenhimmels zu erklären sei und welche Form für das ganze Gebilde die wahrscheinlichste sei. Durch die Lektüre angeregt, kam der deutsche Philosoph und Mathematiker Johann Heinrich Lambert (1728–1777) in einer Veröffentlichung aus dem Jahre 1761 zu der Schlußfolgerung, daß unser Sonnensystem zur Milchstraße gehöre, die wiederum ein Bestandteil eines anderen Systems sei.

„Das Licht dieses riesigen Systems", führte er im einzelnen aus, „ist wahrscheinlich so schwach, daß wir es nicht mehr wahrzunehmen vermögen."

Eine ähnliche Ansicht äußerte auch Immanuel Kant (1724–1804) in seiner *Naturgeschichte des Himmels*.

Während beide jedoch ihre Hypothese, die manches Richtige über die Ordnung im Weltall enthielt, auf rein theoretischen Analogieschlüssen aufbauten, war Herschel der erste, der dieses Problem durch Beobachtung zu lösen versuchte. Er ging dabei von seiner gewohnten Methode der Feldeinteilung für die jeweilige Beobachtung aus und begann gemeinsam mit seiner Schwester Karoline, die ihm bei seinen astronomischen Arbeiten assistierte, die Sterne abzuzählen, die im Gesichtsfeld seines Teleskops zu sehen waren.

Das war verständlicherweise eine ungeheure Arbeit, aber sie brachte eine gewisse „Ordnung" in die Milchstraße. Er schrieb später darüber im einzelnen an die Royal Society:

„Der Gegenstand ‚Bau des Himmels', worüber ich mich neuerdings unterfangen habe, meine Gedanken der Gesellschaft vorzulegen, ist seiner Natur nach von so weitem Umfang und von so großer Wichtigkeit, daß ich mich zu dieser Niederschrift erst entschlossen habe, als ich alles nur Denkbare an Beobachtungen zusammengetragen hatte. Aufgrund derselben besteht nunmehr kein Zweifel mehr darüber, daß die Milchstraße eine ausgedehnte Schicht von Sternen in den ver-

Wie eine Milchstraße, von fern gesehen, im Weltall aussieht, zeigt dieser Spiralnebel im „Haar der Berenice". Er wurde seitlich vom Mt.-Palomar-Observatorium aufgenommen und zeigt eine diskusähnliche Scheibe mit einer helleren Verdickung.

schiedensten Größen ist und unser Sonnensystem einen Bestandteil davon bildet."

Die Form der Milchstraße, so meint er am Schluß seiner umfangreichen Darstellung, könne man mit der eines Wagenrades vergleichen und die Sonne müsse sich irgendwo in der Nähe der Radnabe befinden. Das folgere er aus seinen vielfachen Beobachtungen, weil man nicht nur die Sterne am Rande des Rades, sondern auch die anderen längs einer ganzen Speiche sähe.

Der Vergleich mit einem Wagenrad ist, wie die neuesten Forschungen ergeben, erstaunlich zutreffend. Nur in einem irrte sich Herschel, unser Sonnensystem liegt nicht in der Nähe der Nabe des großen Sternrades, sondern etwa um zwei Drittel des ganzen Weges vom Rand zur Nabe von ihr entfernt. Der Durchmesser des Rades – um bei der Vorstellung von Herschel zu bleiben – beträgt etwa 100000 Lichtjahre. Unsere Sonne liegt etwa 30000 Lichtjahre vom Zentrum entfernt. Durch das ganze Milchstraßensystem aber zieht sich eine breite Dunkelschicht, die sich, von der Seite aus gesehen, wie die Eisenfelge des gedachten Rades ausnimmt. Die Hälfte der Sternsysteme liegt auf der „oberen" Seite dieser dunklen Schicht, die andere auf der „unteren", wenn man sie seitlich betrachten könnte.

Von oben aus gesehen, löst sich das *Sternenrad* in eine gewaltige mehrarmige Spirale auf. Unsere Sonne aber – so berechnete man inzwischen weiter – dreht sich mit einer Geschwindigkeit von 270 Kilometern in der Sekunde um das Zentrum des Milchstraßensystems und benötigt für eine einzige Umdrehung 220 Millionen Jahre. Sind diese Zahlen schon unvorstellbar groß, so wird man verblüfft sein, wenn man weiterhin erfährt, daß die Zahl der leuchtenden, also unserer Sonne ähnlichen Himmelskörper auf über 200 Milliarden geschätzt wird.

Aber unser Milchstraßensystem ist nicht das einzige, welches wir kennen. Eine Anzahl weiterer Spiralnebel, wie man derartige Sternanhäufungen auch bezeichnet, war schon seit längerer Zeit bekannt. Nur hatte man keine Vorstellung darüber, daß wir uns selbst mit unserer Milchstraße innerhalb eines solchen befinden. Dazu fehlte bis zu Herschels Zeiten das Vorstellungsvermögen.

So kannte man beispielsweise den *Andromedanebel* und den Nebel im Sternbild des Orion. Weitere Nebel entdeckte Wilhelm Herschel, als er mit seinem Riesenteleskop den Himmel zu durchmustern

Der große Andromedanebel ist rund 2,5 Millionen Lichtjahre entfernt.

Der große Nebel M 42 im Orion.

begann. Bis zum Jahre 1802 konnte er der Royal Society drei Kataloge mit genauen Koordinatenangaben von 2508 Nebeln und Sternhaufen vorlegen. Schon in den ersten Jahren, in denen sich Herschel mit diesen Objekten befaßte, fiel es ihm bei seinen Untersuchungen auf, daß in den Gegenden größter Sternarmut die meisten Nebel vorkommen. Warum das so war, konnte er sich nicht erklären und mußte die Lösung dieses Problems einer späteren Zeit überlassen.

Nachdem es ihm gelungen war, in einer größeren Anzahl der von ihm mit seinem Teleskop gesichteten Nebel viele einzelne Sterne festzustellen, wußte er zwar, „daß es sich bei einer Anzahl von ihnen um große Gestirnszusammenballungen handeln müsse, von denen viele unsere Milchstraße übertreffen könnten". Später kamen ihm allerdings Bedenken, ob alle Nebel sich so aufbauten und ob nicht zumindest einige von ihnen „uns Kunde geben von einem im Raum verbreiteten leuchtenden Fluidum", und er ergeht sich in Spekulationen darüber, wie sie beschaffen sein könnten.

Wir wissen heute, wie sehr er mit seinen Zweifeln recht hatte – und wir kommen später noch im einzelnen darauf zu sprechen –, daß es im ganzen mehrere Arten von Nebeln gibt, die sich in ihrer kosmischen Zusammensetzung unterscheiden. Einige davon, wie beispielsweise die *planetarischen Nebel*, von denen man etwa 300 kennt, bestehen tatsächlich aus einer unregelmäßigen oder kugelförmigen Gasmasse, die oft so durchsichtig ist, daß die dahinterstehenden Sterne hindurchleuchten. Ferner zählen dazu die hellen, diffusen Nebel, wie z. B. der Orionnebel, der aus gas- und staubförmiger Materie besteht.

Die Arbeiten Wilhelm Herschels wurden übrigens von seinem einzigen im Jahre 1792 geborenen Sohn John fortgesetzt. Er erbte das große Beobachtungstalent seines Vaters und trat, nachdem er sein Studium in Cambridge mit höchsten Auszeichnungen vollendet hatte, „als seines Vaters bester Gehilfe" in das Observatorium ein. Herschel war inzwischen auch älter geworden, so war er froh, daß jemand ihm die anstrengenden Beobachtungen der Doppelsterne, Sternhaufen und Nebelflecke abnahm. John ergänzte sie durch vieljährige Beobachtungen unter südlichem Himmel am Kap der Guten Hoffnung. Auf diese Weise konnte er im Jahre 1864 einen Katalog von Sternhaufen und Nebeln mit 5079 Objekten vorlegen.

Sein Vater war inzwischen, im 84. Lebensjahr, am 25. August 1822 gestorben. Er galt zu dieser Zeit als einer der großen Pioniere in der

Der Pferdekopfnebel im Orion, eine Dunkelwolke im Kosmos.

261

Fixsternastronomie. Heute jedoch wird er als der Begründer der weit über unser Sonnensystem hinausführenden Weltallforschung angesehen. Sein Leben war so ungewöhnlich wie seine astronomischen Entdeckungen. Er war, wie es in einem seiner Nachrufe hieß, „der große Musiker, der sich bemühte, die Harmonie des Universums mit anderen Mitteln als mit Noten zu schreiben!"

Vom Kaufmannslehrling zum Astronomen

War der Werdegang von Wilhelm Herschel vom erfolgreichen Musiker zum berühmten Astronomen schon ungewöhnlich genug, so ist die Laufbahn von Friedrich Wilhelm Bessel (1784–1846), dem Gelehrten, der die Kilometersteine im All setzte, mindestens ebenso erstaunlich.

Friedrich Wilhelm Bessel wurde am 22. Juli 1784 als Sohn eines Justizbeamten in Minden in Westfalen geboren. Er schreibt später von sich: „Von meiner Jugend weiß ich nichts Bemerkenswertes mehr; am wenigsten erinnere ich mich irgendeines Hervortretens vor meine Altersgenossen. Vielmehr wurde ich auf den unteren Klassen des Mindener Gymnasiums, in dem ich nur die Untertertia erreichte, anderen Schülern häufig nachgesetzt."

Das einzige Fach, in dem der junge Bessel über dem Durchschnitt lag, war die Mathematik. Auf seinen Wunsch hin nahm ihn der Vater schließlich aus dem Gymnasium, da er einsah, daß sein Sohn doch wohl nicht das Abitur erreichte, um später studieren zu können. Er solle lieber Kaufmann werden, meinte er. Damit könnte man es auch zu Wohlstand bringen. Zur Vorbereitung auf diesen Beruf und damit er auch später eine Lehrstelle in einem guten Handelshaus erhielte, ließ er seinem Sohn privaten Unterricht im Schönschreiben, kaufmännischem Rechnen, in der französischen Sprache und in Geographie geben.

Noch nicht fünfzehnjährig, wurde Friedrich Wilhelm von einem großen Handelshaus in Bremen als Lehrling eingestellt. Der Ehrgeiz des Jungen war es, seinen Eltern zu zeigen, daß man auch ohne Studium etwas werden könne. Er war daher bestrebt, sich durch Selbststudium die nötigen Kenntnisse zu verschaffen, um möglichst bald nach der damals verhältnismäßig langen Lehrzeit die Stelle eines

Friedrich Wilhelm Bessel,
der Astronom, der die
„Kilometersteine" im All
setzte.

Auslandsagenten in seiner Firma oder in einem anderen Export-
unternehmen zu erhalten. Gleichzeitig war er der Meinung, daß es
wahrscheinlich recht nützlich sein konnte, außerdem einige Kenntnisse in der Schiffahrtskunde zu besitzen. Er begann daher in seinen
wenigen Mußestunden sich mit nautischer Navigationslehre und
geographischen Ortsbestimmungen zu befassen. Da hierzu aber
Mathematikkenntnisse gehörten, schaffte er sich ein Lehrbuch über
die Anfangsgründe dieser Wissenschaft an, das er, je mehr er sich damit beschäftigte, immer interessanter fand.

Als er das Buch durchgelesen hatte, beschaffte er sich einen beschä-
digten Sextanten, den er mit Hilfe eines befreundeten Uhrmacher-
lehrlings wieder gebrauchsfähig machte. Auch eine alte Pendeluhr,
die er auf dem Trödelmarkt erstanden hatte, ließ er von ihm reparie-
ren. Mit diesen Hilfsmitteln gelang es ihm tatsächlich, die geogra-
phische Länge von Bremen nach Sonnenbeobachtungen zu berechnen.

Das spornte ihn an, sich auch mit den Anfangsgründen der Astronomie zu beschäftigen, und er schaffte sich das Lehrbuch von Lalande

über Astronomie an und studierte eifrig, wie er später berichtet, in der Bremer Stadtbibliothek Bodes *Astronomische Jahrbücher* und Zachs *Monatliche Korrespondenz für Erd- und Himmelskunde.*

Dieses Selbststudium hatte allerdings den Fehler, daß er es nicht systematisch betrieb, sondern immer nur das las, was ihn gerade interessierte. „So setzten sich", wie er später schrieb, „seine Kenntnisse auch über die Astronomie aus einzelnen Stücken zusammen, ohne zunächst eine einheitliche Übersicht zu haben."

Aber eines schaffte er doch dabei, sein anfänglicher Mangel an mathematischen Kenntnissen wurde allmählich überwunden. Niemals hatte er bei diesem höchst wählerischen Selbststudium daran gedacht, die so erworbenen Kenntnisse einmal als Astronom auszunutzen. Das ergab sich erst später, ohne daß er es eigentlich beabsichtigte.

Er hatte in Bremen nämlich am 25. März 1800 bei einer Steuermannsprüfung zugehört, an der unter anderen auch der praktische Arzt Heinrich Wilhelm Olbers (1758–1840) teilnahm. Dieser hatte sich nebenbei als Astronom einen gewissen Namen dadurch gemacht, daß er in seiner privaten Sternwarte einige Kometen entdeckte und ihre weitere Bahn berechnete. Er schrieb darüber eine kurze Abhandlung, die unter dem Titel *Die leichteste und bequemste Methode, die Bahn eines Kometen aus einigen Beobachtungen zu berechnen* im Jahre 1797 erschienen war und die der junge Bessel zufällig in der astronomischen Abteilung der Bücherei entdeckte. Auch das interessierte den Kaufmannslehrling, und er studierte es eingehend.

Als er dann noch in dem *Astronomischen Jahrbuch* von 1804 eine kurze Mitteilung über die Positionsbestimmungen des Halleyschen Kometen bei seinem Erscheinen im Jahre 1607 fand, reizte es ihn, aufgrund der von Olbers angegebenen Methode die Bahn dieses Kometen aus den alten Beobachtungen zu berechnen.

Als er mit seiner Rechnung fertig war, traf er am 28. Juli 1804 auf der Straße zufällig Wilhelm Olbers und fragte ihn, ob er ihm eine astronomische Berechnung zur Nachprüfung vorlegen dürfe, die nach seiner Anweisung angefertigt wurde. Olbers, der häufig von Liebhaberastronomen mit solchen Anliegen belästigt wurde, nahm die Arbeit nicht gerade sehr erfreut an. Um so erstaunter war er, als er sie eine Stunde später las. Das war ja weit mehr, als er je erwartet hatte!

Noch am gleichen Abend schrieb er Bessel, ob er diese hervorragende Arbeit nicht Herrn Zach zur Veröffentlichung in seiner *Monatlichen Korrespondenz für Erd- und Himmelskunde* einreichen dürfe. Begeistert stimmte der Kaufmannslehrling zu. Durch Zufall ist der Brief noch erhalten, den damals Olbers an Zach schrieb, und da er uns Auskunft darüber gibt, wie der Arzt über Bessel und seine Talente dachte, scheint es zweckmäßig, die wenigen Sätze zu veröffentlichen. Sie lauten:

„Die Beilage, welche ich Ihnen hier schicke, gewährt mir die große Freude, Ihnen einen jungen Astronomen von ganz ausgezeichneten Anlagen bekannt zu machen; es ist Friedrich Wilhelm Bessel, ein noch sehr junger Mann, der sich hier in einem der ersten Handelshäuser der Kaufmannschaft widmet. Die Abhandlung wird Ihnen wie mir einen sehr großen Begriff von den Fähigkeiten, den Kenntnissen und besonders der Rechnungsfähigkeit des Verfassers geben."

Wie sehr Olbers mit dieser Empfehlung recht hatte, erzählt er später in seinen Lebenserinnerungen. Er hatte Bessel eines Abends die Beobachtungsdaten eines neuen Kometen in sein Zimmer gelegt und ihn, da der junge Mann noch nicht zu Hause war, mit einem kurzen Brief gebeten, die Bahnelemente zu berechnen. Schon früh am nächsten Morgen brachte ihm Bessel die tadellos ausgeführte Rechnung, die er noch in derselben Nacht fertiggestellt hatte.

In den nächsten zwei Jahren, bis zum Februar 1806, beschäftigte sich Bessel in seiner Freizeit mit der Erlernung der Differential- und Integralrechnung. Erst darauf begann er mit dem schwierigen Studium der *Himmelsmechanik* von Laplace. In seinen Aufzeichnungen *Kurze Erinnerungen meines Lebens*, die der Veröffentlichung eines Briefwechsels mit Olbers beigegeben sind, berichtete er, wie er dieses Eigenstudium überhaupt fertiggebracht hat.

„Die Geschäftszeit", so schreibt er darin, „war von morgens acht bis abends um acht, mit zwei oder drei Freistunden dazwischen. Ich konnte daher nur arbeiten, wenn ich nach Hause zurückkam. Vor zwei Uhr nachts kam ich dann aber nicht ins Bett. Die einzige Ausnahme war der Sonntag, an dem ich am Nachmittag Spaziergänge mit Freunden machte. Das ging bis zum Frühling 1806 so."

Bis jetzt hatte Bessel trotz allem Interesse an der Astronomie noch nicht daran gedacht, dieses private Studium berufsmäßig auszunutzen. Erst als auf der von dem Amtmann Schröter in Lilienthal bei Bremen geleiteten Sternwarte eine Assistentenstelle frei wurde, konnte ihn sein Freund und Gönner bewegen, seine kaufmännische Laufbahn, die ihm sicherlich in der Zukunft besser bezahlte Aussichten bot, gegen diese unterbezahlte Beschäftigung einzutauschen. Aber Bessel hat das später nie bereut!

Mit Eifer, Fleiß, Beharrlichkeit und Geduld machte er sich an die ihm übertragene Aufgabe. Eine von ihm in dieser Zeit durchgeführte Arbeit *Untersuchungen über die scheinbare und wahre Bahn des großen Kometen vom Jahre 1807* wurde 1810 von der Pariser Akademie preisgekrönt.

Es ist das gleiche Jahr, in dem der jetzt Sechsundzwanzigjährige, der nie eine Hochschule besucht und keine Examina abgelegt hatte, als Professor an die Universität Königsberg berufen und mit der Leitung des Baues und der Einrichtung einer Sternwarte betraut wird.

Die Kilometersteine im Weltraum

Während der nächsten 35 Jahre seines Lebens schuf Bessel in Königsberg neue Grundlagen für die praktische Astronomie. Seine Tätigkeit war dabei so umfassend und seine Arbeiten sind so richtungweisend, daß schon bald Königsberg als die erfolgreichste Sternwarte bekannt wurde.

Zunächst vollendete er eine Arbeit, die er bereits in Lilienthal begonnen hatte. Es handelte sich um die Fertigstellung eines Kataloges mit den möglichst genauen Positionen aller bekannten Gestirne. „Sie war", wie er sich ausdrückte, „die unerläßliche Grundlage für eine genaue astronomische Forschung."

Solche Positionsbestimmungen waren auch im Hinblick auf die Bestimmungen der Parallaxen der Sterne wichtig. Parallaxe nennt man den Winkel, unter dem vom Stern aus der Erdbahnradius erscheint, mit dessen Hilfe man die Sternentfernungen berechnen konnte. Auch bei den Körpern des Planetensystems spricht man von Parallaxen. Das ist dann der Winkel, unter dem von dem betreffenden Gestirn aus gesehen der Erdradius erscheint. So bestimmten La Caille und Lalande die Parallaxe des Mondes zu ungefähr 57 Bogenminuten. Das entsprach bei der großen Halbachse mit 6378 Kilometer etwa 382 680 Kilometer als dem mittleren Mondabstand von der Erde.

266

Der deutsche Astronom Encke (1791–1865) benutzte die Venusdurchgänge von 1761 und 1769 als Grundlage für die Entfernungsbestimmung der Sonne und setzte so den Abstand unseres Planeten von unserem Tagesgestirn mit 153 Millionen Kilometern fest. Das ist ein anerkennenswertes Resultat trotz eines Fehlers um dreieinhalb Millionen Kilometer, der dabei unterlief.

Wegen der Drehung der Erde um die Sonne beschreibt jeder Fixstern, von der Erde aus betrachtet, an der Himmelssphäre eine kleine Ellipse um den Punkt, in welchem der Stern vom Standort der Sonne aus – falls dies möglich wäre – gesehen würde.

Der größte Halbmesser dieser jährlichen parallaktischen Ellipse hängt nun eben von der Entfernung des Sterns ab. Je weiter der Stern von uns entfernt ist, desto kleiner wird die jährliche Parallaxe des Sterns.

Mit diesem an sich möglichen trigonometrischen Verfahren hatte man schon vor Bessel versucht, die Entfernung von Fixsternen zu berechnen. Die Erfolge aber waren gleich Null und vor allem kaum mit anderen Mitteln nachprüfbar. Bessel wählte deshalb einen anderen Weg für die Bestimmung der Parallaxe. Er ging dabei von folgender Überlegung aus: Eine beträchtliche Eigenbewegung ist ein wesentliches Indiz dafür, daß es sich um einen verhältnismäßig nahen Stern handelt. Ein Stern ohne merkliche Eigenbewegung dürfte gegenüber dem ersteren erheblich weiter entfernt sein. Damit ist aber auch seine parallaktische Ellipsenbewegung, über die wir bereits gesprochen haben, so gering, daß sie bei der Berechnung nicht berücksichtigt zu werden braucht. Denkt man sich die Lage des weitentfernten Hilfssterns unverändert, so kann man die sich im Laufe eines Jahres verändernde Stellung des Sterns in bezug auf den Hilfsstern ermitteln – kurz, man bestimmt den Radius der parallaktischen Ellipse. Daraus und mit Hilfe des bekannten Erdbahndurchmessers ist die Entfernung des Sterns zur Sonne zu berechnen.

Die Bestimmung aber der kleinen Winkel war ihm allerdings erst möglich, nachdem er in Königsberg das von dem Münchner Optiker Fraunhofer gebaute „Heliometer" erhielt.

Für seine erste auf diese Erkenntnis aufgebaute Messung wählte Bessel den Stern 61 im Bilde des Schwan. Er bestimmte auf diese Weise die Entfernung desselben von der Erde mit elf Lichtjahren. Dieser Erfolg erregte erhebliches Aufsehen, zumal kurze Zeit darauf der englische Astronom Henderson auf die gleiche Weise die Entfernung des Sterns Alpha im Sternbild des Zentauren und der estnische Astronom Wilhelm von Struve (1793–1864) die des Sterns Alpha im Sternbild der Leier berechneten.

Die dabei in Lichtjahren gemessenen Entfernungen waren für die Zeit des Biedermeiers, in der man noch mit der Postkutsche fuhr und die ersten Eisenbahnen gerade gebaut wurden, einfach unvorstellbar. Wir erwähnten bereits, daß der Däne Olaf Römer die Lichtgeschwindigkeit aus der Verfinsterung der Jupitermonde errechnete und sie mit 300 000 Kilometer in der Sekunde im Vakuum bestimmte. Auch heute im Raumzeitalter sind das für uns noch kaum vorstellbare Geschwindigkeiten. Nur um die Strecke zurückzulegen, die das Licht in einer Sekunde überwindet, müßte ein Expreßzug, der 100 Kilometer in der Stunde fährt, 125 Tage lang Tag und Nacht ununterbrochen um die Erde fahren, um die gleiche Strecke zu schaffen.

Der Zug hätte dann lediglich eine Lichtsekunde zurückgelegt, was knapp der Entfernung zum Mond entspräche. Zur Sonne braucht das Licht aber bereits etwa 8 Minuten, zum Jupiter über eine Stunde und zum Pluto 5 Stunden 20 Minuten. Das Licht des hellsten Sterns im Sternbild des Skorpions erreicht uns aber erst nach 360 Jahren.

Der nächste Stern Alpha Centauri aber ist $4\frac{1}{3}$ Lichtjahre von uns entfernt, eine für irdische Verhältnisse unvorstellbare Entfernung; denn ein einziges Lichtjahr sind fast zehn Billionen Kilometer. Wollte ein modernes Düsenflugzeug nur ein Lichtjahr weit fliegen, so müßte es – vorausgesetzt, daß dies technisch überhaupt möglich wäre und der Pilot so lange lebte – hundert Jahre ununterbrochen fliegen. Er hätte dann aber nur ein einziges Lichtjahr geschafft, eine lächerlich geringe Entfernung im Vergleich zu den Werten, mit denen die Astronomen heute rechnen und die in die Millionen, ja Milliarden Lichtjahre gehen.

Die Berechnungen von Sternentfernungen mit dem Besselschen Verfahren werden jedoch ungenau, wenn sie über 100 Lichtjahre hinausgehen. Dann werden nämlich die verwendeten und gemessenen Winkel so klein, daß sie nicht mehr genau zu messen sind. Es mußten deshalb andere Mittel zur Entfernungsbestimmung gefunden werden, auf die wir später noch zu sprechen kommen.

Die von Bessel entwickelte Methode zur Berechnung der Entfernungen von Fixsternen war aber nur eine seiner vielen astronomischen Glanzleistungen. Wir erwähnten bereits seinen Sternenkatalog, den er schon auf der Sternwarte in Lilienthal begann und schließlich nach siebenjähriger Arbeit im November 1814 fertigstellte. Er gab ihm den Titel *Fundamenta Astronomiae*, und er enthielt die mit dem Meridiankreis beobachteten Örter von 75 000 Sternen. Da für ein solches nur für astronomische Institute interessantes Werk kein großer Absatz zu erhoffen war, fand sich zunächst auch kein Verleger, der das teure Druckwerk herausgeben wollte. Erst nachdem Olbers die führenden Wissenschaftler auf diesem Gebiet angeschrieben hatte, gelang es mit Hilfe einer Subskription, im Jahre 1818 die Fundamenta Astronomiae zu veröffentlichen.

Das umfangreiche Werk baute sich im übrigen auf den Messungen der Koordinaten von 3222 Sternen auf, welche der englische Astronom James Bradley (1692–1762) während seiner Zeit als Direktor der Greenwicher Sternwarte in den Jahren 1755 bis 1761 zusammengetragen hatte. Der Besselsche Sternkatalog wurde deshalb auf das Jahr 1755 abgestimmt, weil es die früheste Epoche war, zu der Koordinatenmessungen mit der benötigten Genauigkeit angestellt wurden, um durch Vergleich von Beobachtungen aus dem 19. Jahrhundert die Eigenbewegung von Fixsternen berechnen zu können. Bessel selbst errechnete auf diese Weise die Eigenbewegung einer großen Anzahl von Fixsternen.

Er bestimmte außerdem mit den so gewonnenen Werten die genauen Konstanten der *Präzession*, *Nutation* und *Aberration*. Die Präzession, die ja bereits 150 Jahre v. Chr. von Hipparch entdeckt wurde, ist die Veränderung der Frühlings- und Herbstpunkte um eine jährliche Abweichung von 50,26 Bogensekunden. Sie bewirkt ein allmähliches Vorrücken der Tagundnachtgleiche, und zwar in der Form eines einmaligen Umlaufes in einer Zeit von rund 25 800 Jahren.

Sie wird, wie wir heute wissen, hervorgerufen durch die Anziehung von Sonne und Mond auf den Äquatorwulst der Erde, wodurch die Erdachse in ihrer Stellung verändert wird. Da die Erde infolge ihrer Rotation wie ein Kreisel wirkt, gibt sie dieser Anziehung nicht nach, sondern weicht ihr durch eine periodische Veränderung der Richtung der Drehachse aus.

Weitere Rätsel werden gelöst

Mit diesen Schwankungen der Erddrehachse ist aber auch eine Ver-
lagerung des Himmelsäquators und seiner Pole am Fixsternhimmel
verbunden. Denn der Himmelsäquator und der Erdäquator liegen ja
für einen Beobachter von der Erde in einer gleichen Ebene. Mit den
Veränderungen dieser Ebenen verschiebt sich natürlich auch der jeweilige Stern, den wir zur Ausrichtung nach Norden benutzen und
der heute der Polarstern ist. Dabei tritt ein Wandern des jeweiligen
Richtsterns ein, das sich mit Hilfe des sogenannten *Nutationskegels*
noch genauer berechnen läßt.

Diese Störung, lateinisch „Nutation" − „Schwankung", wird zu-
sätzlich noch durch den 18,7jährigen Umlauf der „Mondbahn-Knoten"
beeinflußt. Ein komplizierter Vorgang also, den schon Bradley 1747
fand, aber Bessel erst genauer zu berechnen wußte.

Die *Aberration*, aus dem lateinischen Wort für „Abirrung" gebildet,
ist eine Täuschung, die darauf beruht, daß ein mit der Erde mit einer
Geschwindigkeit von 30 Kilometer in der Sekunde bewegter Beobachter die Fixsterne an einem etwas veränderten Ort zu sehen glaubt.

Die Aberration wurde bereits von Bradley im Jahre 1727 entdeckt,
aber erst von Bessel der genauere Ablenkungswert ermittelt. Er beträgt
20 Bogensekunden.

Bessel hatte schon mit Beginn seiner Tätigkeit in Königsberg noch
einen großen Plan. Er wollte einen Atlas des ganzen Sternenhimmels
anlegen, und zwar bis hinunter zu den Sternen neunter Größe, was die
Entdeckung neuer Planeten und Kometen erheblich erleichtern würde.
Bereits Ptolemäus hatte die Sterne in sechs aufeinanderfolgende Klassen eingeteilt, und zwar: 1 = sehr hell, 2 = hell, 3 = ziemlich hell,
4 = fast schwach, 5 = schwach und 6 = sehr schwach. Nach der Erfindung des Fernrohres konnte man diese Größeneinteilung erweitern.
Diese Unterteilung wurde übrigens später aufgrund der physikalischen
Meßmethoden noch wesentlich erweitert und auf eine neue Grundlage ausgerichtet.

Die Vorbereitung dieser Karte nahm mehr als ein Jahrzehnt in
Anspruch, und dann war auch nur ein Ausschnitt davon fertig, den
Bessel der Berliner Akademie als Probestück einsandte. Die Akademie
beschloß die Herausgabe, und gemeinsam mit Bessel wurde das Unternehmen der *Berliner Akademischen Sternkarten* gegründet. Es stand

unter der Aufsicht des Astronomen Johann Franz Encke (1791–1865), der seit 1825 der Direktor der Berliner Sternwarte war. Der Ausdruck wurde in den Jahren 1830 bis 1859 vollendet, und das so entstandene Kartenmaterial erwies sich schon bald bei der Entdeckung einiger kleiner Planeten sowie bei der Aufsuchung des von Jean Josef Leverrier (1811–1877) aus Störungen der Uranusbewegung durch Rechnung entdeckten Planeten Neptun als sehr nützlich.

Diese Abweichungen waren zwar schon zu Beginn des 19. Jahrhunderts bekannt und viel diskutiert, aber erst Leverrier zog daraus seine Schlußfolgerungen und schrieb seine Berechnungen an den Berliner Astronomen Johann Gottfried Galle (1812–1910), der noch am gleichen Abend des 23. September 1846, als er den Brief erhielt, den Planeten nahe dem berechneten Ort auffand. Leverrier wurde 1854 Direktor der Pariser Sternwarte.

Übrigens machte auch Bessel ähnliche Entdeckungen! In dieser Hinsicht war er ein richtiger „Sternendetektiv". Schon im Jahre 1834 hatte er den ersten Verdacht, daß der helle Stern Sirius im Großen Hund und 1840 auch Prokyon im Kleinen Hund unregelmäßige Eigenbewegungen durchführen. Das aber widersprach den bisherigen Erfahrungen, daß die Fixsternbewegungen im Laufe der Jahre nach Richtung und Größe konstant sind.

Er beobachtete deshalb die beiden periodischen Schwankungen eine längere Zeit hindurch genauer. Sie traten mit einer regelmäßigen Periodizität auf. Er folgerte daraus, daß jeder dieser beiden Gestirne einen unsichtbaren, dunklen Begleiter haben müsse. Und zwar der helle Stern Sirius einen solchen, der in 50 Jahren den Schwerpunkt dieses Zweisternensystems nach dem Keplerschen Gesetz umlaufe, während gleichzeitig das System als Ganzes gleichförmig und geradlinig durch den Weltraum ziehe.

Etwas Ähnliches mußte bei dem Stern Prokyon im Kleinen Hund vorliegen, wie seine Berechnungen ergaben. Auch bei ihm handelte es sich um einen Doppelstern, der aus einem sichtbaren und einem unsichtbaren Gestirn bestand. Bessel schrieb darüber im Jahre 1844 eine Abhandlung mit dem Titel *Über die Veränderlichkeit der Eigenbewegung von Fixsternen*, die einiges Aufsehen erregte, aber wenig Glauben fand. Erst 1851, sechs Jahre nach Bessels Tod, gelang es C. A. F. Peters, aus den beobachteten Abweichungen die Bahn des unsichtbaren Sirius-Begleiters zu bestimmen. Die letzten Zweifel schwanden allerdings erst, als es im Jahre 1862 Alvan Clark junior bei der Prüfung eines von seinem Vater konstruierten Teleskopes gelang, in etwa 10 Bogensekunden Abstand vom Sirius ein kleines Sternchen achter Größe zu entdecken, das in seiner Richtung genau in der von Peters berechneten Bahn lief. Auch der Begleiter von Prokyon wurde gefunden. Allerdings erst im Jahre 1896 von dem amerikanischen Astronomen Schaeberle mit Hilfe des großen Refraktors des Lick-Observatoriums auf dem Mount Hamilton. Es war ein Sternchen dreizehnter Größe.

In unserem kurzen Bericht konnten nur einige der zahllosen Arbeiten von Bessel erwähnt werden, da ein Gesamtbericht weit über den Rahmen dieses Buches hinausgegangen wäre. Eine zusammenfassende Darstellung gab der Astronom und spätere Verlagsbuchhändler Rudolf Engelmann in den Jahren 1875 bis 1876 heraus. Er veröffentlichte die in den verschiedensten Zeitschriften verstreuten Abhandlungen in drei großen Bänden.

Bezeichnend für die Persönlichkeit Bessels und seine Leistungen sind die Worte, die er am Schluß des Vorwortes zu seinem Sammelwerk schrieb: „Was Bessel groß gemacht hat, ist nicht bloß die Eigenschaft seines Geistes und seine natürliche Begabung, sondern muß in der harmonischen Vereinigung der verschiedensten Anlagen und Fähigkeiten gefunden werden. An Tiefe und Reichtum mathematischer Spekulationen, Vollendung und Eleganz mathematischer Entwicklungen hat ihn höchstens Laplace übertroffen; im Beobachtungstalent sind ihm die beiden Herschel und Struve nahegekommen, an Rechnungstalent vielleicht Encke. In keinem unter allen diesen finden sich aber die genannten Einzelfähigkeiten so wie in Bessel zum Ganzen vereint und dadurch geeignet, erschöpfend in größter Vielseitigkeit zu sein."

Ein neues Hilfsgerät für die Astronomen

Im Jahre 1835 war von dem französischen Philosophen Marie Auguste Comte (1798–1857) ein Buch unter dem Titel *Cours de philosophie positive* erschienen, in dem er neben anderem folgendes über die Astronomie schrieb: „Niemals werden die Astronomen, die Formen, Entfernungen, Größen und Bewegungen von Planeten und Sternen zu bestimmen vermögen, in der Lage sein, deren chemische Zusammensetzung oder mineralogische Struktur zu ergründen oder gar ihre Temperatur zu messen."

Comte ahnte noch nicht, daß bereits die Grundlagen für eine epochemachende Entdeckung in der Entwicklung waren, die in ihrer Bedeutung für die Weltraumforschung kaum hinter der des Fernrohres zurückstand. Wir erwähnten bereits die Versuche, die Isaak Newton mit der Zerlegung des weißen Sonnenlichtes in die verschiedensten Farben mit Hilfe eines Prismas unternommen hatte.

Es war mehr ein Zufall in der astronomischen Forschungsgeschichte, daß der Physiker und Glastechniker Joseph Fraunhofer (1787–1826), der anfangs als einfacher Glasschleifer in einem optischen Institut in München arbeitete und es dort schon bald zum Abteilungsleiter und schließlich zum Direktor brachte, sich in dieser Eigenschaft mit Versuchen zur Verbesserung des Glasherstellungsverfahrens befaßte. Ihm lag es dabei vor allen Dingen daran, ein möglichst fehlerloses Glas zur Herstellung von optischen Linsen zu erzeugen. Er griff dabei auf Versuche zurück, die sein Schweizer Freund Paul Guinand unternommen hatte. Guinand hatte einzelne Glasstücke von besonderer Qualität erhitzt, bis sie zu schmelzen begannen. Dann schweißte er sie in größere Stücke zusammen. Die so entstandenen Rohlinge hatten jedoch nicht die Qualität, wie sie für die Herstellung von einwandfreien Objektiven benötigt wurde.

Aus diesem Grunde hielt es Fraunhofer für erforderlich, die für das Zusammenschmelzen ausgewählten Glasstücke noch genauer zu untersuchen, um so eine weit bessere Auswahl treffen zu können. Hierbei stieß er jedoch auf die Schwierigkeit, daß das zu dieser Zeit zur Untersuchung der optischen Eigenschaften der verschiedensten Glassorten verwendete gelbe Licht nicht immer rein genug in der Farbe war oder nicht immer in gleicher Qualität erzeugt werden konnte.

„Du mußt es mit einem Prisma versuchen", sagte er sich schließlich. „Es erzeugt in dem Regenbogenband das beste Gelb, das es nur geben kann, und es ist außerdem ständig das gleiche!"

Damit die Abgrenzung der einzelnen Prismafarben noch schärfer wurde, kam er auf den Gedanken, das Licht durch einen schmalen, verstellbaren Spalt auf das Prisma fallen zu lassen. Damit es auch völlig staubfrei war, nahm er eine Feder und säuberte es von allen Seiten. Dabei merkte er plötzlich, als er mit der Federfahne auf die Rückseite des Prismas kam und die hier austretenden gebrochenen Lichtstrahlen abfing, daß eigenartige, schwarze Linien auf dem weißen Federflaum erschienen.

Betroffen hielt er in seiner Reinigungsarbeit inne und betrachtete das merkwürdige Bild. „Was zum Teufel soll das bedeuten?"

Er schob schnell einen weißen Papierschirm hinter das Prisma. Die dünnen schwarzen Linien in den einzelnen Farben blieben und gingen durch das ganze Spektrum hindurch.

Zunächst glaubte er, daß die merkwürdigen Linien auf einem Fehler im Glas beruhten, und er wechselte das Prisma aus. Aber die rätselhaften Linien blieben.

Nachdenklich setzte er sich an seinen mit Büchern und Geräten beladenen Arbeitstisch. Noch immer hielt er die Feder in der Hand und betrachtete sie, als könne er auf diese Weise hinter das Geheimnis kommen.

Sein Gehirn arbeitete fieberhaft... Hatte er vielleicht durch Zufall über diese Feder eine bisher noch unbekannte Lichtbrechung entdeckt?

Er ahnte noch nicht, daß er soeben einen der großen Augenblicke in der Entdeckungsgeschichte der Astronomie erlebt hatte.

Entschlossen stand Fraunhofer auf, um alles das genauer zu untersuchen, was er soeben beobachtet hatte. Das erste, was er bei seinen mit aller Umsicht durchgeführten Experimenten feststellte, war, daß die zahllosen, eigenartigen Linien immer wieder an derselben Stelle auftauchten. Insgesamt zählte er über fünfhundert. Er wählte einige von ihnen aus und bezeichnete sie zur leichteren Identifizierung mit den Buchstaben des Alphabetes. Mit Hilfe eines von ihm hergestellten auf Glas geritzten Beugungsgitters vermochte er sogar die Wellenlängen dieser Linien genau zu messen. Sie wurden später nach ihm die *Fraunhoferschen Linien* genannt.

Einer der großen Augenblicke in der Geschichte der Astronomie: Joseph Fraunhofer (1787–1826) entdeckt mit Hilfe einer Feder die Linien des Sonnenspektrums.

Da Fraunhofer schon mit 39 Jahren starb, kam er nicht mehr dazu, die nach ihm benannten, dunklen Linien im Sonnenspektrum genauer zu untersuchen. Die Neuerungen, die er übrigens im Fernrohrbau einführte, waren erstaunlich und damit für sein Unternehmen auch gewinnbringend. Er erfand unter anderem eine neuartige, vollkommenere Schwerpunktaufhängung der immer größer werdenden Ungetüme. Außerdem baute er auch einen Uhrwerkantrieb ein, der das Fernrohr zum Ausgleich der Erdrotation den Sternen nachführte. Besonders hervorragend waren auch seine achromatischen Objektive, die aus zwei Einzellinsen zweier verschiedener Glassorten bestanden.

Das Geheimnis der Fraunhoferschen Linien wurde erst viel später durch den Physiker Gustav Kirchhoff (1824–1884) und den mit ihm

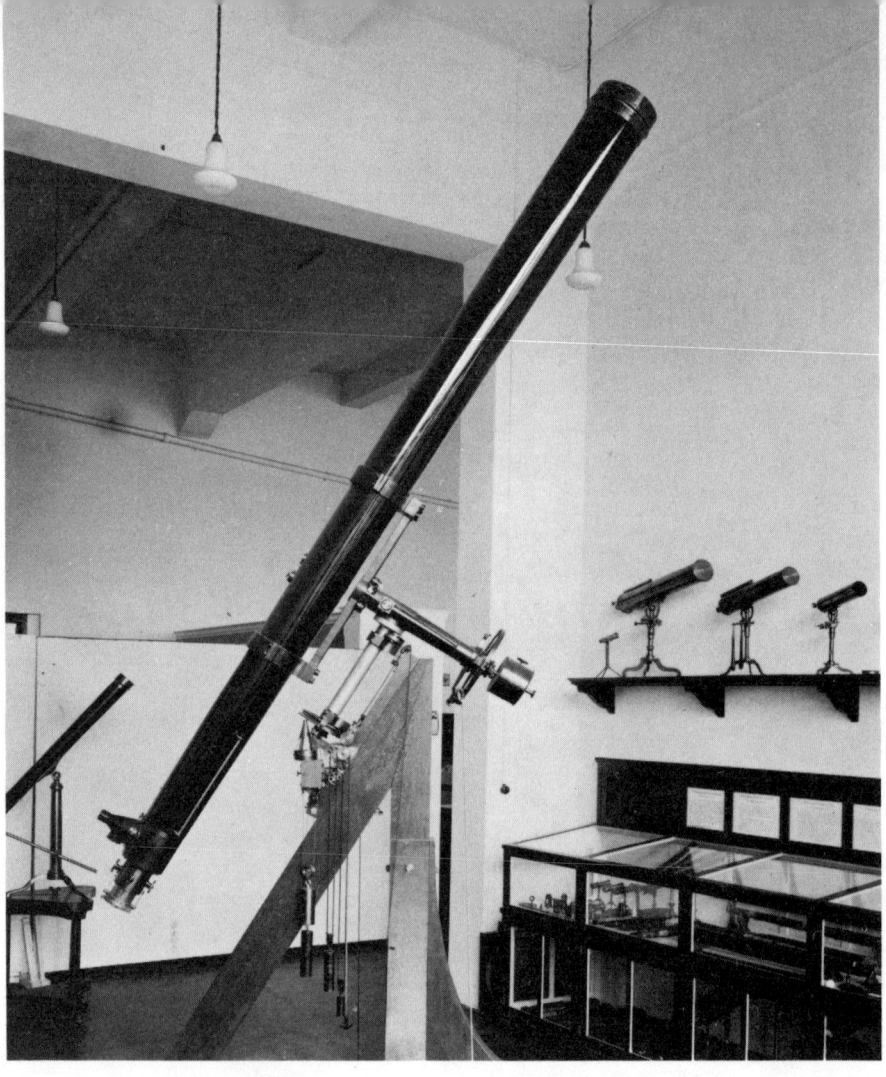

Fraunhofers Neunzöller, erbaut vermutlich 1826/27, mit dem der Astronom Galle 1846 den Neptun entdeckte.

befreundeten Chemiker Robert Bunsen (1811–1899) gelöst. Sie haben in den Jahren 1859 bis 1861 in gemeinsamer Arbeit und in zahllosen Versuchen nachgewiesen, daß jedes chemische Element, das in Gasform zum Leuchten gebracht wird, ein Spektrum von ganz bestimmten, das Element kennzeichnenden Linien zeigt.

Wie Professor Kirchhoff zu dieser Auslegung der Fraunhoferschen Linien im Sonnenspektrum kam, war einer der großen Augenblicke in der Geschichte der Astrophysik. Er schreibt darüber im einzelnen: „Um die mehrfach behauptete Übereinstimmung der hellen Natriumlinien mit den Linien D des Sonnenspektrums auf direkteste Weise zu prüfen, entwarf ich ein mäßig helles Sonnenspektrum und brachte dann vor den Spalt des Spektralapparates eine Natriumflamme. Ich sah dabei die dunklen D-Linien sich in helle verwandeln. Um zu finden, wie weit die Lichtstärke des Sonnenspektrums sich steigern ließ, ohne daß die gelben Natriumlinien dem Auge verschwänden, ließ ich den vollen Sonnenschein durch die Natriumflamme auf den Spalt fallen und sah zu meiner Verwunderung die dunklen Linien in außerordentlicher Stärke hervortreten. Ich ersetzte nun das Licht der Sonne durch das eines *Drummondschen Brenners* (das ist eine Knallgasflamme, in der sich ein Kalkzylinder langsam dreht. Der Kalk gerät dabei in starkes Glühen und strahlt ein blendend weißes Licht aus – Anm. v. Verf.), dessen Spektrum, wie das Spektrum eines jeden glühenden, festen oder flüssigen Körpers, keine dunklen Linien hat; wurde dieses Licht durch die Natriumflamme geleitet, so zeigten sich im Spektrum dunkle Linien an den Orten der hellen Natriumlinien."

Dieses Versuchsergebnis führte zur folgenden Deutung der Fraunhoferschen Linien durch Kirchhoff: Die von innen nach außen gehende elektromagnetische Strahlung der Sonne wird beim Durchlaufen ihrer oberen, gasförmigen Schichten – Kirchhoff glaubte noch an einen festen oder flüssigen Sonnenkern – in vielen charakteristischen Wellenlängen absorbiert, so daß im Spektrum dort dunkle Linien entstehen.

Nach dieser Erkenntnis war es nunmehr möglich, die chemischen Elemente zu bestimmen, aus denen sich diese absorbierenden Schichten zusammensetzen. Nun ersetzte Kirchhoff das Natrium durch Lithium, Kalium und andere Elemente, und er konnte ohne große Schwierigkeiten mit Hilfe des „Absorptionstricks" feststellen, welche Linien des Spektrums den verschiedenen Stoffen entsprachen. Das führte zur Formulierung des Gesetzes, daß jedem chemischen Element ein charakteristisches Spektrum entspräche.

Damit war die Chemie zu einer wunderbaren Untersuchungsmethode auch für Bereiche außerhalb unserer Erde gekommen. Denn bis zur Zeit von Kirchhoff konnte kein Chemiker eine Analyse ausführen, wenn er nicht den zu untersuchenden Stoff in der Hand hatte und seine Reagenzien auf ihn wirken lassen konnte.

Das Ergebnis aller dieser Untersuchungen veröffentlichte Kirchhoff im Jahre 1862 in seinem Werk *Untersuchungen über das Sonnenspektrum und die Spektren der chemischen Elemente*. Sie lösten eine

Lawine von ähnlichen Forschungen in allen Teilen der Welt aus. Der Engländer Norman Lockyer (1836–1920) vertiefte sich in eine Studie der einzelnen Gegenden der Sonnenoberfläche und erfand fast gleichzeitig mit dem französischen Astronomen Jules Janssen (1824–1907) eine spektroskopische Methode zur Beobachtung der Sonnenprotuberanzen.

August Ch. Young (1834–1908) wies bei der totalen Sonnenfinsternis vom 7. August 1869 die sogenannte umkehrende Schicht der Sonne direkt nach, in der die Fraunhoferschen Linien des Sonnenspektrums entstehen. Er berichtet über diesen großen Augenblick folgendermaßen: „Je mehr sich die noch übrigbleibende schmale Sichel der Sonne vor der heranrückenden Mondscheibe verschmälerte, nahmen die Fraunhoferschen Linien und die Helligkeit des Spektrums ab, bis auf einmal, ebenso plötzlich, wie eine platzende Rakete ihre Sterne herausschleudert, das Gesichtsfeld des Spektrums erfüllt wurde mit hellen Linien, die viel zu zahlreich waren, als daß man sie während der etwa zwei Sekunden dauernden Erscheinung hätte zählen können. Der Eindruck war der einer Umkehr der Fraunhoferschen in helle Linien!"

Diese einmalige Beobachtung war eine Bestätigung der Kirchhoffschen Theorie von der Absorption der dunklen Linien in der Sonnenhülle. Die Wahrnehmung Youngs lehrte aber auch, daß diese „umkehrende Schicht" im Verhältnis zu der riesigen Sonne nur eine geringe Tiefe haben konnte. Young schätzte sie auf höchstens 700 Kilometer Tiefe und kam damit den heutigen Berechnungen sehr nahe.

Inzwischen hatte der Schwede Anders Jonas Angström (1814–1874) die Wellenlängen von tausend Linien im Sonnenspektrum berechnet und die von Kirchhoff gebrauchte willkürliche Skala zur Bestimmung der Stellung der einzelnen Spektrallinien durch eine Skala der Wellenlänge des von ihnen ausgestrahlten Lichtes ersetzt. Die Einheit, auf der sie beruhte, wurde nach einer nach dem Schweden benannten Maßeinheit ein *Angström* genannt. Sie bezeichnete den zehnmillionstel Teil eines Millimeters. Auf diese Weise konnte man nicht nur die genaue Lage der jeweiligen Spektrallinien, sondern auch die Lichtwellenlängen der einzelnen Farben messen, die zwischen 3000 Angström bei Ultraviolett und 8000 Angström bei Infrarot schwanken, oder, nach heutiger Einheit: zwischen 300 und 800 nm (Nanometer; 1 nm = 10^{-9} m).

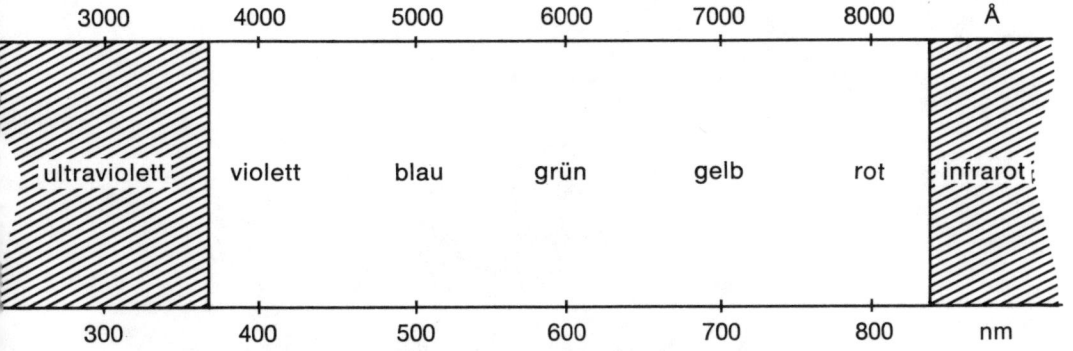

| 3000 | 4000 | 5000 | 6000 | 7000 | 8000 | Å |

| ultraviolett | violett | blau | grün | gelb | rot | infrarot |

| 300 | 400 | 500 | 600 | 700 | 800 | nm |

Das Licht der verschiedenen Spektrumfarben hat unterschiedliche Wellenlängen. Sie wurden früher nach „Angström", gleich 0,0000001 mm, oder heute nach „Nanometer", gleich 0,000001 mm gemessen.

Die Zahl der entdeckten Spektrallinien im Sonnenspektrum wuchs in den nächsten Jahrzehnten wie eine Lawine an. Im Jahre 1896 gab der amerikanische Astrophysiker Henry Rowland (1848–1901) die Lage von 14 000 Spektrallinien an, deren Lichtlängen er mit einem äußerst feinen, aber trotzdem genauen Reflexionsgitter, dem *Rowlandschen Gitter* untersuchte. Diese Arbeit war die Grundlage für eine Art chemischen Sonnenatlas, der für die nächsten Jahrzehnte für die Sonnenforschung richtungweisend war. Rowland hatte übrigens dabei 39 chemische Elemente auf der Sonne entdeckt. Ihre Zahl wuchs ständig durch die Entdeckung weiterer Elemente an.

Eine große Aufregung herrschte im Jahre 1868, als Norman Lockyer ein Element auf der Sonne fand, das auf der Erde bisher unbekannt war. Er nannte es deshalb *Helium*, nach dem griechischen Wort „helios" für Sonne. Es hatte u. a. eine gelbe Spektrallinie. Aber Norman Lockyer ebenso wie der Astronom Jules Janssen, der es auch gefunden hatte, irrten sich. Dieses Element, das zu der Gruppe der Edelgase gehört, existiert auch auf der Erde. Allerdings ist es hier sehr selten. Der Italiener L. Palmieri fand 1882 die gleiche Linie im Spektrum einer Lava vom Vesuv, und der englische Chemiker William Ramsay (1852–1916) isolierte erstmals Helium im Jahre 1895 aus Uranmineralien.

Heute weiß man, daß es im ganzen Weltall kein einziges chemisches Element gibt, das nicht auch auf unserem Planeten zu finden

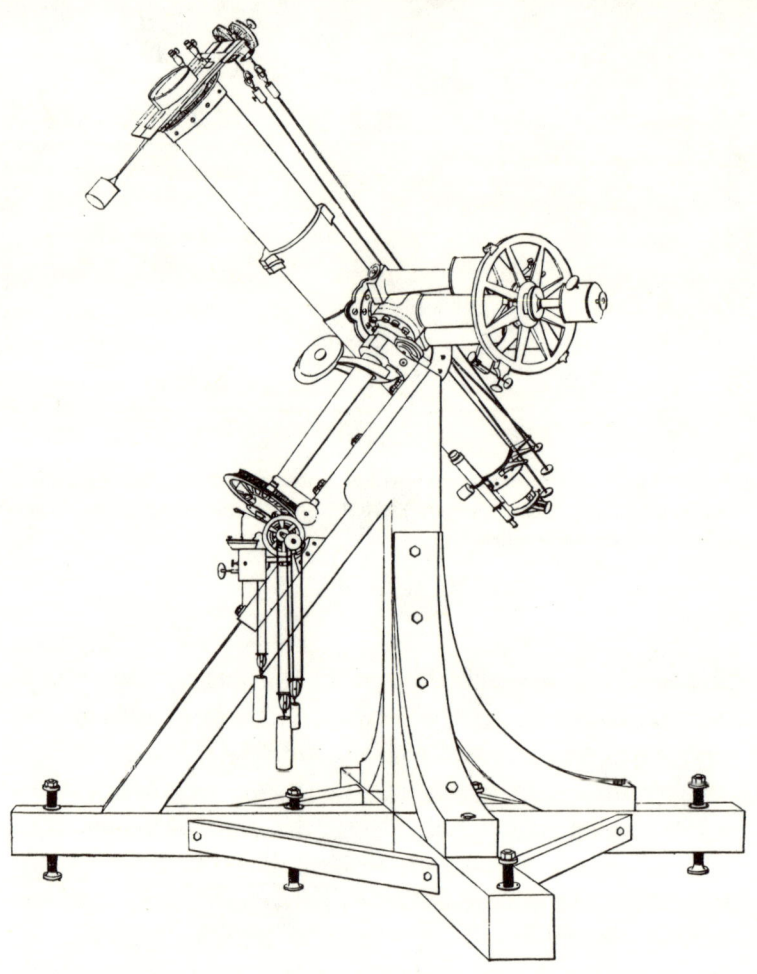

Das Heliometer von Fraunhofer, das dieser im Jahre 1826 für Bessel in Königsberg baute und das ein parallaktisch montiertes Fernrohr besaß.

wäre. Diese Spektroskopie führte auch dazu, auf der Erde unbekannte Elemente zu entdecken, die hier in so geringen Mengen vorhanden waren, daß sie auf normalem chemischem Wege bisher nicht aufgefunden wurden.

Kirchhoff und Bunsen entdeckten so das *Zäsium*, ein Element aus der Gruppe der Alkalimetalle in den Salzen des Dürckheimer Mineralwassers. Es wurde nach der für sein Spektrum charakteristischen blauen Doppellinie („caesius" blau) benannt. Das freie Metall wurde von Bunsen später sogar elektrolytisch abgeschieden. Ein Jahr später, nämlich im Sommer 1861, stießen beide auf das *Rubidium*, das gleichfalls zur Gruppe der Alkalimetalle gehört.

Fast zur gleichen Zeit fand der englische Chemiker William Crookes (1832–1919) mit Hilfe der Spektralanalyse das *Thallium*, ein bläulich weiß glänzendes, sehr weiches Metall, das heute hauptsächlich als Gift zur Bekämpfung von Nagetieren, Ameisen und anderen Schädlingen bekannt ist. Th. Richter und F. Reich entdeckten 1863 in der Freiberger Zinkblende das *Indium*, das sie nach seinen indigoblauen Spektrallinien so benannten.

So wurde das Spektroskop in der Hand des Chemikers zu einem analytischen Hilfsmittel, das auch in kleinsten Mengen chemische Bestandteile nachzuweisen vermag. Auf diese Weise kann übrigens in der Kriminalistik aus den kleinsten vorhandenen Spuren an den Schuhen, Kleidern oder in den Taschen das Vorhandensein gewisser Elemente bewiesen werden, die sich am Tatort befunden haben.

Am wichtigsten jedoch ist die Spektroskopie in unserer Darstellung für die Untersuchung des chemischen Aufbaues von Sternen. Diese sind nämlich im Gegensatz zu den von der Sonne beleuchteten Planeten und Monden selbstleuchtende, also sehr heiße Gaskugeln, deren Oberflächentemperatur etwa 2000 bis 100000 Grad betragen kann. Dabei gilt das folgende Gesetz: Je heißer ein solcher Gaskörper ist, um so weiter im kurzwelligen Teil des Spektrums liegt das Maximum seiner Strahlungsintensität. Das ergibt ein verschiedenfarbiges Licht des Sterns. Ist dieses bläulich weiß, so handelt es sich um einen heißen Stern, ist es aber gelb oder gar rötlich, ist seine Oberflächentemperatur geringer.

Fliegt der Weltraum auseinander?

Zu Beginn des zwanzigsten Jahrhunderts lieferte die amerikanische Astronomin Henrietta Leavitt weitere Unterlagen für Entfernungsmessungen im Weltraum. Sie hatte über ein Jahrzehnt eine nach dem Stern Delta im Sternbild des Cepheus benannte Gruppe von veränderlichen Sternen mit besonders hoher Leuchtkraft, die sogenannten Delta-Cepheiden beobachtet. Das Licht dieser Sterne schwankt in einem periodischen Rhythmus. Dieser ständige Wechsel beruht nach den neuzeitlichen Erkenntnissen auf einem atomaren Vorgang im Inneren jener Sterne.

Die Delta-Cepheiden dehnen sich dabei aus und ziehen sich wieder zusammen, wobei sie ihre Temperatur, Dichte und Helligkeit laufend verändern. Da die so entstandenen Lichtschwankungen der einzelnen Sterne auf demselben physikalischen Vorgang beruhen, müssen sie auch überall im Weltraum anzutreffen sein und nach den gleichen Gesetzen sich verändern.

Miss Leavitt fand nun eine Beziehung zwischen der absoluten Helligkeit und der Periode des Lichtwechsels der Cepheiden. Ein Cepheid pulsiert um so langsamer, je größer seine absolute Leuchtkraft ist und umgekehrt. Aus dem Unterschied der absoluten Leuchtkraft aber und der von der Erde aus gemessenen Helligkeit vermochte der amerikanische Astronom Harlow Shapley im Jahre 1917 die Entfernungen von kugelförmigen Sternhaufen zu messen, in denen diese pulsierenden Sterne vorkommen. Ferner fand auch der amerikanische Astronom Edwin Powell Hubble (1889–1953) im Jahre 1926 die ersten *Delta-Cepheiden-Veränderlichen* im Andromedanebel und ermöglichte damit die Entfernungsbestimmung eines unserem Milchstraßensystem vergleichbaren Sternsystems. Heute wissen wir, daß der Andromedanebel fast 2½ Millionen Lichtjahre entfernt ist. Da alle diese weit von uns liegenden Weltinseln im Durchschnitt die gleiche Form und Ausdehnung haben und lediglich aufgrund ihrer unterschiedlichen Entfernung von der Erde verschieden groß erscheinen, müßte sich auch bei ihnen – so folgerte er – wegen der erwähnten physikalischen Gesetze eine ähnliche, ungefähre Abstandsbestimmung durchführen lassen.

Ein lichtschwächerer Spiralnebel – um dies an einem Beispiel zu erklären –, der neunmal kleiner erscheint als ein anderer, der bereits durch die Cepheiden-Methode gemessen wurde, ist deshalb entsprechend weiter von uns entfernt. Auf diese Weise ist es Hubble gelungen, Entfernungen von Milliarden Lichtjahren zu bestimmen. Dabei war jedoch bei der spektrographischen Untersuchung der so weit entfernt liegenden Sternsysteme von ihm ein merkwürdiges Phänomen beobachtet worden, nämlich die Tatsache, daß die Spektrallinien der Spiralnebel um so stärker nach Rot verschoben sind, je weiter die Nebel von uns entfernt sind (Hubble-Gesetz).

Die einzige Erklärung, die Hubble für die Rotverschiebung fand, ist der nach dem österreichischen Physiker Christian Johann Doppler (1803–1853) benannte *Doppler-Effekt*. Es ist dies eine bei allen Wellenvorgängen, gleichgültig ob bei Schall oder Licht, zu beobachtende Tat-

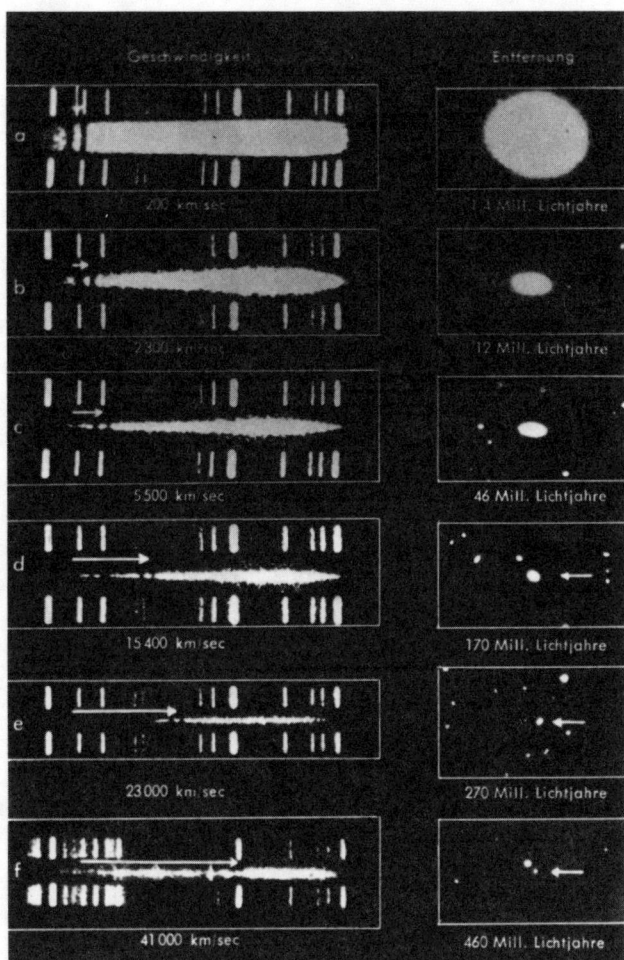

Die Rotverschiebung der Absorptionslinien in den Spektren der verschiedenen Sternsysteme beweist es: Je weiter ein Stern von uns entfernt ist, um so größer ist seine Fluchtgeschwindigkeit.

sache, wenn sich die Quelle und der Beobachter aufeinanderzubewegen oder voneinander entfernen. Im ersten Fall treffen in der Zeiteinheit mehr Wellen bei ihm ein und die Schwingungszahl wird deswegen höher als wenn die Quelle ruht oder sich von ihm entfernt.

Es ist dies in der Praxis ein leicht zu beobachtendes Phänomen, beispielsweise bei einem vorbeifahrenden hupenden Auto oder noch besser bei einer pfeifenden heranjagenden Lokomotive. Der Pfeifton ist hoch und wird nach dem Vorbeifahren plötzlich tiefer, wenn sich die Schallquelle entfernt.

Bei optischen Vorgängen tritt eine Vergrößerung der Lichtwellenlängen und damit eine Verkleinerung der Frequenz ein. Für die Astronomie bedeutet das: Wenn die Entfernung zwischen einem Beobachter und einer konstanten Vibrationsquelle, also einem Licht ausstrahlenden Stern, sich verändert, dann weicht die Frequenz der durch den Beobachter empfangenen Schwingungen von den tatsächlichen Werten ab. Wenn die Entfernung zunimmt, verringert sich auch die Zahl der pro Sekunde empfangenen Schwingungen, umgekehrt nimmt die Zahl der Schwingungen zu, wenn sich der Abstand verringert.

Auf das Spektrum übertragen, heißt das folgendes: Eine Bewegung von dem Beobachter fort zeigt sich als sogenannte *Rotverschiebung* nach dem roten Ende des Spektrums, eine Bewegung zum Beobachter hin ergibt eine *Blauverschiebung*.

Die von Hubble festgestellte Rotverschiebung ist also als eine Art Fortbewegung von unserem Standpunkt aus zu werten. Daraus darf man allerdings nicht schließen, daß die Erde im Mittelpunkt des Weltalls steht. Von unserer Weltinsel – also der Erde aus gesehen – ergäbe sich ein Bild der nach allen Seiten von uns fortwandernden Spiralnebel. Das Ganze ließe sich am besten mit einem langsam von uns aufgeblasenen Gummiball vergleichen, auf dessen Oberfläche sich die einzelnen Weltinseln befinden. Wird der Ball durch das Aufblasen größer, entfernen sich auch die einzelnen Punkte auf seiner Oberfläche voneinander.

Wenn wir jedoch alles von innen heraus betrachten, dann ließe sich der Vorgang am besten mit einem von Rosinen durchsetzten Hefekuchen vergleichen, wobei wir die Rosinen als einzelne Weltinseln anzusehen haben. Dehnt sich nun der Hefekuchenteig aus, dann entfernt sich jede Rosine durch den Aufquellvorgang von der anderen. Ein Beobachter, der auf einer von ihnen, also einem Sternsystemhaufen säße, hätte dann den Eindruck, daß sich sämtliche anderen „Rosinen" von ihm fortbewegten.

Je größer also die Entfernung einer Weltinsel ist, um so höher liegt die Geschwindigkeit, mit der sich dieses System von uns entfernt. Damit aber zugleich verändert sich auch die Stärke der Rotverschiebung im Spektrum. Auch sie wird größer mit der zunehmenden Entfernung und der Geschwindigkeit.

Der „Urknall" im All

Diese „Fluchtbewegung" wurde von amerikanischen Wissenschaftlern mit Hilfe der Riesenteleskope auf dem Mount Wilson und Mount Palomar untermauert, die Tausende von Kontrollaufnahmen machten und die Fluchtgeschwindigkeit mit herkömmlichen Entfernungsbestimmungen überprüften. Dabei wurde unter anderem festgestellt, daß einer der Nebel im Sternbild des Löwen mit einer Geschwindigkeit von rund 196 000 Kilometern in der Sekunde = $^2/_3$ Lichtgeschwindigkeit von uns davonrast, während es der Spiralnebel „M 51", der „nur" $6^1/_2$ Millionen Lichtjahre entfernt ist, auf knapp 550 km/sec bringt. Eine andere Milchstraße im Nebelhaufen des Großen Bären, deren Entfernung über 1 Milliarde Lichtjahre beträgt, erreicht bereits 40000 km/sec. Je näher die Sternsysteme stehen, um so geringer ist ihre Fluchtgeschwindigkeit.

Das führte zu einer Theorie, die unter anderem der belgische Astronom Georges Lemaître (1894–1966) aufstellte, daß sich das Weltall in einer fortwährenden Ausdehnung befinde. Das Universum wird auf diese Weise jeden Tag größer. Da uns keine höhere Geschwindigkeit als die des Lichtes bekannt ist, zieht er aus dieser Überlegung den Schluß, daß der Weltraum zumindest einen Radius von so vielen Milliarden Lichtjahren haben müsse, wie wir mit unseren neuesten astronomischen Geräten in ihm vorzudringen vermögen.

Wohin das führt und wie lange diese Ausdehnung anhalten wird, vermögen die Gelehrten nicht zu sagen. Sie können nur feststellen, daß wir offenbar nicht in einem unveränderlichen Universum leben, sondern in einer alles umfassenden explosionsartigen Ausdehnung. Diese hat nicht eben erst begonnen, sondern ist seit über 10 Milliarden Jahren im Gange.

Irgendwann jedoch muß das Weltall – wie zahlreiche Forscher annehmen – eine Mindestgröße besessen haben, in der alles vereinigt war, was unser Universum auch heute noch enthält. Diese Ausdehnung aus der ursprünglichen Zusammenballung, so interpretiert der belgische Astronom Lemaître den beschriebenen Fluchtvorgang, sei das Ergebnis eines universellen *Urknalls – Big Bang* gewesen.

Die Urmaterie wäre dabei auseinandergerissen, zu Sternsystemen geronnen, die in rasendem Tempo auseinanderstrebten, während der Weltraum immer leerer wurde.

So bestechend diese Theorie auch ist, sie blieb nicht unbestritten! Der englische Astronom Fred Hoyle, der seit 1958 Professor an der Universität Cambridge ist und der als der universellste und phantasievollste theoretische Astrophysiker unserer Zeit gilt, neigt zu der Ansicht, daß dieser kosmische Fluchtprozeß zeitlich ohne Anfang und Ende ablaufe *(Steady-State-Theorie)*. Das sich ständig leerende Weltall werde durch stetig neu entstehende Materie laufend wieder aufgefüllt. Die Materie-Dichte bleibe im Weltraum für alle Zeiten im Gleichgewicht. Auch bei dieser Annahme gäbe es eine zunehmende Rotverschiebung bei wachsender Entfernung.

Woher diese sich ständig erneuernde Materie stamme und aus welcher kosmischen Quelle sie kommen könnte, darüber machte Prof. Hoyle in einem im Oktober 1968 vor der Royal Astronomical Society in London gehaltenen Vortrag aufschlußreiche Ausführungen. Sie stellt, wie auch seine Kritiker zugeben müssen, die Kosmologie auf eine völlig neue Grundlage. Allerdings scheinen die neueren Beobachtungen Fred Hoyle nicht rechtzugeben.

Doch ergaben sich 1971 Schwierigkeiten von einer ganz anderen Seite.

Zwei astronomische Beobachtungen haben nämlich der bisherigen Auslegung der Rotverschiebung als Fluchtbewegung und damit auch der Theorie über die ständige Ausdehnung des Universums einen Stoß versetzt. Bei einer Aufnahme des Sternnebels NGC 7603 mit einer dreistündigen Belichtung und einer späteren spektrographischen Messung ergaben sich eigenartige Mißverhältnisse. Nach den Fotografien handelt es sich bei diesem Nebel um eine sogenannte *Doppelgalaxis*, wobei der kleinere der beiden Nebel aus dem größeren hervorgegangen sein könnte. Beide Galaxien sind durch eine Brücke von einzelnen Sternenanhäufungen und leuchtendem kosmischen Staub, so ähnlich wie der nebenstehend gezeigte Nebel M 51 (Entfernung etwa sechs Millionen Lichtjahre) miteinander verbunden. Das beweist nach der Ansicht des die Beobachtungsgruppe leitenden Astronomen Dr. Arp die entwicklungsgeschichtliche Zusammengehörigkeit beider Sternanhäufungen. Wahrscheinlich wurde die Tochtergalaxis bei einer gewaltigen Explosion von dem Hauptnebel abgestoßen.

Das alles waren bisher bekannte und oft beobachtete astronomische Vorkommnisse.

„Als wir aber darangingen“, so berichtet Dr. Arp, „die spektrogra-

Ähnlich wie der Spiralnebel M 51 ist auch der Nebel NGC 7603 eine Art Doppelgalaxis, wobei die kleinere, wie die „kosmische Brücke" zeigt, aus der größeren
hervorgegangen zu sein scheint.

phischen Meßwerte der beiden Galaxien zu vergleichen, stellten wir mit Erstaunen fest, daß zwischen beiden eine höchst unterschiedliche Rotverschiebung bestand. Die Berechnung derselben nach der Hubble-Konstante entsprach einer Entfernung von 325 Millionen Lichtjahren der Hauptgalaxis. Bei dem Tochternebel jedoch war die auf diese Weise berechnete Entfernung genau doppelt so groß. Sie betrug 650 Millionen Lichtjahre.

Da aber zwischen den beiden Galaxien ein entwicklungsgeschichtlicher Zusammenhang bestand, konnten wir uns diesen Unterschied nicht erklären.

Stimmte nämlich die Rotverschiebung, dann würde die Fluchtbewegung der Tochtergalaxis rund 7500 Kilometer in der Sekunde betragen. Dann aber hätte der Abstand vom Hauptnebel viel größer sein müssen, wenn er durch eine vermutete Explosion ausgelöst wurde.

Wir suchten deshalb nach einer anderen Erklärung und überlegten – da auch die Rotverschiebung durch die Einwirkung von Schwerefeldern auf die Photonen bestimmt sein könnte –, ob möglicherweise dies der Grund für die auffällige Rotverschiebung wäre. Um einen solchen Unterschied in den Meßwerten hervorzurufen, müßten allerdings in dem kleineren Objekt die Massen von einhundert normalen Galaxien vorhanden sein. Was völlig utopisch sein dürfte!"

Diese Beobachtungsergebnisse scheinen also allen bisherigen Berechnungen der Rotverschiebung zu widersprechen. Es taucht deshalb in diesem Zusammenhang die Frage auf, ob die in den Spektren beobachtete Rotverschiebung überhaupt als reeller Doppler-Effekt und somit als eine Fluchtbewegung gedeutet werden darf. Wir kennen zwar bis jetzt keine andere physikalische Erklärung, die eine solche Linienverschiebung erzeugen könnte. Theoretisch wäre es aber durchaus denkbar, daß es einen ganz anderen, uns noch unbekannten Prozeß geben könnte, der denselben Effekt in den Spektren erzeugt, und daß wir – falls es tatsächlich eine andere Deutung gibt – die bisherige Auslegung der Rotverschiebung als Fluchtbewegung eines Tages aufgeben müßten, wie einst die Astronomen die Annahme, die Erde stehe im Mittelpunkt des Universums und werde von der Sonne umkreist.

Bis dies jedoch angenommen werden könnte, müßten umfangreiche und gründliche Untersuchungen zunächst über das Rätsel des Doppelnebels NGC 7603 und dann über die Rotverschiebung selbst angestellt werden. Astrophysiker weisen in diesem Zusammenhang auf die noch ungeklärte Frage hin, ob es nicht auch denkbar wäre, daß die Lichtquanten auf ihrem langen Weg über viele Millionen Lichtjahre nicht etwas von ihrer Energie verlieren könnten und dadurch eine „Ermüdungserscheinung" entstehe, welche für die Rotverschiebung verantwortlich sei.

Erst die nächsten Jahrzehnte werden zeigen, ob die Schlußfolgerungen, die sich auf dem Doppler-Effekt aufbauten, richtig sind oder nicht. Man muß allerdings auch sehen, daß eine Ermüdung des Lichtes, falls es sie gab, das seltsame Phänomen des Doppelnebels NGC 7603 ebenfalls nicht erklären könnte. Die Astronomen neigen daher dazu, das verschiedene Verhalten der beiden Partner von NGC 7603 doch eher in inneren Ursachen dieses Objektes zu suchen. Die Theorie von der Expansion des Weltalls hat sich in den letzten Jahrzehnten so gut bewährt, daß die Astronomen schon von noch viel zwingenderen Tatsachen zu einer Abkehr von dieser Theorie bewogen werden müssen.

Intelligente Lebewesen auf dem Mars?

Wie leicht man in der Astronomie zu falschen Schlußfolgerungen kommen kann, mag die folgende Begebenheit zeigen.

Es war an einem schönen Spätsommerabend des Jahres 1877, als sich der Direktor der Mailänder Sternwarte, Giovanni Virginio Schiaparelli (1835–1910) vor das größte Fernrohr seines Observatoriums setzte, um damit den Mars zu beobachten und die vor Tagen begonnene Karte unseres Nachbarplaneten zu vollenden. Der „Rote Stern", wie er wegen seines Lichtes genannt wurde, sollte gerade am 2. September dieses Jahres die größte Erdnähe seit 1845 erreichen, und diese Gelegenheit wollte der Astronom nicht ungenutzt vorübergehen lassen.

In der reinen, mitunter fast dunstfreien Luft Oberitaliens sah er mit seinem achtzölligen *Merzschen Refraktor* und der maximal 468fachen Vergrößerung meist mehr als sein Kollege, der Amerikaner Hall, mit seinem Riesenfernrohr von 28 Zoll Öffnung, der im August desselben Jahres die beiden Marssatelliten Phobos und Deimos entdeckte.

Sorgfältig stellte Schiaparelli mit der Handkurbel den Refraktor ein. Er war gespannt, was er heute sehen würde. Seit den ersten von Huygens und Hooke im 17. Jahrhundert gezeichneten flüchtigen Marsdarstel-

Der italienische Astronom
Giovanni Schiaparelli (1835
bis 1910), der Entdecker der
umstrittenen „Marskanäle".

lungen war es selten gelungen, unseren Himmelsnachbarn so gut ins
Fernrohr zu bekommen, daß man genaue Einzelheiten von ihm festhalten konnte. Immerhin hatten jene Astronomen doch beobachtet,
daß der Marstag nur 41 Minuten länger als der irdische dauert. Die
Umlaufzeit des Mars um die Sonne mit 687 Erdentagen war sogar
schon früher bekannt.

Immer wieder stellte Schiaparelli das Okular seines Fernrohres
nach. Mit der Linken hielt er dabei einen Papierblock fest, der auf
seinem Schoß lag und auf dem sich die am Vortage begonnene Zeichnung der Marsoberfläche befand.

Langsam senkte sich die Sonne unter den Horizont. Das leuchtende
Abendrot verblaßte, da tauchten, lange bevor irgendein Fixstern zu
erkennen war, an dem rasch sich verdunkelnden Süd- und Südwest-
himmel zwei Planeten auf: zuerst die Venus in ihrem milden Licht
tief am Horizont, ein gutes Stück weiter links der Jupiter, und dann
tauchte über dem Osthorizont der rötlich strahlende Mars auf.

„Da ist er ja", murmelte der Astronom zufrieden.

Er griff zur Feineinstellung, um die Kontraste deutlicher zu sehen,
die sich ihm auf dem talergroßen Bild zeigten. Nun war jener weiße,
scheibenförmige Fleck am oberen Pol deutlich zu erkennen.

290

„Der Südpol", stellte Schiaparelli, halblaut mit sich selbst sprechend, fest. Denn er wußte, daß das Fernrohr das Bild des Mars umdreht.

Auch um den Äquator konnte er helle und dunkle Flecken unterscheiden. Waren es Meere, Kontinente und Inseln? Sie lagen ganz sonderbar nebeneinander, fast möchte man sagen, dicht zusammengepreßt. Es sah alles so ganz anders aus als auf unserem Globus.

Könnten das überhaupt Meere und Kontinente sein? Schiaparelli hatte schon am Vortage die dunklen, länglichen und streifenförmig nebeneinanderliegenden fünf großen Flecken eingezeichnet und sich entsprechende Notizen über ihre Lage gemacht.

Ganz behutsam drehte der Astronom an der Feineinstellung weiter. Das Bild der Marsoberfläche wurde klarer. Die unterschiedliche Tönung der einzelnen Flecken war nun besser zu erkennen. Schiaparelli untersuchte gerade den in einen sichelförmigen Bogen auslaufenden größten mittleren Flecken. Vielleicht konnte er gerade hier die Zeichnung vom Vortage ergänzen? Er spielte nun mit der Feineinstellung, drehte sie millimeterweise vor und zurück . . .

Da, ihm stockte der Atem . . . Plötzlich sah er zwischen einem kleinen dunklen Fleck und den Enden des halbrunden, sichelförmigen Bogens eine gerade und eine gebogene und zum Teil unterbrochene Linie, die noch über die Spitze des Sichelendes hinausging.

Eine weitere Drehung der Feineinstellung machte sie noch deutlicher. Schiaparelli nahm unwillkürlich das rechte Auge von dem Okular und schaute mit dem linken hindurch. Die Linien blieben!

Der Astronom rieb sich die Augen. Sollte dies eine Sinnestäuschung sein? Ein Trugbild vielleicht?

Wieder schaute er mit dem rechten Auge in das Okular. Dann griff er nach dem Block und zeichnete die drei seltsamen Linien ein, jeden Augenblick befürchtend, daß sie vor seinen Augen verschwänden. Aber sie blieben!

Der Astronom versuchte nunmehr, noch weitere dieser Linien zu entdecken. Aber er konnte in dieser Nacht keine mehr finden. Seine Beobachtung behielt er jedoch zunächst für sich. Er wollte noch mehrere anstellen.

Bald entdeckte er weitere Linien. Sie veränderten ständig ihre Größe und Form, wurden breiter und kreuzten sich sogar an einigen Stellen. Schiaparelli war in den nächsten Wochen fieberhaft bemüht, alle Linien möglichst genau zu Papier zu bringen. Immer wieder überlegte er dabei: Wenn diese Linien keine optischen Täuschungen sind, keine Fehler im Instrument oder etwas ähnliches, dann müßte es dort auf der Marsoberfläche etwas geben, was niemand zuvor beobachtet hatte.

An einem Abend aber, als er gerade wieder die Kanäle in einer größeren Anzahl auf der Nordhälfte sah, von denen sich sogar mehrere überschnitten, kamen ihm plötzlich Bedenken. Das alles konnte doch nur ein Spuk sein! Die Linien wären, er hielt unwillkürlich für einige Augenblicke in seiner Arbeit inne, falls es sich um Gräben und tiefe Einschnitte handelte, von einer beachtlichen Breite. Man könnte sie sonst von der Erde aus auch nicht sehen.

Er preßte nochmals sein Auge an das Okular und versuchte die Stärke zu schätzen. Sie müßten in Wirklichkeit mindestens hundert Kilometer breit sein.

Einschnitte oder Gräben von ähnlichen Ausmaßen gab es auch auf dem Mond. Aber sie waren dort nur kurz und vor allen Dingen nicht geradlinig.

Das aber war ja gerade das Verblüffende! Auf natürliche Weise durch ein Marsbeben, durch den Aufprall riesiger Meteoriten oder durch ein anderes Naturereignis konnten derartige regelmäßige und vor allem geradlinige Einschnitte nicht entstehen! Sie sahen vielmehr aus, als wären sie mit geometrischen Hilfsmitteln, mit Kompaß und Theodoliten angelegt.

Das schien fast so, als ob es sich um technische Anlagen einer hochentwickelten Zivilisation handeln würde. Schiaparelli war lange Zeit nicht dieser Meinung. Außerdem sahen andere Astronomen die „Marskanäle" in den folgenden Monaten und Jahren überhaupt nicht.

Die Fernrohre aller größeren Sternwarten richteten sich auf den Mars, um die von Schiaparelli gemachten Angaben nachzuprüfen. Schließlich sahen auch andere Astronomen die „Canali", wie er sie genannt hatte. Trotz ihrer stärkeren Teleskope konnten sie allerdings diese nur schwach und nicht so klar wie Schiaparelli in Norditalien erkennen. Andere wiederum suchten auf dem Mars vergeblich nach den Kanälen. Sie erklärten daher die Behauptungen Schiaparellis für Unsinn oder für eine optische Täuschung.

Die Öffentlichkeit aber, vor allem die Presse, griff die Nachricht mit Sensationsbegierde auf. Artikel mit Zeichnungen erschienen und leg-

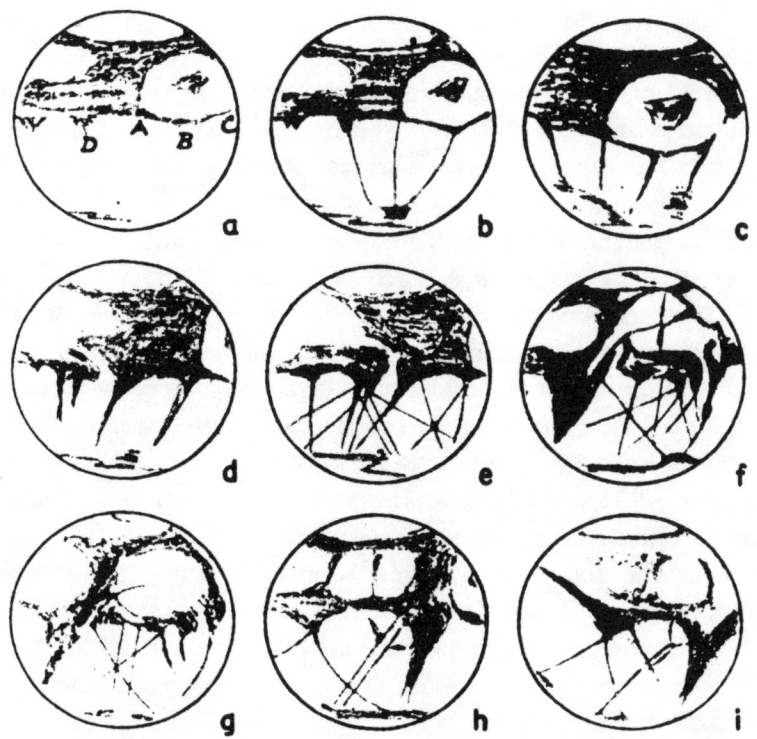

Verschiedene Zeichnungen der Marskanäle von E. Pettit am Mount-Wilson-Observatorium im Jahre 1939.

ten dar, was Schiaparelli entdeckt hatte. Es gab augenscheinlich – so schrieben einige Blätter – vernunftbegabte Lebewesen auch auf unserem Nachbarplaneten. Witz- und utopische Zeichner bemühten sich darzustellen, wie diese wohl aussehen konnten.

Inzwischen aber beobachtete Schiaparelli die rätselhaften „Kanäle" weiter. Er glaubte ein Netz von Haupt- und Nebenkanälen feststellen zu können. Und das Rätselhafte war – mancher der großen Kanäle schien sich zu gewissen Zeiten zu verdoppeln. Das geschah meist zu Ende des Marswinters, um die Zeit, wenn die weißen Flecken an den Polen langsam kleiner wurden. Fast neben jedem Graben ging dann haarscharf parallel ein anderer, ähnlicher her. Und zwar vollzogen sich diese Änderungen beinahe plötzlich, von einem Tag zum anderen, sehr im Gegensatz zu anderweitigen, langsameren Veränderungen, die Schiaparelli ebenfalls wiederholt bemerkte.

Der deutsche Astronom Max Wilhelm Meyer (1853–1910) machte übrigens ähnliche Beobachtungen, so daß Schiaparelli mit seinen

Feststellungen durchaus nicht allein dastand. Auch er äußerte, genau wie schließlich auch sein italienischer Kollege, die Ansicht, daß diese rätselhaften Linien mit Wasser gefüllte Gräben sein könnten und vielleicht zu einer von verstandbegabten Wesen geschaffenen riesigen Bewässerungsanlage gehörten. Die Kanäle dienten außerdem – so behauptete Meyer weiterhin – zu einer uns noch unbekannten, aber genialen Wasservorrats-Wirtschaft.

In der Zeit nämlich, zu der an den Marspolen der Schnee schmelze und das betreffende Polarmeer sich fülle, ströme das Wasser durch die Kanäle zum Äquator, um dort die Trockengebiete zu bewässern. Nur für diese Zeit des Durchfließens dienten die zweiten, höheren Parallelkanäle. Sie verhinderten die sonst eintretende Überschwemmung, die Schiaparelli gelegentlich als die langsameren, unregelmäßigen Veränderungen bemerkt hatte.

Der deutsche Astronom Kasimir Romuald Graff (1878–1950) beobachtete gleichfalls den Mars bei seinen nächsten Annäherungen. Auf einer Zeichnung, die er am 13. Februar 1901 darüber anfertigte, sind ebenfalls einige geradlinige Gebilde zu erkennen. Graff hielt sie jedoch im Gegensatz zu Meyer für einfache Bruchlinien, ohne damit ihre Geradlinigkeit erklären zu können.

So ging der Streit hin und her. Das Rätsel um die eigenartigen Kanäle war damit jedoch noch lange nicht gelöst.

Von dem Gedanken fasziniert, daß es intelligente Lebewesen auf unserem Nachbarplaneten geben könne und um eine endgültige Klarheit in dieser Angelegenheit zu schaffen, gab schon einige Jahre zuvor der amerikanische Diplomat Percivall Lowell (1855–1916) seine erfolgversprechende Laufbahn auf und widmete sein weiteres Leben und ein nicht unbeträchtliches Vermögen der Klärung dieser Frage.

Nachdem er die Luftverhältnisse in den verschiedensten Ländern und Kontinenten auf ihre Eignung für die Errichtung einer Sternwarte geprüft hatte, baute er in Flagstaff in Arizona ein Observatorium, in dem er mit Hilfe einiger Astronomen nur den Mars beobachtete.

Als er im Jahre 1916 nach einem arbeitsreichen Leben starb, hinterließ er zwei Bücher, die Karten von mehr als 700 einfachen und doppelten Marskanälen enthielten. Er vertrat in seinen Werken die Ansicht, daß der Mars einst der Erde sehr ähnlich gewesen sein müsse und vielleicht eine hochentwickelte Zivilisation besessen habe. Später aber verlor der Planet immer mehr von seinem Wasser. Da nur an den

Polen schließlich noch solches vorhanden gewesen sei, wäre es mit Hilfe der Kanäle in die trockenen Siedlungsgebiete geleitet worden.

Lowells Veröffentlichungen entfachten schon zu seinen Lebzeiten eine heftige Diskussion. Während der Marsannäherung des Jahres 1907 bereitete man sich daher mit allen Mitteln vor, die Marsbeobachtung vor allem mit fotografischen Hilfsmitteln so intensiv wie nur möglich durchzuführen.

Während dieser Annäherung machte die für die damaligen Verhältnisse gut ausgerüstete Flagstaff-Sternwarte eine Reihe von Aufnahmen, die das Vorhandensein der Kanäle zu bestätigen schienen. Allerdings gab es auch hierbei wiederum einige Enttäuschungen.

Optische Täuschung oder nicht?

Die in Einzelflecken aufgelöste Kanalführung ließ aber auch die Frage aufkommen, ob die Kanäle überhaupt vorhanden sind. Man ging dabei von der Tatsache aus, daß das menschliche Auge nur sehr ungenau sei und gelegentlich Dinge zu sehen glaubte, die gar nicht oder nur zum Teil vorhanden wären.

So ähnlich – argumentierten die Leugner der Marskanäle – verhalte es sich auch mit der Entdeckung Schiaparellis. Unwillkürlich ergänze das unvollkommene Auge etwas, das gar nicht vorhanden sei.

Dieses Manko läßt sich auch nicht durch fotografische Aufnahmen selbst mit den lichtstärksten Instrumenten beheben. Es ist nämlich nicht so einfach, wie es vielleicht angenommen wird, den Mars zu fotografieren; denn das Marslicht muß außer durch die wenn auch sehr dünne eigene durch unsere Lufthülle hindurch. Besonders die letztere ist oft in einem sehr unruhigen Zustand. So flimmert das Bild und erfährt laufend Verzerrungen. Man neigt heute daher tatsächlich zu der Auffassung, daß die Kanäle nicht auf der Marsoberfläche existieren.

Der Mars besitzt eine Atmosphäre von sehr geringer Dichte. Mit Messungen der Mariner-Sonden IV, VI und VII wurde an seiner Oberfläche nur ein Gasdruck von vier bis fünf *Torr* (eine nach dem italienischen Physiker Torricelli [1608–1647] benannte Einheit für den Luftdruck. Auf der Erde: ca. 760 Torr unter Normalbedingung) gemessen. Auf einigen hohen Bergen waren es nur drei Torr. Dieser dünne Luftdruck aber würde jedes Wasser in den Kanälen, falls es solches überhaupt auf dem Mars gäbe, sofort zum Kochen bringen. Damit wäre der Sinn und Zweck eines solchen Kanalsystems von vorneherein illusorisch.

Die Mars-Atmosphäre besteht außerdem, entgegen früheren Vermutungen, zum größten Teil aus Kohlendioxyd (CO_2), wie gleichfalls die Untersuchungen der Mariner-Sonden ergaben.

Die weißen Polarkappen, die in den warmen Jahreszeiten abschmelzen, bestehen auch nicht, wie man früher annahm, aus gefrorenem Wasser, sondern aus durch die Kälte erstarrtem Kohlendioxyd. Auch die mit Blaufiltern gemachten Aufnahmen von „sturmgepeitschten Wolken" aus Eiskristallen sind aus gefrorenem Kohlendioxyd.

Da der Mars eineinhalbmal weiter von der Sonne entfernt ist als wir, braucht er auch länger, um einen Jahresumlauf zu vollenden. Das Marsjahr beträgt deshalb 687 Erdentage. Frühling, Sommer, Herbst

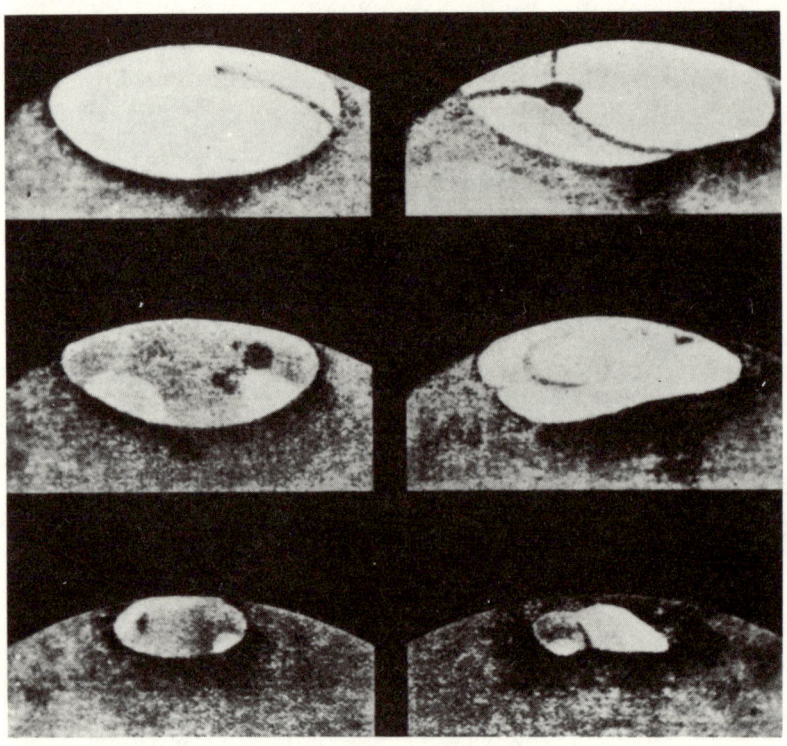

Diese Zeichnungen zeigen das stetige Abschmelzen einer der beiden Polarkappen im Marsfrühling.

und Winter sind daher doppelt so lang wie bei uns. Infolge seiner größeren Entfernung von der Sonne wird unser Weltennachbar auch weniger von ihr erwärmt. Die von den Mariner-Sonden übertragenen Meßdaten zeigen, daß die Durchschnittstemperaturen um 30 Grad unter den unserigen liegen. Vor allem am Äquator sind die Schwankungen sehr groß. Sie bewegen sich dort zwischen + 24° Celsius am Tag und −70° bei Nacht. An den Polen können die Temperaturen sogar −130° Celsius erreichen.

Kann es überhaupt Leben auf dem Mars geben?

Ist unter diesen Umständen überhaupt Leben auf dem „Roten Planeten" möglich? Bereits seit langem hat man festgestellt, daß sich auf dem Mars mit Beginn der Frühlingszeit von den Polen ausgehend bis zum Äquator eine dunkel werdende Fläche ausbreitet. Das wurde bisher als ein sich ausbreitender Pflanzenwuchs ausgelegt. Eine Aufnahme der Mount-Wilson-Sternwarte bei der Marsannäherung im Jahre 1924 schien das auch zu bestätigen.

Am 6. September 1956, als der Mars wieder seine größte Erdannäherung seit 1924 hatte und nur 57 Millionen Kilometer von uns entfernt war, wurden diese Aufnahmen wiederholt. Da sich in den zwischen den beiden Annäherungen liegenden 32 Jahren die Teleskope und andere astronomische Instrumente, Fernkameras und auch das Filmmaterial erheblich verbessert hatten, hoffte man, weit bessere Aufnahmen vom Mars und seinen angeblichen Vegetationsstreifen zu erhalten. Das *Infrarot*-Spektrum der dunklen Flächen auf dem Mars zeigt ein Band von Spektrallinien in der Wellenlänge von 3670 Angström. Ein Vergleich mit den Spektren irdischer Objekte ergab, daß die beobachtete Wellenlänge identisch ist mit der Infrarotstrahlung von Algen. Später von Satelliten aufgefangene Spektren von ähnlich gelegenen, wasserarmen Hochflächen auf der Erde ergaben, daß die aufgefangenen Spektrallinien mit denen am Marsäquator übereinstimmten.

Sie werden bei uns durch gewisse Algen hervorgerufen. Diese Pflanzen (Cladophora) könnten vielleicht auch auf dem Mars existieren.

Der Mars scheint in vielen Dingen ganz anders zu sein als sein Nachbar, die Erde. Sollte er vielleicht doch nicht ihr Bruder sein,

Mariner 9 näherte sich am 13. November 1971 dem Mars. Seine Umlaufbahn ist so gelegt, daß sie die des inneren Marsmondes Phobos, nicht aber die des äußeren Mondes Deimos schneidet.

wie man bisher annahm, und zugleich mit unserem Planeten das Licht der Welt erblickt haben? Die Astrophysiker sind zwar heute überwiegend der Ansicht, daß sich unser Planetensystem ursprünglich zusammen mit der Sonne aus einer einzigen, durch einen Wirbel verdichteten Gaswolke gebildet hat. Neben vielen anderen Überlegungen spricht dafür die Tatsache, daß alle Planeten dieselbe Umlaufrichtung haben und die Sonne ungefähr in der gleichen Ebene umkreisen. Doch wenn Mars und Erde bei demselben Kondensations-Prozeß entstanden sein sollen, dann müßten sie gleich alt sein und aus der gleichen Materie bestehen.

Aber nach den neuesten Forschungen kann man annehmen, daß das Innere der Erde nur dadurch flüssig geblieben ist, weil es radioaktives Material enthält, das laufend die für diesen Zustand erforderliche Hitze erzeugt. Sollte der Mars von dieser Radioaktivität nichts mitbekommen haben? Oder ist seine durch das fehlende Magnetfeld offenbarte völlige Erstarrung nur eine Folge seiner erheblich kleineren Abmessungen? Er besitzt nur ein Neuntel der Masse unserer Erde.

Mit den Mariner-Fotos, die inzwischen von den Amerikanern veröffentlicht wurden, gelang eine dreißigfache Abbildungsvergrößerung gegenüber allen bisher vorliegenden Fernrohr- oder Teleskop-Aufnahmen. Dabei waren jetzt Einzelheiten von etwa 100 Meter Durchmesser zu erkennen. Diese Aufnahmen aber ergaben von Mariner-Flug zu Mariner-Flug und den sich dabei immer mehr verringernden Abständen eine eindeutigere Auslegung. Schon beim Vorbeiflug von Mariner IV am 15. Juli 1965, der in einer Entfernung von 9500 km erfolgte, konnte nur noch eine trostlose Kraterlandschaft erkannt werden. Die Größe dieser Krater ähnelt der des Mondes. Allerdings scheinen sie etwas flacher zu sein. Von „Kanälen" war keine Spur zu sehen.

Die Frage nach organischem Leben wird sich vermutlich erst dann beantworten lassen, wenn zunächst unbemannte Raumsonden auf dem Mars landen. Dann werden wir wahrscheinlich auch wissen, ob irgendwelches niederes pflanzliches Leben auf dem Mars existiert. „Es wäre übrigens durchaus denkbar", so meint Wernher von Braun, „daß der Mars in der Frühzeit seiner Existenz einmal primitive Lebensformen beherbergt haben könnte und jetzt vielleicht noch Lebensformen trägt, die einen sehr primitiven Stoffwechsel aufweisen."

Dagegen sprechen allerdings die Meßergebnisse der Mariner-Sonden, aus denen sich ergab, daß in der Atmosphäre des „Roten Planeten" sich sehr wenig oder gar kein Sauerstoff fand. Dieses Element aber ist für das Leben unbedingt erforderlich. Viel wichtiger ist jedoch der Umstand, daß die Marsatmosphäre so dünn ist, daß die Ultraviolettstrahlung der Sonne diese vermutlich ungehindert durchdringt. Diese Strahlung ist aber lebensfeindlich. Die Mariner-IV-Messungen und -Aufnahmen wurden übrigens ergänzt von Mariner VI und VII im Sommer 1969 und Mariner IX Ende 1971/Anfang 1972. Die letztere Sonde schwenkte in eine elliptische Umlaufbahn um den „Roten Pla-

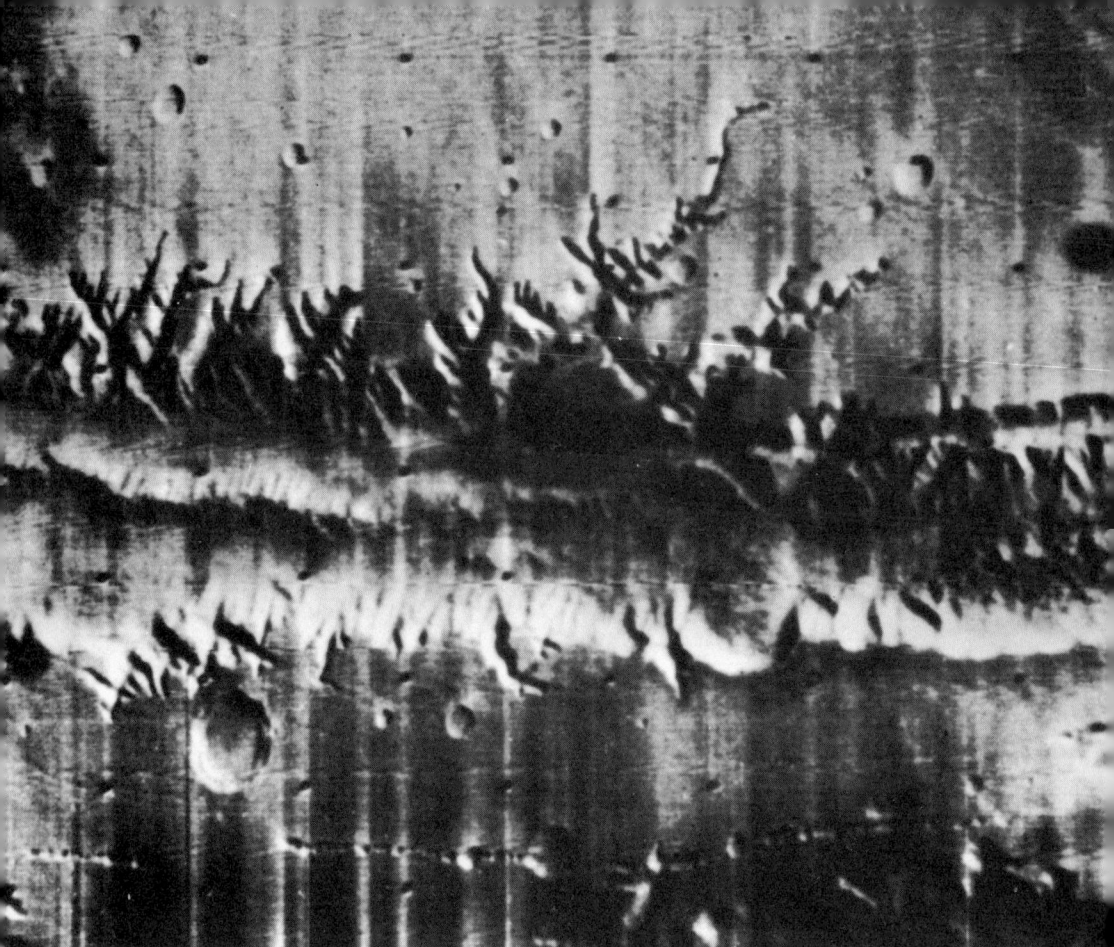

Diese Aufnahme wurde am 12. Januar 1972 von der amerikanischen Sonde Mariner 9 mit einer Weitwinkelkamera aus einer Höhe von 1977 km gemacht. Sie zeigt ein 500 mal 380 km großes Gebiet, das von einer bis zu 120 km breiten Rille durchzogen wird, die merkwürdige Abzweigungen auf der linken Bildseite besitzt.

neten" ein und fotografierte Landschaften, die stark vulkanähnlich erscheinen und vielleicht sogar noch auf einen jungen Vulkanismus hinweisen.

Nach diesen Ergebnissen sind die meisten Wissenschaftler aber zu der Überzeugung gekommen, daß der Mars in mancherlei Hinsicht dem Mond mehr ähnelt als der Erde.

Mit diesen Planungen geben sich die Raumforscher aber noch nicht zufrieden. Bereits jetzt faßt man Reisen zu den entfernter gelegenen Planeten des Sonnensystems ins Auge. Im Februar 1972 startete erstmals eine unbemannte Jupitersonde der Amerikaner.

Das nächste Forschungsobjekt jedoch soll die Venus sein.

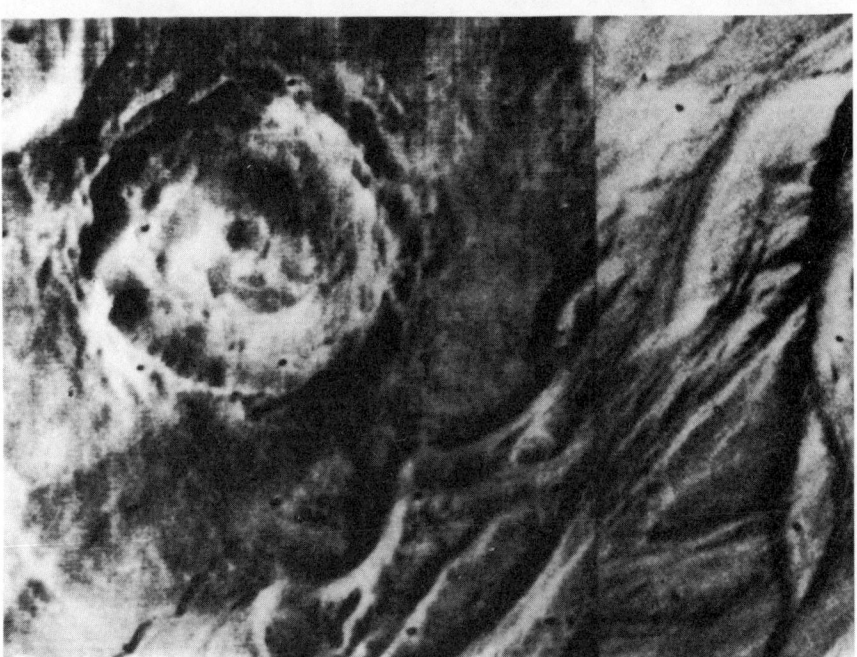

Gibt es Wasser auf dem Mars? Diese Aufnahmen wurden am 28. Februar und am
4. März 1972 von der amerikanischen Raumsonde Mariner 9 gemacht. Sie könnten
nach Ansicht der Wissenschaftler des Jet-Propulsion Laboratory den Beweis liefern,
daß nicht nur größere Mengen von gefrorenem Wasser unter der Marsoberfläche
liegen, bedeckt von einer Schicht dunkler Vulkanasche, sondern auch kanalähn-
liche Auswaschungen durch eine Flüssigkeitserosion erfolgt sind.

301

Das Wettrennen der Venussonden

Immer wieder hat man in den letzten Jahren versucht, durch unbemannte Raumstationen, die an der Venus vorbeiflogen oder sogar auf ihr landeten, näheres über den Morgen- oder Abendstern zu erfahren. Aber die Venus behielt bis jetzt viele ihrer Geheimnisse hinter einem dichten Schleier. Das eindrucksvolle Licht dieses Planeten, vor allem seine strahlende Helligkeit, führte übrigens schon frühzeitig dazu, diesen Stern wegen seiner Schönheit mit einer Frau zu vergleichen. So nannten ihn bereits die Babylonier Nindar-anna, die Beherrscherin des Himmels. Bei den Chinesen war er Die schöne Weiße, Tai-pe. Der lateinische Name Venus war der einer Göttin der Liebenden, zugleich aber auch des Frühlings.

Wir berichteten bereits darüber, daß nach der Erfindung des Fernrohres sich besonders Galilei mit diesem Planeten befaßte und in einem Wortspiel seine Entdeckung über die dem Mond ähnlichen Phasen verbarg, um sich so die Priorität seiner Beobachtung zu sichern.

Begreiflicherweise suchte man mit dem Fernrohr sehr bald auch auf der Venus nach Flecken an ihrer Oberfläche, aus denen man einen Schluß auf die Rotationszeit hätte ziehen können. Diese Flecken waren aber nur selten zu erkennen. Cassini glaubte im April 1667 helle und dunkle Flecken auf der Venus zu sehen, durch deren Verfolgung an mehreren aufeinanderfolgenden Abenden er eine Rotationszeit der Venus von 23 Stunden und 21 Minuten herausgefunden haben wollte.

Sechzig Jahre später glaubte der italienische Astronom Bianchini mit seinem Riesenfernrohr einige dunkle Flecken zu erkennen, die er für Meere hielt. Er beobachtete sie Nacht für Nacht und kam zu dem Schluß, daß sich die Venus einmal in 24 Tagen und 8 Stunden um ihre Achse drehe.

Da man keine Flecken mehr auf der Venus entdeckte, wandte der deutsche Astronom Johann Schröter (1745–1816) eine Beobachtungsmethode an, die derjenigen ähnelte, welche er zur Ermittlung der Merkurrotation benutzt hatte. Er beobachtete nämlich die Hörner des Planeten, wenn derselbe als Sichel erschien. Er glaubte nun auch hier wieder gezahnte, ungleichförmige Spitzen zu bemerken und schrieb dieses Aussehen wie beim Merkur dem Vorhandensein eines hohen Berges zu. Daraus leitete er eine Rotationsdauer von 23 Stunden, 21 Minuten und 19 Sekunden ab.

Herschel versuchte das noch im Jahre 1793, in dem diese Beobachtung veröffentlicht wurde, nachzuprüfen. Er war jedoch nicht imstande, beständige Flecken auf der Venus oder Ungleichmäßigkeiten der Beleuchtungsgrenze sowie Veränderungen der Hörnerspitzen wahrzunehmen.

Auch die Astronomen W. Beer und Dr. Johann Mädler (1794–1874), welche beide die Venus in den Jahren 1833 bis 1836 eifrig beobachteten, kamen zu einem negativen Ergebnis. Wenige Jahre später glaubte hingegen de Vico in Rom, die von Bianchini mehr als ein Jahrhundert früher gefundenen Flecken wiederentdeckt zu haben, und er berechnete danach die Rotationszeit der Venus von 23 Stunden, 21 Minuten und 22 Sekunden.

Eine Sensation war es, als der deutsche Astronom Hermann Carl Vogel (1841–1907), der später als der Begründer der Astrophysik angesehen wurde, am 24. Mai 1871 auf der etwa zur Hälfte erkennbaren Venus eine vielfach gezackte dunkle Masse mit einem hellen, kreisrunden Flecken im Fernrohr der Leipziger Sternwarte in Johannistal erkannte. Er zeichnete sie nach und veröffentlichte sie mit einem kurzen Bericht. Da aber das Ganze nur einen Tag sichtbar war, konnte er daraus keine Rotationszeit bestimmen.

Nun begann auch Schiaparelli, der durch seine Marskanäle einen weltweiten Ruf erlangt hatte, sich mit der Venusrotation zu befassen. Er trug in einer Veröffentlichung *Considerazioni sul moto rotatorio del pianeta Venere*, die im Jahre 1890 erschien, alles zusammen, was über die Venusrotation veröffentlicht worden war, und versuchte es durch eigene Beobachtungen zu ergänzen. Er kam dabei zu der Überzeugung, daß der größte Teil davon als optische Täuschung bezeichnet werden müßte. Seiner Ansicht nach war die Rotation der Venus, ähnlich wie beim Merkur, mit dem Umlauf um die Sonne identisch. Die Rotation des Merkur erfolgt nach damaliger Ansicht in 88 Tagen, wie sein Umlauf um die Sonne. Heute wissen wir, daß die Rotationszeit des Merkur 59 Tage beträgt und daher nicht mit der Umlaufzeit dieses Planeten um die Sonne übereinstimmt. Diese mit Radarmethoden gefundene Rotationsdauer, über die wir noch sprechen werden, wurde neuerdings auch durch jahrzehntelange Beobachtungen mit Fernrohren bestätigt. Das war allerdings nur möglich, weil der Merkur keine Atmosphäre zu besitzen scheint, die Sicht also nicht wie bei der Venus durch Wolken versperrt ist.

Um so unverständlicher ist es, daß gerade um diese Zeit der belgische Astronom M. Niesten nicht nur der Behauptung Schiaparellis in einer Veröffentlichung vom 16. Juli 1891 im *Ciel et Terre* auf das entschiedenste widersprach, sondern aufgrund seiner Beobachtungen von 1881 bis 1890 in Brüssel eine Venuskarte anfertigte, die verschiedene, kreisförmige helle Flecken, „Meere", zeigte, die von dunklen Gebirgszügen begrenzt wurden. Niesten kam im übrigen auch zu Rotationsberechnungen, die denen Schröters mit 23 Stunden, 21 Minuten und 19 Sekunden entsprechen.

Das alles aber rief den Widerspruch des französischen Astronomen J. J. A. Bouquet de la Greye hervor, der in der *Revue scientifique* vom 20. Juni 1891 schrieb, daß die Venus längere Tage und Nächte haben müsse und daß bisher jeder, der sich mit der Rotation der Venus befaßt hätte, seinen Wert möglichst immer an den seines Vorgängers anglich.

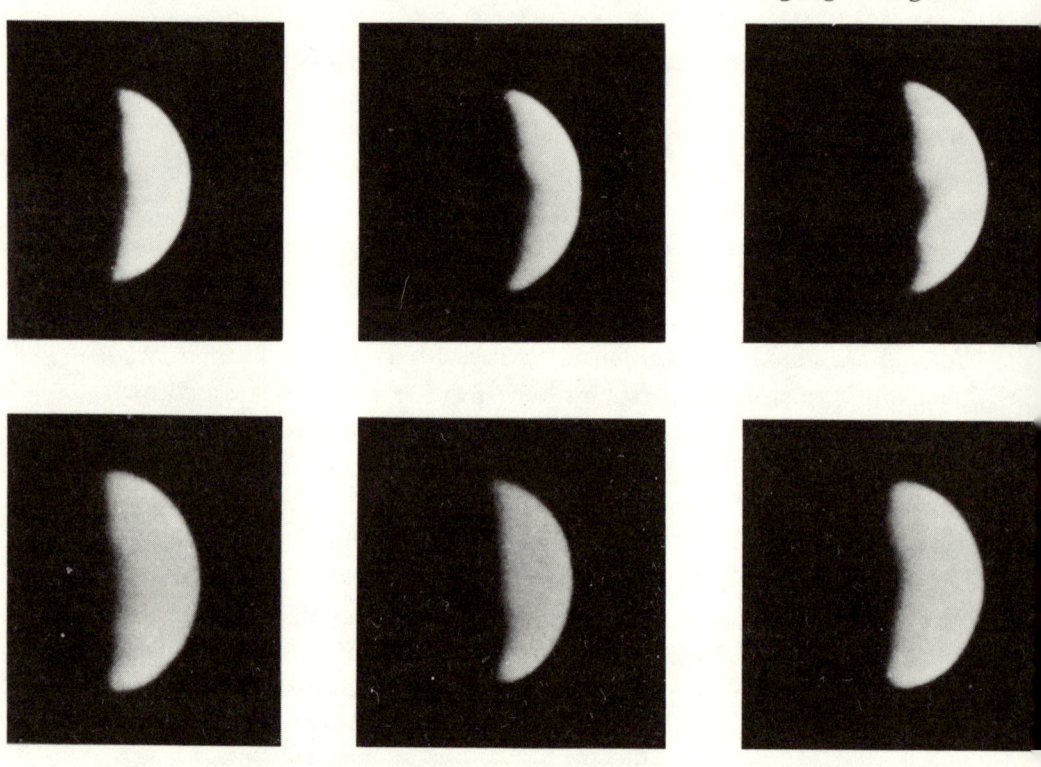

Schon frühzeitig beobachtete man, daß die Venus ähnliche Phasen wie der Mond zeigt. Es gelang jedoch nicht, die dichten Wolkenschichten mit einem optischen Teleskop zu durchdringen. So konnte man auch die Rotationsgeschwindigkeit unseres Schwesterplaneten nur mit Hilfe der Radarmethode bestimmen.

Auch Schiaparellis Darstellung lehnte er ab, denn, wenn die Venus tatsächlich der Sonne ständig dieselbe Halbkugel zukehrte, dann müßte sie äußerlich ein anderes Erscheinungsbild bieten. Sie besäße dann nicht diesen undurchsichtigen Wolkenschleier, der jede Beobachtung von der Erde aus so ungemein erschwert. In diesem Falle nämlich hätte sich der größte Teil der Wolkenmassen auf der dunklen Halbkugel, wie verschiedene Astrophysiker glauben, also von dem Licht fort kondensiert.

Man ging deshalb daran, die Venusatmosphäre genauer zu untersuchen.

Urwelttiere im Dschungel

Diese dichte Wolkenhülle hat zu den merkwürdigsten Vermutungen Anlaß gegeben. Wo Wolken sind – nahm man lange Zeit an –, ist auch Wasser. Da die Venus wärmer ist als die Erde – sie steht ja auch der Sonne näher mit einem mittleren Abstand von nur 108 Millionen Kilometern –, verdunstet die Feuchtigkeit dort auch schneller und bildet so den für die Fernrohre undurchdringlichen Dunst.

„Die Feuchtigkeit der Venusatmosphäre", verkündete noch im Jahre 1918 der schwedische Physiker und Nobelpreisträger Svante Arrhenius (1859–1927), „ist dreimal so groß wie die am Kongo. Das läßt bei den angenommenen Jahrestemperaturen von 29 Grad Celsius den Schluß zu, daß es dort eine üppige Vegetation gibt."

Von dieser Annahme ausgehend, haben später utopische Romanschriftsteller unseren Abendstern als ein feuchtes Sumpfgebiet mit riesigen Schachtelhalmwäldern und gewaltigen Urwelttieren geschildert.

Das widersprach jedoch den Feststellungen, die man schon bald mit Hilfe von Spektrographen bei der Analyse der Venusatmosphäre machte. Die undurchdringlichen Wolkenschichten enthielten nämlich keine wahrnehmbaren Mengen von Sauerstoff und Wasserstoff, dagegen jedoch erhebliche Quantitäten von Kohlendioxyd, und zwar bedeutend mehr als in der Erdatmosphäre. Da dieses lebensfeindliche Gas schwerer als Sauerstoff ist, dürfte es bei den spektrographisch ausgemachten Mengen in einer mehrere Kilometer dicken Schicht über der Venusoberfläche liegen. Dadurch wäre, von irdischen Verhältnissen ausgehend, die Annahme eines pflanzlichen oder tierischen Lebens selbst in den untersten Entwicklungsstufen kaum möglich.

Um noch genauer hinter die atmosphärische Zusammensetzung zu kommen, hat der US-Astronom Gerard Kuiper 1959 und 1964 ein sogenanntes fliegendes Observatorium in einem 25–27 km hoch aufsteigenden Stratosphärenballon eingebaut. Dadurch wurde es ihm möglich, wenigstens die Hauptstörzonen der irdischen Atmosphäre zu vermeiden.

Ein besonders ausgeklügeltes Spektralsystem mit einer automatischen Richtkontrolle ermöglichte es, während des einstündigen Fluges ohne Unterbrechungen die Venus anzuvisieren. Die von einem Computer gesteuerte Anlage erlaubte es, oberhalb der wasserdampf- und staubhaltigen Erdatmosphäre unverfälschte Analysen des Venuslichtes vorzunehmen.

Die elektronische Auswertung derselben zeigte, wie im Juni 1967 die „Times" schrieb, daß die Venus „ein knochentrockener Himmelskörper" sein müsse. Während die irdische Gashülle zu einem Vierhundertstel aus Feuchtigkeit besteht, gab es in der von der Venus nur einen Anteil von weniger als einem Milliardstel. Es war also nichts mit den feuchten Sumpfgebieten mit ihren Schachtelhalmwäldern, in denen Sauriern ähnliche Urwelttiere leben sollten.

Selbst niederes pflanzliches oder tierisches Leben – so vermutet der Venusforscher Gerard Kuiper – könnte unter diesen Bedingungen nicht existieren. Hinzu kommen noch die ungewöhnlich hohen Temperaturen auf der Venusoberfläche. Die ersten einigermaßen verläßlichen Messungen, die man wegen der undurchsichtigen Wolkenschicht nicht mit optischen Methoden machen konnte, wurden auf dem Weg über die Radiostrahlung dieses Planeten nach 1956 vorgenommen. Aus diesen vermögen die Fachgelehrten die Strahlungsintensität und nach dem Planckschen Strahlungsgesetz die Bodentemperatur zu berechnen.

Dieses nach dem berühmten deutschen Physiker Max Planck (1858 bis 1947) benannte Gesetz behandelt die Beziehungen zwischen der Temperatur eines strahlenden Körpers und der ausgesandten Energie und ermöglicht es so, Wärmemessungen durchzuführen. Allerdings gelang es erst durch die Verwendung neuartiger, außerordentlich empfindlicher Verstärker, die Radiowellen der Venus zu analysieren und zu interpretieren. Sie ergaben: Die Oberflächentemperatur der Venus liegt bei 307 Grad Celsius. Damit schien es auch nach dieser Messung ausgeschlossen, daß organisches Leben auf der Venus existieren könnte.

Ein seltenes astronomisches Ereignis gestattete am 7. Juli 1959 die Erforschung der Venusatmosphäre, und zwar auf andere, herkömmliche Weise. An diesem Tage trat nämlich eine Verfinsterung des Sonnensternes Regulus durch die Venus ein. Da es sich um eine Konstellation handelte, die es für einen Beobachter auf der Erde vielleicht einmal alle tausend Jahre gibt, war sie seit der Erfindung des Fernrohres vor 350 Jahren noch niemals verfolgt worden, lediglich einige andere, schwächere Sterne wurden schon einmal durch die Venus bedeckt.

Dieser Vorübergang der Venus vor dem Stern Regulus, eines Sternes erster Größe im Sternbild des Löwen, war eine einmalige Gelegenheit, neue Auskünfte über die Beschaffenheit und Ausdehnung der Venusatmosphäre zu bekommen. Das von Regulus ausgesandte Licht wird nämlich beim Durchgang durch die atmosphärische Hülle der Venus abgeschwächt und gestreut, woraus Rückschlüsse auf die Zusammensetzung und Dichte der Gashülle gezogen wurden. Tat-

Nur sehr selten verdunkelt die Venus den Stern Regulus. Beim Durchgang des Sternenlichts durch die Atmosphäre der Venus wurden am 7. Juli 1959 auch Untersuchungen über die Schichtung der Venusatmosphäre möglich.

307

sächlich wurden zahlreiche Messungen an verschiedenen amerikanischen, europäischen und südafrikanischen Observatorien durchgeführt.

Dieser Aufwand wird verständlich, wenn man überlegt, daß die ganze Verfinsterung nur etwa elf Minuten dauerte, von denen für die Wissenschaftler nur die zehn Sekunden, in denen sich die Venus dem Stern Regulus scheinbar so weit genähert hatte, daß dessen Licht die Venusatmosphäre durchdrang, für die Untersuchungen von Wert waren.

Dr. Gerard de Vaucouleurs vom Harvard-Observatorium in den USA berichtet über diese wichtigen Augenblicke folgendes: „Das Regulus-Licht begann zu flimmern und schwächer zu werden. Mit Spannung blickte ich durch das Richtokular meines Gerätes, stellte es genau ein und begann dann durch Knopfdruck die einzelnen fotoelektrischen Messungen durchzuführen. Ich kam mir vor wie ein Jäger, der auf ein kostbares Wild im Anschlag steht. Kein Augenblick dieses seltenen Schauspiels durfte verlorengehen!

Es war eine Art Wettlauf mit der Zeit! Aber ich hatte außerordentliches Glück und konnte eine erhebliche Zahl von Messungen durchführen. Wir konnten später damit ein vollständiges Bild der Venusatmosphäre erarbeiten."

Nach diesen Untersuchungen betrug die auf die Lichtstrahlen des Sterns wirksame Höhe der Venusatmosphäre 100–150 km.

Der Hauptbestandteil der Venusatmosphäre war Kohlendioxyd. Aus deren Molekulargewicht sowie aus anderen Faktoren bestimmte Dr. de Vaucouleurs die Temperatur der äußeren Schichten mit minus 1,1 Grad Celsius, die der Bodenfläche aber mit 315 Grad. Das entsprach bei Berücksichtigung der Jahres- und Tageszeit den Messungen der Radioastronomen.

Durch Radarkontakte mit der Venus konnte übrigens seit 1958 durch die Aussendung scharf gebündelter, starker Funkimpulse und das Auffangen der Echos als Folge ihrer Reflexion auf der Oberfläche unseres Schwesterplaneten eine genauere Bestimmung der jeweiligen Entfernung von der Erde, die zwischen 40 Millionen und 257 Millionen Kilometern schwankt, erreicht werden. Die Fehlergrenze hat sich dadurch auf wenige hundert Kilometer verringert.

Mehrmals haben bisher Raumsonden die Umgebung des Morgen- und Abendsternes zu erreichen versucht, wobei die Sowjets von der

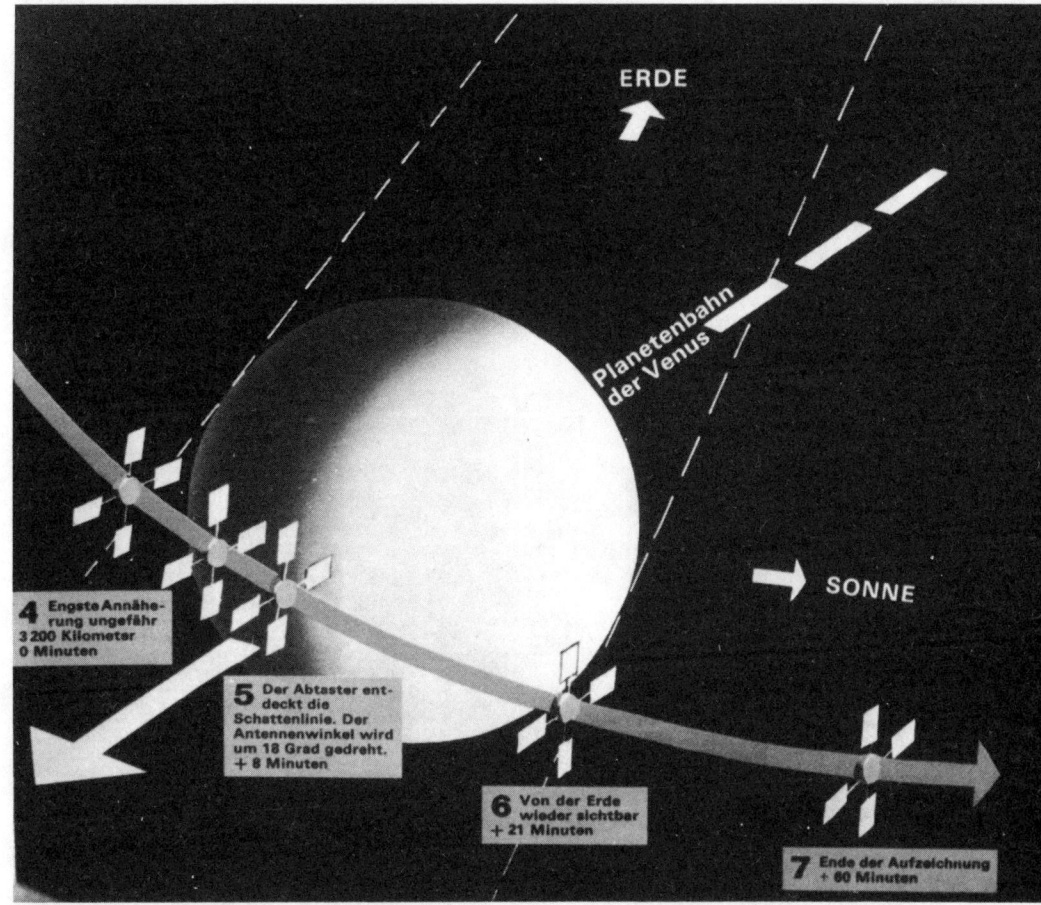

ERDE

Planetenbahn der Venus

SONNE

4 Engste Annähe-
rung ungefähr
3 200 Kilometer
0 Minuten

5 Der Abtaster ent-
deckt die
Schattenlinie. Der
Antennenwinkel wird
um 18 Grad gedreht.
+ 8 Minuten

6 Von der Erde
wieder sichtbar
+ 21 Minuten

7 Ende der Aufzeichnung
+ 60 Minuten

Der Flug der amerikanischen Raumsonde Mariner 5, die der sowjetischen Venus 4
um wenige Tage im Oktober 1967 folgte, führte in einem Abstand von nur 3200 km
südlich an dem Venusäquator vorbei. Die von ihr zur Erde gefunkten Werte ergaben
wichtige Aufschlüsse über die Zusammensetzung der Venusatmosphäre sowie über
die Temperaturen in den verschiedenen Höhenschichten und auf der Oberfläche.

Sonde abgetrennte Instrumentenkapseln an einem Fallschirm auf die
Venus herabgleiten ließen. Die erste amerikanische Sonde war die am
26. August 1962 von den Amerikanern gestartete Mariner II. Sie flog
am 14. Dezember desselben Jahres in einer kleinsten Entfernung von
34 000 Kilometern vorbei und von dort weiter auf die Sonne zu.

Der von der *National Aeronautics and Space Agency (NASA)* heraus-
gegebene Bericht über das Sondenmeßergebnis lautet: „Die Venus ist
in der oberen Atmosphäre von kalten, dichten Wolken bedeckt. Die

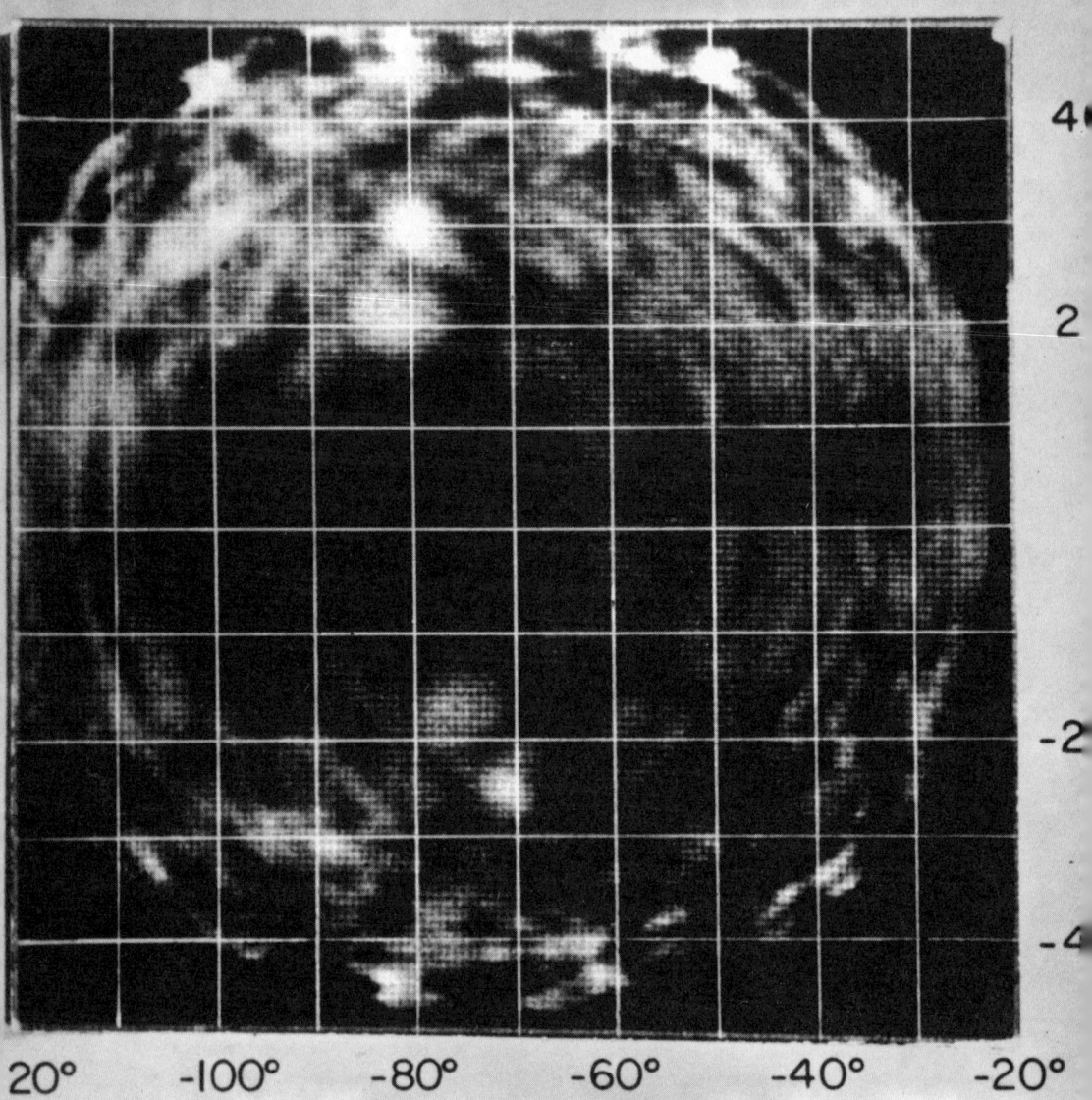

4

2

-2

-4

20°   -100°   -80°   -60°   -40°   -20°

Zum erstenmal durch den Schleier der Venus geblickt! Am 6. August 1967 gelang es mit Hilfe eines neuartigen Radarverfahrens und der nachfolgenden Auswertung mit Hilfe eines Computers, die dichten Wolkenschichten über unserem Morgen- und Abendstern mit der Radarmethode zu durchdringen und diese Karte von seiner Oberfläche zu erhalten. Die Auswertung solcher Radarkarten ist aber sehr schwierig.

Oberflächentemperatur beträgt 425 Grad Celsius. Diese Temperaturen sind auf der dunklen und sonnenbeschienenen Seite im wesentlichen gleich."

Das war ein beachtlicher Unterschied von über 100 Grad gegenüber den anderen Meßmethoden. Man wartete daher mit Spannung auf

310

die Meßergebnisse der ersten sowjetischen Venus-Sonden. Venus 1, die schon 1961 gestartet wurde, und Venus 2 waren aber Mißerfolge. Die Funkverbindung riß vorzeitig ab.

Die nächste sowjetische Sonde, Venus 3, die erstmals eine Instrumentenkapsel absetzen sollte, zerschellte beim Aufschlag auf dem Venusboden. Es folgte Venus 4, die auch glücklich, an einem Fallschirm hängend, auf unserem Schwesterplaneten landete. Westliche Stationen haben einen Teil der Signale mitempfangen, und zwar über einen Zeitraum von nur etwa 30 Minuten, was darauf schließen läßt, daß die Instrumentenkapsel doch nicht so „weich" auf der Venusoberfläche gelandet ist, wie es die Sowjets anfangs gemeldet haben.

Alle durchgegebenen Werte dürften daher nur zu einer Zeit erfolgt sein, als die Kapsel an ihrem Fallschirm niederschwebte. In der offiziellen TASS-Meldung vom 20. Oktober 1967 hieß es auch nur, daß „das automatische Fallschirmsystem in Kraft trat und das schrittweise Niedergehen in der Venusatmosphäre fortsetzte". Man schließt daher nicht aus, daß es infolge der großen Hitze und des hohen Drucks beschädigt worden ist.

Wenige Tage später folgte der russischen Sonde die amerikanische Mariner V. Sie holte auf ihrem 330 Millionen Kilometer langen Flug die sowjetische bis auf wenige Stunden ein. Ihre engste Annäherung an die Venus betrug 3200 Kilometer. Die Sondenbahn verlief in diesem Falle südlich von dem Venusäquator. Da die Funksignale während des Vorbeifluges an der Rückseite der Venus für die Dauer von 21 Minuten ausfielen, mußten die Informationen zunächst auf Band gespeichert und dann von dem Kontrollzentrum in Pasadena abgerufen werden.

Nach der amerikanischen Sonde startete nunmehr am 5. Januar 1969 die sowjetische Sonde Venus 5. Um weitere Pannen zu vermeiden, war in ihr ein Instrument eingebaut, das imstande ist, zu „verstehen", welches Instrument möglicherweise nicht in Ordnung ist, und das ein nichtfunktionierendes Instrument automatisch durch ein anderes zu ersetzen vermag.

Alle diese Messungen aber zeigten, wie es sowjetische Wissenschaftler ausdrückten, „daß die Oberfläche der Venus eine glühend trockene Wüste aus festem Gestein ist, das mit einer dichten, lebensfeindlichen, starken Wolkenschicht überlagert ist".

Ergänzt werden soll noch, daß man vor einigen Jahren mittels der

Radarmethode auch endlich die Rotationsdauer der Venus ermitteln konnte. Sie beträgt seltsamerweise 243 Tage. Außerdem dreht sich die Venus entgegengesetzt zu ihrer Umlaufrichtung um die Sonne. Umstritten ist bis heute die Neigung der Rotationsachse der Venus. Vermutlich ist aber der Venusäquator nur um wenige Grad gegen die Bahnebene geneigt.

Fest steht heute lediglich, daß die Durchschnittstemperatur auf der rauhen und vermutlich trockenen Oberfläche 500 Grad Celsius beträgt und der atmosphärische Druck auf derselben 100mal so hoch ist wie der irdische atmosphärische Druck in Meereshöhe. Die Tiefe der Wolkenschicht wird nach den sowjetischen Messungen auf 72 km angegeben. Bei den Amerikanern werden 97 km genannt. Die Temperatur auf der Oberseite wird von beiden Seiten mit etwa −55° Celsius bestimmt. Auch ein Magnetfeld konnte nicht festgestellt werden. Die Menge des Wasserdampfes betrug nur ein Tausendstel des auf der Erde vorhandenen. Alles das ist so ungewöhnlich und lebensfeindlich, daß das Märchen von den Venusmenschen, die mit Ufos auf der Erde gelandet sein sollen, nicht zu halten ist!

Weitere russische Venus-Sonden waren Venus VI, VII und VIII, die am 10. Januar 1969, 17. August 1970 und 27. März 1972 gestartet wurden.

Die Entdeckung des äußersten Planeten

Die Venus aber ist nicht unser einziger Sternennachbar, dessen genauere Erforschung uns infolge einer undurchsichtigen Gashülle erhebliche Schwierigkeiten bereitet. Ähnlich ist es bei dem achten, sogenannten „äußeren Planeten" Neptun.

Wir berichteten bereits, wie der französische Astronom Jean Josef Leverrier aus Störungen der Uranusbewegung durch Berechnungen auf das Vorhandensein eines achten Planeten kam, der dann am 23. 9. 1846 von dem Berliner Astronomen Johann Gottfried Galle auch tatsächlich an dem berechneten Ort aufgefunden wurde.

In dem inzwischen vergangenen Jahrhundert hat man sich bemüht, Näheres über diesen achten Planeten unseres Sonnensystems zu erfahren. So wissen wir heute, daß dieser Planet, der in den Teleskopen und Fernrohren als ein bläuliches Scheibchen mit einer scheinbaren Helligkeit 7,5ter Größenklasse erscheint, 3,86 Erddurchmesser mißt, während seine Masse aber nur 17,23 Erdmassen entspricht. Das beruht auf der unterschiedlichen Dichte gegenüber der Erde, die nur 0,29 von dieser beträgt.

Er ist also in seiner Größe ein Planet von beachtlichen Ausmaßen, und sein Volumen ist 42,2mal so groß wie das der Erde. Damit ist er nach dem Jupiter, Saturn und Uranus der viertgrößte Planet unseres Sonnensystems. Wegen seiner großen Entfernung von der Sonne benötigt der Neptun für einen Umlauf 164,78 Jahre. Seine Oberflächentemperatur, die ebenfalls noch durch Sonden erforscht werden müßte, wird auf etwa –200 Grad Celsius geschätzt und dürfte damit ebenso lebensfeindlich sein wie auf der Venus.

Der Neptun hat zwei Monde, die ihn mit höchst unterschiedlichen Umlaufzeiten umkreisen. Der eine hat den Namen Triton und benötigt für einen Umlauf 5,88 Tage. Der andere, der erst im Jahre 1949 von Professor Gerard P. Kuiper mit dem 82zölligen Spiegelteleskop des Mc-Donald-Observatoriums entdeckt wurde und dem dieser den Namen Nereide gab, hat eine Umlaufzeit von 359,4 Tagen. Beide sind jedoch merkwürdige Gesellen. Sie durchbrechen ebenso wie die fünf Monde des Uranus die sonst in hohem Maße gewahrte Bewegungsharmonie unseres Sonnensystems und kreisen innerhalb der Äquatorebene so, daß sie eine rückläufige Bahnbewegung haben.

Und nun – und das ist das Merkwürdige – wiederholte sich ein Jahrhundert später das gleiche Spiel, mit dem man den Neptun entdeckt hatte. Auch nachdem die Gravitationsanziehung des Neptun berücksichtigt worden war, hielt Uranus seine vorgeschriebene Bahn nicht genau ein. Von neuem begannen die Astronomen zu rechnen und fanden schließlich heraus, daß noch ein anderer Planet jenseits des Neptun ihn ablenken müsse.

Dieses Mal war es ein Amerikaner, Professor Percival Lowell (1855 bis 1916), der die mathematische Meisterleistung vollbrachte. Nach fünfzehnjährigem Suchen – leider nach dem Tode Lowells – wurde der Planet im März 1930 von Clyde Tombaugh vom Lowell-Observatorium in Arizona als ein Stern 15. Größe entdeckt. Es herrschen jedoch erhebliche Zweifel, ob Pluto wirklich der Planet ist, den man aufgrund der theoretischen Berechnung gesucht hat.

Ohne Zweifel sind auch die von ihm bis jetzt festgestellten Einzelheiten höchst sonderbar. Er ist zunächst rund vierzigmal soweit von

**Der andere Neptunmond, dem man den Namen Nereide gab, wurde erst im Jahre
1949 von Professor Gerard P. Kuiper entdeckt (siehe Pfeil oben rechts auf dem Foto).
Der Pfeil links zeigt den größeren Neptun und Triton.**

der Sonne entfernt wie wir, und zwar so weit draußen im Raum, daß
er seine Reise um die Sonne nur einmal in 247,6963 Jahren vollendet.
Er ist außerdem so fern von Licht und Wärme der Sonne, daß die
Sonneneinstrahlung nur $\frac{1}{1600}$ der unsrigen beträgt. Nicht nur alles
Wasser wäre demnach auf ihm hartgefroren, sondern auch seine
Atmosphäre, wenn er überhaupt – was noch festgestellt werden muß –
eine solche hat, müßte eine entsprechende Tiefentemperatur besitzen.

Seine Masse beträgt vermutlich nur 0,18 Erdmassen. Es handelt sich
also, wenn alle diese Angaben stimmen, um einen verhältnismäßig
kleinen Planeten.

Vor einiger Zeit aber kam aus Amerika eine neue „Pluto-Entdek-

Diese Aufnahme wurde am 4. März 1930 vom Lowell-Observatorium in den USA gemacht. Sie zeigt innerhalb der Pfeile in der Nähe des Sternes Delta Geminorum den soeben entdeckten Planeten Pluto.

kung", die erhebliches Aufsehen erregte. Sie stammt wieder von Dr. Gerard P. Kuiper, dem heutigen Chefastronomen vom Yerkes-Observatorium in Wisconsin. Er behauptet, daß Pluto überhaupt kein Planet ist, sondern daß es sich nur um einen in eine Planetenbahn gedrückten Mond des achten Großplaneten Neptun handelt.

Nach Professor Dr. Kuiper und seinen Kollegen vom Yerkes-Observatorium ist die Bewegung des Pluto für einen Planeten höchst unwahrscheinlich. Er läuft nicht auf einer fast kreisförmigen Ellipse wie die anderen Planeten um die Sonne, sondern seine Bahn ist stark exzentrisch. In Sonnenferne steht Pluto rund 7,35 Milliarden Kilometer von unserem Tagesgestirn entfernt. In Sonnennähe dagegen

315

liegen nur etwa viereinhalb Milliarden Kilometer zwischen ihm und der Sonne.

Als ein weiteres Argument gegen die Planetennatur des Pluto erwähnte Professor Kuiper die von den Astronomen Dr. M. F. Walker und Dr. R. Hardie vom Lowell-Observatorium festgestellte Rotation dieses angeblichen neunten Planeten. Nach sehr komplizierten Messungen erbrachten diese beiden Wissenschaftler den Nachweis, daß Pluto zu einer Achsendrehung etwa sechs Tage neun Stunden benötigt. Das ist, von Venus und Merkur abgesehen, eine höchst ungewöhnliche Dauer. Alle anderen Planeten drehen sich nämlich in einer wesentlich kürzeren Zeit um sich selbst, der Jupiter in rund zehn Stunden, Erde und Mars in ungefähr 24 Stunden.

Aus den Beobachtungsberichten von Dr. Walker und Dr. Hardie ist zu entnehmen, wie ungeheuer schwierig es war, die Pluto-Rotationszeit überhaupt zu erkennen; denn er ist so weit entfernt und so klein, daß er in fast allen Teleskopen nur als sternartiges Objekt gesehen wird. Man kann also mit anderen Worten auf dem Pluto nicht wie auf dem Mars oder dem Mond Oberflächen-Einzelheiten erkennen. Dr. Walker und Dr. Hardie gingen trotzdem davon aus, daß auch die Pluto-Oberfläche nicht gleichförmig sei, sondern verschiedenartig hell ist. Dreht sich dieser unterschiedlich helle Himmelskörper um eine Achse, dann muß er einmal weniger, einmal mehr Licht zur Erde senden. Beobachtungen, die einen Zeitraum von 747 Tagen umspannten, wurden von den beiden Wissenschaftlern, die den Pluto durch den 1½-Meter-Spiegel des Lowell-Observatoriums beobachteten, bearbeitet, und sie erhielten auf diese Weise eine Helligkeitskurve, aus der hervorging, daß der Pluto sich in 6 Tagen, 9 Stunden und 21,5 Minuten einmal um seine Achse dreht.

Was aber am stärksten gegen Pluto als Planet spricht, ist die Tatsache, daß er nach den Berechnungen von Percival Lowell, der im Jahre 1915 die Masse des noch zu suchenden, die Störungen auslösenden Planeten X berechnete, ein Himmelskörper von der siebenfachen Erdmasse sei. Er besitzt aber nur 18 Prozent der Erdmasse. Alle diese Dinge, so meint Professor Kuiper, sprechen dagegen, daß Pluto wirklich der gesuchte Planet ist. Man müßte daher – so meint er – die Suche nach dem neunten Trabanten der Sonne von neuem beginnen, da Pluto nichts anderes als ein früherer Mond des Planeten Neptun sei.

Professor Kuiper nimmt nämlich an, daß sich vor vielen Jahrmillionen im Neptun-Bereich eine Katastrophe ereignete, bei der einer von den drei Neptunmonden hinausgeschleudert wurde. Es war Pluto, der nun dort seine einsame Bahn zieht und so tut, als sei er ein Planet.

Eine Riesenkatastrophe in unserem Sonnensystem?

Derartige gewaltsame Veränderungen sind in der Astronomie schon mehrfach vermutet worden. Eine weit größere Katastrophe, die sich nach Ansicht einiger Wissenschaftler vor einigen Milliarden Jahren in unserem Sonnensystem zugetragen hat, mag in diesem Zusammenhang hier erwähnt werden.

Sie baut sich auf der Tatsache auf, daß es zwischen Mars und Jupiter trotz des vorhandenen großen Raumes keinen weiteren Planeten gibt, sondern lediglich einen breiten Gürtel zahlloser kleiner Himmelskörper, welche die Zahl 50000 noch erheblich überschreiten dürfte. Dieser *Planetoidengürtel*, wie man ihn nennt, besteht aus etwa 1600 Kleinplaneten oder Asteroiden, die bisher katalogisiert wurden, von denen die größten wie Ceres einen Durchmesser von etwa 770 km, Pallas einen solchen von 490 km, Vesta 390 km und Juno nur 200 km besitzen. Im Vergleich zu unserem Mond mit seinem Durchmesser von 3475 km, der auch nur ein Trabant ist, sind das allerdings sehr kleine Himmelskörper. Trotzdem wurden einige bereits im 19. Jahrhundert mit Hilfe der inzwischen verbesserten Fernrohre entdeckt.

Zu der Annahme, daß diese Asteroiden möglicherweise die Reste eines früheren größeren Planeten sein könnten, kam man aufgrund der sogenannten *Bode-Titiusschen Reihe*, die eine Beziehung zwischen den einzelnen Planeten und ihrer Entfernung von der Sonne aufstellt. Sie wurde bereits von J. D. Titius (1729–1796) im Jahre 1766 gefunden und durch J. E. Bode (1747–1826) allgemein bekannt. Addiert man nämlich – davon geht diese Reihe aus – zu den Zahlen 0, 3, 6, 12, 24, 48, 96, 192, 384 (also jeweils der Verdopplung) die Zahl 4 und teilt das Ergebnis durch 10, so entsteht eine Zahlenfolge, die die in Einheiten der großen Halbachse der Erdbahn ausgedrückten Abstände der Planeten von der Sonne annähernd wiedergibt.

In einer Tabelle sieht das so aus:

	gemessen	berechnet		gemessen	berechnet
Merkur	0,39	0,5	Jupiter	5,20	5,2
Venus	0,72	0,7	Saturn	9,54	10,0
Erde	1,00	1,0	Uranus	19,24	19,6
Mars	1,52	1,6	Neptun	30,07	38,8
kl. Planeten	—	2,8	Pluto	39,5	77,7

Die ursprünglichen B.T.R. wurde allerdings aufgestellt, als die äußeren Planeten Uranus, Neptun und Pluto noch unbekannt waren. Die obige Gegenüberstellung ist deshalb erst später hinzugefügt worden.

Es müßte also zwischen Mars und Jupiter nach der obigen Abstandsregel – und zwar dort, wo sich heute die Planetoiden befinden – ein anderer größerer gewesen sein. Das ist natürlich zunächst eine reine Hypothese, die eine Frage aufwirft. Die Frage nämlich, worin der Grund der Zerstörung des angenommenen Planeten gelegen haben mag?

Hierfür gibt es zunächst zwei Möglichkeiten: Einmal ein Zusammenstoß mit einem anderen Planeten oder Himmelskörper oder eine wirkliche Explosion infolge lang anhaltender innerer Hitze und inneren Drucks aufgrund zu starker Radioaktivität. Gegenüber dieser Zusammenstoß- oder Explosionshypothese gibt es noch eine andere Theorie, die davon ausgeht, daß die Nähe des gewaltigen Jupiter von vornherein die Bildung eines großen Planeten verhindert hat und sich die vorhandene Materie nur zu Kleinstplaneten zusammenzuschließen vermochte, weil der normale Wachstumsprozeß gestört worden ist. Eine Annahme, für die manches spricht.

Trotzdem neigen manche Astronomen dazu, der Zusammenstoß-theorie den Vorrang zu geben. Derartige Ereignisse sind zwar sehr selten, sie können aber aus dem Bereich der Möglichkeiten nicht ausgeschlossen werden. Seitdem man mit Hilfe von besonderen Fernrohr-Kameras den Himmel genauer zu erforschen begann, hat man ein Hilfsmittel in der Hand, sich nähernde Himmelskörper rechtzeitig zu erkennen. Während nämlich auf der Fotoplatte die Fixsterne als helle Punkte erscheinen, hinterlassen die Planeten bei der erforderlichen Dauerbelichtung einen kurzen und, wenn sie sich sehr schnell in Erdnähe bewegen, oft auch einen längeren Strich. Das ist besonders ein sicheres Erkennungszeichen für Meteore und auch für größere Himmelskörper, wie beispielsweise Asteroiden, die übrigens gelegentlich auch aus ihrer Bahn zwischen Mars und Jupiter ausbrechen.

Dicht an der Erde vorbei

Bei der Suche nach kleinen Planeten machte der deutsche Astronom Dr. Reinmuth während der Nacht vom 28. auf den 29. Oktober 1937 auf der Sternwarte Königsstuhl der Universität Heidelberg eine später aufsehenerregende Feststellung. Er fand auf einer zwei Stunden belichteten Platte den bereits erwähnten langen Strich. Dies bedeutete, daß er nicht nur eine sehr schnelle Bewegung ausführte, sondern auch der Erde sehr nahe sein mußte.

Am folgenden Abend aber, als die nächste Aufnahme gemacht werden sollte, bevor der Planetoid „davonlaufen" konnte, verschlechterte sich das Wetter über dem Oberrheintal. Eine Wolkenlücke gestattete zwar noch zwei gleichzeitige Aufnahmen, aber der Planetoid war nicht darauf. Da Eile geboten war, telegrafierte Dr. Reinmuth an die astronomische Nachrichtenzentrale in Kiel, von wo aus die Meldung an weitere Sternwarten mitgeteilt wurde. Damit war die Frage verbunden, ob diese vielleicht in der vergangenen Nacht hatten fotografieren können.

Das Observatorium in Sonneberg, das veränderliche Sterne überwachte, hatte zufällig vier Aufnahmen vom 26. bis 29. Oktober gemacht. Außerdem meldete die Oak Ridge Station der Universität Harvard eine Aufnahme aus diesem Himmelsgebiet. Diese Fotos genügten, um danach die Laufbahn zu berechnen. Der Planetoid bewegte sich so schnell, daß er nur sechs Minuten benötigte, um eine dem Durchmesser des Mondes entsprechende Entfernung zu überwinden.

Man hatte den Planetoiden später Hermes getauft und berechnet, daß er am 30. Oktober 1937 in nur 570000 Kilometern Entfernung an der Erde vorbeigezogen ist. Das war nur eineinhalbfache Monddistanz! Das brauchte zunächst noch keine Bedrohung der Erde zu sein, obwohl nach menschlicher Erinnerung noch niemals zuvor ein Planetoid so dicht an der Erde vorbeigerast war. Eigentlich ist das den

Astronomen erst so richtig zum Bewußtsein gekommen, als das kleine Objekt schon wieder an der Erde vorbei war.

Zwar betrug der Durchmesser des Hermes nur einen Kilometer, seine Masse schätzte man jedoch auf zwei Milliarden Tonnen. Sein Aufprall auf die Erde hätte, wenn auch nicht ihre Vernichtung, ohne Zweifel aber eine Katastrophe von erheblichem Umfang bedeutet. Eine Fläche von der Größe einer Provinz wäre zerschmettert worden und für längere Zeit unbewohnbar gewesen. Allein die bei dem Aufprall entstehende Hitze konnte Millionen Menschen das Leben kosten.

Aber er raste, ohne Schaden anzurichten, an der Erde vorbei. „Der liebe Gott", so meinte Dr. Reinmuth erleichtert, „hat doch noch einmal den Daumen dazwischengehabt!"

Es war übrigens nicht das einzige Mal, daß sich ein Planetoid der Erde in ähnlicher Weise näherte. So fand im Jahre 1949 der deutsche Astronom Walter Baade (1893–1960), der nach 1932 nach den USA auswanderte, auf einer Platte, die er mit dem neuen Schmidt-Teleskop der bekannten amerikanischen Sternwarte auf dem Mount Palomar aufgenommen hatte, wiederum eine auffällige Linie. Es mußte sich also abermals um einen Planetoiden handeln, der in unserer Nähe vorbeistrich und später Ikarus genannt wurde. Weitere Aufnahmen wurden gemacht und die Bahn des Planetoiden berechnet. Es zeigte sich, daß dieser Himmelszwerg, dessen Durchmesser kaum mehr als einen Kilometer betrug, nur bis auf einen Abstand von sieben Millionen Kilometern sich uns nähern kann.

Ein ähnlicher Fall ereignete sich im darauffolgenden Jahr. Dieses Mal sichtete der Astronom des amerikanischen Lick-Observatoriums, das sich hauptsächlich mit der Registrierung der Planetoiden befaßt, einen neuen Himmelskörper, dem man nach einer neuartigen Kennzeichnung den Namen *1950-DA* gab. Auf diese Weise ist sofort das Jahr der Entdeckung des Planetoiden und an der Buchstabenfolge DA sogar die in Frage kommende Monatshälfte zu erkennen. „DA" bedeutet nämlich den ersten im Zeitraum vom 16. Februar bis zum 1. März entdeckten Kleinplaneten. So haben also auch die Planetoiden ihre Kennzeichen ähnlich wie die Autos!

Auch bei diesem ergab die Rechnung, daß er die Bahn unserer Erde kreuzen würde. Nacht für Nacht saßen nun die Astronomen an ihren Geräten und verfolgten 1950-DA. Sein kleinster Abstand von der Erde sank auf 9,7 Millionen Kilometer.

Andere dieser erdnahen Vagabunden des Weltalls sind die drei Planetoiden Apollo, Amor, Adonis. Apollo glitt 1932 in einem Abstand von „nur" sechzehn Millionen Kilometern an uns vorbei. In der gleichen Entfernung hält sich bei seinen Erdannäherungen für gewöhnlich auch Adonis auf, der etwa alle 18 Monate die Erdbahn schneidet. Gewiß, der Durchmesser dieses Asteroiden ist nicht groß. Er beträgt knapp vierhundert Meter. Aber seine Masse von 75 Millionen Tonnen ist schon recht beachtlich. Weit umfangreicher ist Amor. Er hat einen Durchmesser von zwei Kilometern und kommt ebenfalls alle zwei Jahre in Sicht.

Das sind jedoch nur einige Beispiele aus der großen Zahl der Planetoiden, die man mit Hilfe der Fotografie als „Ausreißer" besonders beobachtet. So liegt das Weltall in unserer Nachbarschaft noch immer voller Überraschungen! Leicht kann überdies einer der vielen tausend Himmelskörper, die zwischen Mars und Jupiter kreisen und durchaus nicht immer die Bahn des hypothetischen ehemaligen Transmarsplaneten einhalten, durch irgendeinen Umstand, wie einen „kosmischen Verkehrsunfall", aus seinem Lauf geschleudert werden. Die Wahrscheinlichkeit jedoch, daß es dabei zu einem Zusammenstoß mit unserem Planeten kommt, ist nicht sehr groß. Sie kommt ungefähr der eines mittleren Gewinnloses in der Lotterie gleich. Aber sie kann eintreten! Die riesigen Einschlagkrater auf der Erde beweisen das.

Ein neues Fenster in den Weltraum

Oft wurden auch in der Astronomie große Entdeckungen gemacht, ohne daß man überhaupt danach suchte. Sie waren die Folge einer mehr oder weniger zufälligen Feststellung. Eine dieser Begebenheiten, die wohl als der größte Fortschritt seit der Erfindung des Fernrohrs in der Astronomie angesehen werden kann, war die Entdeckung der Radio-Astronomie. Wie man auf sie kam, war einer der ganz großen Augenblicke in der Geschichte der Himmelskunde.

Karl Guthe Jansky hatte schlechte Laune. Es war empfindlich kalt geworden in diesen Dezembertagen des Jahres 1931. Da machte das Arbeiten an der großen Radioantenne der Bell Telephone Laboratories, die fünfzig Kilometer südlich von New York in Homdel auf einem alten Kartoffelacker stand, alles andere als Spaß.

Die Finger froren einem fast an, wenn man aus dem winzigen, aber geheizten Verschlag herausmußte, um immer wieder dieses oder jenes an der etwa dreißig Meter breiten Antennenanlage zu richten, was sich durch den Sturm oder den Frost verklemmt hatte.

Es war ein wahres Ungetüm, was man hier gebaut hatte. Das Holzgestell mit seinen viereckigen Antennen sah aus wie die Tragfläche eines riesigen Doppeldeckers aus der Pionierzeit der Luftfahrt. Dort, wo sich bei einem solchen Flugzeug einst der Motor befunden hatte, lag auch ein Antrieb, der dazu diente, mit Hilfe von vier Rädern, die man von einem alten Ford Modell T ausgebaut hatte, die ganze Anlage auf einer kreisrunden Schiene von Holzklötzen zu drehen.

Die Techniker der Bell Laboratories nannten deshalb das merkwürdige Gebilde die „Merry-go-round", was auf deutsch „Karussell" bedeutet. Ein Name, der Jansky nicht gerade gefiel, weshalb er ihn in Erinnerung an seine alte Heimat mit „Walzertante" übersetzte.

Eine Bezeichnung, die wohl auch besser paßte; denn man konnte das Monstrum links- und rechtsherum drehen. Und „merry" – lustig

Die erste drehbare Versuchsantenne, mit der Karl Guthe Jansky die aus der Atmosphäre kommenden Störungen zu lokalisieren versuchte.

oder gar fröhlich, war das durchaus nicht! Vor allem für den, der daran arbeiten mußte.

Trotz allem war Jansky froh, diesen Job an der Antennenanlage erhalten zu haben. Die Vereinigten Staaten litten noch immer unter der Weltwirtschaftskrise, und es war schwer, besonders wenn man gerade vom College kam, eine Stellung zu bekommen. Seine Eltern aber, die von tschechischen Einwanderern abstammten, waren selbst von der Arbeitslosigkeit betroffen und hatten es gerade noch ermöglicht, daß er sein Studium beenden konnte.

Die Tätigkeit, die der gerade 23jährige für die Bell Laboratories zu erledigen hatte, war durchaus keine Pionierarbeit, obwohl sie sich mit neuartigen Untersuchungen befaßte. Man wollte nämlich mit der für die damalige Zeit neuartigen Antennenanlage herausbekommen, welche Ursachen die laufenden atmosphärischen Störungen hatten, die den transatlantischen Funkverkehr und den Küsten-Radioverkehr beeinträchtigten.

Diese Untersuchungen waren besonders für den Bau von Funkempfängern notwendig, welche die Bell Company herausbringen wollte. Man wußte zwar, daß auch in anderen Ländern an der Erforschung dieser Störungen gearbeitet wurde, veröffentlicht hatte man bisher jedoch nicht viel.

So mußte jeder Staat seine eigenen Forschungen anstellen. Private Unternehmungen wie die Bell Telephone Laboratories beteiligten sich daran. Man baute die bereits beschriebene Antenne, und der im Frühjahr 1931 eingestellte Radioingenieur Jansky ließ sie, wie es ihm aufgetragen worden war, mit gleichbleibender Geschwindigkeit alle zwanzig Minuten um ihre Achse kreisen.

Die atmosphärischen Störungen prasselten dabei von allen Seiten auf die „Walzertante" ein. Im Lautsprecher lernte Jansky bald am Geräusch die verschiedensten Störungen zu unterscheiden. Da gab es lokale Beeinflussungen, die von einem Gewitter an der Küste oder von dem nahe gelegenen New York herrührten. Hier war das Krachen und Knattern besonders stark. Im Gegensatz dazu waren die aus größerer Entfernung, wie beispielsweise von Unwettern über dem Atlantik herrührenden Störungen, weit schwächer. Diese konnte er nur mit dem Kopfhörer verfolgen.

Alle diese Störungen aber hatten eines gemeinsam: ein ziemlich unregelmäßiges Krachen und Knattern. Es gab jedoch noch ein drittes

Geräusch, das immer wieder von den Antennen aufgefangen wurde und völlig von den atmosphärischen Störungen verschieden war. Es bestand aus einem anhaltenden Rauschen. Gelegentlich wurde es stärker, dann schwächte es wieder ab. Oft blieb es auch ganz weg oder wurde durch andere Geräusche überlagert.

Das Merkwürdigste aber war, daß es immer von einer Stelle zu kommen schien. Mit einer wahren Verbissenheit verfolgte Jansky dieses sonderbare Zischen, das sich laufend an Stärke veränderte:

„Ich muß herausbekommen, was es ist!" sagte er sich immer wieder.

Bereits im Sommer, als er das erstemal dieses auf- und abschwellende Rauschen gehört hatte, rief er sofort alle in der Nähe liegenden meteorologischen Stationen an, um zu erfahren, ob irgendwelche Gewitter, von denen vielleicht die Störungen stammen konnten, gemeldet worden waren.

Das Geräusch war zwar anders, als er es sonst bei diesen Naturerscheinungen beobachtet hatte, aber er wollte Gewißheit haben. Auf seinen Wunsch erkundigten sich die Wetterstationen weiter. Ihre Antworten waren jedoch negativ. Zu den von Jansky angegebenen Zeiten hatte es auch in größerer Entfernung keine derartigen Wettervorgänge gegeben.

Wo zum Teufel kamen aber diese Störungen her, überlegte Jansky. Konnten sie vielleicht aus dem nahe gelegenen New York stammen, und wurden sie von einer elektrotechnischen Anlage erzeugt?

Er tastete auch an einem Sonntag den Himmel ab. Das Rauschen blieb! Eine Fabrik oder eine große technische Anlage konnte es also nicht sein. Allerdings waren auch an diesen Tagen zahllose Lichtreklamen in Betrieb, und Schiffe liefen ebenfalls ein.

Jansky drehte und wendete die „Walzertante". Das sonderbare Rauschen kam mit Gewißheit nicht aus dem Norden, wo die riesigen Hafenanlagen von New York lagen. Es blieb auch nicht an einer Stelle, sondern wanderte mit einer gleichbleibenden Geschwindigkeit von Osten nach Westen.

Eines jedoch stellte Jansky durch weitere Versuche schon bald fest: Der Radio- und Funkempfang wurde durch das Rauschen kaum beeinträchtigt. Da waren die anderen Störungen in der Atmosphäre weit schlimmer.

Viele seiner Kollegen hätten, nachdem sie das herausgefunden hatten, sich wahrscheinlich nicht mehr um das eigenartige Pfeifen gekümmert. Lautete doch der Auftrag, nur solche Störungen festzuhalten, die den Empfang beeinträchtigten, und sie möglichst zu lokalisieren.

Anders jedoch war es bei diesem jungen Radioingenieur! Seine Neugierde und sein Forschungsdrang waren erwacht. Er wollte und mußte wissen, woher das sonderbare von Osten nach Westen wandernde Geräusch kam. Hatte es vielleicht etwas mit der Erdumdrehung zu tun, die ja auch in dieser Richtung erfolgte?

Um sich hier zunächst Klarheit zu verschaffen, mußte er die senkrecht ausgerichtete Antenne so umbauen, daß sie sich schräg nach oben verschieben ließ. Nur auf diese Weise war er dann in der Lage, auch den höhergelegenen Teil des Himmels nach Störungen abzusuchen.

Das kostete zwar Geld und Arbeit, aber er erhielt schließlich die Genehmigung hierfür.

Eine Entdeckung am Weihnachtsmorgen

Ganz befriedigend war der Umbau jedoch nicht; denn es machte immer eine erhebliche Mühe, wenn man die Antennen anders ausrichtete, um, wie seine Kollegen aus den anderen Labors meinten, „die höheren Sphären" zu erforschen. Der Umbau der Antenne war diesen nämlich nicht verborgen geblieben, und es hatte sich herumgesprochen, daß der „Neue" anscheinend „hoch hinaus" wollte.

Jansky hörte zwar davon, aber er nahm die Dinge nicht so tragisch. Er hatte seine umgebaute Antenne, und das war die Hauptsache, wenn er auch in den bereits erwähnten Dezembertagen erbärmlich an den Händen fror, weil er ständig die Richtungswinkel seiner zehn Rahmenantennen ändern mußte. Aber vor den Erfolg hatten nun einmal die Götter den Schweiß und wahrscheinlich auch das Frieren gesetzt!

Da er aber immer noch nicht überzeugt war, ob nicht doch irgendeine normale Störungsquelle die Ursache für das Rauschen war, beschloß er, die Weihnachtsfeiertage auszunutzen und mit seiner neuen Antenne zu experimentieren. Dann war er sicher, daß nirgendwo gearbeitet wurde und dadurch ein Störungsgeräusch entstehen konnte.

Seine Eltern waren zwar enttäuscht, daß er nur den Heiligen Abend mit ihnen verbrachte. Aber sie sahen seine Gründe schließlich doch ein. So saß der junge Ingenieur schon im ersten Morgengrauen hinter

seinem Gerät und schaute durch das schmale Fenster seiner Bretter-
bude auf das weite Land hinaus. Es hatte die Nacht über geschneit, und
es war ein weißes Weihnachtsfest geworden, wie es jeder Amerikaner
sich wünscht. Die Sonne war gerade im Aufgehen...

Da, wie unter einem elektrischen Schlag zuckte Jansky zusammen.
Das Geräusch, es war wieder da! Er drehte an der Feineinstellung und
schaltete einen Verstärker ein. Das Pfeifen wurde lauter und schwang
auf und ab.

Es dauerte etwa fünf Minuten, dann wurde es schwächer. Jansky
schaltete die „Walzertante" ein und drehte sie um einige Grad. Dann
hatte er das Rauschen wieder in voller Stärke. Der Widerschein der auf-
gegangenen Sonne lag wie ein goldener Glanz über dem weißen
Schnee auf den Feldern. Ein farbenprächtiges Schauspiel, das den in der
Großstadt aufgewachsenen Ingenieur so gefangenhielt, daß er beinahe vergaß, dem Rauschen mit seiner Antenne zu folgen.

Bald jedoch fing er sich wieder und dachte darüber nach, was er soeben beobachtet hatte. Mit der Sonne – so überlegte er – konnte das
Rauschen wohl kaum etwas zu tun haben. Es war in voller Stärke bereits dagewesen, bevor die Sonne in ihrer ganzen Größe über dem
Horizont erschien.

Jansky nahm ein Stück Papier und zeichnete. Wie war es doch?
Was hatte man ihn in der Schule über die Sonne gelehrt? Die Erde
drehte sich um die Sonne. Das ganze Sonnensystem aber mit allen
Planeten wanderte wiederum und nahm an der Rotation der Milchstraße teil. Er machte auf dem Papier einen Punkt, das sollte die Sonne
sein. Dann zeichnete er darum eine Ellipse. Das war so ungefähr die
Umlaufbahn der Erde. Diese drehte sich wiederum um sich selbst.

Dann machte er außerhalb der Erdumlaufbahn einen weiteren
Punkt, der von der Sonne aus gesehen seitlich lag.

„Nehmen wir einmal an", so sprach er dabei mit sich selbst, „hier
wäre irgendein Stern, der störende Strahlen aussendet."

Er zeichnete weiterhin eine Linie zwischen diesem angenommenen
Stern und der Erde.

Wenn nun, so folgerte er weiter, die Erde um die Sonne läuft und
dann der die Strahlung aussendende Stern etwas westlich der Sonne
liegt, muß diese die Störungsimpulse, die das Geräusch auslösen, auch
früher empfangen.

Wenn diese seine noch laienhafte Darstellung stimmte – er mußte darüber zunächst noch einen Fachmann befragen –, dann wäre dies möglicherweise eine Erklärung für die eigenartigen Störungen. Wenn man aber diesen störenden Stern finden wollte, dann war es wichtig, genau auf die Sekunde die Zeit festzuhalten, wann das Rauschen erstmals vor dem Aufgang der Sonne erfolgte. Ein Astronom könnte dann sicher den Standpunkt dieses Gestirnes errechnen.

Jansky nahm den Kopfhörer ab und stand auf. Unwillkürlich ging er ans Fenster und starrte zu der jetzt hinter einigen Wolken stehenden Sonne hinüber.

Wie auch die Berechnungen ausfielen, dieses Wandern des Störungsgeräusches von Osten nach Westen konnte nur eines bedeuten: Es lag außerhalb der Erde, an einer genau zu bestimmenden Stelle. Lediglich der Erdumlauf um die Sonne verzerrte das Bild und ließ es mit der Sonnenbewegung mit einem bestimmten Vorsprung über das Himmelsgewölbe laufen.

Seine Aufgabe war es jetzt, so sehr ihn auch die Entdeckerfreude übermannte, kühl und sachlich weiterzubeobachten und genaue Daten, Messungen und Zeitangaben zusammenzutragen, damit er seine Behauptung begründen konnte.

Er wußte, das war eine Arbeit von Monaten, wenn nicht gar von Jahren. Das hemmte aber seine Arbeitsfreude durchaus nicht. Noch am ersten Weihnachtstag legte er sich eine mit dem 1. Januar des Jahres 1932 beginnende Tabelle an, die seine Beobachtungen monatsweise festhielt. Links am Rand standen die einzelnen Tage, rechts oben, quer über das ganze Blatt gehend, die genauen Stundenangaben, wann er tagsüber das Geräusch gehört und seine Dauer und Stärke gemessen hatte.

Da er sich nach dem Sonnenaufgang richten mußte, wurde seine Arbeitszeit eine völlig andere als die seiner Kollegen. Mit anderen Worten hieß das, er saß im Sommer schon um vier Uhr hinter seinen Geräten, während er im Winter später als sie auf seinem Arbeitsplatz erschien.

„Er spinnt nun vollständig", sagten die meisten, die ihn nicht verstanden und seine Forschungsziele auch nicht kannten. Aber vorsichtig, wie er war, hatte er sich auch hierzu die Genehmigung seines Vorgesetzten geholt.

Das Geräusch, das stellte er schon bald fest, erschien jeden Tag ein wenig früher als die Sonne. Er nahm schließlich eine Stoppuhr zur

Hand und wartete jeden Morgen mit dem Kopfhörer auf den Ohren auf das erste Rauschen. Die so festgehaltenen Zeiten ergaben einen Vorsprung von täglich vier Minuten. Im Monat waren es genau zwei Stunden.

Was aber sollte das bedeuten? Jansky war sich darüber klar, daß er dieses Rätsel nur lösen konnte, wenn er einen Astronomen befragte. Er hatte rein zufällig einen holländischen Astronomen mit Namen Bart. J. Bok kennengelernt, der ein Bruder eines seiner Kollegen war und, nachdem er in Groningen seinen Doktor gemacht hatte, an die Harvard-Universität zurückkehrte. Er zeigte ihm seine Beobachtungen und bat ihn um Auskunft.

„Das ist eine sehr interessante Beobachtung", meinte der junge Astronom, „die wahrscheinlich nur dadurch erklärt werden kann, daß dieses Rauschen von einem Stern oder einer Gaswolke herrührt, die eine Strahlung aussendet, die von Ihnen aufgefangen wurde.

Und Sie hören", fragte er, „dieses sonderbare Geräusch jeden Tag um vier Minuten zeitiger?"

Dr. Bok dachte einen Augenblick nach und sah darauf in einer Tabelle nach.

„Das wäre also", fuhr er dann fort, „in Richtung des Sagittarius, im Sternbild des Schützen, in dessen Richtung sich auch der sogenannte Mittelpunkt unseres Milchstraßensystems befindet.

Sollten die von Ihnen aufgefangenen Störungen daher kommen? Das wäre allerdings eine große Entfernung; denn die Astronomen schätzen sie auf 30000 Lichtjahre. Natürlich müßte das noch alles genauer nachgeprüft werden. Ich werde deshalb mit einigen Kollegen in Harvard sprechen", meinte er zum Schluß. „Es wäre allerdings zweckmäßig, wenn ich Ihre Unterlagen mitnehmen könnte."

Jansky willigte ein, zumal er noch eine Kopie besaß. Was jedoch beide, der Astronom und der Ingenieur, nicht ahnten, war, daß sie mit den gemessenen Strahlungswerten die ersten Unterlagen für eine völlig neuartige Beobachtungsmöglichkeit in Händen hielten.

Gibt es Materie, die Radiostrahlen sendet?

Unter dem Eindruck dieses Gespräches kehrte Jansky zu seinem Arbeitsplatz zurück. Immer wieder fragte er sich, ob nicht doch irgendwo in seinen Beobachtungen ein Fehler stecken könnte. Er hatte monatelang mit einer täglichen Verfrühung von genau vier Minuten ein langgezogenes Rauschen gehört. Das war alles!

Seinen Messungen nach kamen diese Geräusche von außerhalb der Erde. Aber stimmte das auch? Bereits der britische Physiker Oliver Heaviside (1850–1925) und später auch sein Kollege A. E. Kennelly (1861–1939) hatte eine Art reflektierende Schicht für Radiowellen in der höheren Atmosphäre entdeckt, die für die Ausbreitung der elektrischen Wellen um die ganze Erde herum sorgte.

Gab es vielleicht etwas Ähnliches wie die *Kennelly-Heaviside-Schicht*, die Störgeräusche zurückwarf, in der Atmosphäre, oder war es vielleicht diese Schicht selbst? Dann kam das Geräusch gar nicht von außen, sondern wurde irgendwo auf der Erde an einer ganz anderen Stelle produziert und nur so lange reflektiert, bis es in seiner Antenne aufgefangen wurde.

Von Zweifeln geplagt, beschloß Jansky, auch dies zu berücksichtigen. Er mußte versuchen, noch andere Geräusche aufzufangen und ihre Richtung genau festzuhalten, um so noch weitere Auskünfte über die Richtung in die Hände zu bekommen. Vielleicht ließen sich dann zusätzliche Ermittlungen über ihre Herkunft anstellen.

Dazu aber war es erforderlich, seine schwenkbare Antenne mit einer Gradeinteilung zu versehen, die er nach den Himmelsrichtungen ausrichtete. So konnte er genau angeben, bei welchem Antennenstand, und zwar in Graden ausgedrückt, das Störgeräusch jeweils gehört worden war. Mit neuem Elan machte er sich an die Arbeit.

Inzwischen aber kam eine höfliche Absage von Herrn Dr. Bok. Er habe, so schrieb er, niemanden für seine Beobachtungen interessieren können, zumal ähnliche Nachforschungen von dem englischen Physiker Oliver Lodge vor vierzig Jahren gemacht worden seien, die aber zu keinem Ergebnis geführt hätten. Wahrscheinlich stecke das Ganze doch noch zu sehr in den Anfangsgründen, um irgendwelche eindeutigen Schlüsse ziehen zu können. Er selbst aber werde die Angelegenheit nicht aus den Augen lassen.

Und er hielt Wort, wenn auch dazwischen zwanzig Jahre vergingen, bis er selbst sich mit den „Radiostrahlen aus dem Weltall" befaßte und gemeinsam mit H. Ewen die Verteilung der unsichtbaren Wasserstoffwolken zwischen den Sternen untersuchte. Im einzelnen werden wir darüber noch berichten.

Für Jansky war dieser Brief zwar eine Enttäuschung, hatte er sich gerade von der Seite doch eine gewisse Hilfe erhofft. Aber er hatte auch ein Gutes, er wußte jetzt, daß ein anerkannter Physiker nach ähnlichen Geräuschen gesucht haben sollte. Um hierüber Näheres zu erfahren, beschaffte er sich alle erreichbare Literatur über Oliver Lodge (1851 bis 1940). Er erfuhr auf diese Weise, daß der Professor, der wegen seiner gewagten wissenschaftlichen Spekulationen und seiner Untersuchungsmethoden berühmt oder berüchtigt war, im Jahre 1886 bereits ein Verfahren zur Bestimmung der Wanderungsgeschwindigkeit von Ionen entwickelt hatte und gleichzeitig mit dem Deutschen Heinrich Hertz an der Untersuchung der Reflexion elektrischer Schwingungen gearbeitet hatte.

Aus diesem Grund hatte er im Jahre 1890 in der Nähe von Liverpool ein eigenartiges Gerät aufgestellt, um damit die „elektrischen Abstrahlungen" der Sonne aufzufangen.

Wie er im einzelnen darüber schrieb, gab es jedoch in einer so großen Stadt wie Liverpool augenscheinlich zu viele Störungsquellen, um ein derartiges Experiment mit einiger Aussicht auf Erfolg durchzuführen. Ein einsamer, abgelegener Platz auf dem Lande wäre hierfür sicherlich besser geeignet. Außerdem müßten auch die Geräte empfindlicher sein, um die verschiedenen Strahlungsgeräusche besser unterscheiden zu können.

Dieser Weg, so meinte Sir Oliver Lodge zum Schluß, wäre für die physikalische Untersuchung der Gestirne möglicherweise ebenso wichtig wie lediglich mit Hilfe von Fernrohren.

Das waren, wie sich sechzig Jahre später zeigen sollte, prophetische Worte! Für den jungen Jansky aber waren sie eine Bestätigung, daß die Gedanken, die er sich über die Herkunft der Geräusche gemacht hatte, nicht ganz so abwegig sein konnten. Was ihn jedoch wunderte, war, daß ein so berühmter Gelehrter wie Lodge, der über Elektronen und ihre Natur und auch über den Weltäther im Jahre 1911 geschrieben hatte, diese aus dem Weltall kommenden Geräusche nicht weiter untersuchte.

Lag es möglicherweise daran, wie er selbst schrieb, daß zu seiner

Zeit die Empfangsgeräte noch zu unvollkommen waren, um damit genaue Forschungsergebnisse erzielen zu können?

Das war vier Jahrzehnte später anders, als im Jahre 1929 ein anderer Radioingenieur mit Namen Gordon Stagner, wie Jansky erst 1935 erfuhr, eine ähnliche Beobachtung wie er machte. Dieser arbeitete damals auf einer von der Radio Corporation of America in Manila betriebenen Station. Er meldete seinen Vorgesetzten, daß er gelegentlich zu gewissen Tagesstunden ein auf- und abschwingendes Pfeifen in den Kopfhörern habe, dessen Ursache er sich nicht erklären könne.

Stagner schlug damals vor, dieses Geräusch doch durch ihn genauer untersuchen zu lassen. Möglicherweise könne man dadurch auch Aufschlüsse über andere Fehlerquellen erlangen. Aber Stagner erhielt die Antwort, sich nur um seinen Job zu kümmern. Die Forschungen seien die Angelegenheiten eines anderen Ressorts, das mit entsprechenden Fachleuten besetzt sei.

So hatte Stagner keine Möglichkeit, seine Beobachtungen fortzusetzen und dabei vielleicht herauszufinden, auf was er durch Zufall gestoßen war. Jansky aber, dem diese Chance gegeben worden war und der aufgrund seiner Beobachtungen und Nachforschungen die Bedeutung seiner Entdeckung allmählich erkannte, nahm sich vor, diese ihm durch ein günstiges Geschick zugewiesene Gelegenheit auch auszunutzen. Zunächst stellte er die Wellenlängen des kosmischen Rauschens fest. Sie lagen zwischen 10 und 14,6 Meter.

Das war trotz allem aber nur ein winziger Ausschnitt in der riesigen Klaviatur der Wellenlängen. Das „Fenster zum Weltraum", das er öffnen wollte, war nur ein schmaler Schlitz. Das Ganze war sozusagen mit der Schießscharte eines mittelalterlichen Turmes vergleichbar, durch die man nach außen sah.

Heute können wir Radiowellen aus dem Kosmos von der Erdoberfläche aus zwischen einigen Millimetern und etwa 20 Metern Wellenlänge empfangen. Von Satelliten und Raumsonden aus, die außerhalb der Erdatmosphäre arbeiten, gelingt auch die Registrierung der elektromagnetischen Schwingungen unter einigen Millimetern Wellenlänge, die mit der Infrarotstrahlung identisch sind, und über 20 Meter Wellenlänge.

Das „Radiofenster" war bei weitem größer als der schmale Bereich der Lichtwellen, die von den Fernrohren und Teleskopen aus dem Weltall empfangen wurden.

Im Bild von oben: γ-Strahlen, X-Strahlen, Ultraviolett, sichtbares Licht, Infrarot, Radiowellen

ELEKTROMAGNETISCHES SPEKTRUM

Erdoberfläche

optisches Fernrohr

Radioteleskop

„Das Fenster in den Weltraum", durch das wir die Radiostrahlen aus dem Kosmos empfangen können, ist breiter als der Wellenbereich, der uns für die optischen Beobachtungen zur Verfügung steht.

Alle diese Dinge wurden zum Teil erst später festgestellt. Jansky jedoch war zunächst nur eines klar, daß es irgendwo außerhalb der Erde, wahrscheinlich in der von dem Astronomen Bok angegebenen Stelle in der Milchstraße, einen Stern oder eine strahlende Materie gab, welche diese sonderbaren Geräusche verursachten. Seine nunmehr genauen Messungen hatten immer wieder die gleiche Stelle am Sternhimmel angegeben.

Damit aber stand für Jansky nunmehr fest, daß das merkwürdige Geräusch auf keinen Fall, wie er einige Zeit angenommen hatte, irdischen Ursprungs war. Die Zeit war nunmehr nach seiner Ansicht gekommen, um seiner Direktion über seine Beobachtungen und Untersuchungen einen umfassenden Zwischenbericht zu übergeben.

Er arbeitete ihn mit aller Sorgfalt und mit dem entsprechenden Zahlenmaterial aus und überreichte ihn Ende April 1933 seinem Direktor Henry Guttman. Obwohl dieser aufgrund der verschiedenen von ihm erteilten Genehmigungen wohl schon einiges erwartet hatte, war er doch mehr als überrascht über das, was er nunmehr las.

Er ließ Jansky kommen, um einige Rückfragen zu stellen.

„Sind Sie auch sicher", fragte er ihn, „daß alles das stimmt, was Sie hier behaupten?"

Der junge Radioingenieur nickte nur, und als Guttman weitere Einzelheiten zu hören wünschte, meinte er: „Ich habe alles nicht einmal, sondern ein dutzendmal nachgeprüft. Meine Tabellen sind über vierzehn Monate sorgfältig geführt, die Wellenlängen innerhalb des letzten Jahres genau gemessen.

Und was die astronomischen Fragen angeht, so habe ich mich mit Dr. Bart J. Bok, einem Astronomen von dem Harvard-Observatorium, über den Standort der Störungsquelle eingehend unterhalten. Sicher wird er Ihnen dieselbe Auskunft geben wie mir."

Das Ferngespräch wurde noch am gleichen Tage geführt und bestätigte die Angaben Janskys. Nun erst benachrichtigte Direktor Guttman die Public-Relations-Abteilung der Bell Telephone Company, die mit Janskys Unterstützung einen entsprechenden Bericht an die Zeitungen verfaßte.

Ein Radiosignal aus der Milchstraße

Am 5. Mai 1933 trug die Ausgabe der *New York Times* eine breite Schlagzeile: „New Radio Waves traced to Center of the Milky Way" – „Neuartige Radiowellen aus dem Zentrum der Milchstraße".

Dann folgte ein ausführlicher Bericht über die sensationelle Entdeckung des Radioingenieurs Jansky. Ähnliche Veröffentlichungen erschienen in Zeitungen und Magazinen nicht nur in den Vereinigten Staaten, sondern auch in anderen Ländern.

Vierzehn Tage später gab auch die große New Yorker Radiostation „WJZ" eine von vielen anderen Stationen übernommene Reportage. Es war das erstemal, daß im Rundfunk über diesen astronomischen Vorgang gesprochen wurde.

Um die Sendung durchführen zu können, waren zwei Radiotechniker zu der „Walzertante" herausgekommen, um, wie es damals hieß, das Rauschen „auf Platte zu nehmen".

Am Abend um 19.30 Uhr wurde die Aufnahme auf der sogenannten „Blauen Welle", einer beliebten aktuellen Sendung, ausgestrahlt. Jansky hörte sie in einem der Vortragssäle der Bell Telephone Company. Neben vielen Kollegen war fast die ganze Direktion anwesend. „Meine Damen und Herren!" begann der Ansager der „Blauen Welle". „Wir haben Ihnen schon öfters Übertragungen über große Entfernungen geboten. Sie kamen über unseren Kontinent von einer Küste zur anderen, über den Atlantik von Europa und über den Pazifik von Australien. Was wir aber heute abend senden, schlägt alle bisherigen Rekorde in der Überbrückung von Entfernungen!

Es geht dabei nicht mehr um eine Übertragung auf unserer guten alten Erde, sondern weit von ihr entfernt aus dem Sternenhimmel, außerhalb unseres Sonnensystems, aus dem Zentrum der Milchstraße.

Diese Radioimpulse haben eine Reise von 30000 Lichtjahren hinter sich. Sie sind also zu einer Zeit ausgesandt worden, als es bei uns auf der Erde noch Menschen gab, die kläglich in Höhlen hausten.

In wenigen Augenblicken werden Sie nun die Zeichen aus der Tiefe des Universums hören, die wir mit einer Spezialantenne der Bell Telephone Laboratories in Homdel, südwestlich von New York, aufgefangen und auf Platte genommen haben. Ich lasse sie jetzt ablaufen..."

Und nunmehr erklang das langgezogene, auf- und abschwingende Geräusch, das wir bereits mehrfach beschrieben haben. Dreimal unterbrach der Sender das Geräusch, damit es auch deutlich von anderen Geräuschen unterschieden werden konnte.

Es war interessant, den Eindruck zu verfolgen, den diese Radiosendung in der Öffentlichkeit machte. Die Diskussionen entbrannten, und in zahllosen Leserzuschriften wurde die Meinung vertreten, es handelte sich vielleicht sogar um die Funkbotschaften intelligenter Lebewesen, die sich mit uns in Verbindung setzen wollten.

Von diesem Gedanken begeistert, baute der Funkamateur Grote Reber in Wheaton, Illinois (USA), eine hohlspiegelartige Drahtantenne, die immerhin einen Durchmesser von zehn Metern besaß und in ihrer äußeren Form einem riesigen Autoscheinwerfer ähnelte. Sie steht heute als eine Art Museumsstück vor dem Eingang des National Radio Astronomy Observatory in Green Bank, Westvirginia.

334

Mit dieser neuen Antennenform machte Reber aber schon bald die Feststellung, daß der Himmel augenscheinlich voll von derartigen Geräuschen war. Reber war der erste Forscher, der eine Art „Radiokarte" des Himmels aufstellte.

Es ist übrigens recht aufschlußreich, daß auch Jansky gern weiter nach ähnlichen Radiogeräuschen aus dem All gesucht hätte. Er ahnte wahrscheinlich, daß hinter ihnen doch mehr stand, als man bisher vermutete.

Jansky trug seine Pläne ohne den nötigen Nachdruck seinen Vorgesetzten vor. Er hoffte, daß seine Firma, nachdem seine Arbeiten einen so großen Widerhall in der Öffentlichkeit gefunden hatten, die erforderlichen Mittel zur Verfügung stellen würde. Aber er hatte sich geirrt! Die Finanzberater, die man befragen mußte, meinten, „derartige Ausgaben seien kaum zu verantworten. Der Zweck der Gesellschaft bestünde darin, sowohl gute Telefone als auch Kurzwellen-Sprechgeräte zu bauen. Die hierfür in Frage kommenden Störungen seien erkannt und für die Weiterentwicklung ausgewertet worden. Es sei deshalb unzweckmäßig, für firmenfremde Forschungen derartige Geldmittel noch anzulegen.

Das war die Entscheidung, und Jansky hatte sie zu respektieren. Er versuchte deshalb, die verschiedensten Universitäten für seine Forschungen zu interessieren. Er war jedoch weder Physiker noch Astronom und fand deshalb in diesen Kreisen ebenfalls kein offenes Ohr.

Vielleicht hatte man auch noch nicht die nötige Kenntnis und Erfahrung, um die ganze Tragweite der Angelegenheit zu erkennen. Trotz allem versuchte Jansky in den nächsten Jahren immer wieder, seine Vorgesetzten und auch die Direktion der Bell Telephone Laboratories für weitere Untersuchungen und Forschungen zu interessieren. Daß man darauf nicht einging, war ein Fehler, wie sich allerdings erst ein Jahrzehnt später, im Zeitalter des Radar, herausstellen sollte.

Schließlich resignierte Jansky und beschäftigte sich nur noch mit den ihm aufgetragenen Arbeiten. Das einzige, was blieb, war sein Ruf als „atmosphärischer Geräuschexperte". Niemand aber ahnte damals, von welcher ungeheueren Tragweite schon in den nächsten zwanzig Jahren eine sich auf die Beobachtung Janskys aufbauende neuartige wissenschaftliche Erkenntnis für die Astrophysik sein werde!

Eine Panne am Atlantikwall

Da der Krieg nun einmal der Vater vieler Dinge ist, brachte der Zweite Weltkrieg einen erheblichen Aufschwung in der Funk- und Radartechnik. Damals erst, also im Sommer 1941, gab es einen entsprechenden Anlaß, sich mit den merkwürdigen Geräuschen aus dem Weltall erneut zu befassen.

Auf dem Dach eines Bunkers zwischen den Dünen der holländischen Küste bemühten sich nämlich deutsche Soldaten, einen Fehler in ihren Flugzeug-Ortungsgeräten zu finden.

Wiederholt war ihr „elektrisches Auge", mit dem sie den Himmel nach feindlichen Flugzeugen abtasteten, „blind" geworden. Das lag an den schmalen, die Radarwellen reflektierenden Metallstreifen, die in großer Menge von jenen den Pulks vorausfliegenden Einzelmaschinen abgeworfen wurden. Sie brachten die Funkmeßgeräte so durcheinander, daß jeder Versuch, damit zu arbeiten, sinnlos war.

Heute war kein Flugzeug weit und breit zu sehen, und auch keiner der gefürchteten Stanniolstreifen fiel vom Himmel. Was also – zum Teufel – mochte die Störungsursache jetzt sein?

Man fand sie nicht, sosehr man sich auch bemühte! Eine entsprechende Meldung wurde an das Oberkommando weitergegeben. Dort stellte man mit Betroffenheit fest, daß nicht nur in Holland, sondern auch entlang der ganzen belgischen und französischen Küste sämtliche Radarstationen ausgefallen waren.

Hatte der Gegner etwa eine neue Methode gefunden, alle Geräte auf einen Schlag lahmzulegen? Umfangreiche Untersuchungen wurden sofort eingeleitet.

Es gab bestimmte Tage, an denen diese Störungen in verstärktem Maße festgestellt wurden.

Ein Astrophysiker aus Berlin wurde zu Rate gezogen und fand heraus, daß eine von der Sonne ausgehende Radiostrahlung der Störenfried war. Sie war begleitet von unsichtbaren Ultraviolett- und Röntgenstrahlen, die mit gewaltigen Ausschüttungen von Materie in den Weltraum verbunden waren.

Diese merkwürdigen Störungen wurden übrigens im Februar 1942 auch in Südengland beobachtet. Durch eine Veröffentlichung erfuhr nach dem Kriege der niederländische Astronom J. H. Oort davon. Er suchte deshalb einige der verlassenen Radarbunker auf und fand noch einen Funkmeßspiegel, der völlig unbeschädigt war. Er ließ ihn abbauen und auf sein Observatorium nach Kootwijk bringen.

Ein Jahr später, im Frühling 1946, stellte er sein „Beutestück" einigen Presseleuten vor. Mit dem nur geringfügig umgebauten deutschen Flugzeug-Ortungsgerät, einem sogenannten „Würzburg-Riesen", hatte er die verschiedensten Himmelsregionen abgetastet und dabei ähnliche Radioimpulse wie vor 15 Jahren Jansky aufgefangen. Seit einigen Monaten war er dabei, sie mit Hilfe seines Assistenten, Dr. H. C. van de Hulst, auszuwerten.

Man könnte also die Sterne heute hören! Seinen Gästen führte Dr. Oort das Gerät auch im Einsatz vor und erklärte ihnen seine Arbeitsweise und was aus den Impulsen geschlossen werden könnte.

„Die Verwendung solcher Parabolspiegel", so erklärte er zum Schluß, „ist mit der Erfindung der optischen Parabolspiegel zu vergleichen, die erst den Bau von großen Teleskopen ermöglichten und dadurch unser Weltbild sprunghaft veränderten! Im Gegensatz zu diesen optischen Geräten erfaßten jedoch die Radioteleskope breitere Wellenbänder als jene Lichtwellen, die mit einem Fernrohr wahrgenommen oder mit einer fotografischen Platte festgehalten werden könnten. Allerdings liefert ein Radioteleskop keine Bilder wie das optische, sondern lediglich Registrierkurven der abgehörten Geräusche. Mit Hilfe eines Anzeigegeräts könnte aus den Linien gleicher Intensität die Art der Strahlung bestimmt werden. Dadurch aber ist es der Wissenschaft möglich, diese sonst unsichtbaren Strahlungsobjekte am Himmel aufzuspüren und ihre Lage genau festzulegen. Allerdings ist das Auflösungsvermögen, wie die verschiedensten Versuche in letzter Zeit ergeben hatten, weit geringer als das eines Spiegelteleskopes. Während ein solches Gerät Objekte von 0,1" Distanz noch voneinander trennen kann, kann ein Radioteleskop (bei einem Durchmesser von 50 Metern und bei einer Radiowellenlänge von einem Meter) nur solche von etwa 1° unterscheiden. Vielleicht läßt sich dies aber mit einer entsprechenden Antennenausdehnung noch verbessern."

Die Presse schrieb über die neuartigen Versuche von Professor Oort, und andere Astronomen wurden dadurch angeregt, Forschungen in ähnlicher Weise vorzunehmen. Immer größere Spiegelantennen wurden gebaut, mit denen man den Weltraum nach Radiowellen absuchte. Die Zahl der Stellen im All, von denen eine solche Strahlung ausging, wuchs ständig und geht heute in die Hunderte.

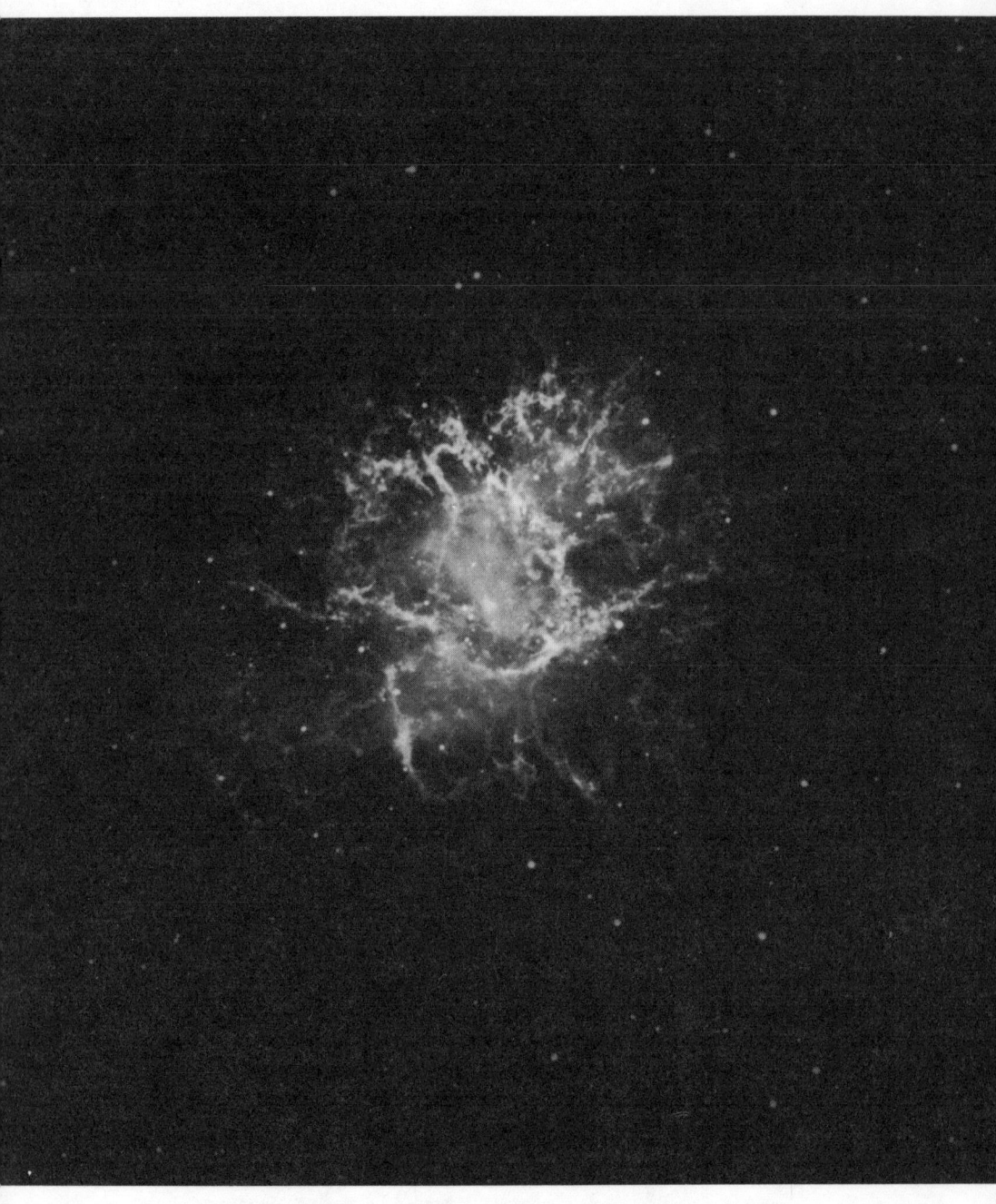

So sieht der Krabbennebel im Sternbild des Stiers, Messier 1 im roten Licht fotografiert, heute aus. Es zeigt den am 4. Juli 1054 von den Chinesen beobachteten
explodierten Stern mit dem sich ausdehnenden Nebel.

Man nannte diese Orte *Radiosterne,* obwohl die Bezeichnung irreführend ist; denn einmal waren es keine punktförmigen Gebilde, sondern Himmelsgebiete von gewaltigen Ausmaßen, und zum anderen bestanden sie fast nie aus Sternen. Oft wurden sie mit fernen kosmischen Gasnebeln oder Milchstraßensystemen identifiziert.

Eine dieser bekannten Stellen, von denen Radiowellen mit großer Energie ausgingen, war der sogenannte Krebsnebel. Aus chinesischen Quellen wußte man, daß hier im Jahre 1054 eine Sternexplosion stattgefunden hatte. Mit zierlichen Pinselstrichen hatte nämlich der Astronom Li folgende Beobachtung niedergeschrieben:

„Im ersten Jahr der Periode Chih-ho" – im Jahre 1054 unserer Zeitrechnung – „am Tage chio-chou des fünften Monats (am 4. Juli) erschien ein neuer Stern südöstlich von Tien-kuan. Er überstrahlte alle seine Nachbarn an hellschimmerndem Glanz."

Eine Interpretation dieses Berichts ergab, daß dieses hellflammende Gestirn im Sternbild des Stieres gestanden haben müsse. Das Erstaunliche jedoch war, daß auf einer zweihundert Jahre danach angefertigten chinesischen Sternkarte von Son-Acheon dieser helle Stern nicht mehr verzeichnet war.

Was war in der Zwischenzeit mit ihm geschehen? War er in der damaligen Zeit, im Jahre 1247, als die Sternkarte entstand, nicht mehr zu sehen gewesen? Dann konnte es sich nur um eine Sternexplosion handeln, eine Erscheinung, welche die Astronomen als *Supernova* oder *Neuen Stern* bezeichnen.

Dieses gewaltige Aufflammen hatte Li gesehen und es pflichtgemäß eingetragen. Dann war das Gestirn wieder so lichtschwach geworden,

 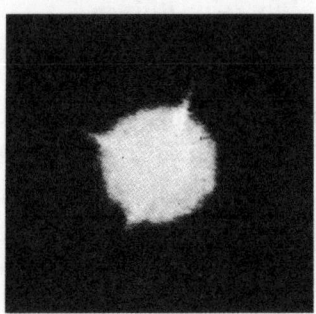 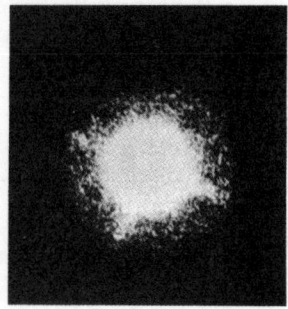

Die ungeheuere Energie, die bei einer Super-Nova-Explosion in das Weltall geschleudert wird, führt später zu einem Kollaps des Gestirnes und zu einem Neutronenstern von geringer Größe.

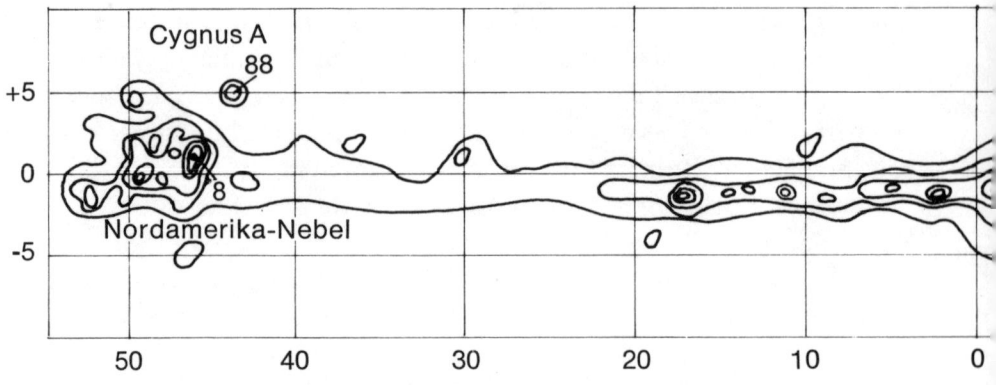

+5

0

-5

Cygnus A
88

Nordamerika-Nebel

50   40   30   20   10   0

Diese Radiokarte der Milchstraße wurde durch Kombinationen vieler Abtastregistrierungen mit einem Radioteleskop geschaffen. Die Konturen stellen Linien gleicher Radiohelligkeit dar. Sehr starke Radioquellen erscheinen als eine Folge enger, konzentrischer Konturen und sind auf der Karte mit Zahlen versehen. Die Milchstraße erscheint als ein schmales Band quer über den Himmel, auf dem sich eine Reihe hellerer Punkte befindet. Die Einzelquelle links ist Cygnus A und liegt außerhalb unserer Milchstraße. Die Zahlen am unteren Rande des Diagramms geben die galaktische Länge, die Zahlen an der Seite die galaktische Breite an.

daß man es nicht mehr sehen konnte. So geriet der Wunderstern des Li in Vergessenheit.

Erst als man begann, den Himmel systematisch zu fotografieren, fand man das Objekt wieder als einen sehr lichtschwach gewordenen Nebel, der sich jedoch unaufhörlich weiter ausdehnte. Spektraluntersuchungen ergaben, daß er sich mit einer Geschwindigkeit von 1300 Kilometer in der Sekunde ausdehnte.

Die Ursache dieser Radiostrahlung ist darin zu sehen, daß Elektronen in einem ausgedehnten Magnetfeld auf hohe Geschwindigkeiten beschleunigt werden und dabei eine Radiostrahlung aussenden.

Eine ganz andere Ursache der Erzeugung von Radiostrahlung hat der Holländer van de Hulst 1944 bereits theoretisch vorausgesagt: Die neutralen Wasserstoffatome im Weltraum zwischen den Sternen müßten eine Strahlung bei 21 cm Wellenlänge aussenden. Tatsächlich wurde diese im Jahre 1951 fast gleichzeitig in den USA, Holland und Australien entdeckt.

Bald war es den Astronomen klar geworden, daß die *Wasserstoff-Signale* ausgezeichnete Wegweiser für den Verlauf der einzelnen

340

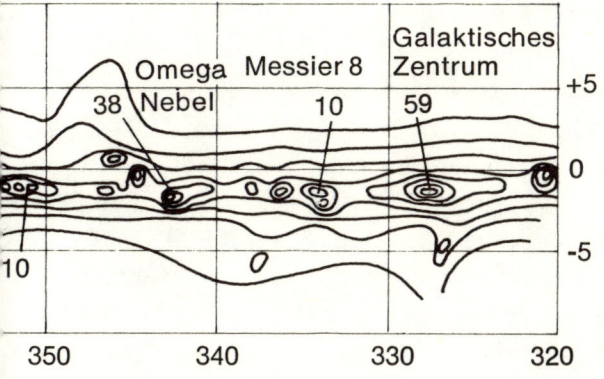

Spiralarme unserer Milchstraße sind, da in ihnen der neutrale Wasserstoff mindestens zehnmal so häufig ist wie in den „leeren" Gebieten dazwischen. Wenn man die 21-cm-Strahlung mißt, kann man nämlich die Wasserstoffwolken und damit auch die Spiralarme lokalisieren.

Natürlich erhält man auf diese Weise kein einer Fotografie ähnliches „Abstrahlungsbild", sondern zunächst Kurven, die von besonderen Geräten aufgezeichnet und dann nach Richtung und Stärke in einer Art Karte zusammengestellt werden. So haben australische und holländische Radioastronomen ein *Radiomodell* unserer Milchstraße nach den Messungen der 21-Zentimeter-Linie der neutralen Wasserstoffwolken zusammengestellt.

Dabei wurde die Annahme untermauert, daß sich unsere Sonne am Rande der Milchstraße befindet. Die Forschungen ergeben, daß unsere Sonne in einem Teil der Milchstraße zu finden ist, den man nunmehr den Orionarm nennt. Unsere Sonne steht dabei auf der Innenseite dieses Arms. Weiter außen liegt der Perseusarm, weiter zum Zentrum des Milchstraßensystems hin der Sagittariusarm.

Es stellte sich bei den Radiobeobachtungen auf verschiedenen Wellenlängen heraus, daß besonders starke Signale von der zentralen Ebene unserer Galaxis ausgehen. Sie sind am stärksten, wenn sie aus der Richtung des Galaktischen Zentrums kommen, und werden nach den Seiten hin schwächer, um schließlich auf einen niedrigen Wert abzufallen.

Da wir wegen zahlreicher kosmischer Dunkelwolken mit den optischen Fernrohren nicht direkt bis in das Milchstraßenzentrum fotografieren können, ist die Radioastronomie die einzige Möglichkeit, Informationen von diesem Teil unseres Sternsystems zu erhalten.

Zeuge einer Milchstraßen-Katastrophe

Aber nicht nur innerhalb unserer Milchstraße entstehen Radiowellen und geben uns Kunde über manche Geschehnisse im Kosmos.

Da war beispielsweise der Andromeda-Nebel, der sich im Sternbild der Andromeda befindet, das mit bloßem Auge als schwacher Lichtfleck zu erkennen ist. Sein Durchmesser beträgt etwa 16000 Lichtjahre und wird von einigen selbständigen, schwächeren Sternsystemen begleitet. Seine Entfernung von uns wurde mit Hilfe der Cepheiden auf 2,5 Millionen Lichtjahre gemessen.

Wenige Jahre später wurde von dem Chefastronomen der Mount-Palomar-Sternwarte in den Vereinigten Staaten, Professor Walter Baade, mit Hilfe des Fünf-Meter-Teleskopes eine weitere Bestätigung für die Herkunft der Radiowellen gefunden. Von den Radioastronomen war nämlich im Sternbild der Cassiopeia, einem Sternbild am nörd-

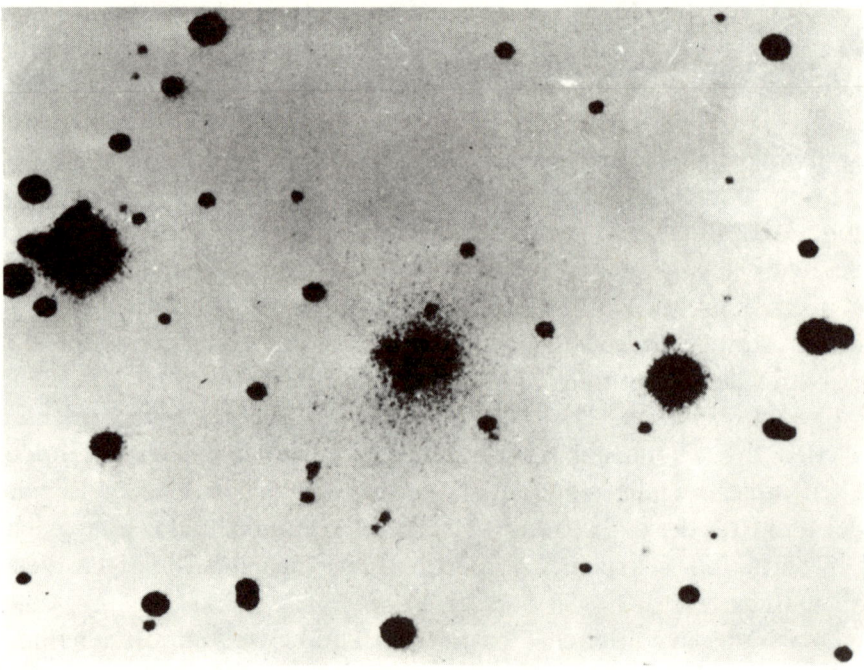

Eine optische Bestätigung des Radioobjekts Cas A fand Professor Walter Baade im Sternbild der Cassiopeia.

342

lichen Himmel, dessen fünf hellste Sterne in Form eines „W" angeordnet sind, ein großes und starkes Abstrahlungsfeld entdeckt worden.

Mit dem stärksten Spiegelteleskop der Welt, „dem großen Auge", wurde die Stelle fotografiert. Dann suchte Professor Baade die Platte mit einer stark vergrößernden Speziallupe ab.

„Das Rätsel der Radioquelle in der Cassiopeia ist gelöst", sagte er schließlich befriedigt. Er deutete dabei auf eine Stelle in der Mitte der Platte hin und ließ seinen Assistenten durch das Okular blicken.

„Bitte sehen Sie sich die Stelle genau an! Das ist nicht ein Sternsystem, es sind zwei! Sie durchdringen sich gerade gegenseitig. Es ist eine gewaltige, unvorstellbare große Kollision im Weltall. Die Gasmassen zwischen den einzelnen Sternen haben sich wahrscheinlich ‚heißgelaufen'. Normalerweise leuchten sie nur schwach; jetzt sind sie in Weißglut geraten und daher nun auf der Platte sichtbar. Ich nehme an, daß hier gewaltige Energien frei geworden sind, die uns als Radiowellen erscheinen."

Auch eine weitere Kollision zweier anderer Milchstraßen wurde einige Jahre später von Dr. Walter Baade und Dr. Rudolph Minkowski als eine Stelle solcher Störungen fotografisch nachgewiesen, nachdem sie zuvor von den Astronomen Bolton und Stanley radioastronomisch genau bestimmt worden war.

Heute ist man über die Natur dieses und ähnlicher Objekte anderer Meinung. Vermutlich handelt es sich hier um Sternsysteme, die gewaltige Explosionen erleiden.

Immer größer wurden im Laufe der Jahre die Radioteleskope. Der Reflektor des Riesenteleskopes der Universität Manchester in Jodrell Bank in England hat einen Durchmesser von 75 Metern. Wenn der Parabolspiegel im Winter vom Schnee geräumt werden muß, sieht er aus wie ein riesiges rundes Feld, auf dem die arbeitenden Menschen so groß wie Fliegen erscheinen.

Das größte astronomische Instrument, das je gebaut wurde, ist jedoch das Radio-Teleskop des Max-Planck-Institutes für Radioastronomie in Bonn, das im Mai 1971 seinen Betrieb in der Nähe des kleinen Eifeldorfes Effelsberg aufnahm. Das Teleskop wiegt über 3000 Tonnen. Es ist auf einem Schienenkranz drehbar. Die vier Eckpfeiler des Grundrahmens stehen auf Fahrwerken, die von leistungsstarken Elektromotoren angetrieben werden.

Wenn man den riesigen und trotzdem nach allen Richtungen

schwenkbaren Parabolspiegel vor den Kölner Dom stellte, würde er höher sein als das Hauptschiff und bis zu dem oberen Absatz der beiden Türme reichen.

Dabei bewegt sich das Riesengebilde scheinbar mühelos. Eine Drehung um 360° dauert nur neun Minuten. Zugleich kann der gewaltige Parabolspiegel in viereinhalb Minuten um 90° gekippt werden. Das Ganze wird von einem Computer gesteuert, in den die jeweils gewünschten Stellungen nach einer elektronischen Berechnung eingegeben werden.

Ein beklemmendes Gefühl überfällt einen, wenn man das gewaltige Gebilde wie von Geisterhand sich bewegen sieht, während im Beobachtungsraum zackige Schwingungskurven auf den Oszillographen erscheinen, die laufend aufgezeichnet werden. Kosmische Objekte werden so abgehorcht und geortet, die hinter den sichtbaren Sternsystemen der klassischen Astronomie liegen. Man erhält auf diese Weise Kunde von Radioobjektiven, die unvorstellbar weit am Rande unseres Universums liegen.

Deshalb müssen die Abhorchstationen, welche „die Signale vom Rande der Welt" auffangen, von einer so gewaltigen Größe sein, damit auch nicht der geringste und schwächste Radioimpuls, der oft einen Weg von Milliarden Lichtjahren hinter sich hat, verlorengeht. Außerdem bedingt die Länge der Radiowellen, die millionenmal länger sind als die Lichtwellen, derartige große Dimensionen der Radioteleskope. Nur auf diese Weise ist das benötigte Auflösungsvermögen gewährleistet.

Die Möglichkeiten, die uns jetzt die Radioastronomie bietet, um das Weltall noch weiter und eingehender zu erforschen, sind kaum abzuschätzen. Der Engländer Fred Hoyle, der seit 1958 Professor an der Universität Cambridge ist und als einer der universellsten und phantasievollsten Astrophysiker gilt, sagte im Oktober 1968 in einem Vortrag vor der Royal Astronomical Society in London: „Kein literarisches Genie hätte eine Geschichte erfinden können, die auch nur zum hundertsten Teil so phantastisch wäre, wie es die nüchternen Tatsachen sind, welche die Radioastronomie uns enthüllt hat."

Mit einem Knopfdruck läßt sich dieses Riesenradioteleskop bei Effelsberg in der Eifel, das ein Gewicht von 3000 Tonnen hat, auf einen halben Millimeter genau bewegen. Der Parabolspiegel hat einen Durchmesser von 100 m.

Das National Radio Astronomy Observatory von Green Bank in Virginia, USA. Es entstand in einer Bauzeit von sieben Jahren und mit einem Kostenaufwand von 13 Millionen Dollar. Unser Bild zeigt einen dort befindlichen Radiospiegel mit 42 m Durchmesser.

Pulsare, die rätselhaften Radiosender im Weltall

Anfang April 1967 erregte eine TASS-Meldung einiges Aufsehen, die davon berichtete, drei sowjetische Wissenschaftler des Sternberg-Institutes für Radioastronomie hätten seit einiger Zeit regelmäßige, in einem Abstand von hundert Tagen wiederkehrende Radioimpulse aufgefangen, die mit den bisherigen wissenschaftlichen Erkenntnissen nicht zu erklären seien.

Diese von einer als Sta-102 benannten Quelle ausgehenden Strahlungsimpulse kämen aller Wahrscheinlichkeit nach von einem sechs Milliarden Lichtjahre entfernten „Gestirn". Das Merkwürdige jedoch sei, daß sie nur kurze Zeit dauerten und dabei in ihrer Stärke fluktuierten, um dann wieder für hundert Tage zu verschwinden.

Verständlicherweise tauchte im Zusammenhang mit dieser Meldung auch die Vermutung auf, daß es sich möglicherweise um die Signale intelligenter Lebewesen handeln könne, die sich auf diese Weise mit den mit Vernunft begabten Bewohnern anderer Sternsysteme in Verbindung setzen möchten. Für die Annahme sprach zunächst die Registrierung der aufgefangenen Impulse, die ziemlich unregelmäßig waren. Es ist jedoch möglich, daß diese Unterschiede in den sonst regelmäßig gezackten Linien auch von Störungen herrühren konnten, die von der Erdatmosphäre oder von außerirdischen Quellen verursacht worden sind.

Ähnliche Beobachtungen hatte man verschiedentlich auch vorher bei der Aufzeichnung anderer Radioimpulse gemacht, die in letzter Zeit von den Radioastronomen aufgefangen worden waren. Seitdem gegen Ende 1967 die englische Forschungsgruppe Dr. Hewish derartige Radioimpulse aus dem Weltall genauer untersuchte, stellte man fest, daß es sich wohl kaum um Funk-Morsezeichen intelligenter Lebewesen handeln könne, sondern sie vielmehr eine natürliche Ursache haben müßten.

Sie seien nämlich von so großer Regelmäßigkeit, daß sie kaum als eine Botschaft von unterschiedlichen Signalen oder einzelnen Buchstaben wie beim Morsealphabet anzusehen wären. Es müsse sich vielmehr um einen physikalischen Vorgang handeln, der mit solchen Impulsen verbunden sei. Wegen dieses Pulsierens nannte man die diese Strahlung aussendenden Sterne *pulsing stars* oder in der heute gebräuchlichen wissenschaftlichen Zusammenziehung *Pulsare*.

Drei der vier damals aufgespürten Pulsare strahlten ihre Impulse in Abständen von etwas über einer Sekunde und einer Dauer von vierhundertstel Sekunden aus. Der vierte gab seine Signale alle Viertelsekunden ab. Inzwischen fanden Astrophysiker der New Yorker Cornell-Universität mit einem soeben in Betrieb genommenen Riesenreflektor drei weitere Pulsare, die alle in unserem Milchstraßensystem liegen, und zwar drei davon in einer Entfernung von etwa dreihundert Lichtjahren und einer, etwas näher heran, von 100 Lichtjahren.

Um so erstaunlicher ist es, daß die sowjetischen Radioastronomen im Jahre 1967 Impulse aus einer Entfernung von sechs Milliarden Lichtjahren empfangen haben. Doch sollte es sich bei den russischen Objekten nicht um Pulsare, sondern um Quasare handeln, von denen noch zu berichten ist.

Über die Pulsare sind die Wissenschaftler sich schon ziemlich einig. Es sind *Neutronensterne*, die, wie die amerikanischen Professoren Baade und Zwicky annahmen, aufgrund von bestimmten Vorstellungen über die Entwicklung der Fixsterne existieren müßten.

Um diese Voraussage zu verstehen, muß folgendes erwähnt werden: Wir wissen heute, daß im Inneren der Sterne Kernumwandlungen stattfinden: Vier Kerne des Wasserstoffatoms verschmelzen zu einem Heliumkern, wobei große Energiemengen freiwerden. Dieser Prozeß ist natürlich nur solange möglich, wie im Inneren des Sterns noch Wasserstoff vorhanden ist. Was aber geschieht mit einem Stern, wenn er diesen „Brennstoff" verbraucht hat?

Damit ein Stern stabil bleibt, muß sich die Gravitationskraft, also die Anziehungskraft seiner Massen und der Innendruck, das Gleichgewicht halten. Würde beispielsweise der Innendruck der Sonne plötzlich aufhören, dann müßte sie innerhalb kürzester Frist in sich zusammenstürzen. Außerdem muß auch das thermische Gleichgewicht vorhanden sein, und zwar die ausgestrahlte Energie gleich sein mit der im Inneren wieder erzeugten.

Ist diese Bedingung nicht erfüllt, dann wird sich ein Stern zusammenziehen oder ausdehnen, bis er wieder ins Gleichgewicht gekommen ist. Solange also noch ein Stern in seinem Inneren Energie erzeugen kann, bleibt er „stabil". Erst wenn im Kerngebiet des Sterns der Wasserstoff aufgebraucht ist, zieht dieser sich zusammen. Die Temperatur und die Dichte steigen an, bis eine neue Art von Kernreaktion einsetzen kann: die Verschmelzung von drei Heliumkernen zu einem Kohlenstoffkern. Sind auch diese Kernreaktionen erschöpft, so verdichtet sich der Stern weiter, bis er eine Temperatur von einer Milliarde Grad erreicht und Elemente bis etwa hin zum Eisen aufbaut. Da der Aufbau noch schwererer Elemente aber nicht mehr Energie erzeugt, sondern im Gegenteil Energie verbraucht, kollabiert nun der Stern sehr schnell. Außerdem entsteht vermutlich ein Energieverlust des Sterns mit anschließendem Kollaps auch dadurch, daß ein großer Energiebetrag durch Neutrinos nach außen abgeführt wird. Neutrinos sind Elementarteilchen, die auf andere Materie praktisch keine Wechselwirkung mehr auszuüben vermögen. Daher können sie das Innere des Sterns mit Lichtgeschwindigkeit verlassen, wobei sie den letzten Rest der Energie mit fortführen.

Man darf jedoch die Neutrinos nicht mit Neutronen verwechseln, jenen Elementarteilchen, die neben dem Proton einer der beiden Bausteine der Atomkerne sind. Die Neutrinos sind vermutlich die kleinsten Elementarteilchen überhaupt, jedenfalls sind sie wesentlich kleiner als Elektronen. Sie haben keine Ruhemasse, ihre gesamte Materie ist sozusagen „Bewegungsmasse"; denn ihre gesamte Energie setzt sich vollständig aus Bewegungsenergie zusammen.

In dieser Hinsicht ähneln sie den Lichtquanten, weil sie sich immer mit Lichtgeschwindigkeit bewegen. Es ist übrigens recht interessant, daß diese Neutrinos bereits 1934 von Enrico Fermi theoretisch vorhergesagt wurden und 1956 auch von anderer Seite experimentell nachgewiesen wurden.

Eine Astronomiestudentin
macht eine erstaunliche Entdeckung

Die Folge dieser Neutrino-Abstrahlung ist übrigens, daß die Temperatur im Sterninneren in kürzester Zeit auf ein Hundertstel ihres Wertes absinkt. Damit nimmt auch der Druck plötzlich ab und der Stern stürzt in einem Kollaps in sich zusammen. Zurück bleibt ein Neutronenstern von unvorstellbar hoher Dichte, aber geringem Durchmesser, der sich meist in etwa einer Sekunde um seine Achse dreht.

Diese Feststellung ist noch verhältnismäßig jungen Datums. Sie gelang der Astronomiestudentin Jocelyn Bell im Jahre 1967, als sie mit dem Radioteleskop der Universität Cambridge für ihre Doktorarbeit

Beobachtungen anstellte. Die junge Engländerin, die in der Gruppe von A. Herwish arbeitete und inzwischen den Doktortitel für ihre Entdeckung bekommen hat, stellte außerdem aber noch ein sehr starkes magnetisches Kraftfeld um den von ihr entdeckten Pulsar fest.

Bald wurden noch mehr derartige Pulsare bemerkt, auch an anderen Observatorien. Einer wurde am National Radio Astronomy Observatory in den USA inmitten des Krebsnebels, dem Überrest der „Chinesischen Sternkatastrophe" von 1054 gefunden. Er hat eine Pulsperiode von 33 Millisekunden. Kurze Zeit später fand man an dieser Stelle mit optischen Methoden den Neutronenstern, der mit dieser Periode auch Helligkeitsschwankungen zeigt.

„Diese Neutronensterne", so führte der bereits erwähnte englische Astronom Fred Hoyle in einem im Oktober 1968 vor der Royal Astronomical Society gehaltenen Vortrag aus, „erreichen bei ihrem Kollaps eine unvorstellbare Verdichtung. Sie ist etwa so stark, als wäre die Masse unserer Erde in einer Montagehalle zusammengepreßt."

Ein zu einer derartigen Dichte zusammengeschrumpfter Himmelskörper gerate in eine Art von physikalischem Ausnahmezustand. Dabei passierten Dinge, die Physiker und Astronomen in gleicher Weise überraschten.

Bei diesem in einer umgekehrten Explosion in sich zusammengefallenen Stern, so erklärte Professor Hoyle weiter, könnte das Schwerefeld sogar derart anwachsen, daß selbst die Lichtquanten, die sogenannten *Photonen*, es nicht mehr verlassen.

Derartige Objekte könnte man mit Fernrohren oder Radioteleskopen nicht mehr registrieren. Es sind regelrechte „schwarze Löcher" im All. Sie wären noch verdichtetere Sterne als die Neutronensterne. Ganz andere Objekte sind die Quasare, zu denen auch vermutlich die beschriebenen russischen Objekte zählen. Es sind vielleicht explodierende Sternsysteme in zum Teil riesigen Entfernungen von Milliarden Lichtjahren. Oft haben diese Objekte Bezeichnungen wie 3 C 273.

Die Bezeichnung „3 C" ist übrigens die Abkürzung von „Third Cambridge" und bedeutet, daß dieser Himmelskörper im dritten von der Sternwarte Cambridge herausgegebenen Katalog himmlischer Radioquellen aufgeführt ist. Die Zahl „273" ergibt sich aus der Reihenfolge der Eintragungen.

Diese Quasare sind

1. so groß, daß ihre Durchmesser in Lichtjahren gemessen werden,

350

wobei wir uns klarmachen müssen, daß allein ein Lichtjahr 9,5 Billionen Kilometern entspricht;

2. so massereich, daß sie unsere Sonne hundertmillionen-, wenn nicht gar milliardenfach an Masse übertreffen;

3. so hell, daß ihr Licht der Helligkeit von 10 000 Milliarden unserer Sonnen gleichkommt – noch zehnmillionenmal heller als das Licht explodierender Riesensonnen – der sogenannten *Supernovae,* der hellsten Himmelserscheinungen, die bis dahin beobachtet worden waren und mit dem Kollaps der alternden Einzelsterne einhergehen.

„Diese Dimensionen", so schrieb damals der amerikanische Astronom Jesse L. Greenstein, der Leiter der astronomischen Abteilung des California Institute of Technology, „die über das menschliche Begriffsvermögen gehen, zwingen die Wissenschaftler zum Umdenken: Kosmologische Theorien scheinen entwertet, Kernsätze der Physik – wie etwa der Thermodynamik – werden in Frage gestellt."

Daß diese „Supergiganten" trotz ihrer unvorstellbaren Größe mit den lichtstärksten Teleskopen dennoch nur als schwache Lichtpunkte erscheinen, hat einen einfachen Grund: Sie sind unvorstellbar weit von der Erde entfernt, etwa zwei bis zehn Milliarden Lichtjahre. Sie liegen damit am Rande des erkennbaren Universums.

Die Radioastronomen haben in letzter Zeit komplizierte Meßverfahren entwickelt. Sie peilten mit mehreren bis zu hundert Kilometern voneinander entfernten Teleskopen die Radioquellen an, um die Richtung, aus der die Signale kommen, genau zu bestimmen. Erst dann konnten die Lichtastronomen ihre fotografischen Aufnahmen der betreffenden Himmelsabschnitte durchgehen, um den sendenden Supergiganten mit einer sichtbaren Lichtquelle zu identifizieren.

Mehr als 200 derartige Himmelssender wurden so allein von den Radioastronomen der britischen Universität Manchester geortet. *Quasare* ist übrigens eine Abkürzung aus *Quasi stellares Radioquelle,* da es sich um Objekte handelt, die auf den Fotografien oft wie einzelne Sterne punktförmig erscheinen. Indessen sind sie aber in Wirklichkeit keine Einzelsterne. Die spektroskopische Untersuchung von Maarten Schmidt zeigte, daß diese Objekte aufgrund der außerordentlich starken Rotverschiebung in den Spektren sich mit einer Geschwindigkeit, die bis zu 80 Prozent der Lichtgeschwindigkeit beträgt, von uns fortbewegen. Der nächste Quasar liegt immerhin einige hundert Millionen Lichtjahre von uns entfernt.

Schon der erste von den Amerikanern Greenstein und Schmidt identifizierte Quasar 3 C 273 ist zwei Milliarden Lichtjahre von uns entfernt. Für eine andere Radioquelle 3 C 48 ermittelte Greenstein eine Entfernung von vier Milliarden Lichtjahren. Und die Sensation war perfekt, als man bei 3 C 9 eine Fluchtgeschwindigkeit von 250000 km/sec feststellte. Damit liegt dieses Objekt rund zehn Milliarden Lichtjahre entfernt – doppelt so weit also wie der erdfernste Spiralnebel, der von den Lichtastronomen beobachtet worden ist.

Waren diese Rätselobjekte nunmehr in die entlegensten und mit herkömmlichen Lichtteleskopen kaum mehr erreichbaren Tiefen des Universums hinausgerückt, so sandten sie trotz dieser ungeheuren Entfernung erstaunliche Energiemengen aus. Sie waren so groß, daß nach den bisherigen Erkenntnissen die Lebensdauer dieser Quasi-Sterne nur relativ begrenzt sein konnte. Ihr gesamter Energievorrat mußte innerhalb von maximal einer Million Jahren aufgezehrt sein. An der kosmischen Zeitskala gemessen, sind das allerdings nur Stunden, wenn nicht gar Minuten. Und dieser Energieschwund tritt ein, obwohl die Masse der bislang entdeckten Quasare milliardenfach so groß ist wie die der Sonne.

Um das alles irgendwie zu erklären, haben die Radioastronomen die verschiedensten Hypothesen aufgestellt. Professor Fred Hoyle von der Universität Cambridge und sein Kollege William A. Fowler vom California Institute of Technology gehen von einer Theorie aus, nach der unvorstellbar mächtige Massen ähnlich wie bei den Pulsaren in sich selbst zusammenstürzen („gravitational collapse"), wobei schnell so enorme Energien freigesetzt werden, daß die äußeren Schichten dieses Systems auseinanderbersten. Nur solche Schwerkraft-Katastrophen können nach ihrer Meinung die ungeheuren Energiemengen erzeugen, die von den Quasaren ausgesandt werden.

Allerdings ist den Wissenschaftlern kein physikalischer Prozeß bekannt, bei dem derartige Mengen von Energie erzeugt werden könnten. Deshalb nahm der amerikanische Physik-Professor Dr. John A. Wheeler von der Princeton-Universität im US-Staat New Jersey zu einer noch verwegeneren Hypothese Zuflucht. Er hält es für denkbar, daß die Atome in den Zentren der Quasare „aus ihrer Existenz herausgepreßt" und unter gewaltigem Druck vollständig in Energie umgewandelt würden. Sie hätten also mit anderen Worten aufgehört, als Materie zu existieren.

352

Zwar ist den Physikern klar, daß diese Hypothese eines der Grundgesetze der Atomphysik verletzt, nach dem bestimmte Teilchen eines Atoms (Protonen und Neutronen) selbst unter extrem hohen Druck- und Temperatureinwirkungen nicht vollständig in Energie umgesetzt werden können. „Aber eine andere, plausiblere Erklärung für diesen Vorgang am Rande des Kosmos", so meint Professor Greenstein, „haben wir noch nicht. Ob fundamental neue Prozesse, die uns noch völlig unbekannt sind, diesen Phänomenen der Quasare zugrunde liegen oder ob unsere Phantasie noch zu sehr in den herkömmlichen wissenschaftlichen Vorstellungen verhaftet ist, wird erst die Zukunft erweisen.

Ich bin jedoch überzeugt", so erklärt er am Schluß seiner Ausführungen auf einer Tagung in Dallas, an der führende Radioastronomen aus aller Welt teilnahmen, „wir werden eines Tages auch hier eine wissenschaftlich haltbare Erklärung finden!"

Todesstrahlen aus der Sonne

Haben wir in dem vorhergehenden Kapitel über die Quasare mit ihren Radiostrahlen gesprochen, die von den äußersten Grenzen des Universums zu uns gelangen, so wollen wir uns jetzt mit dem Einsatz der Radioastronomie zur Erforschung unserer unmittelbaren kosmischen Nachbarschaft, vor allem unserer Sonne, befassen.

Man weiß zwar seit einiger Zeit, daß die gewaltigen Materieausbrüche, die der Sonnenball von Zeit zu Zeit herausschleudert, auch die Erde beeinflussen. Dann zum Beispiel, wenn die mit unvorstellbarer Kraft ausgestoßenen elektrisch geladenen Teilchen auf ihrer rasenden Jagd durch den Weltraum auf die Erde treffen.

Verwickelte und geheimnisvolle Vorgänge spielen sich dabei ab! Rot und grün flammen in den Gebieten rund um unseren magnetischen Nord- und Südpol die strahlenden Lichtvorhänge der Polarlichter auf. Die Techniker an den Radargeräten rund um die Arktis sehen dann gespenstische Leuchtzeichen auf ihren Beobachtungsschirmen. Die Kurzwellenverbindungen sind gestört, und auf der ganzen Erde beginnen die Kompaßnadeln zu zittern und zeigen nicht mehr die genaue Richtung zum Magnetpol an.

Der „magnetische Sturm" scheint aber noch andere schwerwiegende

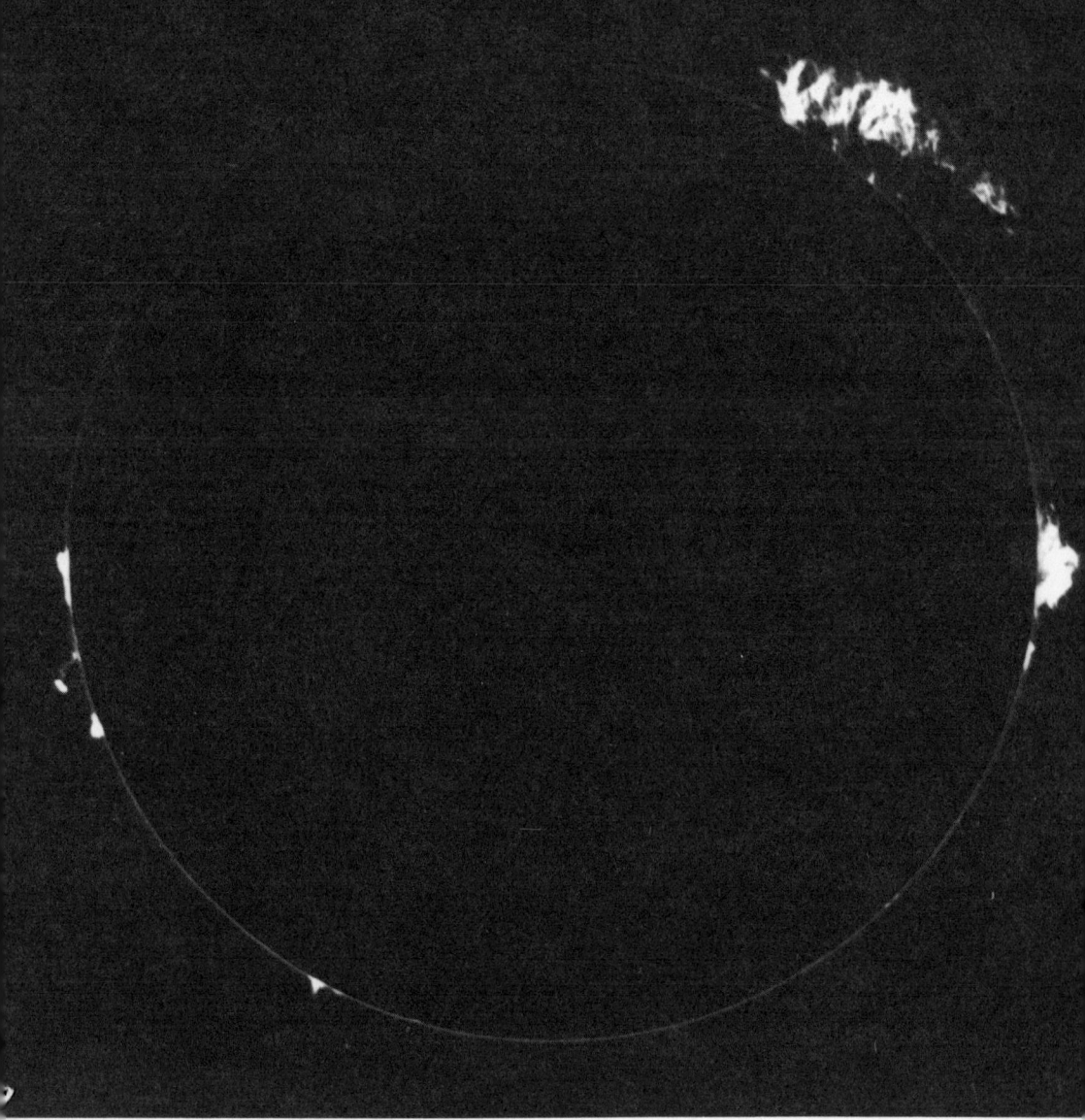

Eine Aufnahme von Sonnenprotuberanzen am 3. Mai 1971 am Sonnenobservatorium Wendelstein.

Folgen zu haben. Man hat umfassende Untersuchungen darüber angestellt, die ergaben, daß die Häufigkeit derartiger Störungen die Ursache mancher Fehlhandlungen sein könnte. Sie beeinflussen vielleicht ihr Reaktionsvermögen, schwierige Herz- und Gehirnoperationen mißlingen und die Zahl der Herzinfarkte und Lungenembolien steigt an. Sehr eng darf man sich diesen Zusammenhang zwar nicht vorstellen. Immerhin mag es manche Beziehungen zwischen der

Sonnentätigkeit und der Erde geben, die wir heute noch nicht genau kennen.

Aber bei den Sonneneruptionen werden auch Ultraviolett- und Röntgenstrahlen sowie Radiowellen erzeugt.

Wir wissen heute, daß die Sonnenoberfläche ständig in Bewegung ist. Durch gelegentliche Vorgänge aus dem Inneren treten hin und wieder Wirbel an ihrer Oberfläche auf, die wir von der Erde aus beobachten können. Die aus dem Inneren der Sonne nach oben stoßenden Flecken, über deren äußere Form wir gleichfalls schon gesprochen haben, werden nämlich bei ihrem Durchbruch durch die äußere Sonnenschicht als dunkle Stellen sichtbar. Diese Verfärbung beruht zum weitaus größten Teil auf einem Temperaturunterschied von 1000 bis 1500 Grad, den die Ausbruchsstelle gegenüber der sonst heißeren Sonnenoberfläche hat.

Die Flecken wachsen und vergehen, sie sind ständig in Bewegung und umwandern infolge der Sonnenrotation nicht selten scheinbar den ganzen Sonnenball. Ihre Ausdehnung reicht von einem Durchmesser von knapp 1000 Kilometern bis zu einer Fläche, die größer ist als die 510 Millionen Quadratkilometer der Erdoberfläche.

Mit dem Auftreten der Sonnenflecken ist stets eine starke Radiostrahlung verbunden, die von den elektrisch geladenen Elementarteilchen – den Bruchstücken von Atomen – erzeugt wird. Diese Strahlung wird oft von besonderen radioastronomischen Geräten, den sogenannten *Interferometern*, gemessen. Die Parabolspiegel dieser Interferometer sind meist in gekreuzter Form aufgebaut, wie beispielsweise das von Nançay in Frankreich. Aufgrund der so erfaßten Messungen lassen sich dann komplette „Radiobilder" der Sonne zusammenbauen.

Die Karte auf Seite 358, die am 23. März 1958 entstand, zeigt drei Sonnenflecken, von denen zwei eine besonders beachtliche Größe besitzen. Die Helligkeitskonturen auf diesem Radiobild sind abgestuft in Temperaturdifferenzen von jeweils 200000 Grad. Je dunkler die Gebiete schraffiert sind, um so höher ist die Radiostrahlung.

Da die Radioabstrahlung zu einem großen Teil aber auch aus der Korona kommt, ist die „Radiosonne" größer als die mit optischen Geräten zu erfassende Sonne, die hier auf dem Radiobild mit einem Kreis bezeichnet wird.

Aber auch optische Sonnenbeobachtungen sind von großer Bedeu-

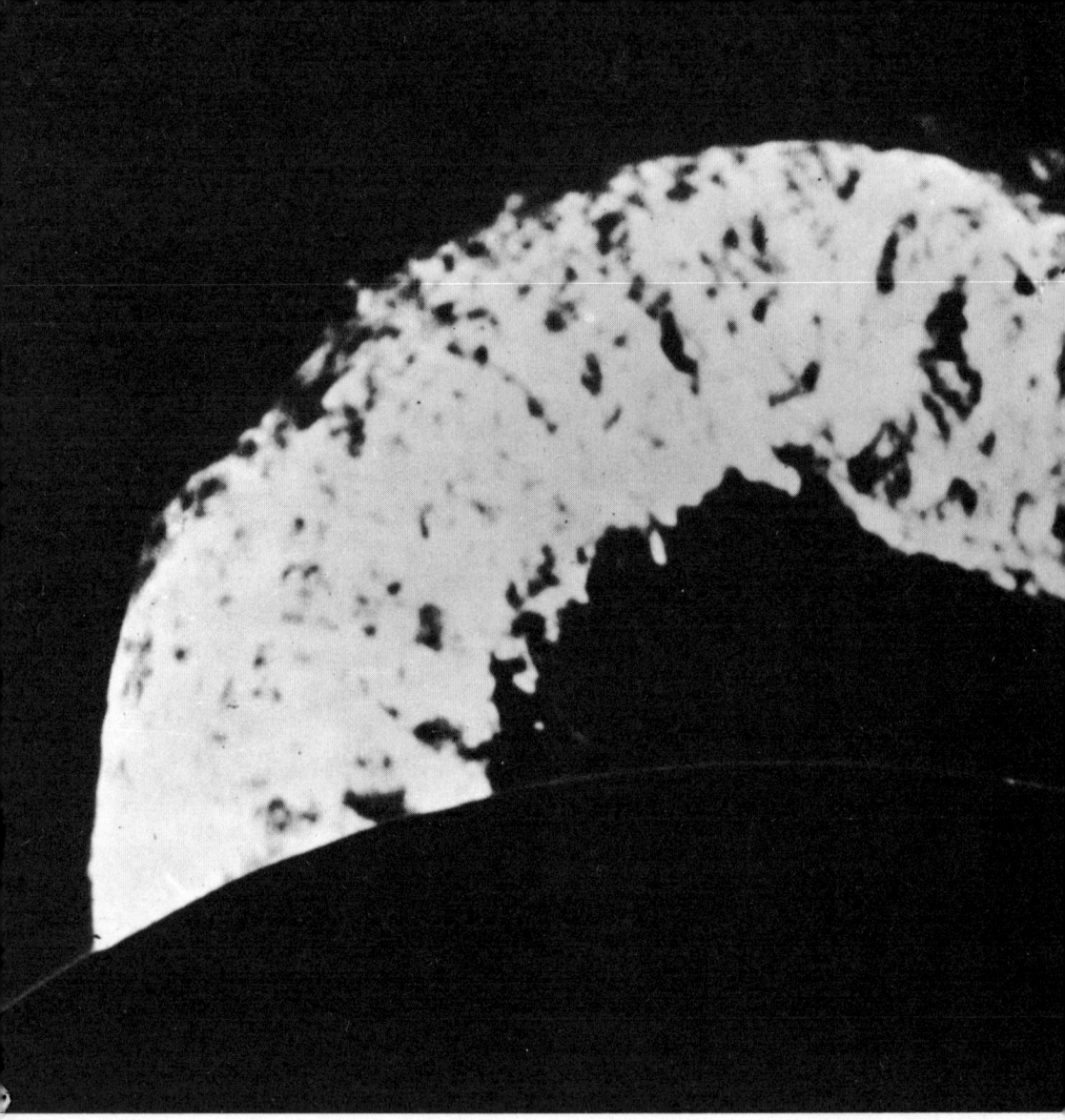

tung. In vielen Ländern gibt es spezielle Sonnenobservatorien. In den Vereinigten Staaten hat man zu diesem Zweck in der staubfreien Einöde Arizonas auf dem 2000 Meter hohen Kitt Peak ein gigantisches Bauwerk errichtet. Das seltsame Gebäude, dessen einer Schenkel 60 m weit aus dem Berg in den Himmel stößt, ist nur der obere Teil dieses gewaltigen Komplexes, der das größte Sonnenteleskop der Erde darstellt.

Ein genau plangeschliffener Spiegel ruht oben auf der Rampe und wirft das Sonnenlicht tief in das Innere des Berges hinein, wo ein

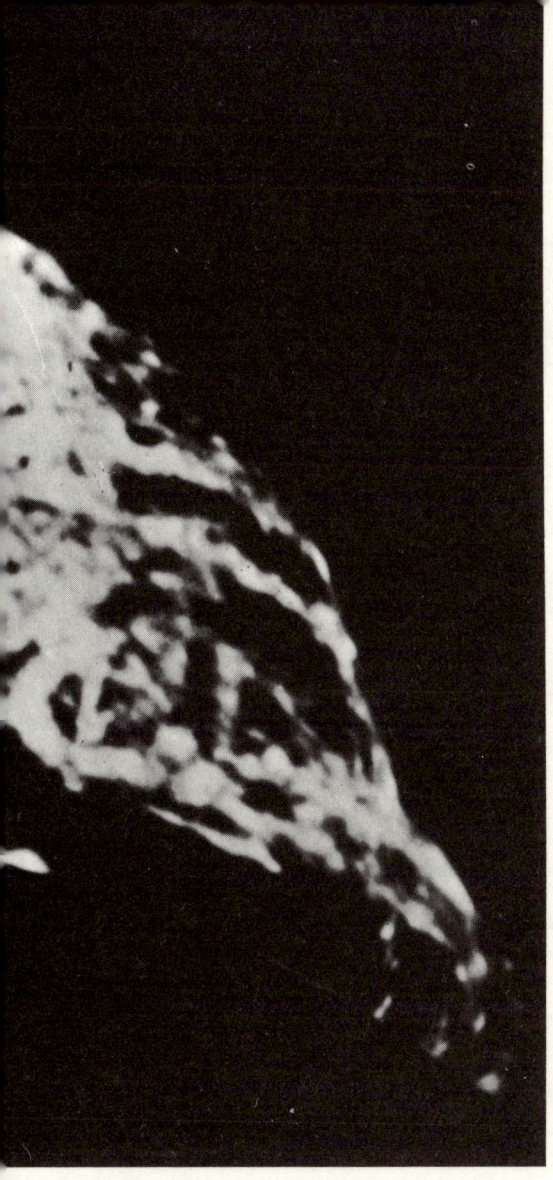

Riesenexplosionen auf der Sonne schleudern eine gewaltige Partikelstrahlung in den Weltraum. Die hier abgebildete Protuberanz erreichte eine Höhe von 225 000 Kilometer, ihre Scheitelhöhe entsprach dem 18fachen Erddurchmesser.

riesiger Hohlspiegel als künstliches Auge die Lichtstrahlen einfängt und ein fast metergroßes Bild der Sonnenscheibe im Inneren des Berges wiedergibt. Auf diese Weise sollen auch optisch die Beobachtungen der Radioastronomen kontrolliert werden.

Wie wir heute wissen, herrscht im Inneren der Sonne eine ganz erhebliche Hitze. Sie wird auf 15 Millionen Grad Celsius geschätzt. Sie wird durch die Umwandlung von Wasserstoff in Helium, welche die Strahlungsenergie der Sonne liefert, erhalten.

Durch die thermonukleare Reaktion werden je Sekunde 564 Mil-

357

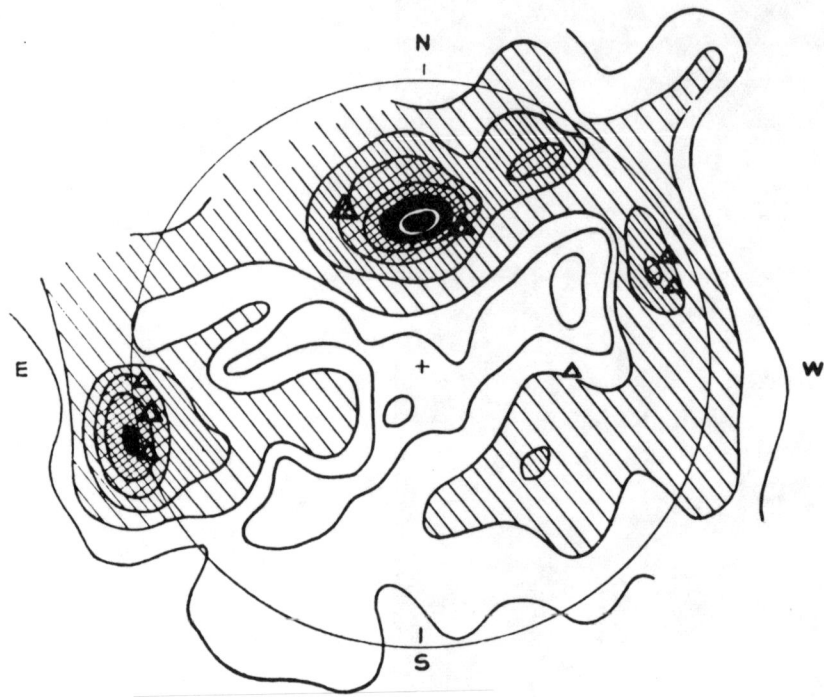

Ein Radiobild unserer Sonne, wie es am 23. März 1958 mit dem 64gliedrigen Interferometer von Sydney auf einer Wellenlänge von 20 cm aufgenommen wurde. Je dunkler die Gebiete schraffiert sind, um so größer ist die Radiohelligkeit. Durch Dreiecke sind große Fleckengruppen bezeichnet. Da die Radiostrahlung von 20 cm zum größten Teil aus der Sonnenkorona selbst kommt, ist die Radiosonne, wie es der Kreis darstellt, größer als die optische Sonne.

lionen Tonnen Wasserstoff in 560 Millionen Tonnen Helium verwandelt. Der größte Teil der je Sekunde verschwindenden Masse wird zu Strahlungsenergie, die aus der leuchtenden Sonnenoberfläche herausströmt. Trotzdem bleibt die Sonne, wie die meisten Fixsterne, „stabil", das heißt, die abgestrahlte Energie entspricht der wieder durch Kernfusion erzeugten.

Von dieser abgestrahlten Energie wird die Erde mit weniger als einem halben Milliardstel der gesamten Sonnenstrahlung getroffen. Der winzige Bruchteil aber genügt, um die Temperatur der ganzen Erdoberfläche erheblich über dem absoluten Nullpunkt (−273°) zu halten, um das Leben auf der Erde in einem komplizierten Prozeß aufrechtzuerhalten, um durch die Pflanzen Stärke aus Kohlendioxyd über die Fotosynthese aufzubauen und über die Pflanzen das animalische Leben zu erhalten.

358

Fliegende Sternwarten im Weltall

Alles, was wir von der Erde aus von den Sternen wahrzunehmen vermögen, ist die Strahlung, die wir durch zwei „Fenster" in unserer Atmosphäre empfangen. Das eine ist die schmale „Öffnung" für das sichtbare Licht, die andere, wesentlich breitere, gestattet den Radiowellen von einigen Millimetern bis zu zwanzig Metern Wellenlänge bis auf die Erdoberfläche vorzudringen.

Alle anderen Wellenlängen absorbiert unsere Atmosphäre oder reflektiert sie in den Weltraum zurück. Keine Strahlung mit einer kürzeren Wellenlänge als 2850 Å kann deshalb den Erdboden erreichen. Vor allem können es die Ultraviolett-, Röntgen- und Gammastrahlen nicht, die durch die Wechselwirkung der Atome und Moleküle der dünneren höheren Schichten unserer Atmosphäre oberhalb von 25 Kilometern absorbiert werden.

Das ist zwar für das Leben auf unserer Erde von entscheidender Bedeutung; denn durch diese kosmischen Strahlungen wäre von vorneherein die Bildung der großen Moleküle der lebenden Materie verhindert worden. Aber dieselbe Strahlung gäbe uns viele Informationen

Das größte Sonnenteleskop der Erde wurde in der staubfreien Einöde von Arizona auf dem 2000 Meter hohen Kitt Peak gebaut. Einer der Beobachtungsstollen stößt 60 m weit aus dem Berg in den Himmel und führt tief in das Innere des Berges.

über die Zustände und Vorgänge im Weltraum, die wir von der Erde aus nicht wahrzunehmen vermögen.

Man hat deshalb zunächst versucht, mit Raketen, denen entsprechende Instrumente mitgegeben worden waren, wenigstens einen flüchtigen Eindruck von den wahren Verhältnissen außerhalb unserer Atmosphäre zu erhalten. Allerdings blieb für diese Beobachtungen und Spezialfotos nur eine verhältnismäßig kurze Zeit, und zwar nur die drei bis fünf Minuten, in denen sich die Rakete im Gipfelbereich ihrer Bahn befindet. Hinzu kommt dabei noch die Schwierigkeit, daß man die Rakete im Flug dadurch zu stabilisieren versucht, daß man sie wie ein Gewehrgeschoß um ihre Längsachse rotieren läßt. Bei dieser Flugweise reduziert sich die Belichtungszeit nur auf Bruchteile der wenigen für die Aufnahmen zur Verfügung stehenden Minuten.

Ein anderes Problem ist die Bergung der belichteten Filme aus der beim Wiedereintritt in unsere Atmosphäre verglühenden Rakete. Die Filmkassette muß an einem Fallschirm hängen und aus einem Material sein, das bei Durchstoßen der atmosphärischen Schichten nicht verglüht. Sie muß, wenn sie auf dem Meer landet, schwimmen können. Außerdem sollte ein Sender eingebaut sein, der ihre Landestelle auf dem Land oder dem Meer markiert. Alles Dinge, die von den Konstrukteuren fast Unmögliches verlangen.

Man hat sich daher bemüht, auf drahtlosem Wege wenigstens einen Teil der Meßergebnisse zur Erde zu funken. Das bedeutete, daß zu dem für die Beobachtungsinstrumente benötigten Gewicht noch das der Sendeanlage und des Umwandlungsgerätes in Funkimpulse kam. Die Schwierigkeiten waren groß, und deshalb suchte man zunächst mit Ballonteleskopen in die höchsten Schichten unserer Atmosphäre vorzudringen, um hier wenigstens entsprechende Beobachtungen und Aufnahmen machen zu können. Diese waren zwar besser als von der Erde aus, sie stammten aber nicht aus dem luftleeren Weltraum, wenn auch die Bergung der Filme und der wertvollen Instrumente leichter war.

Erst als es gelungen war, Satelliten in den Weltraum zu schießen und auf einem ständigen Umlauf um die Erde zu halten, war das Problem einer außerhalb unserer Erde fliegenden Sternwarte leichter zu lösen. Zuerst schickte man am 8. März 1962 ein Sonnenobservatorium, den sogenannten *OSO-Satelliten – Orbiting Solar Observatory* hinaus. Seine Instrumente wurden durch Sonnenbatterien gespeist, die ständig

Ein Sonnenobservatorium außerhalb unserer Atmosphäre ist der OSO-Satellit. Seine Instrumente werden von Sonnenbatterien gespeist, die ständig auf unser Tagesgestirn ausgerichtet sind.

auf unser Tagesgestirn ausgerichtet waren. Die Übertragung der Meß-ergebnisse erfolgte drahtlos auf die Erde, und man konnte bei den späteren OSO sogar Spektrogramme erhalten, die uns die Gebiete auf der Sonne zeigen, die starke Ultraviolett- und Röntgenstrahlen aus-senden.

Aber der OSO-Satellit machte nur Messungen von der Sonne. Was man jedoch sehen wollte, waren nicht allein Ultraviolettbilder von unserem Tagesgestirn, sondern auch von anderen Sternen. Deshalb entwickelte man ein größeres fliegendes Weltraum-Observatorium, das den Namen *OAO-Satellit* erhielt. Es hatte Teleskope bis zu 90 cm Öffnung und sollte in einem Abstand von etwa 800 Kilometern die Erde umkreisen. Es war ein höchst kompliziertes Gebilde und besaß neben den zahllosen Empfangs- und Funkgeräten, Kameras und Meßgeräten, vier *Sonnenpaddeln* zur Stromerzeugung sowie fünf sogenannte *Sternsensoren*, mit deren Hilfe jeweils die zu untersuchenden Sterngebilde und Nebel genau angepeilt werden konnten.

Allerdings war das ganze Unternehmen von vorneherein von Pech verfolgt. Der erste OAO-Satellit, der am 8. April 1966 von Kap Kennedy aus mit einer Atlas-Agena-D-Rakete in seine Umlaufbahn geschossen wurde, war ein Versager. Fehler im Batterie- und Steuerungssystem machten die Anlagen funktionsunfähig, obwohl OAO-1 seine Umlaufbahn erreichte.

Erst am 7. Dezember 1968 konnte OAO-2 gestartet werden. Er erreichte die vorgeschriebene Bahn. Er hat inzwischen 120 Himmelskörper anvisiert, fotografiert und die Bilder zur Erde gefunkt. Diese Bilder geben ein ganz anderes Porträt des Sternenhimmels wider, als wir es gewohnt sind, weil nicht alle Sterne eine ultraviolette Strahlung aussenden oder eine Abstrahlung besitzen, die im Bereich des sichtbaren Lichtes liegt und von der Erde aus gesehen werden kann. So wurde um den Stern Spika, den hellsten im Bilde der Jungfrau, ein riesiger Ultraviolett-Nebel festgestellt. Er besaß eine Fläche von mehr als tausend Vollmondscheiben und war eines der hellsten Objekte an dem von dem OAO-2-Satelliten aufgenommenen Teil des Sternenhimmels.

Wie kam es, daß dieser gigantische UV-Nebel noch niemals vorher von der Erde aus gesichtet worden war? Unsere Lufthülle verschluckt tatsächlich so viele Strahlungen, daß eine derartige gewaltige Himmelserscheinung von der Erde aus gar nicht wahrnehmbar war? Auf welche Überraschungen mußte man sich dann sonst noch gefaßt machen! Vielleicht – so gaben einige Wissenschaftler zu bedenken – sieht das uns umgebende Universum in Wirklichkeit ganz anders aus, als wir es uns vorstellen?

Um hier noch bessere Ergebnisse zu erlangen, wurde ein neues *Orbiting Astronomical Observatory OAO-3* gebaut und mit noch besseren Instrumenten ausgerüstet. Es wurde am 30. November 1970 von Kap Kennedy mit einer Atlas-Centaur-Rakete in den Weltraum getragen. Aber es erreichte die vorgeschriebene Erdumlaufbahn nicht.

Ursache für den Fehlschlag war die Tatsache, daß sich die aus Fiberglas bestehende kegelförmige Schutzhülle nicht, wie vorgesehen, vier Minuten nach dem Start von der Raketenspitze löste. Diese aus zwei Teilen bestehende Verkleidung blieb mindestens acht weitere Minuten an dem Satelliten hängen. Dadurch entstand ein Übergewicht von rund einer Tonne an der Oberstufe der Rakete und die erforderliche Geschwindigkeit von 27 000 Kilometern pro Stunde, die zur Erreichung des Erdorbits erforderlich war, konnte nicht erzielt werden. Zwar „feuerte" die Rakete noch einmal acht Sekunden lang – aber dann ging der Treibstoff aus, bevor das zusätzliche Gewicht ausgeglichen werden konnte. Selbst wenn man mit diesem Manöver Erfolg gehabt hätte, wäre das Weltraumobservatorium nicht arbeitsfähig gewesen; denn seine Sonnenzellenblätter und Antennen hätten nicht ausgefahren werden können.

So verglühte OAO-3 beim Wiedereintritt in die Atmosphäre, und die Trümmer dürften irgendwo auf der Erde niedergegangen sein. Alle Hoffnungen richten sich jetzt daher auf *OAO-4*, der in nächster Zeit gestartet werden soll.

Gibt es noch eine weitgehendere Ordnung im Weltall?

Die revolutionierenden Entdeckungen von OAO-2 und weitere durchgeführte Erkenntnisse – im ganzen wurden bis jetzt vier Millionen zum Teil noch nicht verarbeitete Meßdaten zur Erde gefunkt – lassen sicher zusammen mit den vielen anderen astronomischen Forschungen mit erheblichen Überraschungen unseres astronomischen Weltbildes rechnen.

Eine davon, die von dem amerikanischen Astronomen Gérard de Vaucouleurs schon vor fast 20 Jahren aufgetischt wurde, geht davon aus, daß der Aufbau unseres Universums aus den entfernt und näher liegenden Spiralnebeln doch noch eine weitere Ordnung in Gestalt der *Superhaufen* besitzt. Vaucouleurs geht dabei von der Beobachtung aus, die auch die Aufnahmen von OAO-2 bestätigen, daß eine eigenartige Anhäufung von hellen Spiralnebeln entlang eines Großkreises quer zu unserer Milchstraße in einer Länge von 100 Grad vorhanden ist.

Dies scheint der bisherigen Annahme, daß die Galaxien als Weltinseln unregelmäßig im Raum verteilt sind, zu widersprechen. Es

scheint sich vielmehr, wie Vaucouleurs es ausdrückt, zumindest um einen „lokalen Superhaufen" zu handeln. Er schätzt, daß dieses System von Galaxien einen Durchmesser von 40 Millionen Lichtjahren und eine Dicke von einigen Millionen Lichtjahren besitzt. Die Zahl der in diesem Riesengebilde vorhandenen Galaxien wird mit mindestens 10000 angegeben. Als ihr Zentrum wird der Nebelhaufen im Sternbild der Jungfrau, der Virgo-Haufen, angenommen, der in einer Entfernung von 15 Millionen Lichtjahren liegt. Innerhalb dieser Supergalaxis gibt es im übrigen noch verschiedene lokale Zusammenschlüsse, zu denen unter anderem auch die Milchstraße mit einigen Nachbarsystemen gehört.

Die starke Abplattung des Gesamtsystems wird als ein Hinweis auf die Rotation des Superhaufens betrachtet. In den letzten Jahren von dem Mount-Palomar-Observatorium und von dem Lick-Observatorium sowie von der Mount-Wilson-Sternwarte durchgeführte Messungen der Radialgeschwindigkeiten von über tausend Galaxien dieser Supervereinigung ergaben, daß das Ganze tatsächlich um den Virgo-Haufen mit 500 km/sec rotieren könnte.

Diese optischen Grundlagen wurden durch die Radiobeobachtungen der Ohio-State-University und der Universität Manchester ergänzt. Die Auswertungen der Radioastronomen, die in einer Karte des Superhaufens zusammengestellt wurden, zeigten zunächst dessen Hauptdrehachse mit ihren sechs sie umgebenden lokalen Zusammenballungen der zahllosen Nebel.

Diese Karte wurde in letzter Zeit noch durch die Beobachtungen von J. D. Kraus und seinem Kollegen R. Hanbury Brown durch die Feststellung vervollständigt, daß am nördlichen Himmel die am dichtesten besetzte Schicht des Superhaufens genau entlang des supergalaktischen Äquators liegt.

In der Nähe unseres eigenen werden übrigens noch weitere Superhaufen vermutet, und zwar einer im Sternbild der Hydra, einer in dem des Pavo-Indus und ein großer „südlicher Superhafen", der sich über mehr als 50 Grad des südlichen Sternhimmels erstreckt. Mit Hilfe der Nebelzählungen, die zur Zeit noch im Gange sind, will man die Zusammengehörigkeit weiter entfernter Systeme feststellen.

Zusammenfassend sei also gesagt, daß unsere Milchstraße, die

Seiten 364/65: Der Spiralnebel M 104 im Sternbild Jungfrau.

bisher der übergeordnete Begriff für unser Sonnensystem gewesen ist, nochmals im Superhaufen als der nächsthöheren Einheit aufgeht. Ob dieser wiederum ein Bestandteil eines noch riesigeren Systems ist, wie es die Kosmologen Lambert und Charlier behaupten, werden erst die zukünftigen Forschungen zeigen.

So stehen wir wiederum erst am Anfang eines neuen Weltbildes, von dem wir nicht wissen, ob es eines Tages nicht auch noch erweitert wird. Denn immer wird es, wie bisher in der Geschichte der Astronomie, jene großen Augenblicke geben, die unsere Kenntnisse von dem uns umgebenden Weltall schlagartig vermehren. So wird ständig, wenn auch vielleicht erst im Laufe von Jahrhunderten, ein neues Fenster aufgestoßen, durch das wir Dinge zu sehen vermögen, von denen wir bisher nicht die entfernteste Ahnung hatten. Denn wie der Weltraum ohne Anfang und Ende zu sein scheint, ist auch unser Wissen von ihm, ebenso wie das, was wir noch in Zukunft an Kenntnissen über ihn erarbeiten müssen, für den forschenden Menschen zunächst noch unbegrenzt. Stehen wir doch erst am Anfang eines Weges, dessen Ende wir noch nicht zu erkennen vermögen! Dessen Anfang aber vor einigen Jahrtausenden begann, als der Mensch noch glaubte, die Sterne wären seinetwegen geschaffen.

Literatur-Nachweis

Arago, François: „Biographie de Pierre Simon Laplace", Oeuvre d'Arago, Vol. 3 (Notices biographiques)

Balss, H.: „Antike Astronomie", München 1949

Boll, Johannes: „Studien über Klaudios Ptolemaios", Leipzig 1894

Brahe, Tycho: „De cometa anni 1577", (Opera omnia IV), Kopenhagen 1922

Brown, R., and Alfred Bernard Lowell: „The Exploration of Space by Radio", London, Chapman Ltd. 1957

Brunner, Dr. William: „Pioniere der Weltraumforschung", Europa-Verlag, Stuttgart 1951

Bürgel, Bruno Hans: „Der Mensch und die Sterne", Aufbau-Verlag, Berlin 1946

Caspar, Max: „Johannes Kepler, Mysterium Cosmographicum", Augsburg 1923

Caspar, Max: „Neue Astronomie von Johannes Kepler", Deutsche Übersetzung der „Astronomia Nova", München und Berlin 1929

Coppernicus, Nicolaus: „De revolutionibus orbium coelestium", libri VI., Thorn 1873

Halley, Ed.: „A Synopsis of the Astronomy of Comets", London 1705

Harlow, Shapley and Howarth, Helen E.: „A Source book of Astronomy", New York 1929

Heide, Fritz: „Kleine Meteoritenkunde", Berlin 1965

Henseling, Robert: „Astronomie für alle", Franck'sche Verlagsbuchhandlung, Stuttgart 1929

Hevelke, J.: „Gert Havelke und seine Nachfahren — Geschichte der Familie Hevelius und des Astronomen Johann Hevelius", 1927

Gamow, G.: „Geburt und Tod der Sonne", Basel 1947

Jeans, Sir James Hopwood: „Die Wunderwelt der Sterne", Deutsche Verlagsanstalt, Stuttgart 1934

Klepesta, Josef: „Vesmir", Orbis-Verlag, Prag 1958

Klinger, Hans Herbert: „Radioastronomie", Orion-Bücher, Bd. 126

Kopernikus, Nikolaus: Gesamtausgabe, Bd. I u. II, München 1944—1949

Krinow, E. L.: „Giant Meteorites", aus dem Russischen, Oxford 1966

Lessing, Erich: „Entdecker des Weltraums", Verlag Herder, Freiburg 1967

Lovell, Bernard: „Radio Astronomy", Cambridge/USA 1957

Mädler, Dr. Johann Heinrich: „Geschichte der Himmelskunde", Braunschweig 1873

Menzer, Dr. C. L.: „Nikolaus Copernicus aus Thorn", Leipzig 1939

Die neue Astronomie, Sammlung Wissen und Leben, Wiesbaden 1961

Newcomb, Simon: „Populäre Astronomie", Leipzig 1914

Olschki, Ludwig: „Galilei und seine Zeit", Halle 1927

Pawsey, J. L.: „Radio Astronomie", London 1955

Pfeiffer, John: „The Changing Universe", London 1957

Prantl, Dr. Carl: „Aristoteles, Vier Bücher über das Weltgebäude", Leipzig 1857

Reichen, Charles Albert: „Geschichte der Astronomie", Editions Rencontre, Lausanne 1963

Rohr, Hans: „Strahlendes Weltall", Zürich 1969

Rossmann, F.: „Nikolaus Kopernikus — Erster Entwurf seines Weltsystems",
München 1948

Spencer-Jones, Sir Harold: „The Stars above us", Charles Frank Ltd., Glasgow 1965

Waerden, B. L. van der: „Die Astronomie der Pytagoräer" in Kgl. Niederl. Akad. d.
Wiss. Abt. Naturkunde 70, XX, Heft 1, 1950

Wohlwill, Ernst: „Galilei und sein Kampf für das Kopernikanische Weltsystem",
2 Bände, 1909 u. 1926

Zinner, Ernst: „Astronomie, Geschichte ihrer Probleme", Verlag Karl Alber, Freiburg
1951

Zinner, Ernst: „Geschichte der Astronomie", Berlin 1931

Zinner, Ernst: „Sternglaube und Sternforschung", Verlag Karl Alber, Freiburg/
München 1953

Einzelbeiträge

Brunner, Traut: „Die Astronomie der Alten", in *Die Heimat*, Jg. 66 (1958), Heft 1/2

Krug, Erich: „Radio Astronomie", im *Kosmos*, Bd. 233

„Mitteilungen über einen jenseits der Neptun-Bahn kreisenden Planeten", in *Astronomische Nachrichten*, Nr. 238, Kiel 1930, S. 136

Nielsen, Axel: „Ole Römer", Aarhus 1944, S. 60—61, Abdruck der Abhandlung
über die Geschwindigkeit des Lichtes, im *Journal des Scavans*, Bd. XX

Nissen, Claus: „Alte Astronomie", *Börsen-Blatt* (Frankf. Ausgabe), Jg. 8 (1952),
Nr. 24, S. 114—115

Phyllis, Allen: „Problems connected with the development of the telescope", in
Isis, Nr. 34 (1945), S. 302—311

Rabe, Wilhelm: „Stonehenge bei Salisbury (England)", *Sternen-Welt*, 2. Jahrg.,
Heft 5 (Mai 1950), S. 110 ff.

Repsold, Joh. A.: „Friedrich Wilhelm Bessel", *Astronomische Nachrichten*, Nr. 210,
Kiel 1919, S. 161—214

Sarton, G.: „Discovery of the main nutation of the earth's Axis", in *Isis*, Nr. 17
(1932), S. 33—383

Schneller, H.: „Über verwandtschaftliche Beziehungen zwischen den verschiedenen
Klassen der veränderlichen Sterne", *Astronomische Nachrichten*, Nr. 276, Berlin
1948, S. 87—92 u. Nr. 277, Berlin 1949, S. 84—88

Schönberg, Erich: „Vom Ursprung der Astronomie", aus *Stimmen der Zeit*, Bd. 152
(1952), H. 8, S. 96—106

Wattenberg, D.: „Die astronomische Bedeutung vorgeschichtlicher Stätten", in *Das
Weltall*, Jg. 35 (1935), Heft 1, S. 8 ff. u. Heft 8, S. 108 ff.

Wegner, A.: „Die astronomischen Werke Alfons X.", in *Bibliotheca Mathematica III*, Bd. 6 (1905), S. 129—185

Zinner, Ernst: „Die Sternbilder der alten Ägypter", in *Isis*, Nr. 16 (1931), S. 92

Zinner, Ernst: „Die vermißten Sterne des Hevelius", *Bericht der Naturforschenden
Gesellschaft Bamberg*, 1946, S. 36—40

Register

Bildquellen-Nachweis

Archiv für Kunst und Geschichte:
Seite 21, 65, 99, 107, 176, 230
Deutsches Museum:
Seite 175, 196, 276, 280
Gaebert:
Seite 14, 23, 34, 60, 96, 101, 148, 169, 181, 283, 293, 296, 304, 307, 309, 322, 332, 339, 342, 358
Hale Observatories (RAS):
Seite 256, 258, 261, 287, 338, 365
Historia-Photo:
Seite 80
Interfoto:
Seite 61, 87, 104, 199
Kitt-Peak-Observatories (RAS):
Seite 225
Lick Observatories (RAS):
Seite 151
Loew:
Seite 26, 27, 52, 125, 193, 195, 218, 279, 340/41
Lowell-Observatories (RAS):
Seite 215
Mount Wilson and Palomar-Observatories (RAS):
Seite 182, 259
Royal Astronomical Society:
Seite 214, 221, 314, 356/57
Staatsbibliothek:
Seite 58, 118, 140, 172, 179, 187, 275
Süddeutscher Verlag:
Seite 160, 217, 238, 345
Ullstein:
Seite 15, 49, 74, 228, 245, 290
USIS:
Seite 167, 202, 298, 300, 301, 310, 315, 346, 359, 361
Sonnenobservatorium Wendelstein:
Seite 354
ZEFA:
Schutzumschlag
Zeitbild:
Seite 48, 66, 77, 91, 113, 156, 233, 242, 247, 263